JN441573

개정판

최신 가축질병학

김 상 균 저

유한문화사

머 리 말

오늘날에 여러 분야의 학문이 놀라울 정도로 발전함에 따라 수의축산 분야의 학문도 비약적인 발전을 하였다고 볼 수 있다. 1950년대 중반 저자가 수의학을 공부할 때만 하더라도 우리나라의 수의분야의 교재나 참고서들을 찾아보기 힘들 정도로 초보단계에 있었던 시절을 생각하면, 오늘날 학문을 하는 신세대들은 국내외의 발전된 학문과 정보를 접할 수 있는 보다 좋은 여건에 있다고 할 수 있다.

경제발전과 더불어 식생활의 개선에 발맞추어 식품으로서 축산물의 중요성이 강조되고 있는 것은 부인할 수 없는 추세이며, 따라서 축산업도 산업화가 되어 전업 내지 기업의 대규모 형태로 경영화됨에 따라 양적인 면에서 위생적이고 질적으로 우수한 축산물을 요구, 생산하게 된 것은 매우 보람된 결과이나, 이에 수반해서 환경오염과 가축에 대한 질병은 물론 사람과 동물 공히 질병문제가 심각한 과제로 등장해 국내외적으로 비상한 관심사가 되고 있다.

저자는 30여 년 이상 수의학과 · 축산학과에서 수의축산 관련 학문과 가축병리, 위생, 질병을 강의하면서 연구 발표한 논문 내용과 경험, 그리고 국내외 선배학자들의 연구논문과 저서를 참고하여 산업동물 중에서도 가장 이용도가 높고 경제성이 있는 소와 돼지에 대한 전반적인 질병을 위시해서 식품위생과 공중위생상 문제가 되는 질병에 역점을 두어 집필하였다.

본 저서가 대학이나 전문대학에서 축산관련 학문을 전공하는 학생들의 교재로서 또한 수의축산 분야에서 일하고 있는 전문인들과 양축가들에게 참고서로 유용하게 활용되었으면 더 바랄 나위가 없겠다.

본 저서를 집필하면서 나름대로 내용의 충실을 기하고자 노력했으나 미진한 점이 있음을 솔직히 시인하고, 독자 제현의 충고와 비판을 수용하여 수정 보완해 나갈 것을 약속드리며, 끝으로 본 저서의 출판을 기꺼이 수락하여 주신 유한문화사의 천승배 사장님께 감사드린다. 아울러 저서가 마무리되기까지 원고정리를 맡아 준 김연수 군과 송원철 군 등 제자들에게 심심한 사의를 표한다.

저자 씀

차 례

소의 질병

제 1 편 소의 전염병 / 13

제 1 장 소의 법정전염병 / 15

제 2 장 소의 일반 전염병 / 67

제 3 장 호흡기계의 질병 / 185

제 4 장 순환기계의 질병 / 201

제 5 장 비뇨기계의 질병 / 209

제 6 장 생식기계의 질병 / 219

제 7 장 유방의 질병 / 253

제8장 운동기계의 질병 / 271

제9장 눈의 질병 / 287

제10장 기타의 질병 / 295

제11장 중 독 / 303

제 12 장 기생충병 / 325

돼지의 질병

제 1 편 돼지의 전염병 / 359

제 1 장 바이러스성 전염병 / 361

제 2 장 세균성 전염병 / 393

제 1 편

소의 전염병

제 1 장

소의 법정전염병

1. 탄 저

탄저(炭疽, anthrax)는 *Bacillus anthracis*의 감염에 의하여 발병하는 대부분의 가축 및 사람에 감염하여 급성출혈성(폐혈증 질환)을 일으키는 인수(人獸) 공통 전염병으로서 법정전염병이기도 하다. 오래 전부터 유럽, 미국을 비롯하여 세계 각국에서 발생하여 면양과 소에 많은 피해를 주고 있으며, 우리나라에서는 탄저균의 오염지역에 가끔 발생하여 피해를 주는 경우가 있다.

원인

① 병원균인 탄저간균(炭疽桿菌, *Bacillus anthracis*)은 크기 (1～1.2)×(5～10) μ의 큰 간균으로서 비운동성, 호기성, 그램양성이며, 감염동물 체내에서 협막(莢膜, capsule)을 형성하며, 공기중에 노출되면 아포(芽胞, spore)를 형성하는 특징이 있다. 감염 조직액, 혈액 등을 도말염색해 보면 균체를 둘러싼 협막을 볼 수 있다.

② 탄저균은 일반배지(common media)에서 잘 발육하고, 장연쇄균(長連鎖菌)으로 성장하여 축모(縮毛) 모양의 집락(集落, colony)을 이룬다.

③ 실험동물인 쥐나 기니피그(guinea pig)는 탄저균에 대한 감수성이 높아 보통 2일 이내에 패혈증으로 죽게 된다.

④ 아포(芽胞)는 열, 화학약품, 한냉 및 건조에 대한 저항력이 매우 강하고, 토양 또는 감염조직 내에서 장기간 생존할 수 있다. 아포의 소독제로서는 0.1% 승홍(昇汞), 5% 석회산, 5% 수산화나트륨, 5% 포르말린 등이 좋다.

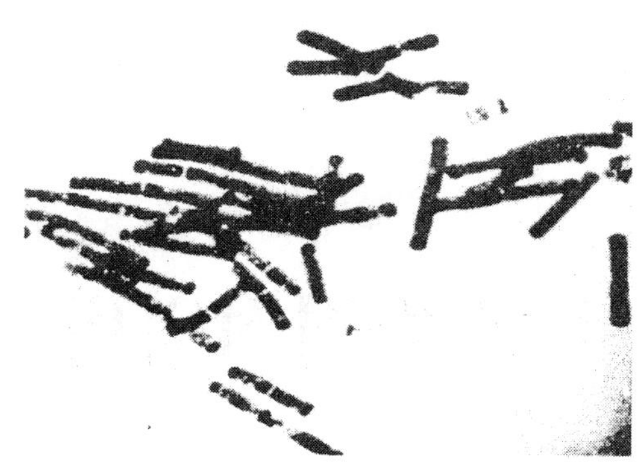

그림 1-1. 탄저의 병원체(*B. anthracis*)

역학

① 세계적으로 발생하고 있으며, 우리나라에서도 산발적으로 발생되고 있다.
② 탄저균의 아포가 토양에 잠재하고 있다가 장마 후의 높은 기온과 건조상태에서 발생을 유발하는 경우가 있다.
③ 외국으로부터 수입하는 골분, 피혁, 수모, 사료 등에 오염되어 있는 탄저균 아포는 감염원인이 될 수 있다. 탄저균의 전파는 오염된 흙, 목초의 이동, 하천의 유수, 매개동물(즉, 야생동물), 흡혈곤충 등에 의하여 이루어질 수 있다.
④ 주로 탄저균 또는 아포로 오염된 흙, 사료, 물 등에 의하여 경구적으로 감염되며, 감염된 균은 인후두(咽喉頭) 또는 장관(腸管)에 도달하여 국소조직 또는 림프절 내에서 증식한 균이 혈액으로 가서 급속한 증식으로 균혈증(菌血症)을 일으키고 전신으로 번져 패혈증을 일으키게 된다.
⑤ 피부 감염은 피부의 상처를 통한 감염 또는 흡혈곤충의 자상감염(刺傷感染) 등에 의하며, 사람에서는 창상감염(創傷感染), 가축의 시체, 모피, 골분 등을 취급하는 과정에서 감염하게 된다.
⑥ 동물 체내에서 증식한 탄저균이 체외로 배설되면 공기중의 산소에 노출되어 여름과 같은 고온에서는 1일 이내에 아포로 되어 토양 중에서 장기간 생존하면서 감염원이 된다. 탄저가 토양병(土壤病)이라고 하는 것은 이와 같은 이유 때문이다.

증상

① **잠복기** : 소의 자연발병 예에서는 2~10일이며, 실험적 경구감염 예에서는 약 2.5~7일이다.

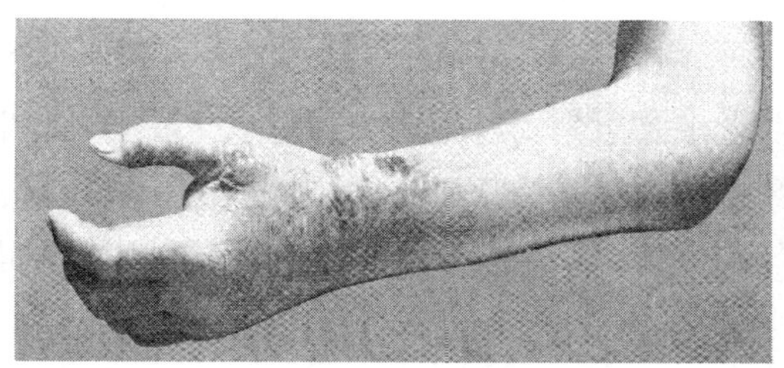

그림 1-2. 사람 팔의 피부탄저증

② **급성형**: 급성형은 뚜렷한 증상을 나타내지 않고 죽는 예가 많다. 급사의 경우에는 고창증(鼓脹症), 일사병, Leptospirosis, 기종저(氣腫疽), 중독증 등과의 감별이 어렵다. 조기에 발병이 발견되었을 때의 증상은 고열(40~42℃), 식욕절폐, 고창증을 수반한 제1위 무력증(반추 정지), 호흡촉박, 맥박수 증가, 침울, 생기 없는 눈, 근진전(筋震顫) 등의 증상이 나타난다. 말기에는 입을 벌리고 비익(鼻翼)호흡을 하는 것과 같은 극단적인 호흡의 곤란 및 촉박이 있으며, 허탈상태에 빠져 전간양발작(癲癎樣發作)을 하며 폐사한다. 폐사를 전후하여 천연공(코, 입, 눈, 항문 등)에서의 혈액양 분비물이 유출되며, 구강, 비강 및 안결막의 충혈 및 시아노시스(청색증, cyanosis)를 나타낸다.

③ **아급성형**: 아급성형에 있어서는 경부(頸部), 전흉부(前胸部), 흉부 또는 겸부(膁部) 등에 광범위한 수종(水腫)이 생긴다. 말기에 이르면 몸의 모든 부분에 수종이 생긴다. 폐사 직전에는 경정맥박 등이 뚜렷하게 나타난다. 유우에서는 유량이 감소되고, 임신우에 감염되면 유산이 일어난다.

④ **경과**: 이 병의 경과는 감염경로, 감염량, 균의 독력 및 개체의 저항력에 따라 다르지만 급성형은 발병 후 수시간에서 48시간 내에 폐사하고, 아급성형은 3~5일, 긴 것은 10일간 생존한다.

⑤ 탄저의 특징적인 병변으로는 비강 및 항문으로부터의 출혈, 혈액응고부전 등을 볼 수 있고, 그밖에 비장의 종대, 장점막의 출혈, 체강내 혈액량 삼출액의 충만 등을 볼 수 있으며, 심장에서는 심내막 및 심외막의 출혈을 볼 수 있다. 또한 장간막(腸間膜) 혈관의 확장, 장간막 림프선의 종창 및 출혈 등도 볼 수 있다.

⑥ **폐사율**: 폐사율은 소에서는 약 90% 정도, 양이나 말에서는 70~90%로 추측된다.

진단

임상 소견, 부검 소견, 실험실 소견 등의 결과를 종합하여 판정하고, 오진이 없도록 해야 한다. 주의해야 할 것은 부검이나 재료 채취로 인하여 병균이 확산되지 않도록 환축 또는 시체의 이동을 금하고, 주위의 소독을 철저히 하고 부검해야 한다.

(1) 세균의 염색

생체 재료로서는 심장천자(心臟穿刺), 경정맥(頸靜脈)으로부터의 채혈, 피부의 절개부로부터의 유출혈액 등을 이용하고, 시체 재료로서는 비장·간장·혈액 등을 이용하는 것이 좋다. 이 재료를 slide glass에 얇게 도말 → 건조 → 염색 → 검경한다. 이 때 취급 시에 주의하여야 한다.

① Gentian violet 10 g을 포르말린 100 mℓ에 용해시켜 수시간 후에 여과하여 사용한다. 도말 표본은 고정시킬 필요가 없으며, 염색액을 20～30초간 작용시킨 다음 수세하여 현미경으로 관찰하면 균체와 협막이 자색 1의 농담으로 확실하게 구별된다. 즉 균체는 짙은 색이고, 협막은 엷은 색으로 구별된다(Leviegle법).

② Methylene blue액 30 mℓ을 0.01%의 수산화칼륨(KOH)용액 100 mℓ와 혼합한 염색액으로 화염고정(火焰固定)한 도말 표본을 수초간 염색시킨 다음 수세하여 검경한다. 균체는 청색, 협막은 도색으로 염색된다.

③ Giemsa액 한 방울을 물 2 mℓ에 희석한 염색액에 염색한다. 도말 slide를 소량의 포르말린이 들어 있는 petri dish에 넣어 뚜껑을 덮고 2～3분 간 포르말린 가스에 노출시켜 고정한 다음 염색액으로 1～2분 간 작용시켜 수세하여 검경한다. 협막은 도자색, 균체는 자색으로 염색된다.

(2) 배양검사

탄저균은 여러 종류의 배양기에서 잘 자라므로 혈액배지 또는 한천배지를 사용하여 혈액 또는 장기조직의 유체를 고형배지에 접종하여 37℃ 하에서 호기배양하면 특징 있는 집락(集落, colony)을 형성한다.

배양된 증식균을 염색 또는 생화학적 성상검사 등으로 판정하지만 시간이 걸린다. 단시간 내에 판정할 수 있는 검사방법에는 다음과 같은 것들이 있지만 이에 대한 전문지식이 필요하다.

① Pearl test

㉠ 혈액 또는 장기유제에 멸균 증류수를 동량 가하여 미리 적혈구를 용해시킨 것을 접종재료로 한다. 수성, 페니실린 0.5 ㎛/mℓ 및 0.05 ㎛/mℓ를 함유한 보통 한천배양기를 만들어 지름 약 1cm의 원형으로 도려낸 것을 slide glass 상에 놓고, 그 위에 접종재료를 얇게 도말한다. 이 때 페니실린이 들어 있지 않은 대조 배양기에도 접종한다.

㉡ 이와 같이 3개의 한천조각을 놓은 slide glass를 건조되지 않도록 물을 약간 넣은 샤알레에 넣어 항온기 내에 약 3시간 방치한다. 판정은 한천상에 cover glass를 덮고 약 400배 확대하여 검경한다.

㉢ 대조는 간상(桿狀)의 장연쇄(腸連鎖), 페니실린 0.05 ㎛/mℓ의 것은 진주양(眞珠樣) 연쇄 또는 포도상으로 되어 있으면 양성으로 판정한다. 대부분의 경우 0.5 ㎛/mℓ의 한천면의 것은 발육이 저지된다. 드문 예지만 탄저균이 페니실린에 내성일 경우에는 음성으로 나타나므로 오진할 수 있다.

② Phage test

보통 한천평판을 3등분하여 한 곳에는 검사재료, 다른 두 곳에는 대조의 탄저균과 비병원성의 아포형성균의 균액을 지름 2～3 cm의 원형으로 접종한다. 이 평판을 샤알레 뚜껑을 비스듬히 하여 덮고, 항온기 내에서 약 30분 간 건조시킨 다음 검사재료 또는 균액 접종한 것의 중심부에 파지액을 도말 접종하여 다시 항온기에 놓고 약 3시간 배양한다. 파지를 접종한 중심부가 용균되어 투명하면 양성으로 판정한다.

③ 동물 접종시험

실험동물로서는 마우스를 사용하고, 접종재료 0.2～0.3 mℓ씩 5마리의 생쥐(마우스) 복강내 또는 피하에 접종한다. 재료 중에 함유된 균수에 따라 다르지만 접종 후 빠르면 1일, 늦으면 4일 만에 죽는다.

④ 혈청학적 진단

㉠ 오랫동안 ascoli test가 많이 이용되고 있다. 장기 또는 혈액에 5배량의 생리식염수를 가해 유제(乳劑)로 하여 시험관에 넣고 100℃의 열탕 내에서 20분 간 방치한 다음 이것을 여과하여 투명액을 얻어 항원으로 한다.

㉡ 밑면이 막힌 가는 유리관에 미리 탄저침강소(炭疽沈降素) 혈청을 분주하고, 모세관 피펫으로 항원을 조심스럽게 중층한다. 항원을 미리 넣고 침강소 혈청을 중층하여도 좋다. 이 때 항원과 혈청의 접촉면이 옆에서 보았을 때 일직선

이 되게 해야 한다. 약 15분 간 정치한 후 항원과 혈청의 접촉면에 뚜렷한 백탁(白濁)이 생기면 양성으로 판정한다.

예방 및 치료

(1) 예방

① 탄저는 법정전염병으로서 발생하면 즉시 소속 행정기관에 알리고, 축주는 수의사에게 진단을 요청하며, 그 진단에 따른 조치는 수의사의 지시대로 이행하여야 한다.

② 축주가 임의대로 도살해체 또는 매각해서는 안 된다. 방역상 특별한 대책이 필요하며, 발병된 지역으로부터 소의 이동을 금지하고, 감염되지 않은 소에 대해서도 다른 소와의 접촉금지, 격리, 검진, 소독, 예방접종 등을 해야 한다.

③ 탄저균은 폐사한 사체 내에서는 단시간에 아포를 형성하지 않기 때문에 소독하면 효과를 거둘 수 있지만, 배설물 중의 세균은 하루가 지나면 아포의 형성이 가능하기 때문에 빠른 시간 내에 처리해야 한다.

④ 예방 접종약에는 탄저균사균(炭疽菌死菌), Anthrax bacterin 백신, 파스타 백신(Pastur vaccine), 아포 백신(Spore vaccine) 등이 있지만, 현재 우리나라에서는 아포 백신을 사용하고 있다. 이 아포 백신은 Sterne에 의하여 개발된 것으로서, 독력이 약한 비협막균주(非莢膜菌株)의 아포를 saponin 용액에 부유시키거나 또는 수산화알루미늄(aluminium hydroxide)에 흡착시켜 만든 것이다. 한번 발생한 지역에서는 토양 중에 오염된 균이 다시 발생원이 되므로 그 지역의 소는 매년 예방접종을 하여야 한다.

(2) 치료

① 사람과 가축의 탄저 발생에 대해서 penicillin, terramycin 및 tetracycline 등의 항생물질 등을 조기에 사용하면 상당한 효과를 거둘 수 있다.

② 면역혈청도 예방 및 치료에 이용되어 왔으나 현재는 잘 쓰이지 않는다.

2. 기종저

기종저(氣腫疽, black leg, blackquarter)는 *Clostridium chauvoei*의 감염으로 인

한 급성 열성전염병으로서 세계 각지에서 산발성 또는 지방성으로 발생되며, 근육의 염증에 의한 흑변, 기종(氣腫), 염발음(捻發音) 및 장액성(漿液性) 출혈종창(出血腫脹) 등이 주 증상으로 급성경과로 폐사하는 법정전염병이다. 우리나라에서도 여러 지역에서 종종 발생되고 있다.

원인

① 병원균인 *Clostridium chauvoei*는 *Clostridium*속에 속하는 세균으로서 토양중에 존재하며, 혐기성 발육을 하고 비협막성, 운동성, 아포형성성, 편성, 혐기성으로서 크기 (3～8)×0.6μ의 간상균이며, 양단(兩端)은 둔원(鈍圓)하다. 단일 또는 단연쇄를 이루며 그램양성균이다.

② 이 세균은 동물 체내에서 잘 증식하고, 독소를 생성하여 독혈증 또는 국소성 독소 등으로 병원성을 나타낸다.

③ 발육형의 균체는 열과 소독약제에 의하여 쉽게 파괴되지만, 아포형은 건조와 열 및 소독제에 대한 저항성이 강하다.

④ 감염동물로부터 배설되거나 시체의 부패로 자연계에 노출되어 아포를 형성하여 수년간 생존하는 동안 감염원이 될 수 있다.

⑤ 경구적으로 감염되면 균이 소화관점막을 통과하여 혈류를 통해 체내의 감염조직에 도달하여 그 곳에서 병소(病巢)를 형성하고, 다른 조직으로 전파된다.

역학

① 기종저균이 오염된 토양, 사료 또는 음수를 통하여 소화관 내에 들어가면 소화관점막을 거쳐 근육이 많은 부위, 즉 대퇴부(大腿部), 견부(肩部) 등에 이르러 병소를 형성하고 독소를 생산하며, 균혈증을 일으켜 각 장기에 균이 전파된다.

② 내부 근육, 즉 횡격막근, 복근 등에도 병소가 형성되고, 범발성 출혈성 복막염이 나타나는 경우도 있다.

③ 주로 6～24개월령의 소에서 많이 발생되고, 봄과 가을철에 많이 발생한다.

④ 세계적으로 널리 발생하고 있으며, 우리나라의 대부분 지역에서 발생하지만 특히 남부지방에서 많이 발생한다.

⑤ 가축 중에서는 소에서 가장 많이 발생하고, 면양・산양・노루 등에서도 자연감염된다. 실험동물로서는 모르모트 및 햄스터가 감수성이 높으며, 토끼・쥐

등도 인공감염될 때가 있다.
⑥ 치료를 하지 않고 방치하면 100%의 치사율을 나타낸다.

증상

① 잠복기는 짧은 것이 보통이고, 대개 1～4일이다.
② 40～41℃의 발열, 침울, 운동 기피와 파행증상이 나타나며, 어깨・가슴・목・허벅다리・엉덩이 등 근육이 두꺼운 부위의 종창이 뚜렷하고, 인후두 근육, 저작근 및 그밖에 근육이 얇은 부위로 종창된다.
③ 피하기종(皮下氣腫)은 처음에는 작은 염증성(疼痛, 熱感)으로 시작되다가 급속히 확대되어 무통의 큰 기종으로 변한다.
④ 병증의 진전은 매우 빠르고 고열, 호흡곤란, 진전(震顫), 탈력이 현저하게 되면 혼수상태에 빠져 대개 발병 후 48시간 이내에 폐사한다.
⑤ 근육의 병소조직은 암흑색의 건조한 상태의 종창과 가스의 침투로 스폰지 모양으로 되고, 혈액과 가스가 함유된 피하부종이 산재하며, 그 부위에서 낙산취(酪酸臭)를 발한다.
⑥ 코・항문 등 천연공으로부터는 혈액이 섞인 포말이 누출되고 결막의 충혈, 직장탈 등을 볼 수 있다.
⑦ 부검 소견으로는 실질 장기의 변화가 심하고 간의 종창, 복막염, 폐수종, 심낭염, 장염 등이 뚜렷하다.

진단

① 6～24개월령의 어린 소에서 대골격근(엉덩이, 허벅다리, 어깨, 허리, 목)에 염발성 종창과 고열 등을 수반하면 이 병을 의심할 수 있다.
② 부검 소견으로는 심한 낙산취(酪酸臭)와 더불어 가스를 함유한 스폰지 모양의 근(筋) 변화가 이 병의 진단에 가장 중요한 특징이다.
③ 최종 진단은 실질 장기의 재료로 염색표본을 만들어 검경하여 균을 증명하거나 혐기성 배양방법으로 균을 분리・동정한다.
④ 감별 진단에 있어서는 이 병과 악성수종(惡性水腫, malignant edema)과의 감별이 가장 어렵다. 악성 수종균은 *Clostridium septicum*으로서 혐기성, 아포형성, 그램양성 등 기종저균과 공통점을 지니고 있을 뿐만 아니라 임상증상도 유사하다. 감별진단 방법으로서는 기니피그 접종법과 형광항체법이 이용된다.

예방 및 치료

(1) 예방

① 이 병은 원인균이 아포를 형성하여 토양 중에 존재하면서 발생 원인이 되므로 한 번 발생한 지역에서 재발할 우려가 있기 때문에 그 지역에는 예방접종을 할 필요가 있다.
② 예방을 목적으로 사용하는 백신은 *Clostridium chauvoei* 균의 단일 배양액 또는 *C. septicum* 균의 배양액과 혼합하고 포르말린을 0.2~0.4%를 첨가하여 만든 두 가지의 생균백신이 있다.
③ 가끔 기종저와 악성수종의 혼합백신을 사용하는 경우가 많다.

(2) 치료

① 이 병은 매우 경과가 빠르므로 방목우에 발병되었을 경우에는 병축(病畜)의 발견이 늦음으로써 치료의 적기를 놓칠 때가 많다.
② 페니실린주사를 조기에 실시하면 효과가 있고, 항혈청주사를 이용하면 더욱 효과적이다.

3. 브루셀라병

브루셀라병(brucellosis, Bang's disease)은 *Brucella* 균의 감염에 의하여 생식기와 태막이 염증을 일으켜 유산, 태반정체, 불임, 정소염(精巢炎), 정소상피염(精巢上皮炎) 및 번식장해를 일으키고, 사람에 감염되면 발열, 오한, 관절통, 두통 및 전신성의 통증을 일으키는 인수(人獸) 공통 전염병이며, 소의 법정전염병이다.

원인

Brucella 균은 구상양(球狀樣) 그램음성의 소간균이며, 소에서는 *Br. abortus* (Bang bacillus), 양에서는 *Br. melitensis*, 돼지에서는 *Br. suis*에 의해서 전파 감염된다. 체내에 균이 침입하면 침입한 근접부의 림프절에 이르러 식세포의 세포질 내에서 증식하고, 유리된 균은 새로운 식세포에 식균되어 각 장기에 전파된다.

역학

① 브루셀라병은 세계적으로 널리 분포되어 있으며, 우리나라와 일본에서도 발생되고 있으나 근래에는 발생률이 많이 감소되고 있다. 이 세균은 우유에 혼재되어 있으므로 경제적으로 막대한 손실을 입히고 있는데, 특히 유생산의 감소, 불임, 유산 등으로 인한 손실이 크다.

② 모든 소에 감염되고, 성숙한 소는 지속적으로 감염이 가능하며, 감염모우로부터 태어난 새끼는 선천적으로 감염되지만 발증하지 않고, 초산단계에서도 혈청반응이 음성이다. 그러나 출산 후부터 균이 체내에 증식한다.

③ 혈청반응이 양성인 모우로부터 태어난 새끼는 초유에 함유되어 있는 어미 항체로 인하여 4~6개월령까지 양성을 나타내지만, 그 이후에는 균을 보균하고 있더라도 항체가 음성으로 된다. 이와 같이 혈청반응이 음성으로 균을 보유하고 있는 소는 성숙한 후에 감염원이 된다. 브루셀라균이 많은 곳은 임신자궁, 태아, 태막 등으로서 감염원이 된다.

④ 이 병은 경구, 피부 및 결막의 오염물 접촉, 착유시 유두의 오염 등에 의하여 전파된다. 오염된 초지에서의 방목, 감염우의 태막 및 유산태아에 의하여 오염된 사료 또는 음수의 섭취, 감염된 신생 자우(仔牛) 등을 통한 감염이 일반적인 경로이다.

⑤ 수소는 이 병에 감염되면 정액을 통하여 균이 배설되지만 그 자체는 균의 전파에 크게 영향하지 않고, 그 정액을 인공수정용으로 사용하면 오염원이 된다. 수소에 있어서는 혈청반응이 음성이더라도 정액으로부터 균이 분리되고, 정장액 응집반응에서 양성일 경우가 있다.

증상

① 임상증상의 특징은 유산을 하는 것이며, 수소에서는 정소염 및 부고환염을 일으킨다. 상재지에서는 대개 감염되더라도 만성경과를 취하고 임상증상을 나타내지 않는 것이 많다.

② 임신 7~8개월령에 유산하거나 출생 후 바로 폐사하는 것은 이 병을 의심할 수 있다.

③ 임상증상은 이 병에 대한 면역획득의 상태에 따라 다르고, 유산을 했던 소가 다음부터는 유산을 하지 않는 경우도 있으며, 유산을 반복하는 소도 있다.

④ 소에서의 병변은 태반, 자궁, 유방, 림프절, 간, 비장, 정소 등에서 볼 수 있고,

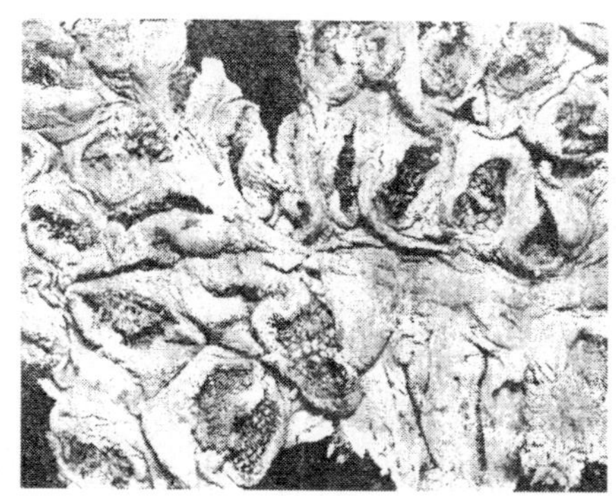

그림 1-3. *Brucella* 균에 감염된 태반병변

[태반상피는 두껍고 가죽모양으로 쭈글쭈글함]

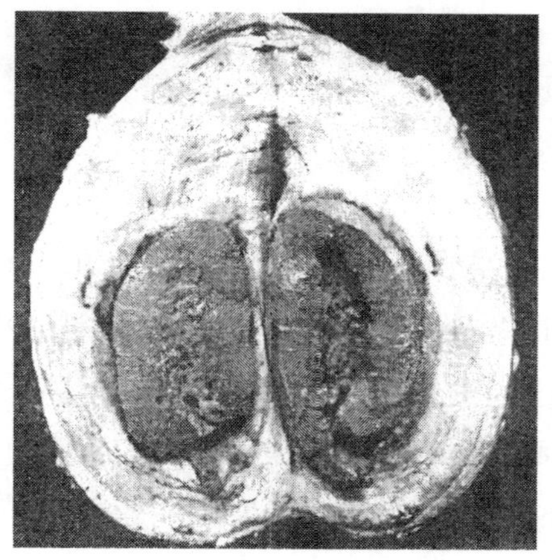

그림 1-4. *Brucella* 균에 감염된 수소의 고환단면

[부고환간질의 경미한 염증이 광범위한 괴사로 확산되어 고환 전체가 위축되어 있음]

특히 태반에서는 요막(尿膜) 및 융모막(絨毛膜)의 수종, 부분적 괴사 등을 볼 수 있다.

⑤ 수소가 *Brucella* 균의 감염으로 정소염을 일으키면 불임수소가 된다.

진단

① **임상진단**: 임상증상만으로 진단이 다소 어렵고, 특히 유산, 후산정체(後産停滯), 불임 등이 주요 증상이다. 특히 이 병의 유산은 임신 7~8개월에 많고, vibrio성 유산은 임신 5~6개월에, 그리고 Trichomonas 유산은 임신 1~3개

월에 나타난다는 사실을 참조하여 감별진단을 한다.

② **병리해부학적 진단**: 궁부태반 및 융모막의 괴사병소가 특이한 병변이며, 융모막의 상피세포층에는 *Brucella* 균이 많으므로 이의 도말염색 표본의 검사는 진단에 도움이 되나 확실한 것은 균분리가 되어야 한다.

③ **세균학적 진단**: 가검재료를 이용하여 균의 배양·분리·동정을 하여 진단한다.

④ **혈청학적 진단**: 가장 실용적인 진단법이며 감염우의 혈청, 젖, 질점액 및 정액에 브루셀라균의 항체 여부에 근거를 둔 진단법으로서 응집반응법(凝集反應法)이 가장 많이 이용되고 있다. 여기에는 시험관 응집반응과 평판 응집반응이 있다.

예방 및 치료

(1) 예방

① **예방접종**: 균주 19 브루셀라 백신(Strain 19 brucella abortus vaccine)이 가장 널리 이용되고 있다. 이는 생균 백신이며, 병원성이 극히 약하여 전염성은 없으나 강력한 면역을 형성한다. 생후 4~8개월의 자우에 접종하면 종생면역(終生免疫)이 가능하다. 모우(牡牛)에 대한 접종은 별로 권장되고 있지 않다. 왜냐하면 모우는 교배기에만 빈우(牝牛)와 접촉하기 때문에 감염 기회가 적기 때문이다.

② **근절대책**: 유우에 대해서는 MRT(milk ring test)를, 그리고 육우에 대해서는 MCT(market cattle testing)를 매년 정기적으로 실시하여 양성우를 색출하여 도살 처분하는 방법이다.

(2) 치료

① 브루셀라의 예방과 치료의 목적으로 미량무기물, 비타민 및 항생물질이 이용되어 왔으나 그다지 성과는 없었다.

② 사람의 감염증은 Tetracycline, Streptomycin, Sulfonamides의 합제가 가장 유효한 치료약으로 이용되고 있다.

4. 결핵병

우결핵병(牛結核病, bovine tuberculosis)은 *Mycobacterium bovis*의 감염으로 야기되는 질병으로서 만성경과를 취하며 호흡기 증상, 림프절의 종대 및 결핵결절을 형성하는 것을 특징으로 한다. 중증우는 임상증상을 나타내며 전형적인 경과를 취하지만, 경증우는 거의 임상증상을 나타내지 않는다. 우리나라에서는 이 병의 예방을 목적으로 Tuberculin test를 하여 양성우는 도살 처분한다. 이 병은 인수(人獸) 공통 전염병이고, 법정전염병이다.

원인

① 결핵균은 그램양성이고, 길이 2～4μ의 직선 또는 약간 구부러진 간균이며, 때로는 과립상(顆粒狀)으로 보이며, 가끔 장사상(長絲狀)으로 나타나기도 한다. 이 균은 항산성균에 속하며, 협막은 존재하지 않으나 짙은 lipid층을 가지고 있다.

② 온혈동물의 결핵증은 인형(人型), 우형(牛型), 조형(鳥型) 및 야서형(野鼠形) 결핵증 등 4형으로 나누고, 그 병원결핵균을 각각 *Mycobacterium tuberculosis* (人型 결핵균), *M. bovis* (牛型 결핵균), *M. avoum* (鳥型 결핵균) 및 *M. microti* (野鼠型 결핵균)으로 구분한다.

③ *M. bovis*는 소뿐만 아니라 닭을 제외한 모든 포유류 및 사람에게도 병원성이 있으며, 실험동물에 있어서는 모르모트와 토끼에 감수성이 있다.

④ 이 균은 아포가 형성되지 않지만 열, 건조, 일반적인 소독제 등에 비교적 저항

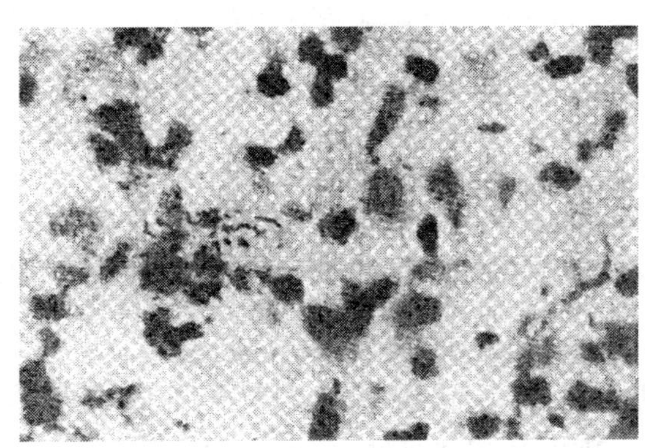

그림 1-5. 지일닐센(Ziehl-Neelsen) 염색으로 본 결핵에 감염된 닭의 비장
[항산성 세균임을 나타냄]

성이 있고, 습기가 많은 곳에서는 비교적 오랫동안 생존한다. 감염은 공기, 가래, 침, 유즙, 오줌 등에 접촉하여 이루어지는데 호흡기 및 구강을 통하여 주로 전염된다.

역학

① 소의 결핵은 거의 대부분이 원발병소(原發病巢)가 호흡기도이고, 이 곳에서 균이 주변의 림프절로 이동하여 병변을 일으킨다. 송아지는 오염된 유즙을 섭취함으로써 인후두 또는 장간막의 림프절에 원발병소를 나타낸다.

② 초기 병소로부터 후기 침윤에 이르기까지의 경로 및 그 발생률은 개체에 따라 다르다. 일반적으로 이 병은 진행성 변화가 일어나기 때문에 독혈증에 의한 쇠약, 무력 등에 이르러 죽게 된다.

③ 이 병의 전염은 주로 오염동물에 의하여 원인균이 호기, 객담, 분변, 유즙, 오줌, 질 등을 통하여 배설되어 환경을 오염시킨다. 일반적인 감염은 호흡기 또는 경구감염이 많고, 소는 축사내 또는 방목을 막론하고 감염경로가 주로 호흡기 계통이다.

④ *M. bovis*에 감염된 소의 분변 또는 이에 오염된 축사의 상면(床面)에서 균이 6~8주 간 생존하고, 배설물에 의한 목초지의 균 오염으로 인한 감염은 조건에 따라 일정치 않다.

⑤ 어린 개체가 결핵균에 오염된 젖을 섭취하는 것은 균을 전파시키는 주된 경로가 되지만 착유기의 오염, 인공수정용 정액의 오염, 사료 오염 등에 의해서도 감염된다.

⑥ 결핵은 세계 각지에 분포되어 있어 유우의 중요한 질병 중의 하나이고, 사람 및 각종 동물에 감염되어 축산물의 생산량을 저하시킬 뿐만 아니라 공중위생상 문제가 많다.

증상

① 결핵은 대개 만성경과를 취하기 때문에 발병기간에 나타나는 증상이 매우 다양하며, 결핵 병소가 국소 장기에 국한되어 있을 경우에는 그 부위에 병변을 일으키고, 또 전신증상을 나타낸다. 전신성의 속립(粟粒) 결핵증이라도 임상증상을 나타내지 않지만 진행성의 수척(瘦瘠)이 있으면 이 병을 의심할 수 있다.

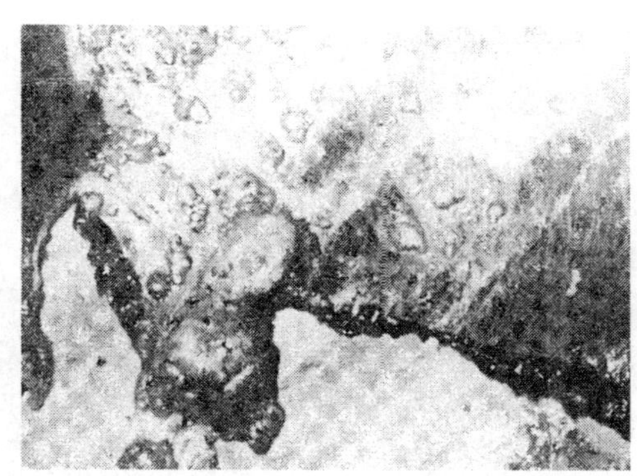

그림 1-6. 전신결핵으로 폐사한 소의 병변

② 잠복기는 수주일에서 수개월로 일정치 않고 파상열, 행동의 완만 등은 이 병의 특징이라고 할 수 있다. 기관지 폐렴에 의한 호흡곤란을 위시한 가벼운 폐렴증상이 나타난다.

③ 중증 예에 있어서는 비삼출성 결핵성 늑막염 및 기관지 림프절에 의한 기도 압박으로 호흡곤란, 종격막(縱隔膜) 림프절의 종창에 의한 지속성의 제1위 고창증 등을 일으킨다. 두경부(頭頸部)의 림프절의 종대는 외부에서도 볼 수 있으며, 때로는 염증이 파열되어 고름이 유출되기도 한다.

④ 소화기 장애성 증상은 주변 림프절의 종창에 의한 압박이 원인이고, 소장의 결핵성 궤양이 있으면 설사를 한다. 초기 병변의 일부 또는 후기에 이르러 균이 체내에 퍼지게 되면 인후두 림프절이 종창하여 인두의 장애로 사료의 섭취 곤란 및 호흡곤란 등을 일으킨다.

⑤ 기타 각 부의 장기 림프절, 즉 생식기 및 유선 주위 림프절의 종창과 아울러 유방염 등을 수반한다. 중추신경계에 병소가 생기면 지각과민, 부전마비 또는 선회운동과 운동기능 항진 등의 증상이 나타난다.

진단

① 결핵병의 진단방법은 임상진단, 병인학적(病因學的) 진단, 병리학적 진단, 혈청학적 진단 등으로 구분할 수 있다.

② 병인학적 진단은 무균적으로 채취한 배양재료를 배양기를 사용하여 균의 분리 및 동정으로 진단하여야 한다.

③ 혈청학적 진단방법에는 보체결합반응, 형광항체법, 응집반응, 침강, 혈구응집반응 등을 이용할 수 있지만 실제 이용은 적다.

그림 1-7. 소의 폐장과 흉막병변(육아종결절이 특징임)

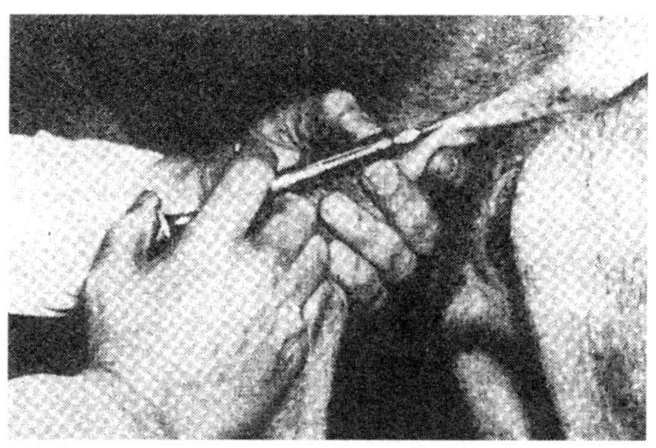

그림 1-8. 결핵진단을 위한 미근부 추벽(皺壁)에 투베르쿨린을 피내접종

④ 결핵우를 도태시키기 위하여 tuberculin 검사를 실제적으로 많이 이용하고 있으므로 이에 대한 진단방법을 설명하면 다음과 같다.

㉠ Tuberculin test는 일종의 allergy 반응으로서 결핵균이 생성한 특이 단백질 또는 순화단백질 유도체(purified protein derivative, PPD)를 투베르쿨린 항원으로 사용한다.

㉡ Tuberculin test는 피하주사법 · 피내주사법 · 점안법 등이 있지만, 피내주사법이 가장 많이 이용된다. 즉 tuberculin은 미근부(尾根部)의 주름진 피부 내에 0.1～0.2mℓ를 주입한 후 72～96시간에 판정한다.

㉢ 주사 부위의 종창과 경결이 있으면 양성으로 판정한다.

㉣ Tuberculin 점안법은 결막낭 내에 tuberculin을 2시간 간격으로 2회 점안하여 6시간 후에 결막염과 농양안루(膿樣眼漏)가 생기면 양성으로 판정하는 방법이다.

예방 및 치료

① 동물이 결핵병에 걸리면 많은 치료비와 오랜 치료기간을 요하기 때문에 중요한 동물이 아니고서는 약물치료를 하지 않고 도태시킨다.
② 결핵예방을 위한 BCG 접종이 있지만 접종 후 환축진단에 혼란이 일어나기 때문에 실용적 방법이라고는 할 수 없다.
③ 현재까지 소의 결핵예방을 위하여 실시해온 조치는 투베르쿨린 반응 양성우를 검색하여 도살 처분하여 감염원을 박멸하고 건강우를 보호하는 방법이다.

5. 요네씨병

요네씨병(Johne's disease, paratuberculosis)은 소·면양·산양 등에 특징적인 전염성 장염을 일으키고, 고질적인 간헐성 하리, 점차적인 체중 감소, 그리고 장점막의 비후와 추벽(皺壁)의 형성을 특징으로 하는 만성전염성의 치사적인 질병으로서 가성결핵(假性結核, paratuberculosis)이라고도 한다.

원인

① 병원성인 *Mycobacterium paratuberculosis* (파라 결핵균)는 크기 (1～2)×0.5 μ의 항산성의 소간균(小桿菌)이며, 장점막액을 도말하여 항산성 염색하여 관찰하면 결핵균과 비슷한 균 집단 및 고립균으로 나타난다.
② 이 균에 오염된 사료·물·목장 등을 통하여 송아지에 감염되며, 수개월에 자연 치유되는 수도 있지만 원인균이 장벽에 존재하여 지속적인 보균동물로 되는 경우가 많다.
③ 이 병원체는 반추동물에 경구 또는 정맥접종으로 발증하지만 자연감염에 비하면 잠복기가 짧고 증상이 심하게 나타난다. 원인균은 소장점막에서 증식하고, 병소는 장간막(腸間膜) 림프절에 이르지만 편도선이나 인두부 림프절에서는 거의 증식하지 않는다.
④ 이 균의 증식은 완만하지만 장관으로부터 흡수를 저해하여 만성설사의 원인이 된다. 자연감염에서는 잠복기가 긴 것이 특징이고, 약 2년이 걸리는 것이 보통이다.

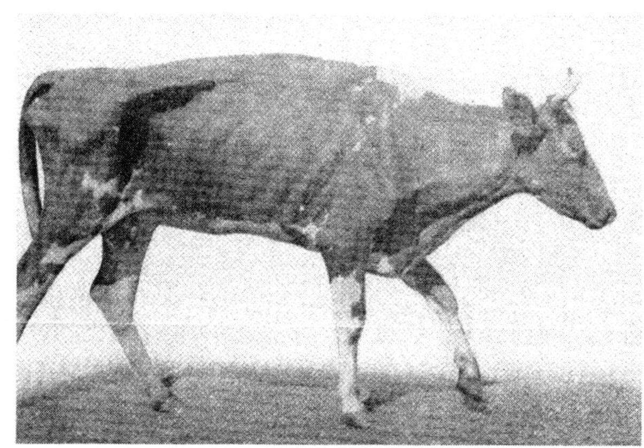

그림 1-9. 요네씨병에 걸린 소

[피모가 거칠고 피부가 건조함]

증상

① 잠복기는 보통 1년 이상이며, 어느 경우에 있어서는 수년 간 무증상 감염으로 경과되는 경우도 있다. 임상증상은 대개 2~8세의 성우에서 볼 수 있다.
② 가장 뚜렷한 증상은 수척해지는 것이고, 하악(下顎)의 부종으로 볼 수 있다.
③ 유산태아는 그다지 감소되지 않지만 갈증이 있고 설사가 심하면 탈수증으로 폐사한다. 그밖에 빈혈, 유량 감소 또는 비유정지 등의 증상이 나타난다.
④ 소의 병소는 소화관의 후부 및 인접한 림프절에 뚜렷하게 나타나고 소장하부, 맹장 및 결장에 병변이 잘 나타나며, 장벽이 정상인 것에 비하여 3~4배로 두꺼워지고, 장점막에 추벽이 생기는 것이 특징이다. 장간막 림프절 및 회맹(回盲) 림프절이 부어 있다.

진단

① 요네씨병은 만성으로 경과하기 때문에 다른 원인에 의한 장염과의 감별은 쉬우나 창상성 제2위염의 만성형, 간농양, 콕시듐병, 고균성(孤菌性) 하리, 살모넬라증, 세균성 신우신염 및 기생충 감염증 등과 혼동하지 않도록 유의해야 한다.
② 병리학적 검사로서는 분변의 도말검사, 분변의 배양검사, 장간막 림프절의 배양검사 등으로 세균학적 검사를 하는 방법이 있다.
③ 혈청학적 진단방법으로는 결핵의 tuberculin test와 같은 Johnin test법이 있지

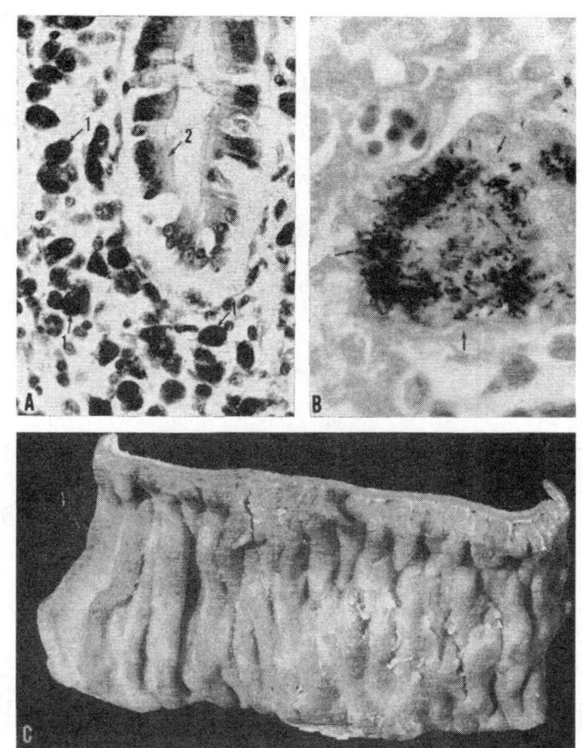

그림 1-10. 요네씨병

A. 소장의 고유층 내에 세균을 식균한 대식세포(1)
장와는 삼출액에 의하여 분리되어 있다(2)

B. 세균으로 채워진 대식세포를 보다 확대한 것(화살표), 항산성 염색

C. 두껍게 주름진 장점막

만 개체 진단법으로서는 신뢰도가 낮으나 우군(牛群)의 오염상태를 알기 위해서는 좋은 방법이다.

④ 그밖에 보체결합반응, 간접 적혈구 응집반응, 형광항체법, 겔 확산 침강검사, 효소항체법 등이 있다.

예방 및 치료

① 요네씨병은 병증이 눈에 띌 때는 이미 말기에 해당하므로 치료를 한다고 해도 큰 효과는 기대하기 어렵다.

② 치료는 Streptomycin을 하루에 50 mg/kg를 투여하거나 clofazimine을 하루 600 mg을 경구 투여하면 효과가 있다.

③ 이 병은 잠복기가 길고 만성경과를 취하기 때문에 정확한 진단을 내리기가 어려우므로 예방이 중요하며, 평소에 위생적인 관리를 하고, 각종 진단방법에 의하여 보균동물 또는 감염동물을 색출·도태시켜 이 병의 만연을 방지함으로써 경제적 손실을 감소시키는 데 도움이 될 수 있다. 생후 1개월 이전에 예방약을 접종하는 방법도 있지만 농후 감염우군 이외의 경우에는 잘 사용하지 않는다.

6. 출혈성 패혈증

소의 출혈성 패혈증(敗血症, hemornhogic septicemia)은 *Pasteurella multocida*의 특정한 혈청형(B-6 또는 E-6의 혈청형)의 감염에 의하여 전신성으로 피하 또는 장기에 점상출혈반(點狀出血斑)이 생겨나고, 패혈증을 일으키는 급성전염병으로서 종래에는 야수우역(野獸牛疫)으로 불리었다. 이 병은 급성으로 경과하며, 심한 패혈증을 일으키고 발열, 침 흘림, 점막하출혈, 호흡곤란 증세를 나타내며 폐사한다.

원인

① *P. multocida*는 혈청형에 따라 숙주 특이성이 다르다. 혈청형은 협막(K) 및 균체(O) 항원의 조사에 의하여 15종 이상의 형으로 구분하고 있다.
② *P. multocida*의 공통점은 ㉠ 신선 분리균에서는 구상(球狀)에 가까운 단간균(短桿菌)이며 0.3 ㎛ 정도의 크기이다. ㉡ 감염숙주의 혈액 또는 장기의 도말표본에서는 뚜렷한 양단농염균(兩端濃染菌)으로 보인다. ㉢ 인공배지에 계대하면 점차로 다형성 또는 연쇄상으로 되어 전형적인 양단 농염색성은 소실되어 간다. ㉣ 운동성이 없고 아포는 형성되지 않는다. 이 균은 혈액한천배지에서 잘 발육되고, 일반 소독제에서 쉽게 살균된다.
③ *P. multocida*는 건조, 태양광선 등에 대한 저항성이 약하고, 동물의 체외에서는 장기간 생존하지 못한다. 감염방법은 감염동물에 직접 접촉하거나 오염된 목초·음수 등을 통하여 감염된다.

역학

① 출혈성 패혈증은 오래 전부터 알려진 병으로서 19세기 초 미국 및 유럽 각국

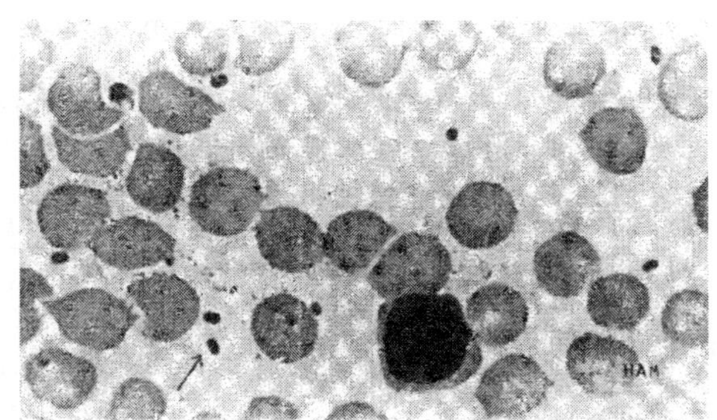

그림 1-11. 감염혈액 내의 *P. multocida*

에서 많이 발생하였지만 현재에는 중동, 아프리카, 인도, 동남아시아 등지에 상재하고 있으며, 우리나라에서도 발생하고 있다.

② 이 병은 연중 발생되지만 비가 많이 오는 계절에 많이 발생한다. 한 마리가 발생하면 같은 군의 소들이 차례로 감염되고, 유행지역에서는 약 30%의 이환율을 나타내며, 7～10일에 감염이 끝나는 것이 보통이다.

③ 병으로부터 회복된 소는 보균동물로서 병의 감염원이 되므로 보균동물의 수는 이 병의 역학상 중요한 인자라고 할 수 있다.

증상

① 잠복기는 48～72시간이며, 심급성으로 경과하여 갑자기 임상증상이 나타난다. 증상으로는 발열(40～41℃), 원기 소실, 식욕감퇴, 호흡곤란, 점막충혈, 갈증, 비루 등을 볼 수 있으며, 곧이어 폐렴형, 위장염형 또는 부종형 등과 같은 어느 하나의 증상이 특징으로 나타난다. 발병으로부터 보통 수시간에서 2일 이내에 폐사한다.

② 부검 소견으로는 장막 및 점막의 점상출혈, 림프절의 종창 및 출혈, 피하직의 장액침윤, 폐렴 소견, 폐엽간결합직(肺葉間結合織)의 장액침윤 등을 볼 수 있다. 기타 신・간・심장 등에서도 출혈소(出血巢)를 볼 수 있다.

진단

① 임상증상은 다른 질병에서도 유사한 증상을 나타내는 경우가 많기 때문에 구별하기 어렵다. 발생상황, 증상, 병변 소견, 균 분리 등의 종합적인 결과로써 진단한다.

② 뚜렷한 소견은 부검 소견에서 볼 수 있는 각종 장기의 점상출혈 또는 반상출혈이며, 진단에 중요한 참고사항이 된다. 그러나 다른 급성전염병의 소견에서 볼 수 없는 병변과는 감별이 어렵다.

③ 확실한 진단방법은 혈액 또는 장기 재료를 배양하여 원인균을 분리하고, 세균학적인 동정을 하는 동시에 혈청학적으로 혈청형을 검사하는 것이다. 혈액 또는 실질 장기의 도말표본을 만들어 Wright 또는 Giemsa 염색을 하여 검경하면 양단농염(兩端濃染)의 작은 간균을 확인할 수 있어 진단에 도움이 된다.

예방 및 치료

① 조기에 발견했을 때에는 설파제 및 페니실린, 스트렙토마이신, 테라마이신 등의 항생물질이 유효하지만, 이 병은 전파가 빠르고 증상이 심하기 때문에 발병한 소는 도살처분, 소각 등으로 병원균의 전파를 방지하는 것이 좋다.

② 상재지에서는 예방접종을 실시한다. 백신에는 수산화알미늄 겔(aluminium hydroxide gel) 백신과 오일 애주반트(oil adjuvant) 백신이 있다.

7. 아가바네병

아가바네병(Akabane disease)은 1972～1975년에 걸쳐 일본의 구주(九州)를 위시해서 중부 및 동북지구의 일본해 연안 지역에서 유산, 조산, 사산, 체형이상 또는 대뇌결손 등 여러 가지 증상을 나타내는 소위 이상출산을 일으킨 소가 약 4만 두 이상이 발생하였다고 하며, 1980년부터 우리나라에도 발생하기 시작, 법정전염병에 포함시키고 있다.

원인

① 병원 바이러스는 Bungaviridae의 Bungavirus에 속하고, 주로 매개곤충 즉, 모기에 의해 전파된다.

② Ito 등(1979)에 의하면 이 바이러스의 형태는 구형이고, 크기는 90～100 nm이며, 드물게는 130 nm에 달한다. 이 바이러스는 세포내의 Golgi체 근처에서 증식되고 있다고 한다.

③ 이 바이러스는 소・양 등에 감염되고, 임신한 동물에 감염되면 임상증상을 나

타내지 않지만 태아에서는 여러 가지 증상이 나타난다. 이 바이러스는 또한 발육중인 태아의 신경관의 분화를 정지시키고, 태아의 월령에 따라 관절강직 수두증 등의 증상이 단독 또는 복합된 상태로 나타난다.

역학

① Akabane virus의 상재지에 대하여는 아직 확실하게 밝혀져 있지 않지만 열대 지방에 밀림지대로 알려지고 있다.
② 이 병은 지역에 따라 유행 양상이 다르며, 오스트레일리아, 이스라엘 및 일본에서는 주기적으로 크게 유행하고 있으며, 우리나라에서도 발생되고 있다.
③ 매개곤충으로서는 겨모기(Culicoides brevitarsis)가 매개한다는 증거가 있지만, 다른 매개곤충의 매개도 가능성이 있는 것으로 추측하고 있다.
④ 유산과 미숙자의 출산은 가을에 많고, 관절강직과 수두증을 일으킨 새끼는 겨울에 많이 출산된다고 한다.

증상

① 일반적으로 Akabane virus에 감염된 임신우는 외견상 증상이 나타나지 않고 갑자기 유산을 한다. 특히 태령이 아주 어린 것은 축주가 유산한 것을 모르고 지나치는 수가 있다.
② 초기에 유산하면 자궁의 손상이 적기 때문에 다음 발정이 순조롭게 일어나고, 태아가 사망했을 때에는 대개 유산하지만 때로는 미라 변성되어 자궁 내에 잔류하는 것도 있다.
③ 조산 또는 사산하는 것은 체형 이상인 것이 많고, 특히 사지의 만곡이 심한 것은 난산을 한다.
④ 겨울에 분만하는 경우 체형이상 이외에 대뇌결손증이 있는 신생 자우는 허약하면 자력으로 포유할 수 없고, 눈이 멀거나 운동실조 등의 증상을 나타내는 것도 있다.
⑤ 주요 병변에 대하여 기술하면 비화농성 뇌척수염, 척수복각 신경세포의 소실과 감수, 왜소근증, 관절만곡증, 대뇌결손증 등이 있다.

진단

① 이 병의 발생은 일정한 경과, 지역성, 계절성, 태아의 증상 등으로 쉽게 식별

된다.

② 임신우는 감염되더라도 임상증상을 나타내지 않고, 간혹 양수과다로 복위가 팽만된다.

③ 모우에게는 인정할 만한 변화는 없고, 유산이 되면 체형이상 태아, 대뇌결손 태아, 맹목(盲目) 태아, 허약자우증(虛弱仔牛症)이 발생되는 경우에는 이 병을 의심한다.

예방 및 치료

① 예방접종 실시, 불활화 백신을 유행기에 2회 주사하면 약 4개월 간 유효하고, 약독화 생바이러스 백신도 개발되어 있다.

② 특별한 치료방법은 없다.

8. 우폐역

우폐역(牛肺疫, bovine contagious pleuropneumonia)은 소엽간(小葉間) 림프절의 장액성 염증, 폐실질(肺實質)의 그룹성 폐렴, 이어서 감염폐의 괴사 및 흔히 장액 섬유소성 흉막염을 특징으로 하는 아급성 또는 만성의 전염병으로서 법정전염병이다. 우리나라에서는 60여 년 전에 발생한 예가 있으나 현재는 발생되지 않고 있다.

원인

① 우폐역의 병원체인 *Mycoplasma mycoides* (우폐역균)는 PPLO(Pleuropneumonia-like organism)에 속한 다양형태성의 균이다.

② 우폐역균은 소 및 기타의 우속(牛屬, 물소・야크・들소・말・사슴)에 한해서 자연감염을 일으킨다. 실험동물로서는 토끼, 모르모트, 햄스터 및 마우스에 근육내, 흉강내 또는 피하접종에 의해서 발병은 일으킬 수 없으나 적응 계대할 수는 있다. 이 균을 분리하기 위해서는 마우스 접종이 가장 가치가 있다.

③ 우폐역은 초기에는 급성패혈증으로부터 대엽성 폐렴 및 흉막염으로 발전된다. 이와 같은 병소는 폐혈관의 혈전 때문에 더욱 진전된다.

역학

① 이 병은 현재 아프리카 대륙의 몇몇 나라에서 발생하고 있지만 다른 나라에서는 거의 발생하지 않는다. 우리나라에서는 제2차 세계대전 이후 발생이 보고된 바 없다.

② *Mycoplasma mycoides*는 소독약·건조·열 등과 같은 환경인자에 약하고, 숙주 밖에서는 수시간 생존하지만 특수한 배지 및 달걀 내에서는 발육한다.

③ 이 병의 전파는 비말감염에 의하고, 우사 내에서의 동거 또는 수송중의 동물에 잘 감염된다. 상재지역에서는 회복된 소 또는 불현성 감염우가 사육환경의 악화로 발병하여 감염원이 된다.

증상

① 자연감염 경우에 있어서 잠복기는 3~6주이다.

② 급속한 발병 예에서는 체온이 40~41℃까지 상승하나 거의 대부분의 예에서는 체온은 약간 상승할 뿐이다.

③ 비유정지, 식욕부진, 반추정지, 심한 원기소실 등의 증상과 더불어 가벼운 운동으로도 기침을 하며, 심한 흉막통으로 운동을 싫어하고, 목을 늘어뜨려 뻿뻿한 자세를 취한다.

④ 폐의 병변은 특징적이며, 급성형은 대엽성 폐렴으로서 폐의 할면(割面)이 대리석 무늬를 나타내고, 만성형은 치유기전에 의한 괴사편을 형성한다. 폐렴 이외에도 광범위한 섬유소성 흉막염이 있고, 흉수가 증가하여 폐가 확장부전으로 된다.

진단

① 폐병변부(肺病變部), 간질의 장액, 흉강삼출액(胸腔滲出液) 또는 기관지 림프절 등을 가검재료로 하여 마우스에 피하접종하여 균을 분리·배양한다.

② 감염동물과의 접촉, 임상증상, 부검 소견, 혈청학적 진단 등과 형광항체법도 응용된다. 전혈 신속 스라이드반응(whole-blood rapid slide test)에 의한 진단법도 응용되고 있다.

③ 출혈성 패혈증과의 감별진단도 필요하다.

예방 및 치료

① 우폐역의 처녀지에 이 병이 발생했을 경우에는 치료를 시도하지 말고 전파를 차단하기 위하여 조속한 검역살(檢疫殺) 처분해야 한다.
② 치료로서는 terramycin, erythromycin, tylosin 등을 항생물질로 사용한다.
③ 이 병의 무발생지에 새로이 발병되었을 경우에는 동거 감염우는 전부 도살처분하고 인접 지역의 모든 소에 대해서 검역을 실시한다.
④ 예방접종에는 불활화 백신, 생균배양 백신 및 조화균(鳥化菌) 액이 있으나 효과가 계태화(鷄胎化) 생독백신(egg-adapted vaccine)이 고도의 면역효과가 있어 널리 이용되고 있다.

9. 소의 렙토스파이라병

렙토스파이라병(bovine leptospirosis)은 *Leptospirae* 균의 감염에 의하여 발생하는 아급성 또는 만성전염병으로서 발열, 쇠약, 식욕부진, 황달, 혈색소뇨, 빈혈, 유산, 유량 감소, 증체 감소 등을 일으키며, 어린 소가 발병되면 폐사를 일으키고, 사람에게도 감염되어 심한 피해를 주므로 공중위생상 매우 중요한 인수(人獸) 공통전염병이다.

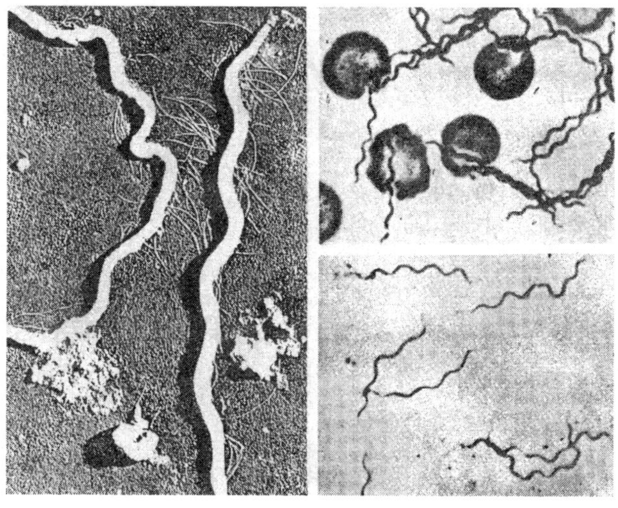

그림 1-12. 렙토스파이라병의 병원체

원인

① 병원균인 *Leptospira*는 응집용균반응(agglutinationlysis test) 및 교차흡수시험(cross absorption test)에 의해서 결정되는 응집원성(항원구조)을 기초로 하여 18혈청군, 60혈청형으로 분리되고 있다.

② 소에는 주로 *Leptospira pomona, L. grippotyphosa, L.canicola, L. hardjo, L. tarassovi, L. sejroe, L. icterrohaemorrhagica, L. autumnalis, L. hebdomadis* 등도 이 병의 중요한 병원체 역할을 한다.

③ *Leptospira*의 형태는 가장 작은 나선상균(螺旋狀菌, spirocheta)으로서 크기는 6～20(길이)×0.3(길이)×0.4～0.5(폭)μ 정도이고, 균체의 양단은 갈고리 모양으로 구부러져 있다.

④ 염색성에 있어서는 aniline 색소에는 염색되지 않으나 Giemsa염색 또는 도은법(鍍銀法, silver impregnation)에 의해서는 염색되므로 광학현미경으로 검사할 수 있다.

⑤ 피부 및 점막으로부터 침입한 균은 간에서 급속하게 증식하여 말초혈관에 이르고, 다시 혈관 내에서 증식함으로써 모세혈관의 장해를 일으킨다.

⑥ 자연감염은 렙토스피라균을 보유하고 있는 소 또는 돼지가 배설한 오줌이 오염된 건초, 청초 및 그밖의 사료나 오염된 물을 섭취함으로써 감염된다.

역학

① 렙토스파이라는 모든 동물에 감수성을 지니고 있으며, 설치류를 통해서 가축에 감염되는 경우도 많다. 세계적으로 발생하고 있으며, 우리나라에서도 발생되고 있다.

② 감염문호는 결막, 비강 및 구강점막을 통해서 또는 피부의 상처를 통해서 감염된다. 침입한 균은 혈액에서 증식하여 전신에 퍼지고, 항체가 혈액 중에 출현함에 따라 *Leptospira*는 혈액 또는 장기로부터 소실된다. 그러나 신장의 세뇨관에 도달한 균은 항체의 영향을 받지 않고 그 곳에서 증식하면서 오줌으로 배설된다.

③ 소에서 오줌으로 균을 배설하는 기간은 수주간에서 수개월 간이다. 감염률은 지역에 따라 다르고, 불현성 감염을 하는 경우가 많다.

증상

① 감염된 *Leptospira* 혈청형의 종류에 따라 증상에 많은 차이가 있으나 공통점인 것은 임신우에 있어서 유산을 일으킨다는 것이 중요한 점이다.

② 가장 발생이 많은 *L. pomano*에 기인된 예의 증상은 다음과 같다.

㉠ 발병 초기에 39.5～41℃의 발열 및 식욕감퇴가 있고, 발열기간 동안은 우둔, 낙루(落淚), 식욕절폐, 가끔 하리 등의 증상이 있다.

㉡ 유산은 가장 중요한 증상으로서 임신 5개월에 유산한 예도 있으나 보통은 임신 말기에 나타난다.

㉢ 일정치 않은 증상으로서는 비염증성 유방염, 혈색소뇨이며, 다음으로 빈혈(점막 창백)과 황달(黃疸)이다. 혈색소뇨는 발열의 후기 또는 그 이후에 일어난다.

③ *L. canicola*에 의한 예는 유산은 물론 발열, 식욕감퇴, 침울, 혈색소뇨를 보였고, 인공감염된 송아지에 있어서도 급성증상은 일으켰으나 빈혈은 경미하며, 혈색소뇨, 황달 등의 증상은 없었다.

④ *L. hardjo*에 의한 예는 유산 및 비정형적인 유방염 이외의 증상은 나타나지 않았다.

⑤ *L. grippotzphosa*에 감염된 예에 있어서는 유산되는 외에는 별 증상을 인정할 수 없었다.

진단

① 이 병의 정확한 진단은 체액과 조직에서 병원체를 직접 분리 검출하거나 적절한 염색법을 이용하여 병원체를 증명해야 한다.

② Leptospirosis는 질병 경과의 각 단계에 따라 진단의 방법도 다르다. 일반적으로 진단상의 경과는 *Leptospira*의 혈증기(血症期), 항체 생산기(抗體生產期), 요증기(尿症期) 등으로 구분할 수 있다.

③ 감염 후 약 7일경부터 혈액 또는 내부 장기 중에서 *Leptospira*가 급속히 증식하는 기간을 혈증기, 면역항체가 생산되어 최고 항체에 달하는 기간을 항체 생산기, *Leptospira*가 소실되고 항체가 미치지 못하는 부위, 특히 세뇨관 벽에 국한하여 분포되면서 오줌 속으로 균이 배설되는 시기를 요증기(尿症期)라고 한다.

④ 이와 같이 각 경과 단계에 따라 임상증상, 항체증명, 병원체 분리 등의 진단방

법을 취한다.

㉠ 혈증기에는 발열, 혈색소뇨, 황달증상이 있다.

㉡ 항체 생산기에는 혈청반응으로 항체증명을 한다.

㉢ 요증기에는 오줌 중 *Leptospira* 증명을 한다.

⑤ 세균배양은 28∼30℃에서 30일 간 배양하여 5∼7일 간격으로 암시야 장치로서 *Leptospira*를 검사한다.

⑥ 혈청학적 진단에서는 발병 초기의 항체가와 2∼3주 간의 항체가를 측정하여 보면 초기에 4배 이상 증가하였으며, 양성반응으로 제정한다. 혈청학적 진단법에는 응집용균 반응, 보체결합 반응 등을 이용한다.

⑦ 소의 *Leptospira*병에 기인한 유산은 *Brucella* 유산, *Vibrio* 유산 및 *Trichomonas* 유산과의 감별이 필요하다.

예방 및 치료

① 백신으로서는 동종의 혈청형으로 만든 백신이 유효하지만, 이 병의 예방을 위하여 *Leptospira pomona*를 비롯한 많은 종류의 혈청형으로 만든 다가(多價)의 백신(multivalent vaccine)이 개발되고 있다. 1회 접종으로 충분한 면역이 형성되지 않으므로 1년 이내에 재접종을 하는 것이 안전하다.

② 많이 발생하는 나라에서는 철저한 검역, 국내의 정기검사, 계출여행(屆出勵行) 이동금지, 발생국으로부터의 수입금지 등의 방역조치를 취하고 있다.

③ 치료제로서는 streptomycine 또는 dihydrostreptomycin, penicillin, tetracycline, oxytetracycline, erythromycin, kanamycin 및 면역혈청 등이 유효하다. 만성기로 되었을 때 신장에 존재하는 *Leptospira*를 죽이기 위해서는 streptomycin이 가장 유효하게 작용하는 것으로 알려져 있다. 그밖에 tylosin도 이 병의 좋은 치료제로 이용되고 있다.

10. 구제역

구제역(口蹄疫, aphthous fever, foot-and-mouth disease)은 소・돼지・면양・산양 등 주로 우제류(偶蹄類)에 자연 감염되는 바이러스성 접촉성 전염병으로 구강 및 지간부(趾間部)의 수포병소(水疱病巢), 그리고 이어서 나타나는 상피층의 궤양 형성을 특징으로 하는 급성 열성전염병이다. 이 병은 폐사율이 높은 질병은 아니지만(폐사율은 평균 1~3%) ① 매우 빨리 전파되어 이병률이 매우 높고, ② 유육의 생산이 감소되고, ③ 방역 및 박멸대책을 수행하는 데 막대한 경비가 소요되며, ④ 축산물의 국제간 무역에 있어서 검역 시 매우 중요하게 취급되는 질병의 하나이다.

우리나라에서는 1934년에 북부지방에서의 발생을 마지막으로 그 동안 구제역 비발생 국가로 자처해 왔으나, 2000년 3월 20일부터 경기도 파주, 화성, 용인과 충남 홍성, 보령 등지에서 66년 만에 소에서 발생하여 막대한 경제적 손실을 입혀 국가적인 비상한 관심사가 되었다.

일본에서도 우리나라보다 빠른 2000년 3월 12일에 미야사키현에서 소에서 의사구제역이 발생하여 일본 당국을 놀라게 하였으며, 대만에서는 1997년 3월 20일경부터 돼지에 구제역이 발생하여 대만 경제에 막대한 손실을 입힌 국제적인 악성전염병이다.

원인

① **병원체** : 구제역 바이러스(Foot and mouth disease virus, FMD virus)는 Picornaviridae의 aphtovirus에 속하고, 바이러스 중에서 가장 작은 바이러스(8~10㎛)이며, 특히 상피세포의 배아층에서만 증식한다.

② **항원형** : 현재는 O. A. C. SAT-1, SAT-2, 및 Asia-1 등의 최소한 7가지의 기본형과 최소한 53종의 많은 아형이 있다.

③ 동물에 감염된 바이러스는 혈액을 통하여 발・유두 등의 상피조직에 이르러 그 부위에서 증식함으로써 병변을 일으키게 된다.

역학

① **발생** : 이 병의 발생지는 유럽으로 추정되고, 과거 유럽 각지, 남아프리카, 파키스탄, 남미, 중동, 인도, 중국 본토, 미국, 멕시코, 캐나다 등지이며, 최근에 1967~1968년에 영국에서도 발생하였고, 1997년에 대만에서는 돼지에 구제역이 발생하여 대만 경제에 타격을 입히기도 했다. 일본에서는 2000년 3월 12일에 미야사키현에서 의사구제역이 발생하였다는 보고가 있었고, 우리나라에서는 1934년 북한지방에서의 발생이 마지막이었으나 실로 66년 만인 2000년 3월 20일부터 경기의 파주, 화성, 용인과 충남의 홍성, 보령에서 발생하여 국

가적인 비상사태에 이르기도 했다.

② **전염**: 환축의 분비물에서 배설된 바이러스에 오염된 물질, 감염동물의 장기나 조직을 재료로 한 축산물을 통하여 전파된다. 전파 양식은 동물로부터 동물에 직접 전염, 공기 전염, 사람에 의한 전염, 동물에 의한 전염 등의 경로를 들 수 있다.

③ **감수성 동물**: 소·돼지·면양·산양·물소·들소·사슴·산돼지·노루·라마 등이 감수동물이며, 인공감염은 개·고양이·가토(家兎)·햄스터·렛트·초생추·마우스·모르모트 등에서 가능하며, 말은 감수성이 없다. 사람에게도 실험적으로 감염된 예는 있으나 그다지 큰 증상과 병소를 일으키지 않기 때문에 인수(人獸) 공통 전염병으로 취급하지는 않고 있다.

④ **자연감염의 경로**: 감염동물이나 오염된 가축 또는 축산물, 특히 생육의 수입, 해외 여행자의 신발, 의복, 지참물을 통해서 경비감염(經鼻感染), 경구감염(經口感染), 창상감염(創傷感染) 등이 중요한 감염경로이다. 감염수소의 정액에는 바이러스가 함유되어 있어 인공수정에 사용하면 암소가 감염된다.

증상

① 잠복기는 대개 2~8일이며, 긴 것은 2~3주일의 긴 증례도 있다. 소의 혀 상피에 접종했을 때는 잠복기는 약 24시간 정도이다.

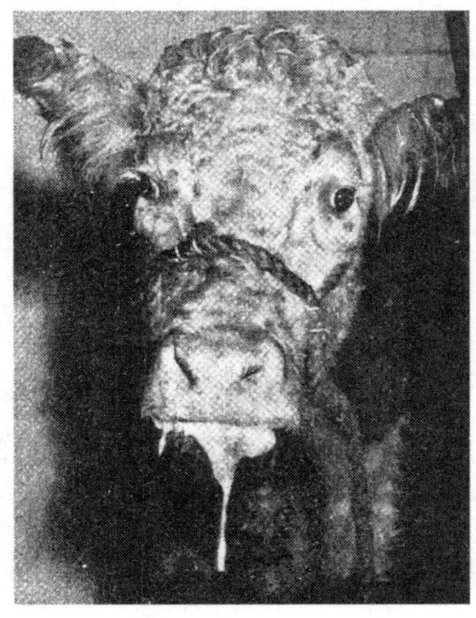

그림 1-13. 구제역에 걸린 수송아지
[거품이 섞이고 끈적끈적한 침을 흘리고 있음]

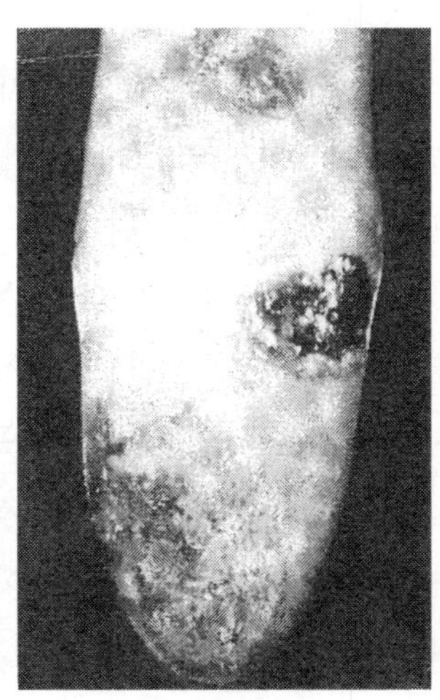

그림 1-14. 혀에 수포가 형성되었던 자리가 파열되어 형성된 괴사병변

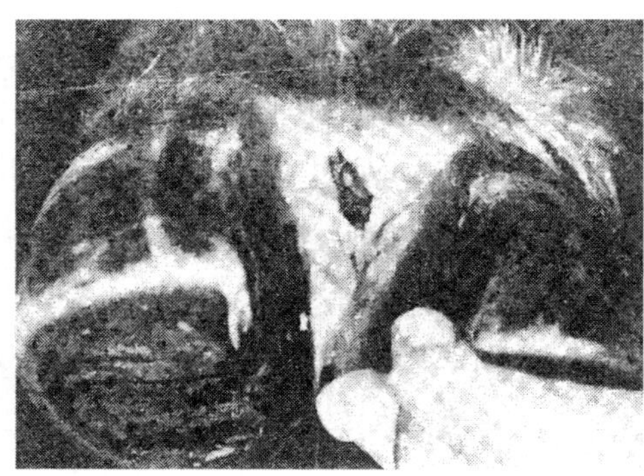

그림 1-15. 수소의 발굽 사이에 생긴 수포가 크게 파열된 모습

② 처음에는 우둔, 불안, 열(40～41℃), 갈증, 반추 정지, 식욕 감퇴, 비유 감소 또는 중지, 오한 전율 등의 전신증상이 나타난다.

③ 발열과 동시에 침을 많이 흘리고, 입 주위에 타액거품을 많이 흘리게 된다. 이때 입 안에 열감이 있고, 혀의 표면, 입술의 내면, 치은부(齒齦部) 등의 점막이 충혈된다.

④ 많은 부위에서 회백색의 작은 반점과 수포가 생기고, 수포가 점점 커지며, 안에는 투명한 액이 들어 있고, 인접한 수포와 유합되어 부정형으로 커진다. 이와 같은 수포는 1～2일에 파괴되어 수포액이 유출되고, 적홍색의 난반이 노출되며, 궤양으로 된다.

⑤ 발병한 소는 발을 절며, 저는 다리의 발굽부의 온도가 높고, 제간부(蹄間部)·지간(趾間) 등이 피부에 수포병변이 생긴다. 수포의 병변은 세균의 2차 감염을 초래하여 발굽의 내면이 괴사되어 발굽이 박리되는 경우가 있다. 수포는 비강, 유두, 질 등에도 나타난다.

⑥ 비유중인 소는 유량 감소와 유질의 이상을 초래하고, 임신한 소는 유산할 경우도 있다. 보통 발병 후 1주일 만에 원기 및 식욕이 회복되지만 2차 세균감염만 없으면 수포병변도 1～3주에 치유된다.

⑦ 포유기의 어린 송아지는 수포가 형성되는 동안 급성으로 죽는 경우가 있다. 성우의 경우에는 급사하는 것이 드물고, 가금 기도에 심한 수포의 형성으로 폐렴을 병발하여 회복이 늦어지거나 병이 악화되는 경우가 있다.

⑧ 폐사율은 대개 5%를 초과하지 않으나 합병증이 있을 경우에는 50% 이상 달할 때도 있다.

진단

① 감염병소부에 생긴 수포액과 상피에는 많은 바이러스가 존재하기 때문에 병원학적 및 혈청학적 진단의 검사재료로서 이용할 수 있다. 이러한 재료를 조직배양 또는 포유중인 쥐 등에 접종하여 바이러스를 검출하는 방법을 이용한다.
② 발병 초기에는 7가지 형의 FMDV로 만들어진 기지의 항혈청과 환축(患畜)으로부터 채취한 검사재료, 즉 항원을 이용하여 보체결합 반응을 실시한다.
③ 치유기의 환우 진단에 있어서는 환우의 혈청을 기지의 바이러스 항원으로 중화반응 또는 보체결합 반응을 실시한다.
④ 임상진단은 증상이 유사한 다른 질병과 감별해야 한다. 즉, 수포성 구내염, 우역, 소의 바이러스성 설사, 점막병(粘膜病, mucosal disease), 악성 카타르열 등의 질병과의 감별이 중요하다.

예방 및 치료

구제역은 특수한 치료방법이 없기 때문에 예방이 중요하다. 우리나라는 비발생지역이기 때문에 외국으로부터 병원체의 유입을 방지하는 것이 가장 중요하다.

(1) 예방접종

피동면역법(被動免疫法)으로서 면역혈청을 주사하여 1~2주일의 피동면역을 얻게 하는 방법이나 특별한 경우 이외에는 이용하지 않는다. 능동면역법(能動免疫法)으로서는 많은 종류의 백신이 개발되고 있다. 구제역 백신을 처음으로 접종한 것은 1938년 유럽에서 시작되었다.

인공감염시킨 소의 수포액 및 설상피조직(舌上皮組織)을 백신의 바이러스원으로 하여 이것을 formalin과 열로 처리하여 바이러스를 불활성화하고 aluminum hydroxide gel에 흡착시켜 백신을 만들었다. 이것이 Vallee-schmidt-waldmann vaccine이다.

이후에 Frankel 방법에 의한 백신(1951년)이 있고, 이 다음부터는 조직배양에서 증식시킨 구제역 바이러스를 불활화시켜 만들었다. 소에 FMDV와 백신바이러스를 동시에 접종했을 때 백신 병소는 FMDV 역가를 높임으로써 이에 바이러스를 이용하여 만든 Belin vaccine이 있다.

(2) 근절 대책

① 수입동물이나 축산물은 엄중한 검역이 필요하고, 가축전염병 예방방법에 의한 약품소독 처리도 해야 한다. 국외로부터의 여행자의 휴대품, 특히 가공식품은 위험한 경우가 있다.

② 환축 또는 환축과 접촉한 감수성 동물은 빨리 도살 처분하여 소각 또는 매각해야 하며, 오염이 의심되는 사료 및 분변은 소각한다.

③ 축사와 축사 주변의 토지・통로・하수도・사용기구 등은 철저히 소독하고, 발생지 주변의 동물의 이동을 금하며, 필요에 따라서는 사람의 교통도 제한한다. 무엇보다도 이 병이 발생되지 않고 있는 지역의 모든 소에 대해서 예방접종을 실시하고, 특히 인접 지역에 있어서는 엄격한 감시와 방역대책이 필요하다.

11. 우 역

우역(牛疫, bovine pest, rinder pest, cattle plague, contagious bovine typhus)은 우제류(偶蹄類)의 급성전염병으로서 전염성과 폐사율이 높은 바이러스성 질병으로서 고열 및 소화기점막의 염증, 출혈, 궤양 및 괴사를 주증으로 하는 법정전염병이다. 오래 전부터 소에 유행하여 막대한 피해가 있었지만, 근래에는 환축의 도살처분과 예방접종에 의한 강력한 방역으로 점차 유행이 감소되었다. 우리나라에서는 과거에 발생한 기록이 있지만, 현재는 발생되지 않고 있다. 아시아와 아프리카의 일부 지역에서는 아직도 발생하고 있다.

원인

① 병원체는 *Rinder pest virus*이고, 이것은 Paramyxoviridae의 morbillivirus에 속한다. 감염우의 분비 배설물로 오염된 축사에서는 약 3일 간 감염성이 있으나 6일이 지나면 감염성은 없어진다. 타액, 눈물, 콧물 속에 있는 바이러스는 실온의 어두운 곳에서 약 24시간 생존할 수 있다.

② 우역 바이러스는 일반 소독제, 알칼리 소독제에 의해서 쉽게 파괴된다.

③ 우역 바이러스는 림프양 조직(lymphoid tissue)과 소화기점막에 대한 친화성이 높고, 조직 내의 림프구 파괴가 심하게 일어난다.

그림 1-16. 소화관점막의 출혈반점(우역)

역학

① **발생**: 우역은 오래 전부터 소에 유행하여 많은 피해를 끼친 전염병으로서, 19세기 말엽까지 유럽 전역에서 광범위하게 발생하였다. 그러나 20세기에 이르러 강력한 방역조치와 도살처분으로 유럽에서는 우역이 없어졌다. 현재에는 아시아 및 아프리카의 일부 지역에서만 간혹 발생하고 있을 뿐이다.

② 우역 바이러스는 감염동물의 혈액·조직·배설물 등에 존재하고, 체온이 높을 때 바이러스 양이 많으며, 회복된 동물은 체온이 정상으로 된 후 1주일 만에 체내에서 소실된다. 이 병은 주로 감염동물과의 접촉에 의하거나 오염된 우사, 사료, 수송차, 시장 등에 접하면 쉽게 감염된다.

증상

① **잠복기**: 이 바이러스의 주사접종에 의한 것은 2~3일, 접촉감염에 의한 것은 보통 6~8일이며, 예외로 독력이 강한 strain에 의한 것은 3~4일에 불과하다.

② 체온 상승, 불안, 비경 건조, 변비증이 있으며, 1~2일 사이에 백혈구 감소증, 비루(鼻漏), 낙루(落淚), 반추 정지, 식욕폐절, 침울, 수명(羞明, 눈부심), 갈욕(渴浴) 증가, 유산, 피모조송(被毛粗鬆) 등의 전신증상이 현저하게 나타난다.

③ 발열 2~3일경에 점막의 병소가 뚜렷한 부위는 상피층, 치근(齒根), 연경구개(軟硬口蓋), 유취돌기(乳嘴突起), 설하면(舌下面), 설근부(舌根部), 인후두부(咽喉頭部) 등의 점막이고, 병변으로는 충출혈(充出血), 수포형성(水疱形成), 상피괴사(上皮壞死), 위막(僞膜) 또는 난반(爛斑) 형성 등을 볼 수 있다.

④ 체열이 떨어져 가면서부터 하리가 생기고, 하리가 심해짐에 따라 복통을 일으킨다. 하리변은 점액, 혈액, 점막편, 위막 등이 혼재해 있고 악취를 풍긴다.

⑤ 폐사율은 우개체(牛個體)의 저항력 차이 및 virus strain의 독력(毒力)에 의해서 다르며, 대개 25%에서부터 90% 사이에 이르기까지 많은 차이를 나타낸다.

진단

① 정확한 진단은 실험실 진단, 즉 병인학적 및 혈청학적 진단을 해야 한다. 이 병은 급속히 전파되기 때문에 조기에 진단을 해야 하며 구제역, 출혈성 패혈증, 점막형 질병, 악성 카타르병 등과 감별되어야 한다.

② 교차면역시험(交叉免疫試驗, cross immunity test) : 시간이 걸리고 경비가 많이 들지만 우역을 진단하는 데는 정확하고도 간편한 방법이다. 우역이 의심되는 환우(患牛)의 병독재료를 우역에 면역된 소와 감수성 있는 소에 접종하는 방법이다.

③ 조직배양에 의한 바이러스 분리 및 동정 : 병독재료를 이용하여 조직배양을 통해서 우역 바이러스를 분리·동정할 수 있다.

예방 및 치료

① 우역에서 회복된 소는 종생면역(終生免疫)이 된다. 피동면역은 체중 50 kg당 10 mℓ의 높은 역가의 면역혈청을 주사했을 때 약 3주일 간 그 효과가 지속된다.

② 예방접종 방법으로는 면역혈청 주사법, 바이러스 면역혈청 공동주사법, 불활화 바이러스 백신접종법, 생바이러스 백신접종법 등이 있다.

③ 현재 우리나라에서는 북한으로부터의 우역 침입을 염려하여 휴전선 지역에서 계태화(鷄胎化) 생바이러스 백신을 접종하고 있다.

④ 외국으로부터의 침입을 방지하기 위하여 발생지역으로부터의 수입금지, 수입동물이나 축산물의 엄격한 검역 등을 실시하고, 때에 따라서는 가열 및 약품 처리에 의한 소독을 철저히 해야 한다.

⑤ 우역은 전염력이 격렬하기 때문에 조기 발견, 신속 진단, 역학적 고찰, 임상증상, 부검 소견 등을 중시해야 한다.

⑥ 이 병에 대한 특이 치료법이 없기 때문에 우역을 치료하는 것은 방역상 위험하므로 의심이 될 때에는 가차없이 도태시켜야 한다.

12. 유행열

소의 유행열(流行熱, bovine enzootic fever)은 급성 열성전염병으로서 고열(41~42℃)과 호흡촉박이 주증상이며, 근육의 떨림, 경화(硬化), 발 절음 등의 증상도 나타낸다.

원인

원인체는 Rhabdoviridae에 속하는 RNA virus로 알려져 있고, 가축에서는 소만이 자연 감염되어 발병한다.

역학

① 이 병은 일본, 아시아, 아프리카, 인도, 오스트레일리아 세이론 등의 열대 및 아열대 지방에서 유행하는 ephemeral fever(잠시열) 또는 three-day-sickness(3일병)과 동일한 질병으로 추측하고 있으며, 북위 38° 이북의 지역에서는 거의 발생하지 않는다.

② 계절적으로 차이가 있어서 우리나라에서는 8월 하순에서 11월까지 사이에서 발병하며, 최성기는 9월에서 10월 중순경까지이다.

③ 연령에 따른 감수성의 차이는 크지 않지만 성우에 많이 발생하고, 어느 지역에만 국한되는 경우가 있다.

④ 유행열의 대유행은 10~20년 마다 되풀이 발생하는 경향이 있으며, 한 번 유행하면 2~3년 계속 발생하는 경우가 많다.

⑤ 이 병은 내과(耐過)했던 개체는 강력한 면역이 획득된다는 것이 실험적으로 입증되었으며, 종생면역(終生免疫)이 된다고 믿고 있다.

⑥ 이 병은 매개곤충에 의해 전파되는데 환축과 건강우의 접촉으로는 감염되지 않으며, 전염력이 강하고 발병률이 높지만 폐사율은 매우 낮다.

증상

① 잠복기는 2~8일이고, 갑자기 41~42℃의 고열이 2~3일 지속하다가 급하강한다. 발열과 더불어 호흡수의 증가가 현저하며, 호흡수는 분당 15~20회에서 60~70회로 증가하고, 때로는 100을 넘는 수도 있다.

② 어린 송아지보다 6개월 이상 된 소에서 발병률도 높아 식욕부진, 유량 감소,

변비, 설사 등의 증상을 나타낸다. 콧물과 눈물을 많이 흘리며, 머리를 흔들고 근육에 경련을 일으키며 매우 쇠약해진다.

③ 어깨·목·관절 등에 부종이 생길 경우도 있고, 전흉부 또는 경부에 피하기종이 생기기도 한다. 근육의 증상은 2일째에 가장 뚜렷하고 근육경직, 근경련, 근허약 등이 나타난다.

④ 3～4일이 경과되면 열이 하강하고, 채식·반추 등을 재개하여 회복된다. 발절음과 다리의 허약은 2～3일 더 계속된다.

⑤ 병변부로서는 급성폐기종, 카탈성 폐렴, 폐의 충출혈(充出血), 수종 및 기종, 전신 임파선의 종창, 충혈, 수종 때로는 출혈, 실질장기의 현저한 혼탁 종창, 심내외막, 신피질(腎皮質), 부신 등에서 출혈을 볼 수 있다. 이 병 폐사에의 부검 소견의 특징은 간질성 폐렴과 카탈성 폐렴이다.

진단

① 이 병에 있어서 중요한 점은 8～11월에 유행하여 일시에 많은 환축이 발생한다는 점, 갑작스러운 일과성의 고열 및 현저한 호흡촉박의 증상이 있다는 점이다.

② 확실한 진단은 실험실 진단에 의하는데 바이러스의 분리, 혈청학적 검사, 형광항원의 증명 등을 들 수 있다.

예방 및 치료

① 백신으로는 일본의 북리연구소에서 개발한 crystal violet inactivated vaccine이 있으며, 널리 이용되고 있다. 그러나 불활화 백신이므로 면역 지속기간이 짧다는 결점이 있다.

② 예방으로서는 매개곤충, 즉 흡혈곤충을 구제하고 예방접종을 실시한다.

③ 치료는 주로 대증요법을 실시하며, 주로 해열제·강심제·소화정장제 등을 사용한다.

13. 소의 브루탕그병

브루탕그병(Bluetongue disease of cattle)은 유럽 사람이 면양을 남아프리카 공화국에 가져갈 때까지는 그 존재가 알려지지 않은 병이었다. 따라서 이 질병은 최초 면양만의 병이라 생각하게 되었다. 그러나 소나 다른 반추동물도 이 병에 감염되어 불현성(不顯性)으로 바이러스 혈증을 일으키는 것으로 알려져 왔다. 남아프리카 공화국 등 이 병의 상재지에서 경험 많은 양축가는 소에도 감염하여 임상증상을 나타낸다고 하였지만, 학자들은 소가 이 병에 걸려도 가벼운 병증을 일으킴에 지나지 않는다고 생각하였다.

Bekker 등(1934)은 처음으로 소에서 이 병의 자연감염 예를 관찰하여 증상이 구제역과 비슷하므로 가성구제역(假性口蹄疫, pseudo-foot and mouth disease)이라 보고하였다.

1950년대에 이르러 이스라엘의 Kamorov와 Goldsmit(1951)는 면양과 소의 동시 발생 예에 대하여 보고하였지만 감염된 소의 대부분이 회복되었다고 한다. 또 어느 지방에 있어서는 소만이 발생하고, 다른 지방에서는 면양만이 발생하여 유행이 있었다고 한다. 한편, Silv(1956)는 포르투갈의 소에서 Bluetongue virus를 분리하여 이 병의 유럽 대륙에서의 존재를 처음 밝혔다. 다시 1959년에 이르러 이 바이러스는 북아메리카 대륙의 병우의 혈액에서 분리되었으며, 이어서 미국의 각 주에서 발생이 보고되었다(Bowne 등, 1966). 다시 1970년대에는 이제까지 청정지구라 여겨졌던 오스트레일리아에서도 이 바이러스가 확인되었으며(St. George 등, 1978), 이 병은 세계적으로 널리 존재한다는 것이 밝혀지게 되었다.

원인

① Bluetongue virus는 Reoviridae의 orbivirus에 속하는 것으로 되어 있다(Howell, Verwoerd, 1971). 이 바이러스의 형태는 약 50 nm의 구형이며, 3개의 gepsonoa를 갖는다. 특징은 gepsonoa의 중앙에 혈(穴)을 가지므로 ring상으로 보여 orbivirus의 명칭이 붙여졌다.

② 핵산은 Leovirus과의 바이러스로서 2본쇄의 RNA이다.

③ Bluetongue virus는 발병 초기의 병우의 혈액 또는 림프선, 비장 등의 장기에서 분리될 수 있다.

④ 이 바이러스의 혈청형은 현재까지 20혈청형이 알려져 있다. 또 광의의 Bluetongue virus군(BTV군)에 속한다고 생각되는 것을 포함하면 현재 32형의 바이러스가 알려져 있다.

⑤ 이 바이러스의 감수성을 나타내는 동물은 면양, 소 외에 산양 및 야생 반추동물이다.

발생 및 역학

① 이 병의 유행은 8월 하순에 시작하여 서리가 내리는 11월에 끝난다.
② 위도가 같은 유행지역 내에 있어서도 저습지대에서 발생하기 쉽고, 반대로 고냉지역 내에 있어서는 발생이 어려운 것으로 알려져 있다. 이러한 점은 이바라기병, 소 유행열 및 소 아가바네병 등의 발생과 유사하다.
③ 이 병의 바이러스는 현재 거의 전 세계적으로 분포되어 있고, 주로 반추동물의 병원체로 되어 있다.
④ 이 바이러스의 전파는 매개체가 관여하고 있다는 것이 발생 양상 등을 고려해보면 각종 등에모기(culicoides)가 매개체라고 하는 것이 많은 연구자에 의해서 증명되고 있다.
⑤ 실험적으로 이 병을 소에서 소로, 소에서 면양으로, 또는 반대로 면양에서 소로, 면양에서 면양으로 감염되어지는 것이 성공되고 있다.
⑥ 이 병의 감염률은 매우 높으나 병우(病牛)의 발생은 많지 않으며, 발생률은 20～30%로서 그만큼 불현성 감염이 많다.
⑦ 소에 있어서 일반적으로 증상은 가볍지만 장기간 바이러스혈증을 나타낸다고 한다.

증상

① 소에 있어서 이 바이러스의 감염에는 두 가지 형이 있다. 그 하나는 성우를 포함하는 일반소의 감염이고, 다른 하나는 임신우 감염을 수반한 태아감염이다.
② 일반우의 감염에 있어서는 불현성 감염이 많고, 현성감염(顯性感染)은 약 5%에 지나지 않는다.
③ 증상은 이바라기병과 유사하며, 경우에 따라서는 구제역과 비슷한 증상을 나타내는 예가 많다. 이 병에 있어서는 이바라기병의 특징적 증상인 소위 연하장해가 없다는 점이다.
④ 체온은 그렇게 높지 않지만 드물게는 41℃까지 상승하는 수도 있다. 호흡은 빠르면서 얕은 양식을 취한다.
⑤ 혈액소견으로 특징적인 것은 일시적인 백혈구 감소가 인정된다.
⑥ 그 외 주요 증상으로는 처음에 기력이 떨어져 소가 움직일 때 파행 또는 운동이 부자연스러워져 무리에서 이탈한다.

⑦ 병든 소의 근육은 면양의 중증 예에서 인정되는 근육의 병변과 유사하며, 면양의 근육 병변은 근섬유에 초자양변성을 일으킨다고 한다. 또한 병우(病牛)의 파행이나 운동의 부자연스러움은 근육의 변성 때문이라고 한다.
⑧ 태아의 감염은 바이러스 감염시기와 일치하면 때로는 유산을 일으키고, 또 대뇌 결손증, 기타 각종 체형 이상이 일어난다는 것이 알려져 있다.
⑨ 병변을 일으키는 부위는 비경, 비점막, 구점막, 특히 치근부 등으로서 궤양이 생기고 점액성의 분비물을 분비하며, 외견상 매우 불결한 모습을 나타낸다.
⑩ 사지, 특히 제부에서도 제관, 제구부(蹄球部)의 종창, 궤양이 발생한다. 그 병우의 유방, 특히 유두부·음문부 등에 궤양이 발생하고, 피부의 탈모·박리 등도 인정된다.
⑪ 때로는 혀가 종창되어 채식이 불가능한 상태로 되는데, 이 소견은 이바라기병과 매우 유사한 증상이다.

진단

① 이 병은 구제역, 이바라기병, 소의 헬프스바이러스 1형 감염증(우전염성 비기관염), 소바이러스성 하리(下痢)-점막병, 아가바네병, 수포성 구염, 소의 헬프스 3형 감염증(악성 카다루열) 등과의 감별진단이 필요하다.
② 이 병에 있어서 임상적으로 중요한 점은 불현성 감염이 많고, 8～11월 사이에 발생되며, 발생지역이 북한(北限)의 경계가 있고, 또한 동거감염이 이루어지지 않는다는 점과 임상증상에 있어서 안검의 충혈종창, 구내염, 비경에서의 괴사 또는 궤양 등을 볼 수 있으며, 병우증(病牛症)에서 연하장애가 있는 개체를 볼 수 있다.
③ 본 증의 바이러스의 분리에는 될 수 있는 한 발병 초기의 혈액을 이용한다.
④ 병리조직학적으로는 전신성 또는 국소성의 순환장애, 식도, 인후두의 마비(연하장애)가 있는 증례에 있어서 이 부위의 횡문근 괴사, 간과 심장의 괴사, 그리고 구강, 비, 제1위, 제4위의 점막 병변 등이 이 병의 진단에 도움이 된다.
⑤ 유산 태아의 바이러스 분리는 아가바네 바이러스와 같이 뇌, 뇌액 등을 접종재료로 사용한다.

예방 및 치료

① 연하장애가 나타나지 않는 개체는 일반적으로 예후가 양호하다.

② 연하장애의 증상이 있는 예에서는 수분부족이 치명적으로 되기 때문에 제일 먼저 수분을 보충해야 되고, 다음으로 오연성 폐렴의 방지이다.
③ 링거액, 생리식염수 또는 기타 전해질 액의 정맥주사가 좋으나 긴급을 요할 때는 정맥주사 대신 우측겸부 중앙부에 채혈침 크기 정도의 큰 주사침을 복강 내로 삽입하여 이들 약액을 복강 내에 주입한다.
④ 이 병의 예방에는 생바이러스 백신이 이용되고 있다. 과거에는 마우스 뇌나 발육 계란으로 제조된 백신이 쓰여지고 있었지만, 현재는 세포배양법이 쓰여지고 있다.
⑤ 개의 혈청형에 대한 안전하고 유효한 백신제조는 현재의 기술로 그다지 곤란하지 않지만, 아프리카 대륙과 같이 많은 혈청형이 존재하면 사실상 응용이 곤란하다.
⑥ 생바이러스 백신을 사용함에 있어서 주의하지 않으면 안 되는 점은 약독화가 완전하지 않는 생바이러스 백신을 임신 초기의 면양(임신 5～6주)에 응용할 경우 이상산자가 생길 수 있다는 것이다.

14. 이바라기병

이바라기병(Ibaraki disease)은 소의 법정전염병이며, 유행성 감기이다. 이 병은 일본에서 1949～1951년에 걸쳐 전국적으로 대유행을 하였으며, 당시 총 발생 두수는 70만 두 이상이었다. 소의 인플루엔자형 질병으로 이름이 붙여졌으나 그 후 소의 유행성 감기는 인플루엔자와는 무관하다는 것이 밝혀지게 되었다.

그러나 1959～1960년대에 걸쳐 지금까지와는 다른 유행을 인정하였다. 즉 그 때까지의 발생 예는 주로 돌연 고열이 발생되면서 호흡촉박이 나타나고, 이들의 증상이 소실된 후에 돌연 인후두 마비에 빠지는 경과가 있었지만, 1959～1960년의 유행에 있어서는 선행되는 증상은 미열, 유루(流淚), 결막의 종창, 비경 및 구강점막의 시아노제로 시작되는 괴사, 괴양 등으로서 경쾌하였던 증상이 돌연이 인후두 마비, 연하장해 등의 증상이 나타났다.

이와 같이 그 때까지 선행되고 있던 소(牛) 유행열 특유의 고열, 호흡촉박 등의 증상은 전혀 인정되지 않았다. 1959년에는 일본의 자성현(茨城縣)에서 발생된 병우(病牛)에서 새로운 바이러스가 분리되어 이바라기 바이러스라 이름을 붙이게 되었다. 우리나라에서도 최근 1998년에 농림부에서 소모기 매개질병 혈청검사를 실시한 결과 유행열 및 이바라기병은 각각 전국 평균 38.5%, 34.2%로 지역에 따라 차이가 있으나 예방에 만전을 기하라는 경고가 있었다.

원인

① 이바라기 바이러스는 Reoviridae orbivirus에 속하고, 약 50 nm의 구형으로서 32개의 gapsonomia를 갖고 있으며, 핵산은 2본쇄 RNA(double-stranded-RNA)이다.

② 이 바이러스는 그 이화학적 성장이 Bluetongue virus(BTV)와 매우 유사하지만, CF 테스트에 있어서는 16주(株)의 혈청형이 다른 BTV의 어느 것과도 교차하지 않는다.

③ 미국이나 캐나다 등에서 발생되고 있는 사슴의 유행성 출혈열의 병원체인 Epizootic hemorrhagic disease of deer virus(EHDV)와는 중화 test, CF test, 형광항체법, Gel 확산 침강 test의 어느 것과도 교차가 이루어졌다 한다. 따라서 EHDV는 BTV와 CF test에서 교차가 됨으로써(Borden 등, 1971) 이바라기 바이러스는 간접적으로 BTV와 교차하는 것이 밝혀지게 되어 orbivirus에 속한다는 것이 확인되었다.

④ 이 바이러스가 병원성을 나타내는 가축으로는 소 뿐이며, 면양에 대하여는 병원성은 없다. 소에 있어서는 감염률은 높지만 불현성 감염이 많다. 발병률은 유행년에 따라서 다르지만 20～30%로서 그 중 20～30%가 연하장애를 일으킨다. 치명률은 비교적 높고, 유행에 따라 다르지만 약 10%이다.

⑤ 실험동물에 있어서는 포유 마우스에 대하여 병원성이 높고, 특히 생후 일령이 낮을수록 감수성이 높고 치명률도 높다고 한다.

발생 및 역학

① 이 병은 대개 8～11월에 발생되고, 유행의 형은 소(牛) 유행열과 비슷하다. 또한 같은 발생지역 내에서도 저습지와 고랭지를 비교하면 저습지에서 발생이 많다.

② 또한 동거우는 반드시 발병되지 않으므로 감염에는 매개체로 감염된다는 것을 고려해야 한다.

③ 이바라기 바이러스와 동속의 Bluetongue virus의 매개체로서는 어느 종의 등에모기(Culicoides)가 증명되고 있다.

④ 이 바이러스의 상재지는 열대지방의 밀림지대라 고려되고 있다. 인도네시아 발리섬의 소의 혈청에 대하여 이바라기, 아가바네, 소(牛) 유행열의 각 바이러스의 중화항체를 조사하였는데 무엇보다 높은 양성률을 나타냈다고 한다.

증상

① 발열은 대개 39℃ 전후이며, 드물게는 그 이상으로 오르는 수도 있다. 발병된 경우 안증상은 핏발로서 결막은 충혈, 부종을 일으키고, 중증 예에서는 결막이 밖으로 노출된다. 초기에는 눈물을 흘리고 이어서 눈에 고름이 끼게 된다.

② 유연도 특징적이어서 소(牛) 유행열에 비해 다소 점조한 포말성인 경우가 많다. 콧물도 초기에는 수양성이다가 이어서 농양으로 된다. 비경, 비강내 및 구강내 점막은 초기에는 충혈되고 이어서 울혈상태로 된다. 그 후에 괴사에 빠져 비경은 불결한 가피로 덮히게 된다. 구강점막의 괴사는 치은(齒齦), 치상(齒床) 등에도 인정되고, 괴사부의 가피는 시간이 경과됨에 따라 벗겨져 얕은 괴양을 형성한다.

③ 이 병의 가장 특징적인 증상은 상기의 제증상이 차차 없어진 후에 나타나는 연하장해가 있다. 또 전구증상이 확실하지 않은 예에서는 연하장해는 돌연 나타나는 인상을 받는다.

④ 연하장애는 연하에 관계되는 근육의 변성 괴사에 기초한 것으로서 부위에 따라서는 설마비(舌麻痺), 인후두에서는 인후두마비로 된다. 인후두 마비는 이 병의 대표적 증상이다.

⑤ 때로는 식도 마비가 발생되기도 하여 즉, 식도부 근육이 침해긴장, 괄약력을 상실하여 고무호스상으로 된다. 병우(病牛)도 정상으로 물을 마시지만 마신 물은 입이나 비공으로 역류한다.

⑥ 이상의 증상 외에 종종 제관부의 얕은 궤양, 종창이 인정되는 수가 있다. 구내와 제부의 병변이 동시에 출현하기 때문에 종종 구제역과 오진된다. 비슷한 오진 예는 BTV의 소감염 예에서도 있을 수 있다.

⑦ 연하장애를 일으키고 있는 병우(病牛)가 자유로 음수할 경우 종종 고열을 일으켜 화농성, 괴저성의 이물성 폐렴을 일으키는 수가 있다.

⑧ 임상상 연하장해나 음수의 역류현상 등의 증상을 나타낸 예에서는 상부 식도벽이 이완되고, 때로는 역으로 하부가 긴축하여 내강의 내용이 충만하여 출혈, 수종이 인정된다.

진단

① 이 병은 Bluetongue, 구제역, 수포성 구염, 소(牛) 헬프스바이러스 1형 감염증, 소(牛) 바이러스 하리-점막병, 소(牛) 유행열, 소(牛) 헬프스바이러스 3형 감염증(악성 카타루열) 등과의 감별이 필요하며 역학, 증상, 병리(病理), 병원(病原) 등으로서 종합적인 진단을 한다.

② 특히 Bluetongue는 증상이 아주 비슷해서 감별에는 혈청반응을 행할 필요가 있다.

③ 이 외에 소(牛) 헬프스바이러스 1형 감염증, 구제역, 소(牛) 바이러스성 하리-점막병 등은 구염, 비경의 병변과 비슷하다. 그러나 이들 질병의 발생은 지역성・계절성이 아니어서 역학적으로도 구별된다.

④ 병리학적으로 이 병과 가장 감별이 곤란한 것은 BTV 감염의 경우이다. 이 외의 질병에서도 병리학적 감별은 곤란한 것이 많아서 형광항체법을 병용할 필요가 있다.

⑤ 병원학적 진단은 가장 유력한 감별법이다. 될 수 있는 한 발병 후 즉시 혈액 또는 림프절 등을 우신(牛腎), 우태아신(牛胎兒腎), HmLu-1 등의 세포배양에 접종하여 CPE의 발현을 관찰한다. 3대까지 맹계대(盲繼代)할 필요가 있다.

⑥ 포유 마우스 또는 햄스터의 뇌내 접종도 훌륭한 바이러스의 분리법이다. 발증 마우스에 대하여서는 중화 test 또는 CF test 등에 바이러스 동정을 행한다.

예방 및 치료

① 이 병의 생바이러스 백신은 우태아신(牛胎兒腎) 계대배양 세포로서 16대 계대 후 다시 계대세포배양(繼代細胞培養)에 50대 계대하여 감독시킨 것이 있다. 현재 사용 중인 것은 이를 다시 10대 계대시킨 60대 계대한 바이러스이다. 백신의 제조에는 계대세포배양이 사용되고 있으며, 이 백신은 소에 대하여서는 안전하다.

② 소가 연하장해를 일으키지 않는 한 예후는 일반적으로 양호하다. 그러나 연하장해에 기인된 수분 부족과 이물성 폐렴을 일으킨 경우에는 치명적이므로 수분 보충과 오연방지에 노력할 필요가 있다. 따라서 자유음수가 가능한 경우에도 오연을 피하기 위하여 위가데테루를 이용해 수분 보충을 시도하는 것이 안전하다. 위가데테루 사용이 불가능한 경우에는 좌측 겸부에서 투관침을 제1위

내에 삽입하여 직접 제1위 내로 물을 주입한다.

③ 정맥내 주사는 심장의 부담을 피하기 위하여 서서히 주입하는 것이 필요하며, 주입에는 시간을 요하기 때문에 다수의 환축에 응용하는 것은 곤란하다. 이 경우에 직접 복강내 주사도 시도할 필요가 있다. 주입할 액에는 포도당, 비타민제, 강심제 등 상황에 따라서 첨가 주입하는 것이 좋다.

④ 이물성 폐렴을 일으킨 것은 대개 예후가 불량하므로 도살 처분한다. 또 이 병에 있어서는 종종 심근에 침해를 일으키므로 병우(病牛)로서 안정을 유지할 필요가 있다.

15. 광우병

광우병(狂牛病, 牛海綿狀腦症, bovine spongiform encephalopathy, BSE)의 공식적인 명칭은 소(牛) 해면상뇌증(BSE)으로서 죽은 소의 뇌 조직이 스폰지 모양으로 변성된다. 성별에 구분 없이 30개월 이상에서 발병되며, 특히 4～5세의 소에 다발한다. 증상으로는 불안, 광포증상, 후지부분의 운동실조, 소리나 촉각에 대한 과민반응 등의 임상증상을 보이는 질병이다. 광우병은 양의 프리온(prion)병인 scrapie가 사료를 통해서 영국의 소에 경구감염되어 유발된 것이라 알려지기도 했다. 또 1990년에는 영국에서 소 또는 양의 내장을 이용하여 제조된 분말 pet food를 먹은 고양이에서 고양이 해면상뇌증이 발생되어 현재 75사례가 보고되어 있다.

일본에서도 양의 scrapie가 50사례 이상 양 사이에서 감염되어 보고된 바가 있다. 최근 BSE의 문제가 영국에서 재현되어 1996년 4월에 Lancet이라는 학술잡지에 사람 해면 뇌증인 신종 Creutzfeldt-Jakob disease(CJD)가 10사례 발생하였음을 보고하였다. 이 CJD의 병리소견은 고전적인 CJD와 달리 주로 신경세포체 내에서 공포가 관찰된다고 한다. 따라서 광우병은 사람의 건강에 미치는 공중위생상 큰 문제로서 국제적으로 중요하게 다루어지고 있고, 과학적인 수수께끼로 등장되고 있다.

원인체는 slow virus, prion, 기타 단백성 물질 등으로 학설이 나누어져 있으며, 아직까지 병원체의 특성도 알지 못하고 있는 실정이다. 따라서 임상증상이 나타나기 전에는 특정 소가 광우병에 감염되었는지의 여부를 혈청, 조직검사 등 실험실 검사에 의해 알아낼 수가 없으며, 치료방법도 없을 뿐만 아니라 예방약도 개발되어 있지 않다.

1) 프리온병

프리온(prion)병의 개념이 확립되고부터 프리온의 유전자 프리온 단백질의 성장, 프리온의 증식, 프리온에 의한 발병기전, 이상 프리온 단백으로 변환을 저지하는 시험과 프리온병의 치료, 그리고 종의 병과 변이현상 등의 연구가 활발히 이루어지고 있다.

현재까지 알려진 인간과 동물의 프리온병을 기술하면 다음과 같다.

(1) 사람의 프리온병

① Kuru : 뉴기니아의 동부 고지에 사는 Fore족에서 발생한 질병으로 소 뇌성운동 실조와 진전을 특징으로 하는 신경질환이다. Kuru는 Fore족의 말로 "추위와 공포로 떤다"는 의미로 소뇌증상이 서서히 진행되어 3~9개월 만에 사망한다. 병변은 소뇌, 뇌간을 중심으로 뇌 전체에 신경세포의 탈락과 astroglia의 증생이 특징이고, 소뇌 및 대뇌에 kuru반(斑)이라고 부르는 아밀로이드반(斑)이 나타나는데, 이것은 프리온 단백이 집적된 것이라 한다.

② Creutzfeldt-Jakob disease(크로츠펠트-야곱병, CJD) : 중년 이후에 발생되는 중추신경계의 변성 질환으로, 뇌의 병변으로는 신경세포의 공포변성과 astroglia 세포의 증생이 특징이다.

③ Gerstmann Strassler Scheinker disease(GSS) : 1936년 오스트리아의 한 가족에서 발생된 후 전혀 관계도 없는 다른 가족에서도 발생하였다 하며, 임상적으로는 kuru와 CJD의 증상과 유사했다고 한다. 증상으로는 소뇌, 척수 증상이 먼저 나타나고 이어서 치매현상이 나타났으며, 병리조직학적 검사에서는 아밀로이드반(kuru반)이 거의 모든 예에서 관찰되었다 한다.

④ 치사성 가족성 불면증(Fatal familial insomnia, FFI) : 1986년 이탈리아의 어느 의과대학에서 53세의 남성이 진행성 불면증의 증세가 처음 보고되었다. 이어 불면증 외에 말더듬과 그리고 진전과 경련이 진행되어 3개월 후에 혼수상태에 빠져 사망했다 한다. 병리조직학적 검사결과 신경세포의 변성과 astrocyte의 증생이 관찰되었으나 해면양변성이나 염증성 반응은 나타나지 않았다고 한다.

⑤ 신형 Creutzfeldt-Jakob disease(Variant CJD 또는 Specific CJD) : 1994~1995년에 걸쳐 영국에서 관찰된 10명의 CJD 환자를 임상경과, 뇌병변 및 발병 연령 면에서 지금까지의 CJD 환자와 차이가 있다고 하여 영국 해면상뇌증 자문위원회가 신형(변이형) CJD라고 판단했다.

1996년 5월에 개최된 WHO의 전문가 회의에서는 이 신형 CJD의 특징과 진단에 대해서 다음과 같이 정리했다.

〈 신형 CJD의 임상적 특징 〉

① 불안, 의기소침, 행동이상을 수반하는 신경학적 이상으로 진행된다.
② 수주 간 내지 수개월 이내에 소뇌증상으로 진행한다.
③ 건망증, 기억장해가 일어나고 치매로 진행된다.
④ 경련이나 무도병의 증상이 후기에 나타난다.
⑤ 뇌파에는 전형적 CJD의 특징적인 주기성 동조성 방전(Periodic synchronous discharge, PSD)이 보이지 않았다.

〈 신형 CJD의 진단 〉

신경 병리학적 검사로 가능하며, 그 특징은 공포를 포위하고 있는 많은 수의 kuru반양 아밀로이드반의 존재(H-E 또는 PAS 염색), 시상하부의 현저한 astroglia 세포의 증생 및 면역조직학적 염색에서 다수의 프리온 단백의 침착이 관찰된다는 점 등이다.

(2) 동물의 프리온병

① Scrapie : 면양의 치사성 만성 운동실조증으로 때로는 산양에서도 발생한다. 전달성 해면상뇌증 중 가장 역사가 오래 되었고, 영국에서는 1734년, 독일에서는 1750년, 스페인과 프랑스에서는 1810년, 서유럽에서는 18세기부터 각각 보고되기 시작했다. 이 질병은 잠복기가 길고 운동실조, 소모, 경련 등이 관찰된다. 때로는 소양감이 있기 때문에 몸을 벽이나 기둥에 비벼대기 때문에 scrapie라는 어원이 생겼다. 이 질병의 증상으로는 소양형, 마비형 및 무증상형으로 나누며, 발병 연령으로는 3～5세가 가장 많다.

② 전달성 밍크뇌증(Transmissible mink encephalopathy, TME) : 전달성 밍크뇌증은 1947년 미국 위스콘신 주의 밍크농장에서 처음 발견되었으며, 그 후 캐나다 및 핀란드에서도 관찰되었다. 자연감염에서 잠복기는 8～10개월 scrapie 보다 급성경과를 취하고, 발증 밍크는 흥분하여 서서히 운동실조가 진행되어 수주 후에 경직, 경련, 발작, 혼수 등을 반복하면서 폐사한다.

③ 기타 동물의 전달성 해면상뇌증

㉠ 만성소모성 질환(Chronic wasting disease, CWD) : 1967년 미국에서 사슴

의 해면상뇌증이 발생했다. 증상은 면양의 scrapie과 유사하여 운동실조, 과민증이 있었고, 만성소모성 질환으로 인정되었으나 발증 사슴의 뇌유제를 다른 사슴에 접촉함으로써 전달성이 인정되었다. 병리조직학적 검색 결과 해면상뇌증의 병변과 아밀로이드반(kuru반)이 관찰되었다.

㉡ 고양이 해면뇌증상(Feline spongiform encephalopathy, FSE) : 영국에서 1990년에 처음 보고되었고, 임상증상은 발병 고양이에 따라 차이가 있으나 운동실조, 행동이상, 지각과민, 유열 및 후지마비 등이 있었다. 병리조직학적 특징은 신경세포의 공포화이며, 그 외의 전달성 해면상뇌증 및 사람의 CJD와 구별이 어렵다.

기타 tiger, puma, nyala, kuda 및 gemsbok 등에서 해면상뇌증이 보고된 바 있다.

(3) 소 BSE와 사람과의 관계

BSE와 CJD는 바이러스도 세균도 아닌 감염성 prion으로부터 전달되는 전염성 해면상뇌증으로 분류되고 있다. 신종 CJD가 영국에서 명백히 밝혀짐으로써 세계보건기구(WHO)에서는 BSE를 포함한 그밖의 prion병과의 관계를 조사하고 있다. 일본에서는 현재 WHO의 권고에 따라 반추동물 유래의 내장 단백질을 반추동물에 공급하는 것을 금지하고 있다. 또한 가축전염병 예방법을 개정하여 산양・소의 해면뇌증상을 전염성 해면상뇌증으로 하여 법정전염병에 준하는 취급을 하고 있다. 우리나라에서는 소(牛) 해면상뇌증의 발생이 보고된 바 없으나, 현재 법정전염병에 포함시키고 있는 실정이다.

16. 소백혈병

소(牛)백혈병은 소백혈병 바이러스(bovine leukcosis virus, BLV)에 의해 망상조직구세포계(網狀組織球細胞系, reticulohistiocytary system) 조직의 종양이 형성되는 만성유행성 질병으로서 거의 전 장기에 종양성 림프세포가 증가하는 것이 특징이다. 이 병은 유행형 소백혈병 및 산발성 소백혈병으로 구분하고, 산발성 소백혈병은 송아지형, 흉선형 및 피부(牛群)형으로 구분한다.

원인

① 소(牛)백혈병의 병원체는 bovine leukosis virus이고, 소만이 자연감염 숙주로 알려져 있으며, 한 번 감염되어 증상이 나타나면 거의 치명적이다.
② 예비 전파시험병이 해부학적 소견 및 역학적 관찰 등의 결과로 미루어 이 병은 조류 및 서류(鼠類, 쥐)의 백혈병과 비슷한 것으로 생각하고 있다.
③ 유전적 소인 및 환경적 요인이 이 병의 유인 또는 조장인자로서의 역할을 하는 것으로 추측하고 있다.

역학

① **분포**: 미국, 스웨덴, 독일, 덴마크, 캐나다, 일본, 프랑스, 소련 및 오스트레일리아 등지에서 발생보고가 있고, 노르웨이, 네덜란드, 스위스 및 오스트리아 등지에서는 드물게 발생한다고 한다. 우리나라에서도 필자가 1974년도 도입우에서 발생한 예를 처음 발표했다.
② **전파**: 대개 다두 사육 우군에서 유행하는 경향이 있으며, 일단 한 우군(牛群)에 발생하면 매년 2~5%의 소가 발병 폐사한다. 유행형 소(牛)백혈병은 바이러스가 유즙, 분뇨 중에 배출되어 접촉에 의하여 다른 소에서 면양으로 수평감염되며, 소에서는 흡혈곤충, 오염 주사침, 수혈, 파이로플라스마병 예방접종 등을 통해서도 전파된다.
③ **발병 연령**: 소의 모든 품종이 감수성을 지니고 있으며, 연령이 증가함에 따라 발생 수가 증가하고, 2세 이하에서는 드물게 발생한다. 산발성 소(牛)백혈병은 유행형의 경우와는 달리 송아지에서 발생하는 경우가 많고, 임상증상도 다르다.

그림 1-17. 소(7세)의 백혈병 병변

[체표 림프절들이 종대되어 있음]

증상

① 감염 초기에는 대부분의 소에서 소(牛)백혈병 바이러스의 항체와 말초 림프구에 소백혈병 바이러스의 유전자를 가지고 있으면서 임상증상이 나타나지 않는다. 일반적으로 종양 변화가 나타날 때까지는 수개월에서 수년 이상 걸린다. 이와 같은 사실은 소백혈병 바이러스 항체 양성우는 많은데도 불구하고 발증우는 적기 때문이다.

② **아임상형**(亞臨床型) : 아임상형의 유행성 백혈병에 있어서는 종양이 형성되지 않고 외부 증상도 나타나지 않으며, 다만 혈액의 림프구의 증가만이 특징 있게 나타난다. 생명에는 하등 지장이 없으나 림프구 증가증은 다년간 지속되며, 아마도 종생 지속될지도 모른다. 경우에 따라서는 종양이 형성되어 임상형으로 전환되며, 이러한 예는 결과적으로 폐사의 전귀를 취한다.

③ **아급성형**(亞急性型) : 폐사의 전귀를 취하는데, 치사까지의 기간은 종양의 형성 부위 및 크기, 그리고 종양의 발육 속도에 따라 달라진다. 말초혈액 내에 림프구가 증가하고, 림프구는 이형(異形) 또는 미분화 상태인 것이 많다. 전신성 또는 국소 림프절의 종양은 각종 장기에 나타나고, 피하 림프절이 종대되며, 림프종이 점점 증대되면 각 장기를 압박하므로 그에 따른 증상이 나타난다. 즉 쇠약, 빈혈, 심장기능 및 소화기능의 이상, 수신증, 체중 감소, 유량 감소 등 각종 증상이 나타난다.

④ **흉선형**(胸腺型) : 흉선형은 1～2세의 소에서 흉선의 침윤을 볼 수 있고, 흉선의 종대와 골수 및 국소 림프절의 병변이 특징이다. 인두종창과 국소의 부종도 나타난다.

⑤ **병소**(病巢) : 거의 발생 전 예에서 임파선의 종대를 볼 수 있다. 백혈병성 종양 발생은 심장, 간장, 제4위벽, 장벽, 폐장, 신장, 자궁, 질, 뇌척수막 등에 나타나며 드물게는 종격막, 방광 등에도 생긴다.

진단

① 다양한 증상이 나타나기 때문에 임상 소견에 의한 진단은 어렵다.

② 진단방법으로서는 임상병리학적 방법, 말초혈액 검사법, 소백혈병 바이러스 항체 검출법, 소백혈병 바이러스 검출법 등이 있다.

③ 항체검사를 위한 혈청반응에는 gel 확산 침강시험, 보체결합시험, 형광항체법, 방사면역 분석시험(radio immunoassay), 중화시험 등이 있다.

예방 및 치료

소(牛)백혈병의 치료방법은 없고, 예방대책으로서 혈청학적 진단에 의하여 양성우로 판정된 것은 도태시켜 감염원이 되지 않도록 하는 방법 밖에 대책이 없다.

제 2 장

소의 일반 전염병

1. 파상풍

파상풍(破傷風, tetanus)은 *Clostridium tetani*에 의하여 생산되는 신경독소(神經毒素, neurotoxin)에 의해서 발병되는 급성 감염병이며, 주로 수의근(隨意筋)의 강직성 수축을 일으키는 것이 특징이다. 이 외에 지각과민, 전신경련 등을 일으키며, 창상을 통하여 감염되는 법정전염병이다.

역학

① 세계적으로 발생되나 온열대 지방에서 더욱 많이 발생하고, 한대로 갈수록 감염빈도가 적어지며 산발적으로 발생한다.
② 주로 창상부를 통해서 감염되며, 감염부에서의 균의 정착, 발육 및 독소생산은 화농균의 감염 또는 손상조직, 괴사조직, 이물, 삼출물 등의 존재에 의해서 조장된다.
③ 감염부에서 정착, 증식한 세균은 국소에만 잔존되고, 균체외 독소(exotocin)를 생산하여 이 독소가 혈류 및 임파류를 들어가 중추신경계의 운동신경에 운반되어 하행성 파상풍(descending tetanus)을 일으키고, 경우에 따라서는 국소부의 독소가 주변의 운동신경에 흡수되어 상행성 파상풍(asceding tetanus)을 일으키기도 한다.
④ 성별에 대한 감수성의 차이는 없으며 연령이 많을수록 저항이 크다. 그 원인으로서는 파상풍균의 아포는 대부분의 초식동물의 분변 중에서 발견됨으로써 항상 장기조직에 침입할 수 있기 때문에 사실상 2년 이상의 성우에서는 많은 양의 antitoxin이 혈청 내에 존재하기 때문이다.

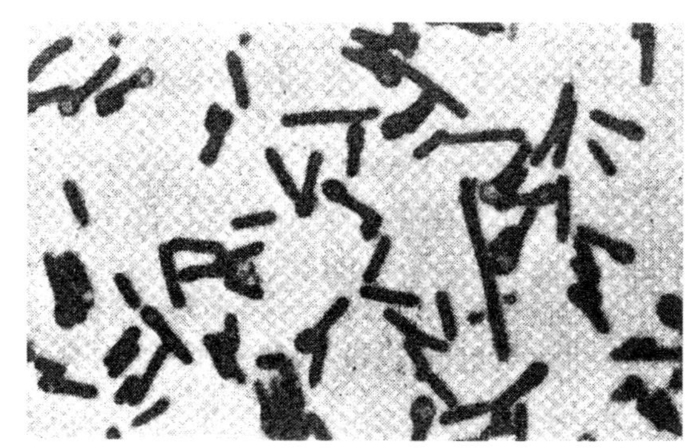

그림 1-18. 파상풍의 병원체인 *C. tetani*

[막대기 모양이고, 끝부분에 원형의 포자를 가지고 있음]

원인

① *Clostridium tetani* 혐기성 균으로서 그램양성, 비협막성, 아포형성성, 운동성(주립편모성)이 있는 간균이며, 크기는 (2～5)×0.5μ로서 양단은 둔원성(鈍圓性)이다. 대개는 고립되어 있으나 단연쇄(短連鎖) 또는 장사상(長絲狀)일 때도 있다.

② 아포는 균체 한 끝부분에 편재하고, 균체의 너비보다 크다.

③ 이 균은 화학물질 및 열에 대한 저항력이 강하여 100℃에서는 30～60분간 가열하더라도 사멸되지 않지만 온열 115℃에서는 5분 만에 파괴된다.

④ 이 균에 의한 신경독은 생체에 대한 작용이 매우 강력하고, 그 감수성은 동물에 따라 달라 말이 가장 높고, 소가 비교적 낮다.

증상

① 잠복기간은 일정하지 않아 소에 있어서는 대개 1～3주일이나 창상의 정도, 개체의 저항성, 감염균의 병원성 등에 따라 수개월에 이르기도 한다.

② 감수성이 있는 강직되고 하악이 긴장되어 개구가 억제되는 아관강직(牙關强直, trismus) 순막(瞬膜)의 돌출, 후지강직, 사지를 곧게 펴고 뻣뻣이 서 있는 등의 증상을 보인다.

③ 호흡수가 증가되고, 체온은 약간 상승(38.5～39.5℃)하며 음수, 채식, 저작, 연하곤란 등을 나타낸다. 또한 불안 및 주위에 대한 경계심이 강하고, 귀를 뒤로 세우며, 안검이 수축된다. 강한 자극에 대해서 반응을 나타낸다.

④ 때로는 변비가 있고, 방광에 오줌이 차 있다. 초기에는 맥박과 체온이 정상이

지만 근육강직이 심해짐에 따라 맥박이 증가하고, 배선(背腺)은 직선 또는 약간 만곡되고, 미근부는 거상된다. 이 때 고창증도 나타나지만 심한 편은 아니며, 오히려 제1위가 수축된다. 근육이 떨리기 시작하면 강직증상이 더욱 심해져 후궁반장(後弓反張, opisthotonus)을 볼 수 있으며, 사지가 강직되어 뻣뻣해진다.

⑤ 대개 치사적 경과는 말과 소의 경우 5～10일이지만 면양의 경우에는 3～4일이다. 이 병은 진단에 참고가 될 만한 부검 소견 및 조직학적 소견은 없지만 감염부위의 확인과 그 부위로부터의 균 분리는 가능하다.

진단

① 파상풍의 임상증상은 근(筋) 내의 강직성 경련이 특이적이기 때문에 다른 질병과 혼동 없이 쉽게 진단할 수 있다.

② 발병 전의 창상감염의 동기, 즉 분만, 수술, 깊은 창상, 예방접종(汚染針傷) 등이 확인되면 진단은 더욱 용이하다.

예방 및 치료

① Toxoid에 의한 예방 접종법이 있으나 소에서는 발생빈도가 적으므로 쓰지 않는다.

② 치료방법은 항독소혈청, 항경련제, 페니실린 등을 주사하고, 환축을 조용한 곳에서 안정시킨다.

2. 세균성 혈색소뇨증

세균성 혈색소뇨증(血色素尿症, red water disease, bacellary hemoglobinuria)은 심급성 전염병으로서 일명 적수병(red water disease)이라고도 한다. 이 병은 고열, 침울, 적혈구의 급속한 다량 파괴, 혈색소뇨 및 장출혈을 특징으로 한다. 중증 예에 있어서는 24～36시간 이내에 폐사한다.

원인

① 원인균은 *Clostridium hemolyticum*로서 크기는 (4～5)×(1～1.1) μ의 큰 간

균이며, 주립편모(周立鞭毛)가 있고 운동성이 있다.

② 편성혐기성이며, 아포를 형성하고, 자연감염 예에서는 간경색 부위에서 가장 많이 발견할 수 있다.

③ 조직 내 또는 신선배양의 균은 그램양성균이지만 12～16시간 경과한 배양에서는 그램음성균이 많이 나타난다.

④ 이 세균은 사체의 간경변부, 혈액, 비장, 골수 및 기타 장기에서 쉽게 발견할 수 있다.

⑤ 이 균의 아포는 다른 *Clostridia*의 아포에 비하여 열에 대한 저항력이 약하여 대개 85℃이면 사멸한다.

⑥ 이 세균은 두 가지 독성분을 산생하는데 그 하나는 배양에 있어서 불안정한 용혈독소이고, 다른 하나는 국소조직의 안정한 괴사독소, 즉 lecithinase이다.

역학

① 세계의 여러 나라에서 발생하고 있는데, 특히 미국, 남미 등지에서 발생되고 있고, 저습지에서 흔히 발생된다.

② 주로 6～11월 사이에 발생하나, 열대지방에서는 연중 어느 때나 발생한다.

③ 대부분의 예에 있어서는 1세 이상의 소에서 발생하나, 6개월령 이상의 소에서도 발생된다.

④ 오염된 사료, 물, 목초, 흙 등을 통해서 경구감염된다.

⑤ 주로 소에 자연 발생되나, 때로는 면양・돼지에서도 드물게 발생한다. 실험동물에서는 토끼, 모르모트 및 마우스 등에 감수성이 있다.

증상

① 이 질병의 병소는 주로 용혈독소에 의해 좌우되고, 이어서 국소조직이 괴사독소의 영향을 받는다.

② 갑자기 발병하여 짧은 경과를 거쳐 폐사하는 것이 특징이다.

③ 식욕, 반추, 비유, 배변이 정지되는데 유우의 경우 비유는 12시간 내에 완전히 정지된다.

④ 등의 만곡, 운동 기피, 호흡촉박 등의 증상과 체온은 39.5～41℃로서 발병 초기에 상승했다가 점차 하강된다.

⑤ 맥박은 약하고 빠르며, 경정맥박동이 나타난다.

⑥ 암적색의 포말성 혈색소뇨(血色素尿)는 특징적 소견으로서 발병 초기에 나타나는 증상으로서 뇨 중의 적혈구는 거의 없으며, 단백뇨는 양성이고, 당뇨 및 ketone뇨는 음성이다.

⑦ 혈색소뇨가 나타나기 시작한 때는 전 순환 적혈구의 30~50%가 용혈된 시기로서 혈액은 묽고 황달성이며, 응고가 잘 안 된다.

⑧ 조직 및 체강내로 혈장 삼루(滲漏) 및 배뇨로 인한 탈수증이 나타나며, 또한 황달성 또는 혈액성의 점액하리 및 결막의 황변 및 적변을 볼 수 있다. 말기에는 심한 호흡곤란이 있으면서 곧 폐사된다.

⑨ 치료를 하지 않을 경우에 폐사율은 95% 이상에 달한다.

⑩ 발병 중에 있는 환축의 혈액 배양 시 약 20%만 양성으로 나타난다.

⑪ 부검 소견은 출혈형, 빈혈형 및 황달형으로 구분될 수 있으며, 대부분은 출혈형으로 경과되지만 빈혈형과 황달형은 장기 경과한 예에서만 나타난다.

1) 외경 소견

사후강직, 후구의 피가 섞인 분뇨에 의한 오염, 혼혈포말성 비루(鼻漏), 결막의 황달 및 적변, 안구의 함몰, 피하출혈을 인정할 수 있다.

2) 내경 소견

① 림프선의 수종성 종창 및 출혈, 복막의 점상, 반상, 수지상의 출혈을 볼 수 있으며, 복강 내에는 혈액성 복수가 있다.

② 간은 종대, 취약해 있으며 암갈색 또는 황갈색으로 변해 있고, 간 미상엽 부위에 빈혈성 경색이 생기는 것이 특징적 소견이다.

③ 비장은 약간 종대해 있거나 피막하 출혈이 있을 때가 있다.

④ 신장은 암갈색으로 피막하, 피질 및 수질부에 점상출혈이 나타난다. 방광 내에 뇨가 배출되지 않을 경우에는 포도주색의 혈색소뇨가 충만되어 있을 때도 있다.

⑤ 폐에는 황달성을 띠고, 기관 및 기관지 내에는 포말성 혈양 삼출액이 저류되어 있고, 점막에는 출혈반점이 나타난다. 심낭 내에는 암적색의 심낭액이 충만되어 있고, 심내막 및 심외막의 출혈소를 볼 수 있다.

⑥ 뇌 및 뇌막에서 출혈반점을 인정할 수 있다.

진단

(1) 감별진단

혈색소뇨(血色素尿)를 수반한 소의 여러 질병과의 감별진단이 필요하다.

① 이 병의 혈색소뇨에는 적혈구가 없고 암적갈색의 투명한 포도주색의 뇨인데, 방광염성 혈뇨증, 세균성 신우신염 및 탄저에 있어서는 적색뇨에 적혈구가 많이 나타난다.

② Anaplasma병, 진드기열, 산후 혈색소뇨증 및 고사리 중독에 있어서의 뇨는 갈색뇨이고, 렙토스파이라병에 있어서는 혈색소뇨와 더불어 황달증이 인정된다.

(2) 실험실 진단

폐사 직후에 간경색부에서 균을 분리 배양한다(12시간 이내). 배양균을 모르모트에 피하접종하면 출혈성 부종이 생기며, 18～24시간 이내에 폐사한다. 가장 신속하고 정확한 동정의 방법은 형광항체법이다.

예방 및 치료

① 예방관리는 기종저의 경우와 같다. 습지대에서 사육할 경우에는 배수에 유의하고, 간흡충의 구제에 힘써야 한다.

② 이 병의 발생지역에서는 발생계절 3～4개월 전에 6개월 이상의 소에 사균백(bacterin)을 접종한다. 면역 지속기간은 6개월이므로 연 2회 접종한다.

③ 이 병은 급성질환이기 때문에 신속한 치료가 필요하다. 면역혈청 250～500 mℓ를 정맥주사하고, 필요하면 24시간 후에 반복 주사한다. 조기에 광범위 항생제, 페니실린주사로 병행한다.

④ 대증요법으로 수혈이 좋으나 Anaplasma나 Piroplasma 원충을 함유하지 않은 혈액을 수혈하도록 주의해야 한다.

3. 장독혈증

장독혈증(腸毒血症, enterotoxemia)은 소뿐만 아니라 사람이나 양・말・돼지 등에 발생하며, 세계적으로 널리 발생되고 있다. 원인균은 *Clostridium perfringens*로서 감염동물의 소장 내에서 증식하여 산생되는 독소로 말미암아 괴사성, 출혈성의 병변을 일으키고, 독혈증으로 급사한다.

원인

① *Clostridium perfringens*는 그램양성, 비운동성, 혐기성의 간균이다. 크기는 (4∼8)×(0.8∼1.5) μ 이며 다변형이다.

② 다른 Clostridia와의 차이점은 운동성이 없다는 것이다.

③ 이 병의 발생 요인으로서 여러 가지를 생각할 수 있지만 관리 면에서는 방목지에서 기온의 급격한 저하로 한냉에 대한 자극, 겨울의 섬유질이 많은 건초사료로부터 봄의 방목사료의 단백질이 많은 두과사료로의 전환 등이 문제가 된다. 어린 동물은 단백질의 이용이 불충분하기 때문에 ammonia가 발생하여 소화관의 pH가 정상적인 산성으로부터 알칼리성으로 되고, 따라서 혈액도 알칼리성으로 되어 반추 또는 소장의 연동운동을 억제하는 결과가 된다.

④ 어린 동물은 이와 같은 결과로써 *Cl. perfringens*의 B.C 형에 의한 질병을 초래하는 것으로 생각할 수 있다. 이 세균은 독소-항독소 중화시험(toxin-antitoxin neutralization test)에 의해서 6개의 차이 있는 독성주(毒性株), 즉 A, B, C, D, E 및 F 등으로 구분된다. 그 중에서 소에서는 A, B, C, D형에 의한 발병이 많다.

⑤ 균형에 따라 산생독소의 종류가 다르고, 질병의 종류도 다르다. A형 균은 alpha toxin, B형 균은 beta 및 epsilon toxin, C형 균은 alpha 및 beta toxin, D형 균은 alpha 및 epsilon toxin, E형 균은 alpha 및 iota toxin을 각각 산생한다. 소에서는 C형 균의 beta toxin에 의한 장독혈증이다.

⑥ A형은 세계에 널리 분포하고 있으나 소에서는 드물게 병원작용을 일으키고,

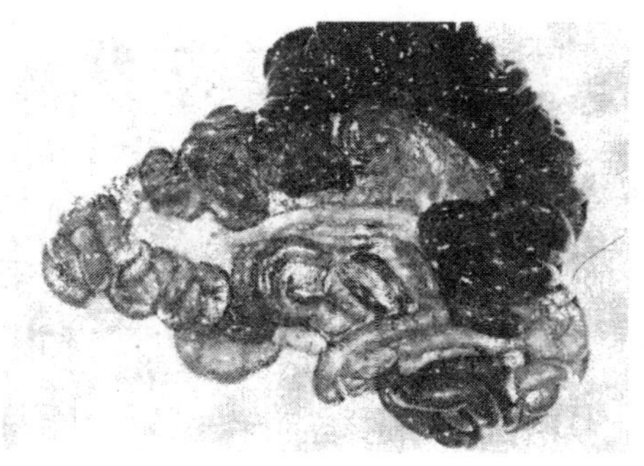

그림 1-19. 소(3세)의 출혈성 장병변

[출혈성 장독혈증을 나타냄]

B형은 자양(仔羊) 및 송아지에서 가끔 발병을 일으킨다. D형은 면양에 장독혈증을 일으키고, 성우(成牛)에서도 가끔 발증을 일으킨다.

증상

① 증상은 병독에 따라 다양하게 나타난다. 처음에는 쇠약, 복통, 거동 불안, 출혈성 설사, 사지 마비 등이 나타난다.
② 식욕폐절, 고창, 체온이 39.5℃ 이상으로 상승되고, 점막이 창백해지고, 호흡촉박, 경련성 발작 등을 일으켜 약 18시간 경과로 폐사하게 된다.
③ 부검 소견으로는 소장의 출혈성 장염, 십이지장 및 회장 점막의 괴사병변, 복강내 림프절에서는 종창, 출혈성 부종 등을 인정할 수 있다.
④ 송아지는 제4위가 확장되고, 응고부전의 유즙이 잔류되어 있으며, 심외막, 후두 및 폐 등에서 점상출혈을 볼 수 있다. 간 및 신장에서 파행성 변성 및 산재성 출혈소를 나타낸다.
⑤ 방목육우의 송아지가 급성경과로 발병될 때에는 갑자기 폐사체로 발견되나, 젖소의 경우는 수시로 관찰할 기회가 있으므로 발병상태를 조기에 발견할 수 있다.

진단

① 정확한 진단은 원인균의 분리・동정과 독소증명이 중요하지만, 중화시험 또는 형광항체법이 가장 많이 이용되고 있다.
② 급성경과 시에는 산통, 출혈성 설사, 원기쇠약, 식욕전폐 등의 임상증상을 나타내고, 부검 소견도 진단이 된다. 소장 내용물을 직접 도말, 그램염색을 하여 균을 증명한다.

예방 및 치료

① 모우에 toxoid를 예방접종하면 antitoxin이 초유로 배출된다. 즉, 분만 전 2～4개월에 임신우에 1차 접종을 하고, 4～5주 후에 2차 접종을 하며, 그 후는 매년 1회씩만 toxoid를 접종한다. 이와 같이 하면 충분한 양의 antitoxin이 초유로 배출되므로 송아지를 예방시킬 수 있을 뿐만 아니라 이 초유를 발병한 송아지에게 먹이면 치료효과를 나타낼 수 있다.
② 면역혈청 10 mℓ를 출산 후 송아지에 주사하면 약 3주 간 면역이 지속되므로

위험한 시기를 면할 수 있다.

③ 사료에 설파제 또는 클로로테트라 사이크린(chlorotetracycline) 등의 항생물질을 첨가하여 급여하면 예방 및 치료 효과가 있다.

4. 전염성 괴사성 간염

전염성 괴사성 간염(壞死性 肝炎, black disease, infectiousnecrotic hepatitis)은 *Clostridium novyi*에 의해서 야기되는 양 및 소의 급성전염병이며, 간의 괴사반이 생기는 것이 특징이다. 또한 간질에 의한 간의 손상과 밀접한 관계가 있다.

원인 및 역학

① *Cl. novyi*의 크기는 (5～10)×(0.8～1.5) μ의 비교적 큰 혐기성 균의 일종으로서 비협막성이며, 주립편모를 지닌 운동성의 균이다. 아포를 형성하며, 그램 양성의 편성혐기성 균이다.

② A, B, C의 3가지 아형 중 B형이 병원성이 가장 강하다.

③ 세계에 널리 분포되어 있고, 특히 유럽의 여러 나라, 영국, 호주, 뉴질랜드 및 미국 등에서 발생보고가 있다.

④ 아포형은 토양 중에서 오래 생존할 수 있으며, 발육증식은 동물의 소화관 내에서 이루어진다고 믿고 있다.

⑤ 늦은 여름과 가을에 잘 발병되며, 어린 소에 발병이 많고, 간질이 있는 지역에서 빈발된다고 한다.

증상

① 뚜렷한 증상 없이 침울, 무기력하게 되어 횡와한 채 수시간 내에 폐사한다. 체온은 정상이거나 오히려 하강된다.

② 한계가 명확하지 않은 간괴사 병소가 가장 중요한 특징이다. 이 병소는 황색을 띠고 있으며, 간질유충의 이동경로에 병소형성이 잘 이루어진다.

③ 피하에서 출혈(흑피병, black disease)과 더불어 체강에서 황갈색의 누출액을 볼 수 있다.

진단

① 간의 특정적인 괴사병소 형성 및 괴사부에서 세균 검출은 진단에 도움이 된다.
② 정확한 진단은 병원균의 분리 및 동정에 의한다.

예방 및 치료

① *Cl. novyi*의 toxoid(독소 접종액) 또는 bacterin(사균백신)으로 예방접종함으로써 발병률을 감소시킬 수 있다.
② 간질의 중간 숙주의 구제 또는 간질의 예방 및 치료에 유의해야 한다. 폐사체는 소각 또는 생석회매장 한다.
③ 치료는 기종저에 준할 수 있으나 대부분 급사하므로 치료를 할 기회가 없다.

5. 보틀리즘

보틀리즘(botulism)은 *Cl. botulinum*에 의해서 생성된 독소로 발병되는 급성중독증(toxicosis)이다. 이 병원균은 토양 중에 사물기생균(死物寄生菌)이며, 살아 있는 개체의 소화관 내의 상존균(常存菌)이기도 하다. 살아 있는 개체 내에 존재하는 균은 유해작용을 일으키지 않으나 많은 동물이 폐사되면 죽은 조직 내에서 증식되어 독소를 생산할 수 있다. 이 독소가 함유된 유체를 다른 동물이 먹었을 때는 비슷한 중독증을 일으킨다.

원인 및 역학

① *Cl. botulinum*은 세계적으로 분포되고 있으며, 사람이나 동물의 소화관 내에 상재하고 있다.
② 동물은 이 세균의 독소가 함유되어 있는 동・식물성 사료를 섭식함으로써 발병된다.
③ *Cl. botulinum*은 둔한 운동성(4～8개의 주립편모)을 가진 비협막성, 편성혐기성 간균이며, 크기는 (4～6)×(0.9～1.2) μ 으로서 양단(兩端)은 둔원(鈍圓)이고, 아포를 형성한다. 균체는 1개, 2개 또는 3～4개의 단연쇄(短連鎖)로 나타난다.

④ 단백질 및 탄수화물의 배지에서 반응에 따라 A, B, Ca, Cb, D 및 E의 6가지 형의 독소로 분류한다.
⑤ 소에 있어서 발증률은 극히 낮으나 폐사율은 100%이다.

증상

① 근무력증, 마비, 저작불능, 운동실조, 허약 등으로 폐사한다.
② 특징적 병소는 인정할 수 없다.

진단

① 마비를 일으킨 임상증상이 나타날 시 변질된 사료(독소가 함유된 사료)를 조사분석, 독소를 검출해야 한다. 중독을 일으킨 사료의 여과액을 일군의 실험동물에 주사하고, 다른 실험동물의 일군에는 사료의 여과액을 주사함과 동시에 항독소를 주사한다.
② 폐사체에서의 *Cl. botulinum*의 분리는 진단에 도움이 되지 않는다.
③ 독소의 존재 여부를 증명하는 방법으로 전기영동법과 형광항체법이 이용된다.

예방 및 치료

① 예방접종법도 있으나 일시적 면역효과이고, 발병률이 극히 낮으므로 실용화되지 않고 있다. 의심되는 사료는 폐기해야 한다.
② 이러한 중독증이 발생되면 치료가 곤란하다.

6. 살모넬라균증

살모넬라균증(salmonellosis)은 각종 *Salmonella*균의 감염으로 수양성 설사 또는 점액성 혈변, 때로는 폐렴증상을 수반하여 1~7일이 경과하면 패혈증으로 폐사한다. 만성의 경우에는 관절염, 뇌염증상도 나타낸다.

원인

① *Salmonella*속 세균은 장내세균과(Entrobacteriaceae)에 속하고, 4아속(subgenus)에 약 1,700종의 혈청형(serover)으로 구분된다.

② 소에서 고유의 병원성을 나타내는 균형은 *Salmonella dublin*, *S. typhimurium* 과 *S. entertidis*이다.

역학

① 경구감염이 가장 일반적인 감염방식이고 결막, 호흡기 등으로도 감염된다.
② 균의 전파 요인으로는 발증우, 보균우, 소 이외의 보균동물, 오염된 사료, 음수 및 사육환경 등을 들 수 있지만 역학적으로는 주로 보균우가 문제되고 있다.
③ 이 균은 세계적으로 널리 분포되어 있고, 지역에 따라 혈청형이 다를 수도 있다. 가장 많은 것은 *S. dublin*과 *S. typhimurium*이다.
④ 체내에서의 보균 부위는 주로 장과 간이고, 그밖의 간의 부속 림프절, 담즙, 편도, 유방림프절 등을 들 수 있다.
⑤ 출산 직후의 감염모우의 분변, 질 분비물 및 유즙 중에 배설된 균에 의한 감염은 위험하다.

증상

① 사육형태, 연령, 임신, 복합감염 등 여러 가지 조건에 따라 증상이 다르다.
② 송아지에서의 증상은 설사, 발열, 원기 소실, 식욕부진, 탈수증상, 가시점막, 창백화 등으로 말기에는 수척하여 기립불능, 호흡곤란 등의 증상을 나타낸다.
③ 설사는 본 증상의 특징적 증상으로서 2～7일의 잠복기를 거쳐서 돌발적으로 악취가 나는 황백색의 수양성 설사를 한다. 중증의 경우에는 점액성 혈변을 배설한다.
④ 회복기에 이르러 3～7일 경과하면 설사변으로부터 서서히 연변으로 전환되지만 발육장애를 일으키는 경우가 많고, 때로는 관절염, 뇌염증상을 나타낼 경우도 있다.
⑤ 발병 초기에는 40～42℃의 고열이 2～3일 계속되다가 평열로 돌아가지만 설사가 지속되는 경우가 많다.
⑥ 성우에서는 발병이 드물지만 복합 감염되면 급성증상을 나타낸다. 증상은 송아지의 경우와 비슷하지만 유우는 비유량이 감소되고, 임신된 소는 유산・조산・사산 등을 일으킨다.

진단

① 송아지의 급성형은 대장균의 패혈증과 비슷하기 때문에 감별하기 위해서는 균을 분리하여 확인하는 것이 필요하다.
② 살모넬라균증은 생후 2～3주령에 많이 발생하지만 대장균증은 1주령에 많이 발생한다.
③ 임상증상은 다른 원인에 의한 유사한 질병이 많기 때문에 병원체를 분리하여 성상검사를 하는 동시에 혈청학적 진단을 하는 것이 확실하다.

예방 및 치료

① 송아지에서의 살모넬라균증이 많이 발생하는 요인으로 초유를 충분히 먹이지 않았거나 분리한 환경, 불규칙적인 급식 등을 들 수 있다. 갓난 송아지는 생후 1주일까지 모유를 충분히 먹이고, 외부에서 도입된 송아지는 격리 수용하여 사육하다가 육성사로 옮긴다.
② 우사는 항상 청결하게 해주고, 오염된 물을 먹이지 않도록 주의하여야 한다.
③ 설사 등의 이상이 있는 소는 격리 사육해야 한다.
④ 백신으로서 *S. dublin* 및 *S. typhimurium*의 생균제제를 사용하는 나라도 있다.
⑤ 치료제로서 항생제, 설파제 등이 사용되고 있지만 효과를 크게 기대할 수 없다.

7. 대장균증

대장균증(大腸菌症, colibacillosis)은 2～3주령의 송아지에 많이 발생하고, 대장균(*Escherichia coli*)에 의한 전신감염으로 패혈증 및 설사가 주증상이며, 급성경과를 취하여 폐사한다. 송아지에서 중요시 되고, 성우에서는 어느 정도 저항성이 있다.

원인

① 장관 내에 상재하는 대장균이 질병에 관여하는 것이 아니고, 병원성을 나타내는 것은 특정한 대장균이다.
② 대장균은 장내세균과(Enerobacteriacae)에 속하고, 그램음성의 운동성이 있는 통성 혐기성 간균이다.

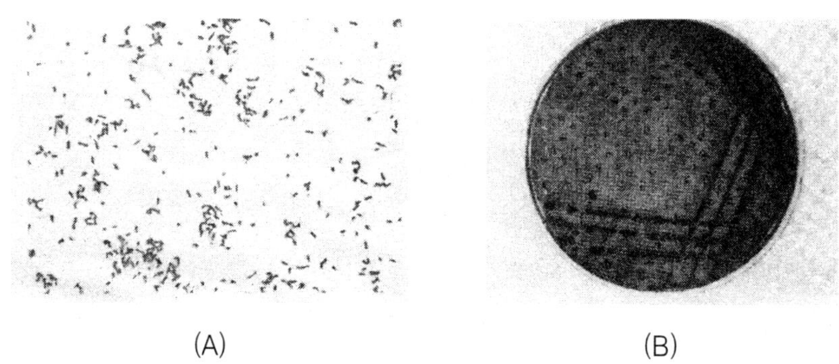

(A) (B)

그림 1-20. 대장균(A)과 MacConkey's 한천(agar)에 배양한 집락(B)

③ 대장균은 사람을 위시해서 각종 동물의 장관 내에 상재하여 이상증식하거나 다른 부위에 침입, 증식하여 병적상태를 일으킨다.

④ 설사를 일으키는 장관독소(enterotoxin)에는 단백성 외독소로서 내열성(耐熱性, ST) 및 이열성(易熱性, LT)의 독소가 있다.

⑤ 설사와 패혈증은 신생 자우(仔牛)가 분만 후 초유를 통해 모체로부터 받은 면역항체의 양이 부족하여 병원체에 대한 저항능력이 약한 경우 발병한다.

역학

① 대장균증은 비육목적으로 집단 사육하는 송아지에서 많이 발생한다.

② 초유를 충분히 먹이지 못하고 도입될 경우를 고려할 수 있으며 수송, 환경이나 사료의 급변, 밀사, 영양실조 등은 설사를 일으키는 요인이 된다.

③ 특히 유우의 송아지에 많이 발생하고, 나쁜 조건하에서는 발생률이 높다.

④ 패혈증에 의한 폐사는 생후 2～3일령에 많고, 설사에 의한 폐사는 6～10일령에 많다.

증상

① 패혈증은 신생 자우(仔牛)에 많고, 건강한 모우로부터 정상 분만을 하더라도 생후 수시간, 늦어도 2～3일령에 발병한다.

② 수양성 설사를 하며, 송아지는 급격한 탈수상태에 빠지고, 1～2일 만에 패혈증으로 폐사한다. 설사는 회백색이고, 수양성이기 때문에 송아지 백리라고도 한다.

③ 설사는 대개 2～4일 간 계속되지만 만성으로 전환되는 경우도 있다.

④ 설사가 계속되면 원기가 소실되고, 털의 광택이 없어지며, 설사로 인하여 심한 탈수상태가 된다. 이와 같이 되면 영양상태가 급속히 악화되어 2~3일 경과하면 죽게 된다.

진단

① 임상증상을 중요시 하는 한편 원인균을 분리하여 세균학적 진단을 하는 것이 필요하다.
② 패혈증은 신생 자우(仔牛)에 발생하여 급사하지만 반드시 설사를 수반하지는 않는다.
③ 각 장기로부터 대장균을 분리하여 혈청형을 검사하는 것은 원인균을 판정하는데 중요하다.

예방 및 치료

① 신생 자우(仔牛)는 출산 후 초유를 충분히 먹여 모체로부터 항체를 많이 얻도록 한다.
② 외부로부터 구입된 경우 처음에는 적은 두수씩을 사육하면서 설사를 하는 것은 격리 사육한다.
③ 패혈증의 예방을 위해서 대장균 백신 접종을 하고, 분만 전의 모우에 접종하여 초유를 통한 면역을 새끼에 부여함으로써 감염을 예방할 수 있다.
④ 설사하는 송아지는 포유를 중단하고, 전해질용액과 항생제를 투여하고 보온을 해 준다.

8. 방선균증

방선균증(放線菌症, actinomycosis, Lumpy jaw)은 *Actinomyces bovis* (방선균)의 감염으로 주로 하악, 상악골에 다공성(多孔性) 골수염을 일으키며, 드물게는 내부 장기에 침입 병소를 일으키기도 하는 인수(人獸) 공통 전염병이다.

원인

① 원인균은 *Actinomyces bovis*이지만 때로는 *Corynebacterium pyogenes*, *Sta-*

phylococcus aureus 및 기타 세균이 2차적으로 관여하여 화농을 촉진하기도 한다.

② 이 균은 형태 및 배양의 특징으로 보아 *Bacterium* 또는 *Fungus*(사상균)로 분류되기도 한다.

③ 병소조직 내에는 유황립(硫黃粒, sulfur granules)이 형성되는데, 그 내에는 그램양성으로 염색되는 방선균의 집락을 인정할 수 있다.

④ *A. bovis*는 소의 구강내의 정상 세균총의 하나로 생각할 수 있으나 건전한 구강점막을 통해서 침입하는 경우는 드물고, 구강 내의 상처부를 통해 침입하여 감염, 병소를 형성한다.

⑤ 병소부에서는 방선균 이외에 농양형성을 촉진하는 화농성 세균을 발견할 수 있다.

(A) 소의 하악골에 생긴 방선균증의 병변

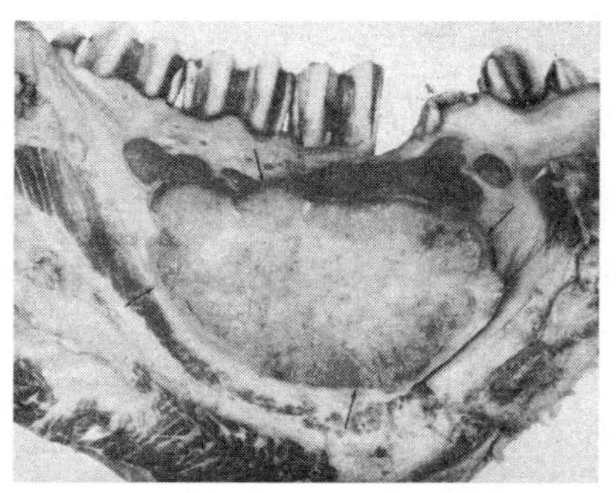

(B) 방선균증에 의한 하악골 내부의 병소부 (화살표)

그림 1-21. 서서히 진행된 방선균증의 병변

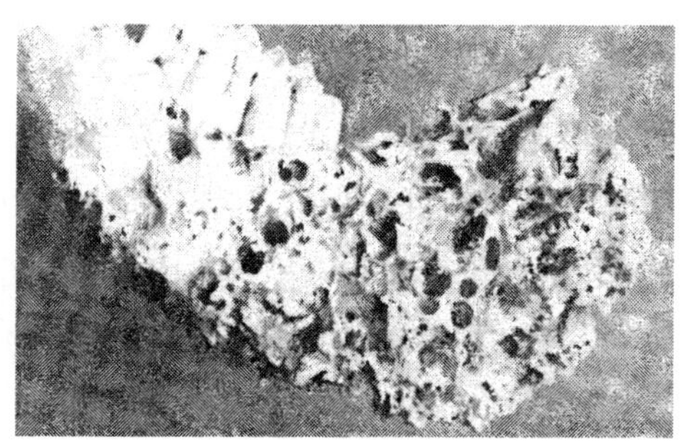

그림 1-22. 하악골에 생긴 방선균증의 병변

[골조직의 괴사로 구멍이 뚫려 있음]

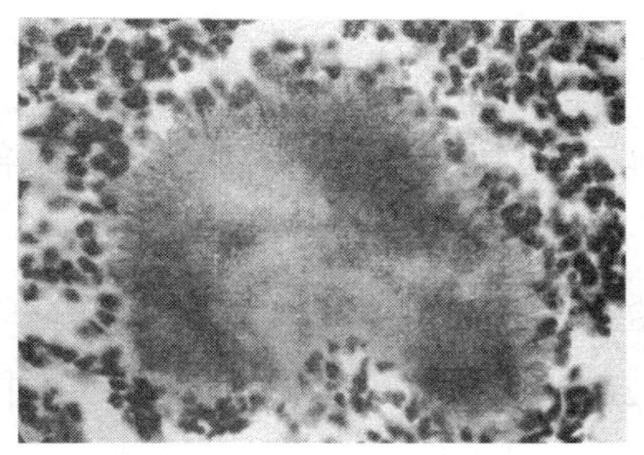

(A) 조직절편 내의 균괴
(H-E염색×500)

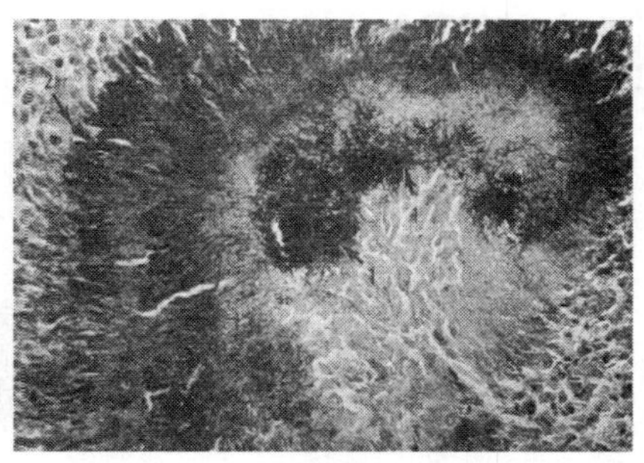

(B) 조직절편 내의 균괴 및 균사
(Gram염색×500)

그림 1-23. 방선균증

⑥ 원인균은 광범위한 지역에 분포되어 있어서 산발적으로 발생한다.
⑦ 이 병은 소 이외에 돼지, 말 그리고 사람에게도 자연 감염된다.

증상

① 잠복기가 불명하여 골 속에서 병소가 상당히 진행된 후에 외부 증상이 나타난다. 병소가 진행되면 해당 부위가 종창된다.
② 병소가 상악부에 형성되면 육아종이 비갑개골에 퍼져 호흡곤란을 일으킨다.
③ 골육아종은 환골에 생기면 그 장소에 국한되는 것도 있지만, 다른 곳으로 전이하여 병소를 형성하기도 한다.
④ 육아종의 중심부에 압박괴사가 진전됨에 따라 농양이 형성되고, 이것이 파열되면 특징 있는 농이 배출된다.
⑤ 방선균을 둘러싼 조직에는 단핵식세포, 임파구, 섬유아세포, 거대세포 등의 집속이 있고, 골다공증이 일어난다.

진단

① 농내의 유황양과립(硫黃樣顆粒)을 10% 수산화칼륨(KOH) 용액을 적하시켜 압착표본을 만들어 검경하면 곤봉형 균괴를 관찰할 수 있고, 그램염색하면 그램양성의 균사를 볼 수 있다.
② *A. bovis*는 그램양성으로 염색되지만 *Actinobacillus lignieresii*의 균사는 그램음성으로 나타나기 때문에 양자의 구별이 용이하다.

예방 및 치료

① 연조직에 병소가 형성되었을 때에는 외과적 처치 및 요오드나트륨으로 치유할 수 있다.
② 골조직을 침해한 병소는 외과적 처치, 요오드치료 및 항생제 치료만으로는 치료가 곤란하여 X선 조사를 병행하는 치료를 시도하고 있지만 예후가 좋지 않다.
③ 골을 침해하는 방선균병은 조기에 발견, 치료하지 않으면 치료가 불가능하다.
④ 방선균병 병소로부터 배출되는 농즙이 사람에 접촉되지 않도록 주의한다.

9. 리스테리아병

리스테리아병(listeriosis, circling disease, silage disease)은 *Listeria monocytogenes*에 의해서 야기되는 반추동물의 급성 치사적인 전염병으로서 소, 면양 및 산양에서 주로 발생된다. 동물로부터 사람으로의 전파양식은 확실치 않지만 인수(人獸) 공통 전염병으로 취급되고 있다. 반추동물에 있어서는 뇌염을 특징으로 하고 있다.

원인

① 병원체인 *Listeria monocytogenes*는 곤봉모양의 단간균으로서 0.5×(0.8～1)μ의 비교적 균일한 형태지만 때로는 5～19㎛의 긴 사상균을 혼재하고 있는 경우도 있다. 그램양성이고 조직편에서도 발견된다.
② 균체 주위에는 1～4개의 편모가 있다. 37℃ 배양에서는 운동성도 없고, 편모 형성도 1～2개로 끝이 난다. 실온(20℃ 내외) 배양에서는 운동성이 활발해지며, 편모수도 4개인 것이 많다.
③ 보통배지에서 발육되지만 혈액 한천평판배지에서 가장 잘 발육된다.
④ 감염조직을 마우스의 뇌 내에 접종하면 2～3일에 폐사한다.
⑤ 균체항원(O)은 14종이 있고, 편모항원(H)은 4종이 있다.

역학

① *Listeria*균은 토양 또는 동물체내와 자연계에 널리 분포되어 있다. 사람이나

그림 1-24. *Listeriosis*를 일으킨 소의 마비증상 모습

많은 포유동물 및 조류의 분변에서 분리되어지고 있다는 사실은 분포가 광범위하다는 것을 입증하고 있다.

② 이 병의 발생은 겨울과 봄철에 많이 발생하고 있다.

③ 양에서는 Ensilage를 급여할 때 많이 발생하므로 일명 Ensilage disease라고도 하는데, 보균상태의 조류, 보균 야생 설치류에 의해서 오염되었거나 또는 흙으로부터 오염된 것으로 추측하고 있다.

④ 신생 자우(仔牛)에 치사적인 패혈증을 일으키고 유산되는 경우는 드물다. 말의 유산태아에서 이 균이 분리된 경우도 있다.

⑤ 개, 토끼, 모르모트, 닭, 칠면조, 여우, 친칠라, 스컹크, 너구리 및 족제비 등의 병소, 간병소에서 분리되었다고 한다.

⑥ 사람에 있어서는 뇌막염, 뇌염과 태아의 사망을 포함한 임신장애를 일으킨다.

증상

① 소에 있어서 이 병의 가장 특징적인 소견은 뇌염형이며, 증상은 4～14일 간 지속된다.

② 잠복기는 소는 30～45일, 면양은 15～27일로 추정하고 있다.

③ 연령·성별에 관계 없이 모든 소에 발생하고, 처음에는 치둔, 고립되어 있다. 이어서 선회운동이나 분별 없이 돌진하는 행동을 취한다.

④ 초기에 체온은 39～41℃로 상승하고 유연, 결막염, 교근마비, 이개하수, 인두마비, 전신의 부전마비, 그리고 혼수상태로 이어지다 폐사된다.

⑤ 감염우군에 있어서는 주기적으로 재발하는 경향이 있고, 이 병률은 높지 않으

나 폐사율은 높은 편이다.

⑥ 신생 자우(仔牛)의 발병 예에서는 발열, 하리, 무기력 상태로 폐사되며, 간병소 및 기타 내장에서도 *Listeria*균이 분리되었다.

⑦ 부검 소견에 있어 육안적 병변은 별로 인정할 수 없고, 조직변화는 뇌에서 특히 연수 및 뇌교에 병변이 현저하다.

진단

① 임상증상으로서 선회운동, 침울증상의 뇌증상이 중요 증상이므로 이 증상이 나타나면 일단 의심해야 한다.

② 생전 진단방법으로 혈청학적 진단 및 뇌척수액에서의 병원균의 분리는 확실한 진단이 될 수 없다.

③ 소의 광견병, 연중독, 케톤증 및 기타의 뇌질병 등과의 감별진단이 필요하다.

④ 환축이 폐사되면 뇌조직을 검사하여 뇌염 유무를 확인하고, 뇌조직을 도말하여 그램염색을 하여 균체를 증명한다.

⑤ 분리배양법, 마우스 접종법, 형광항체법은 진단에 도움이 된다.

치료

① 생균백신은 면역효과를 기대할 수 있으나 취급시 환경오염이나 사람에 전파시킬 우려가 있기 때문에 실용화 될 수 없다.

② 이 질환 발생시 초기에 항생제 및 sulfa제를 응용하면 어느 정도 치료효과를 기대할 수 있다.

10. 전염성 비기관염

소의 전염성 비(鼻)기관염(Infectious bovine rhinotracheitis, IBR)은 herpes virus type I(BHV-I)(Mohanty, 1978)의 감염에 의하여 야기되는 급성 열성전염병으로 호흡기 점막의 염증, 수종, 출혈 및 괴사를 주병변으로 하며, 발열, 대량의 비루(鼻漏), 기침, 호흡 촉박의 증상을 수반한다. 또한 농포성 외음질염, 결막염, 유산, 뇌염의 증상도 발생한다.

원인 및 역학

① 이 병은 herpus virus type I에 의해 야기되며, 자연감염에서 회복된 소는 보균우가 되어 전염원이 된다. 감염 후 장기의 간격을 두고 다시 바이러스가 체내에서 증명된다는 것은 간헐적으로 증식하면서 보균되고 있다는 것이다.

② 개체의 여러 가지 여건에 따라 감수성과 발병 양상에 많은 차이가 있다.

③ 산발적인 발생 예도 있지만, 전 군의 거의 100% 발병을 일으킨 예도 있다. 특히 밀사한 우군에서는 신속히 전파 감염된다.

④ 폐사율은 약 1～3% 정도로서 송아지에서 폐사율이 높다.

⑤ 감염방식은 대개 비말감염에 의해서 이루어지지만 오염된 사료, 물 등을 통해서도 감염된다. 소만이 자연 감염되고, 돼지에서는 생식기 감염 예도 보고되고 있다.

증상 및 병소

잠복기는 2～3일이며, 다음과 같이 여러 형으로 분류될 수 있다.

(1) 호흡기형

① 가장 빈번히 나타나는 증상으로서 불현성 감염 예와 더불어 경증으로 나타나는 경우도 있고, 중증으로 발병하는 경우도 있다. 연중 언제든지 발생되나 보균우의 새로운 도입이 있는 후에 집단적으로 발병하기 쉽다.

② 호흡기형의 주증상은 침울, 사료 소비량의 급감, 비유량의 감소, 발열(40～41.5℃), 호흡촉박, 식욕감퇴, 기침, 비루(鼻漏), 포말성 유연, 개구호흡, 결막의 충혈 및 낙루, 체중 감소, 비점막의 충혈, 궤양 등의 증상이 나타나며, 점차 파급되어 폐렴으로 발전할 수 있다.

③ 필발적인 증상은 아니지만 백혈구 감소증 또는 하리가 생기는 경우도 있다.

④ 병리해부 소견은 비강, 후두 및 기관의 심한 염증 및 수종이며, 기도점막의 섬유소성 삼출물의 피개이다.

(2) 생식기형

① 전염성 비기관염(鼻氣管炎, Infectious bovine rhinotracheitis, IBR)의 생식기형을 미국에서는 전염성 농포성 외음질염(膿疱性 外陰膣炎, Infectious pustular vulvovaginitis, IPV)이라고 부르고, 과거 서구에서는 구진(丘疹, coital vesicular exanthema)이라고도 지칭했다.

② 초기에는 질점막의 충혈 및 과립성 농포가 생기어 점액양(粘液樣)의 삼출액이 저류되고, 때로는 광범위한 회백색의 괴사성 위막이 형성되며, 적색 궤양을 일으킨다.

③ 경과는 3～8주일이며, 이 증상으로 인한 유산도 나타난다.

④ 모우에 감염되었을 경우에는 전염성 농포성 귀두포피염(膿疱性 龜頭包皮炎, Infectious pustular balanoposthitis, IPB)이 발생되며, 포피 내와 귀두에 과립상의 농포가 형성되는 것이 특징이다.

(3) 결막염형

① 상부호흡 기도염과 동시에 합병증이 나타난다.

② 눈꼽이 끼고 점액농양의 비루(鼻漏)가 있거나 각막염이 있으면 이는 2차 감염에 의한 것이다.

(4) 유산

① 임신우가 특히 임신 4～7개월령에 감염되면 감염 후 2주에서 3개월 사이에 유산한다고 한다. 유산된 태아에서 바이러스가 분리된다고 한다.

② 임신중 언제라도 감염되면 유산을 일으키고, 발생빈도는 2～20%라고 보고하고 있다.

③ 유산우의 약 50%는 후산정체가 된다고 한다.

④ 유산은 이미 기술된 상부기도염, 각결막염, 음문질염과 병발하는 경우가 많다.

(5) 뇌막뇌염

4～6개월에서 발생하기 쉽다. 초기에는 비즙, 유루(流淚), 호흡곤란 등의 증상을 나타내며, 의식장해, 운동실조, 전신경련, 시력장해 등의 신경장해가 나타나고 이어서 기립불능이 된다. 1주일 전후에서 거의 폐사되지만 드물게는 회복되는 경우도 있다.

(6) 장염

생후 2～3주의 송아지가 감염되면 1～2일 내에 대장균증, 소 rota virus 감염증

혹은 소 corona virus 감염증과 아주 비슷한 증상의 하리를 일으켜 20～80%가 사망한다.

진단

① 이 병의 진단은 임상형의 특징적 증상을 잘 관찰해야 한다.
② 이 병의 확실한 진단은 실험실 검사(바이러스 분리, 발병 초와 발병 2～3주 후의 혈청학적 검사, 조직학적 검사)에 의하나 경비와 시간이 많이 소요되는 결점이 있다.

예방 및 치료

① 오래 전부터 예방접종법이 개발되어 생바이러스 백신과 불활화 바이러스 백신이 개발되어 있다. 이는 조직배양 백신이다.
② IBR, 소(牛) 바이러스성 하리, parainfluenza 3을 동시에 예방할 수 있는 포르마린 사독백신(formalin killed-virus vaccine)이 1973년 미국에서 개발되어 상당한 효과를 나타내고 있다.
③ 바이러스에 대한 특이 요법은 없으나 2차 감염을 방지하기 위하여 항생제, 설파제 또는 항혈청을 이용한다. 효소제를 기관 내에 직접 주입하면 삼출액을 제거하는 데 효과가 있다. 영양제 및 전해질 용액 투여를 실시한다.

11. 악성수종

악성수종(惡性水腫, malignmt edema, gas gangrene)은 *Clostridium septicum*에 의해 발생되는 급성 열성전염병으로서 병원균이 침입한 창상부의 주변에 국한된 기종성 및 수종성의 종창이 생기는 것이 특징이며, 1～4일 내에 대개 폐사한다. 일명 가스괴저(gas gangrene)라고도 한다.

원인

① 병원균인 *Clostrisium septicum*(악성수종균)은 기종저균(氣腫疽菌)과 형태학적으로 유사하다.

② 그램양성, 편성혐기성이고, 크기 (2～6)×0.5μ의 원통상의 간균이며, 주립편모(周立鞭毛)에 의한 운동성이 있다. 협막은 없고, 아포를 형성한다. 증식형의 균체는 고립 또는 특징 있는 장사상(長絲狀)의 긴 연쇄로 보이며, 염색성은 균일하지 못하다.

③ H항원과 O항원을 가지고 있으며, *Cl. chauvoei*와의 교차항원(교차응집반응 및 교차모체 결합반응과 같은)이 존재한다.

④ 이 병원균은 균체외 독소를 생산하며 심장맥관계에 작용한다.

역학

① *Cl. septicum*은 전 세계적으로 널리 분포되고 있으며, 토양에 사물(死物) 기생균으로서 존재한다. 토양이나 동물의 체표면 또는 분변 중에도 존재하고, 창면, 사료, 음수 등을 통하여 감염된다. 창상성 감염이 쉽게 이루어질 수 있는 대표적인 *Clostridium*이라고 할 수 있다.

② 이 병의 원인균이 창상을 통해서 감염되면 피하직 또는 심부조직에 도달하여 발아하고 증식한다. 독소를 산생하며, 이 독소는 혈액 중으로 들어가 독혈증, 균혈증 등을 일으키므로 환축이 죽게 된다.

③ 균은 혈행에 의하여 다른 장기로 운반되기 때문에 각 장기에서 가스를 혼재한 부종을 일으키기도 한다.

④ 병변은 균의 종류와 독소원성, lecithinase, collagenase 등의 효소, 용혈성 인자 등 각종 요인이 복합적으로 작용하기 때문에 일정하지 않다.

⑤ 이 병은 산발적으로 발생하고, 집단 발생은 거의 인정할 수 없다.

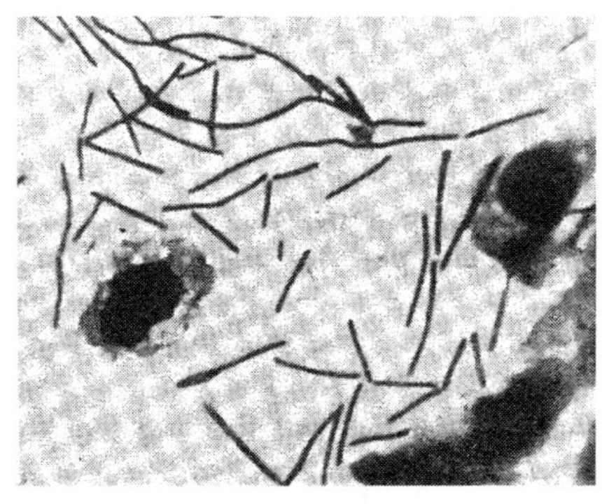

그림 1-25. 악성수종의 병원체(*Cl. septicum*)

증상

① 창상감염 후에 2~4일 간의 잠복기를 거쳐 창상부 피하직에 수종성 종창으로 시작되어 빠르게 기종성으로 전화된다.

② 상처부로부터 붉은 색의 장액이 누출되고, 종창이 심하면 그 부위가 청자색으로 변한다.

③ 전신증상으로는 체온 상승, 오한 전율, 호흡촉박, 결막 충혈, 식욕감퇴 등을 나타낸다. 비경 건조, 파행 및 보행곤란, 맥박 증가 등의 증상이 심해지면 1~4일 만에 폐사한다.

④ 생식기를 통한 감염증에서는 질 및 외음부 점막의 암적색 종창이 발생하여 회음부 및 하복부로 확대된다.

⑤ 거세 상처부로 감염될 경우에는 국소부에 광범위한 피하수종이 생기며, 하복부 및 내고부(內股部)로 확대된다.

⑥ 부검 소견은 다음과 같다.

㉠ 종창부를 절개하면 원인균에 따라 특이한 악취를 풍긴다.

㉡ 피하 및 근육의 결합직은 호박색 또는 적색이고, 점조성이 있으며, 기포가 섞여 있다.

㉢ 간 및 신장이 충혈 또는 종창되고, 심장이 퇴색되어 수양성의 혈액이 심낭 내에 저류되어 있다.

㉣ 악성수종이 기종저와 감별진단이 어렵고, 때로는 기종저와 합병증을 일으키는 경우도 있다.

진단

① 상처부에 수종성의 종창이 생기고, 급속하게 확대됨에 따라 열이 있으며, 독혈증의 증상이 나타났다는 것은 임상 소견상 가장 중요한 점이다.

② 다른 *Clostridium*균의 감염과 합병감염이 있을 경우에는 감별진단이 어렵다.

③ 폐사동물의 병소부위로부터 가검물을 채취하여 혐기성 배양법으로 세균을 분리・동정한다.

④ 정확한 진단은 분리한 균에 대하여 그 특성을 조사하여 동정하는 한편, 독소를 검출하여 동물실험으로 한 독성, 항독소 혈청에 대한 혈청반응 등으로 진단한다.

예방 및 치료

① 상처부가 생겼을 때 소독을 철저히 하고, 외과적 수술 및 분만 시에 사용되는 기구의 소독 및 창면소독을 잘 해야 한다.
② 외국에서는 예방액으로서 포르말린을 가한 원인균의 단일 종 또는 혼합한 다가(多價) 백신을 예방법으로 사용하고 있지만, 우리나라에서는 아직 사용하지 않고 있다.
③ Penicillin을 예방 및 치료에 사용한다.

12. 바이러스성 하리 또는 점막병

소의 바이러스성 하리(bovine viral diarrhea)는 바이러스에 의한 소의 전염병으로서 급성 구내염, 위장병, 설사 등을 일으키는 소화기 점막의 병변을 주증으로 한다. 처음에는 바이러스성 설사와 점막병(mucosal diarrhea)이 각기 독립된 병으로 알려져 있었지만, 이 두 질병이 동일하다는 것이 밝혀졌다.

원인

① 이 병의 원인체는 분류상 Togaviridae의 Pestivirus에 속하고, 이 군에 속하는 바이러스에는 돼지콜레라, 말동맥염 및 면양에 이병(罹病)되는 border disease 등의 바이러스로 알려져 있다.

그림 1-26. 바이러스성 설사병으로 인한 제엽염

[발의 자세가 비정상이고, 발굽이 확장되어 있음]

② 병원성이 강한 바이러스에 감염되면 치명적인 설사, 점막병 등을 일으키며, 임신우는 유산태아에 소뇌형성부전(小腦形成不全) 및 맹목증(盲目症)을 일으킨다.

③ 전 연령의 소가 감수성이 있지만, 일반적으로 급성증은 8개월령에서 2세의 어린 소에 발생되며, 임신 말기의 소는 감염되더라도 발증하지 않고 바이러스가 태아에 감염된다.

증상

① 이 병의 주요 증상은 식욕감퇴, 하리, 탈수, 체중 감소, 호흡기 증상, 구강염, 백혈구 감소증, 각막 혼탁, 제엽염, 비경 건조, 발열(39.5~42℃), 비유 감소 등 각 형에 따라 증상에 많은 차이가 있다. 경증형・급성형・만성형 등이 있다.

② 이 병은 어린 송아지에 잘 발생되고, 감염률은 높지만 발병률은 낮다.

③ 설사는 수양성 설사이고, 분변은 악취가 심하며, 흐늘흐늘한 점액과 혈액이 섞여 나온다. 구강점막의 상피는 적색으로 얼룩지고, 상피가 탈락된다.

④ 구강점막의 탈락으로 통증이 심하며, 침을 많이 흘리고, 눈물・콧물 등도 흘린다.

⑤ 회복된 환축(患畜)의 경우도 간혹 설사, 식욕부진, 수척, 거칠고 마른 피모, 만성고창증, 구강과 피부의 미란성(糜爛性) 병변 등이 만성적으로 지속될 수 있다.

⑥ 경증형에 있어서는 불현성 감염 예가 있으나 중증형에 있어서는 유산을 일으키는 경우도 있다.

진단

① 이 병은 바이러스의 주(strain)에 따라 증상이 다르다. 따라서 진단은 병원학적 진단에 의해서 행하는 것이 확실하지만 임상증상 및 병리 소견으로 어느 정도 추측할 수 있다. 구강의 병소가 형성되면 이 병을 진단하는 데 도움이 된다.

② 다른 질병, 즉 우역 및 소의 악성 카타르의 증상과 매우 비슷하기 때문에 감별진단에 유의해야 한다. 구강의 염증과 충혈, 공막 혼탁, 림프절의 종대, 혈뇨 등은 악성 카타르에서 더욱 심하고, 우역은 높은 감염성과 치사율이 높기 때

문에 이 병과 어느 정도 감별할 수 있다.

③ 구강의 병변 없이 설사를 일으키는 질병으로서 적리, 살모넬라증, 요네씨병, 기생충증, 비소 중독증 등이 있다.

④ 확실한 진단은 병리학적·병원학적·혈청학적 진단에 의한다.

예방 및 치료

① 생독 백신이 개발되어 있으며, 1973년 이래 실용화되고 있다.

② 미국에서는 BVD-MD, IBR(전염성 비기관염) 및 PI3(parainfluenza 3)을 동시에 예방하기 위한 다목적 혼합백신이 개발되어 있다.

③ 원인치료는 불가능하므로 2차적인 세균감염을 막기 위하여 항생제를 주사한다.

④ 대증요법을 실시하며, 전해질 용액 및 영양제를 주사한다.

13. 소의 광견병

소에 있어서 광견병(rabies in cattle)은 광견병 바이러스가 주로 중추신경계 및 타액선의 친화성을 갖고 증식된다. 바이러스가 상처를 통해서 감염되면 10일 내지 수개월의 잠복기를 지난 후에 치사적인 뇌염을 일으키는 것을 특징으로 하고, 대부분의 온혈동물은 이 바이러스에 대해 감수성이 있다.

원인

① 광견병 바이러스는 가상독(街上毒, street virus)과 고정독(固定毒, fixed virus)의 두 가지로 구분된다.

② Street virus에 의한 광견병은 잠복기가 일정치 않고, Negri 소체의 출현, 중추신경계 및 타액선의 감염, 타액 내로의 바이러스 배설 등에 의한 것이 특징이고, 자연발생 예는 대개 street virus에 기인된다.

③ Fixed virus란 어느 동물(대개 家兎)의 연속뇌내계대(連續腦內繼代)에 의해서 증식된 virus strain을 의미한다. Fixed virus에 의한 광견병은 비교적 짧은 잠복기(뇌내 접종 후 7~10일)를 가지며, 빠르게 마비증상을 일으키고, Negri body(소체)가 형성되지 않으며, 타액선과 타액 내에 바이러스가 존재하지 않

는 것이 특징이다.

④ 자연발생의 광견병 바이러스의 strain(株, street virus)이 실험실에서 fixed virus로 고정되면 병원성이 감퇴된다.

역학

① 소의 광견병은 야생동물, 특히 여우, 오소리, 족제비, 스컹크에 의해서 감염된다.

② 우리나라에 있어서는 과거에 광견병에 걸린 개에게 물려서 소의 광견병이 발생된 것으로 보고되고 있으나, 근래에는 야생동물이 많이 서식하고 있는 완충지대(철원, 연천 등)에서 발생이 많이 되고 있다.

③ 미국의 경우를 보면, 소의 광견병이 스컹크의 광견병과 여우의 광견병이 많이 발생했던 곳에서 정례적으로 많이 발생하고 있다.

④ 야생동물 중 광견병 바이러스에 대해서 가장 감수성이 강한 동물은 여우, 스컹크, 흡혈박쥐가 감수성이 강하고, 흡혈박쥐가 소·말·사람에게도 rabies virus를 전파한 예도 있다 한다.

증상

(1) 전구기(前驅期, prodermal stage)

① 증상이 발현되기 시작한 시기로서 체온 상승, 식욕감퇴, 비유정지, 침울, 소화장애(제1위 식체 또는 직장변비) 등의 증상이 있으나 광견병의 특징적인 증상은 나타나지 않는다. 이 증상은 1～2일 지속된다.

② 이 시기에 유연은 없지만 증상이 나타나기 전 4～5일부터 타액 내에 바이러스가 존재하므로 침이 묻지 않도록 주의해야 한다.

③ 소에서 사람에게 광견병이 옮겨지는 것은 이 시기에 광견병인줄 모르고 구강검사, 경구투약 또는 위카테터의 삽입 등을 함으로써 타액이 접촉되어 감염된다.

(2) 흥분기(興奮期, furious stage)

① 전구기 증상이 있은 후 흥분증상이 돌발한다. 사소한 자극에 흥분하고, 귀를 세우고, 안면의 긴장 표정, 소끼리 머리로 받거나 공격적인 자세, 의식 없이 큰 소리로 포효하고, 포효할 때 항문이 돌출되는 등과 같은 흥분증상이 있다.

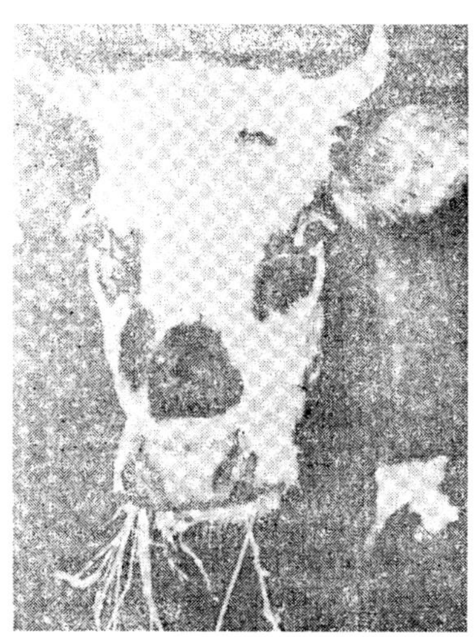

그림 1-27. 소의 광견병

[흥분된 얼굴과 조사료를 연하(嚥下)하지 못하고 입에 머금은 모습]

② 이급후중(裏急後重, tenesmus)의 증상이 있는데, 이 시기에는 사료, 물을 먹으려고 시도를 하나 연하(嚥下)를 하지 못한다. 연하장애는 설, 인두 및 하악의 마비에 의한다.

③ 개에 있어서는 흥분기의 증상이 지난 후에 마비증상이 나타나는 것이 상례이나 설, 인두, 하악의 마비가 흥분증상과 같이 나타난다.

Street virus의 감염에 의한 마비형의 광견병이 소에서도 보고되어 있고, 이급후중(裏急後重)의 증상과 더불어 대마비 또는 전신마비가 생기고, 흥분증상이 나타나 1～2일 경과로 폐사한다.

병리 소견으로는 뇌막의 충혈, 뇌 및 뇌간의 충혈로 인한 적색 병소, 대뇌수종, 경도의 폐확장 부전 및 기관, 기관지 충혈 등의 소견이 나타난다.

진단

① 전형적인 임상증상이 있을 경우에는 진단이 어렵지 않으나 비전형적인 증상으로 경과될 때에는 진단이 곤란하다.

② 유연과 동시에 구강내의 이물 또는 사료편이 존재하고, 구내염이 있을 때는 진단의 도움이 된다.

③ 병리조직학적 검사에 의해 대뇌의 암몬각(Ammon's horn)내의 신경세포(purkinje cell)에서 Negri 소체(小體)를 검색함으로써 이루어진다. Negri 소

체는 조기에는 검색되지 않으므로 폐사 후에 검사해야 한다.

④ 병력이나 증상으로 보아 광견병이 의심되는데도 불구하고 Negri 소체가 발견되지 않을 때는 뇌조직을 유제(乳劑)로 만들어 0.03 mℓ를 마우스에 뇌내 접종을 하여 7～21일 후에 폐사 유무를 확인한다.

⑤ 근래에는 감염조직과 항혈청을 이용해서 형광항체법을 응용하고 있다.

예방

(1) 예방접종

소의 광견병 예방접종에는 생독 불활성 독과 생백신이 있으나 다음 3가지가 소의 예방에 많이 쓰인다.

① Fixed virus strain을 햄스터의 신조직에 조직 배양하여 이것을 phenol(석탄산)으로 불활화한 것으로서 소에 접종량은 50 mℓ이다.

② ERA strain의 virus를 햄스터의 신조직 및 계태아에서 발육시킨 후 다시 돼지의 신조직에 접종시켜 만든 것으로, 캐나다에서 개발하여 야외 실험결과 4년간 100%의 예방효과를 발휘하였다 한다. 접종량은 2 mℓ이다.

③ Flury-HEP strain을 개의 신세포에 영구 계대발육시킨 것으로 1회 접종량은 1 mℓ이며, 6주일 간격으로 2회 접종한다.

(2) 근절

소의 광견병 근절은 어디가지나 매개동물, 즉 개, 여우, 스컹크, 흡혈박쥐와 같은 야수에 대한 광견병 근절대책이 바로 소의 광견병 근절대책이라고 할 수 있다.

14. 가성 광견병 또는 오제스키씨병

가성 광견병(pseudorabies) 또는 오제스키씨병(Aujeszky's disease)은 광적소양(狂的瘙痒)이라고 불리울 정도로 피부의 심한 소양증과 얼굴과 목에 간대성(間代性) 경련을 수반하는 전염성 질환으로 돼지, 소, 양, 개, 고양이, 쥐 등에 감염되는 질병이다. 돼지와 쥐를 제외하고는 자연감염이 잘 안 된다.

원인

① 이 병은 1902년에 Aujeszky에 의해 발견된 herpes virus에 속하는 herpes virus suis에 의해 야기되는 전염병이다. 가토(家兎)가 가장 감수성이 높다.
② 이 바이러스는 계태아에서 배양될 수 있고, 또 마우스의 섬유아세포, Hela세포, 그리고 소・돼지・토끼의 신세포에서도 배양될 수 있다.
③ 이 병은 주로 돼지에 발생이 많고, 15일 미만의 자돈에 감염될 경우 100% 폐사율을 나타내나 성돈은 거의 폐사되지 않는다.
④ 이 병의 감염은 감염된 돼지의 주둥이의 접촉으로 상처나 점막을 통해서 이루어진다.

증상

① 소에 있어서 이 질환의 임상증상으로서 광적소양(狂的瘙痒, mad itch)이라고 불리울 정도로 피부의 심한 소양증이 나타나는 것이 특징이다.
② 얼굴과 복부 위에 간대성(間代性) 경련이 있으며, 가려움증과 동시에 유연(流涎), 이를 가는 모습을 볼 수 있다.
③ 이 병의 발생 후기에 체온이 40℃ 전후까지 상승하며, 결국 마비상태에 이른 것은 발작 후 6시간 또는 36~72시간에 폐사한다. 폐사 직전에 호흡곤란, 포효 및 전신경련 등을 볼 수 있다.

진단

① 임상적 또는 역학적으로 볼 때 소양증과 신경증상으로 폐사된다는 점, 감염된 돼지와 접촉한 소에서 발병된다는 점 등이 이 병 진단에 도움이 된다.
② 육안적 부검 소견은 소양증 부위의 상처 병소와 병리조직학적 소견으로 중추신경계에서 척수신경의 병소가 있을 뿐이다. 바이러스에 의한 A형의 호산성 핵내 봉입체는 척수에서만 나타난다.
③ 실험실 진단으로서 환부의 소양부 상처에 생긴 수종액, 척수의 절편 및 뇌절편을 유제로 만들어 가토(家兎)의 피하에 접촉하면 48시간 만에 접종부에 소양증이 나타나며 호흡곤란, 마비, 허탈, 간대성 경련증이 나타나 접종 후 3~4일 만에 폐사된다.
④ 가성 광견병 바이러스는 소 또는 돼지의 신세포 배양에 의해서 분리될 수 있고, 형광항체법과 혈청 중화반응도 이용된다.

예방 및 치료

이 병이 소에 발생하면 대부분 3일 내에 폐사한다. 예방접종은 없으며, 소의 이 병 발생의 유일한 예방법은 분리 사육이다. 치료법은 없다.

15. 아나플라스마병

아나플라스마병(anaplasmosis)은 Rickettsia에 소속되는 *Anaplasma marginales*가 병원체로 야기되는 전염병으로서 진행성 빈혈을 특징으로 하는 전염병이다.

원인

① 병원체는 Rickettsiales(目), Anaplasmataceae(科)에 속하는 Anaplasma이며, 4가지 종류가 알려져 있다. 즉 악성 Anaplasma병의 원인이 되는 *Anaplasma marginales*가 이 병의 병원체에 해당된다.

② *Anaplasma centrales*는 양성 Anaplasma의 병원체이고, 기타 *Paranaplasma caudatum* 및 *Paranaplasma discoides*가 알려져 있다.

③ *Anaplasma marginale*는 병원체가 적혈구의 변연에 존재한다는 데에서 명명되고, *A. centrales*는 적혈구의 중심 근처에 존재한다는 데에서 명명된 것이다.

④ 적혈구에 존재하는 *A. marginale*의 봉입체(封入體)는 PL(앵무병-임파육아종) 감염체와 유사하며, 그 속에 2~8개의 기본 소체가 들어 있다. 이 기본 소체는 Rickettsiae와 유사한 형태학적 특징을 갖고 있다. 기본 소체의 크기는 0.3~0.4μ이며, 봉입체의 크기는 0.3~0.9μ으로서 크기가 일정하지 않다.

⑤ 기본 소체가 적혈구 내로 침입하면 이분열법으로 증식하여 2~8개를 일군으로 한 하나의 봉입체로 형성한다.

⑥ 광학현미경으로 관찰하면 적혈구의 변연에 하나의 색소체처럼 보이는 것이 봉입체이다.

역학

① 발생 분포는 아프리카, 남북아메리카, 지중해 연안, 호주, 일본, 한국 등 온난한 지역에서 많이 발생하며, 우리나라는 제주에서 발생이 많다.

② 감수성 있는 동물은 소를 비롯해서 사슴, 고라니 등의 야생 반추동물을 들 수 있다.

③ 주된 감염원은 보균우 및 보균동물이며, 전파는 흡혈절족동물이 큰 역할을 한다. 진드기에 의한 전염이 가장 많으며, 흡혈파리 특히 말라리아가 어느 지역에서는 중요한 매개 역할을 한다.

④ 기타 채혈, 거세, 예방주사, 외과 수술 등의 경우 오염된 기구에 의하여 전염될 가능성이 있다.

증상

① Anaplasma가 혈액 내로 침입된 후 증식기(잠복기)를 거쳐 감염 적혈구가 많아지면 이 감염 적혈구는 망상내피 세포계(특히 脾臟)의 대식세포에 의해서 파괴된다.

② 혈액 내에 Anaplasma가 증가되기 시작하면 1～6일 사이에 최고의 빈혈증이 나타난다.

③ 생후 1년 미만의 유우(幼牛)에서는 경증으로 나타나고, 2세까지는 급성으로 발병되나 폐사하는 경우는 드물다. 3세 이상의 소가 감염되면 심급성으로 경과되면서 폐사되는 경우가 있다.

④ 잠복기는 17～48일로 일정치 않으나 대개 1개월 이상의 잠복기로 발증한다.

⑤ 발병 초기에 체온이 40～41℃로 상승되며, 이 때 식욕부진, 침울, 비유정지, 호흡촉박 및 맥박수 증가 등과 같은 균혈증기(菌血症期)의 전신증상이 수일간 계속된다. 또한 발병 초기에는 백혈구 수도 증가한다.

⑥ 초기 증상이 나타난 후 시간이 경과되면 황달 및 빈혈의 증상이 나타나며, 전신증상이 나타나는 경우도 있다.

⑦ 혈뇨와 혈액소뇨가 나타나지 않으나 적혈구의 감염률은 심할 경우에는 30～50% 정도 되는 경우도 있다.

⑧ 적혈구 파괴로 인한 급성빈혈증이 특징이고, 점막의 황달증, 비장의 종창 및 담낭의 팽대 등이 주요 병변이다.

진단

① 급성기에 채혈하여 혈액 도말표본을 만들어 Giemsa염색을 하면 Anaplasma 봉입체를 검경할 수 있다. Toluidine blue로 2～3분 간 염색하는 방법도 있다.

② 만성의 경우 보균우에서 적혈구 내의 Anaplasma 균체를 검출하기 어렵다.
③ 형광항체염색법, 보체결합반응(CF-test)과 모세시험관 응집반응(CA-test) 등이 이용된다. 후자의 2가지 방법은 90～100%의 정확한 결과를 얻을 수 있다.

예방 및 치료

① Anaplasma병에 있어서는 병원체에 대해서 특이한 면역, 즉 CF-test 및 CA-test에 작용한 항원・항체에 관계되는 면역 이외에 자가 적혈구 성분에 대해서 작용하는 항체반응, 즉 자가면역이 있는 것으로 판명되었다.
② 예방접종으로는 사독백신은 효과가 없고, 약독백신과 생독백신이 개발되었으나 현재는 생독백신이 많은 나라에서 이용되고 있다.
③ 기타 예방관리에 있어서는 보균우의 검출, 도살, 매개절족동물(진드기 및 흡혈파리)의 구제 및 기계적 전염의 예방에 노력해야 한다.
④ 비소제, 항말라리아제, 안티모니제 및 색소제 등을 포함한 약제들이 이 병의 치료 및 예방을 위해서 사용되어 왔으며, Anaplasma의 증식을 억제하고 질병경과를 호전시키는 데 유효한 약으로 인정된 것은 chlorotetracycline, tetracycline 및 oxytetracycline 등이다.

16. 히스토플라스마병

히스토플라스마병(histoplasmosis)은 *Histoplasma capsulatum*에 의해서 야기되는 전신성 진균감염병으로 사람과 가축을 비롯해서 많은 종류의 야생동물에 감염되고, 사람에 있어서 중요시하고 있다. 이 병은 1905년 파나마에서 Darling에 의해 폐의 결절형성 및 비, 간, 림프절의 괴사병소를 가진 환자에서 최초로 관찰되었으며, 그 후 사람, 가축 및 야생동물에서 발병되고 있음이 밝혀졌다.

원인

① Histoplasma병은 다른 폐진균병과 같이 대기 중의 진균을 흡입함으로써 감염되는 병으로, 폐분말침착증(silicosis), 천식증 및 공해병 등과 감염양식이 비슷하다.
② 이 진균은 토양에서 발육하며, 직경이 5μ 이하의 소체로 흡입된 후 곧 폐에

도달하여 정체하게 된다.

③ *H. capsulatum*은 온도 및 환경의 조건에 따라 두 가지 형체 중의 하나로 발육한다. 즉 균사형(菌絲型, mycelial phase) 및 효모형(酵母型, yeast phase) 등이고, 효모형은 건조, 동결 및 기타 환경요건에 의해 쉽게 사멸된다.

역학

① 이 병균은 세계적으로 분포되고 있으며, 온・열대 지역의 강 유역에 많이 분포되어 있다. 미국에서도 미시시피강 유역을 비롯한 동부 및 동북부의 여러 강 유역에서 많이 발생하고 있으며, 약 3,000만 명의 미국인이 감염되어 있다고 한다.

② 자바라에서도 사람의 발병 예가 보고되고 있다. 사람에 있어서 발병이 많이 되어 있으면 가축에도 많이 발생하고 있다.

③ 미국에 있어서 이 균사의 분포가 높은 곳의 소에 대해서 histoplasmin 피부반응 검사결과 14%의 소에서 양성으로 나타났다 한다.

증상

① 이 병은 불현성 감염 예가 많고, 불현성 감염형은 양성형이라고 할 수 있으며, 흡입 감염된 폐의 병소가 더 이상 진행되지 않고 석회화되거나 신생조직으로 둘러싸이게 된다. 이 경우는 별다른 증상이 나타나지 않고 다만 X선 사진에 있어서 폐에서 결절이 나타날 뿐이다.

② 발증 예에 있어서는 체중 감소, 설사, 복수, 만성기침 또는 호흡곤란 등이 있다. 순환장애 등을 일으켜 폐사하는 소도 있다.

③ 병원체는 주로 환우의 폐 및 기관지 림프절 및 간에서 분리된다.

④ 병리 소견으로 폐의 결절 형성, 기관지, 장간막 및 기타의 내장 림프선의 종창, 소장벽의 비후 등이 주병변이며, 간・비・부신의 비대, 구강점막의 궤양, 황달 및 복수 등도 빈번히 나타난다.

⑤ 송아지 감염 예에서는 대퇴부 피하 및 근층에 가스가 함유되고, 폐병변과 같이 흉막염을 볼 수 있다.

⑥ 양성형은 발육에 별지장이 없으나 일단 발병된 예는 예후가 불량하다.

진단

① 전형적인 증상으로서 만성하리와 삭척 그리고 X선 사진상에서 폐에 특징 있는 결절이 있을 때 이 병을 의심한다.
② 피부 내의 histoplasmin 반응검사 및 혈청학적 진단법이 있다. 사람이나 동물에 있어서 다 같이 보체결합반응과 한천평판침강반응법이 이용되고 있다.
③ 확실한 진단은 조직표본에서 병원체를 증명하거나 감염조직에서 균의 분리배양을 함으로써 이루어진다.
④ 조직 도말표본은 methenamine silver 염색을 하여 검사한다.

예방 및 치료

① 예방접종법은 없고, 피부진균의 소독에는 차아염소산염(표백분), formalin (5%) 또는 크레졸 비누액(3%)이 이용되고 있다.
② 가장 유효한 항생제는 amphotericin B(fungizone)이며, 기타 하리와 탈수증에 대한 대증요법이 필요하다.

17. 콕시디오이드스 진균병

콕시디오이드스 진균병(coccidioidomycosis)은 토양곰팡이의 일종인 *Coccidioides immitis* 절포자(arthrospore)를 흡입함으로써 주로 폐의 만성병소를 형성하는 특징이 있다. 소, 가축, 야생동물 및 사람의 만성 감염병으로서 특별한 임상증상은 나타내지 않는다.

원인

① 병원진균은 *Coccidioides immitis*이며, 유행지(상재지)의 토양에서 발육된다. 이 진균은 토양 사물기생균(死物寄生菌)으로서 토양 중에서 그 생활환이 계속된다.
② 토양 중에 있는 분절포자가 흡입됨으로써 감염되며, 폐에 도달한 분절포자(分節胞子)는 포자낭으로 발육 증식하여 폐에 한국성(限局性) 병소를 형성한다. 또 창상감염도 가능하다고 한다.

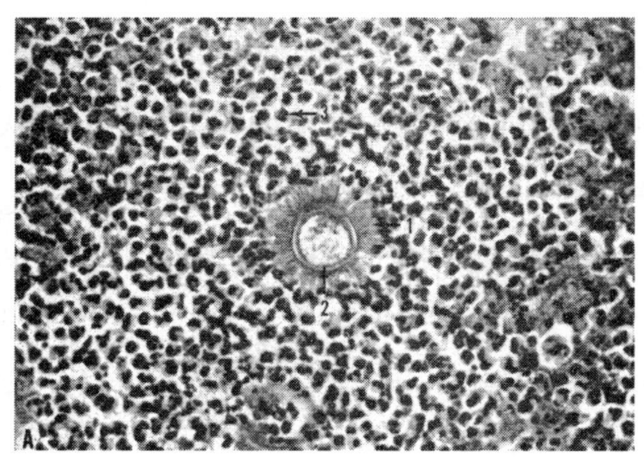

그림 1-28. Coccidioidomycosis, 소의 종격막 림프선의 병소

[호중구(1)가 집결된 곳에 두꺼운 벽을 지닌 균체(2) 주변에 방사상(放射狀)으로 둘러싼 곤봉형 구조물]

③ 자연감염 동물은 소, 사람, 개, 말, 당나귀, 면양, 돼지, 라마, 원숭이, 고릴라, 늑대, 고양이, 친칠라 및 야생설류 등이다.

④ 아리조나 지역에서 11,643마리를 대상으로 피내 접종진단의 결과 소에서 24.6%가 양성으로 나타났다고 한다.

⑤ 미국에서는 비교적 고온·건조한 지역인 서남부 주에서 발생되고 있으며, 중·남아메리카의 여러 나라의 건조한 지역에서도 사람과 가축에서 발생되고 있다. 호발지역의 기후를 보면 7월의 평균 기온이 26~27℃ 이상의 곳에 주로 많이 발생되고 있다.

증상 및 병소

① 임상증상은 거의 나타나지 않고 도축검사 시 특징 있는 병소를 볼 수 있다. 분절포자가 흡입되면 폐에 고립성 육아종이 형성된다. 이 육아종은 현미경적 크기에서 육안적으로 관찰할 수 있는 크기에 다양하게 형성된다.

② 기관지 및 종격막의 림프절에 눈에 뜨일 만큼 큰 육아종이 발생되는데 큰 것은 직경이 10 ㎝에 달하는 것도 있다.

③ 병변 림프절의 병리조직학적 소견으로는 피막으로 둘러싸인 육아종의 중심부에서는 건락화(乾酪化) 조직괴를 볼 수 있으며, 상피양세포증식 및 거대세포의 형성을 볼 수 있다.

④ 괴사병소 내에서는 호중구의 침윤을 볼 수 있고, 이중의 벽으로 된 *C. immitis*

의 포자낭도 발견된다. 때로는 중심부에 건락(乾酪) 석회화 또는 완전 석회화된 물질로 충만되어 있다.

진단

① 본 증에 감염이 되면 감염 후 2～3개월 이내의 coccidioidin 피부반응법을 실시하면 거의 모든 소는 양성으로 나타난다.

② 도축검사 시에는 육안검사에 의한 신속하고도 정확한 진단이 이루어져야 하고, 다음과 같은 질병 시에 나타나는 병소와 감별이 필요하다.

㉠ 결핵: 결핵병소는 황색 건락병소이고, 대부분 노우(老牛)에서 발견되나 본 증의 육아종은 젊은 소에서 발생된다.

㉡ 액티노바실라스균병: 이 병의 병소는 거의 악하 및 인두림프선에 국한되나 콕시디오이드스 진균병의 육아종은 기관지 및 종격막 림프선에서 발견된다.

㉢ 방선균병: 이 병의 병소는 거의 항상 두부의 골조직에 국한되나 드물게는 림프선에 병소가 생길지라도 그 병소 소견은 *Actinobacillosis*균 병의 병소와 동일한 외관으로 나타난다.

㉣ 화농간균병: *Corynebacterium pyogenes*에 의한 기관지 및 종격막 림프선의 농양은 거의 액상이나, 이 진균에 의한 농은 건락화(乾酪化) 또는 석회화된다.

③ 농을 슬라이드에 적하시켜 생리식염수로 희석하여 검경하면 많은 수의 포자를 관찰할 수 있다. Methylene blue 또는 lactophenol cotton blue로 염색하면 소구상체인 포자낭을 더욱 쉽게 볼 수 있다.

④ 병소조직 및 농을 배지에 배양시키면 균사체 및 분절포자의 형성을 확인할 수 있으며, 마우스와 같은 실험동물에 감염시키는 진단법도 있다.

예방 및 치료

① 예방접종법은 아직 개발되어 있지 않고 있으며, 오염된 토양에 접촉하지 않도록 한다.

② 감염동물로부터 사람이나 동물에 직접 감염되지 않는다.

③ 소에 있어서는 치료할 필요가 없다.

18. 아스파질로시스병 또는 진균성 유산

아스파질로시스병(aspergillosis) 또는 진균성 유산(mycotic abortion)은 *Aspergillus*속의 사상균(絲狀菌, 진균)에서 발병되며, 가장 빈번하게 질병을 일으키는 균은 *Aspergillus fumigatus, A. flavus, A. clavatus* 및 *A. glaucus* 등이며, 주요 병변은 간경변, 폐병소, 피부병소 및 유산 등이다.

원인

① *Aspergillus* 감염으로 인해 유산을 일으킨다는 것은 오래 전부터 알려져 왔고, 유산을 일으킨 15두의 송아지의 태반에서 *A. fumigatus*가 분리되었고, 이 중 7마리에서는 Absidia속의 *Absidia ramosa* 감염이 인정되었다. 이 두 가지 균에 의한 태반의 병소는 비슷했으며, *Aspergillus*에 의해서 유산된 태아에서는 피부에서 진균성 병소가 나타나기도 했다.

② 곰팡이가 생기고, 고구마를 먹인 소에서 *Aspergillosis*가 발생했는데 주요 병소는 폐기종이었고, 인공발병도 가능했으나 예후는 불량했다.

③ 곰팡이가 생긴 옥수수를 먹인 소와 돼지에서 *Aspergillus*에 의한 출혈성 간경변을 일으켰다 한다.

④ *A. flavus* 진균이 발생한 사료를 먹은 돼지, 칠면조 및 소에서 중독증이 발생되었는데, 이 때 생성된 독소가 aflatoxin이라는 것으로 판명되었다. 이 독소는 많은 동물에 중독증을 일으켜 aflatoxicosis이라 부르게 되었다. Aflatoxin 중독은 간의 괴사 및 섬유증식을 일으키고, 수담관의 증식성 염증을 일으킨다고 한다.

⑤ 이상을 종합해 볼 때 *Aspergillus*는 그 종류에 따라서 유산, 폐기종, 폐육아종, 중독성 간염, 피부병소를 일으킨다고 한다.

증상

① 소의 사상균성 유산의 경우, 임신 말기에 유산이 되면서 후산정체가 되기도 한다. 융모뇨막 및 태아 태반궁부로 되고, 궁부태반의 도말표본에서 균사를 증명할 수 있다.

② 소의 폐 aspergillosis증은 두 가지 임상형으로 분류할 수 있는데, 폐기종형(肺氣腫型)과 고립성 육아종형(肉芽腫型) 등이 있다. 이들은 다 같이 만성형으로 진행되기 때문에 예후가 불량하다.

③ 피부 aspergillosis증은 소의 결핵성 피부병소와 비슷한 육아종 발생이 특징이다.
④ 소에 있어서 aflatoxin 중독은 곰팡이가 발생한 옥수수 및 땅콩을 먹인 후 발생했다고 한다. 집단적으로 발생한 중독증의 임상증상은 침울, 식욕폐절, 비출혈 및 출혈성 하리증이고, 임신된 소는 대부분 폐사되었다.
⑤ Aflatoxin 중독으로 폐사된 예의 부검 소견으로서는 전신 황달, 간의 황색 변화, 위장점막, 흉선, 폐 및 신장에 출혈병변이 인정되었다.

진단

임상형에 따라서 그 진단법이 다르다.
① 유산형에 있어서는 융모뇨막 및 태아 궁부태반에서 균사를 증명해야 하고, 유산태아의 위 내용물에서 또는 폐형 및 피부형의 육아종 병소에서 균사의 분리배양이 되어야 한다.
② 간형에 있어서는 곰팡이가 난 옥수수 및 땅콩을 먹인 후 간병소가 발생했을 때는 본 증을 의심하고, 변질사료를 Thin layer chromatography의 검사에 의해 aflatoxin의 존재 여부를 확인해야 한다.

예방 및 치료

① 효과적인 예방법은 없고, 유독사료를 선별하여 폐기함으로써 소가 먹지 않도록 하는 것이 유일한 방법이다.
② 피부형 병소에 대해서는 피부 사상균병(피부 진균병 또는 윤선)과 같은 치료방법을 응용한다. Thiabendazole 연고의 이용이 효과적일 수 있다.

19. 바베시아병 또는 파이로플라스마병

바베시아병(bovine babesiosis) 또는 파이로플라스마병(piroplasmosis)은 주혈포자충목(住血胞子蟲目, Haemospordia)에 속하는 바베시아科(Babesidae)의 원충에 의한 급만성 전염병으로서 발열, 빈혈, 황달, 혈색소뇨 등 열성 용혈성 증상을 특징으로 하고 있다.

Babesia와 근연관계에 있는 타이레리아科(Theilerdae)에 의한 Theileria병(소형

Piroplasma병)과 Babesia병을 일괄하여 우리나라와 일본에서는 보통 Piroplasma병이라 통용되고 있으나, 대부분의 나라에서는 Piroplasma병이라고 부를 때는 Babesia科 중에서도 형태가 큰 Piroplasma亞屬의 원충에 의한 병을 지칭할 때가 많다. 여기에 속하는 중요한 질병은 진드기열(tick fever), 전염성 혈색소뇨증 및 대형 파이로플라스마병의 3가지가 있다.

1) 진드기열(tick fever) 또는 텍사스열(texas fever)

이 병은 splenic fever, red water, rinder malaria 등의 별명이 있으며, Babesia *bigemmia*에 의한 고열, 빈혈, 황달 및 혈색소뇨를 특징으로 하는 진드기에 의해서 매개되는 전염병이다.

원인 및 역학

① 본 증의 병원체인 Babesia *bigemina*는 적혈구 내에 기생하며, Giemsa염색을 하면 적혈구 내에서 원충을 검출할 수 있다.

② 크기는 (4～5)×(2～3)μ으로서 형태는 다양하여 아나플라스마형, 원형, 방추형, 아메바형, 8자형 등도 볼 수 있으나 가장 많은 형은 서양배형(30%)과 뾰족한 끝이 서로 붙은 서양배 모양을 이루고 있는 쌍생형(雙生型, bigeminate form, 54%)이다.

③ 무열기 및 치료 직후에는 혈류 등에 원충이 크게 감소하므로 원충이 장기간 체재하고 있는 골수 또는 비장을 천자하여 도말표본을 만들어 원충을 검색할 수 있다.

④ 본 증은 미국에서 처음 발견되어 피해도 컸지만 구충에 의해서 발생이 거의 없어졌다.

⑤ 현재는 유럽의 일부, 아프리카, 오스트레일리아 및 남아메리카를 포함한 열대 및 아열대 지방에 진드기가 있는 곳에서 발병되고 있다.

⑥ 대개 5～9월에 발생하나 더운 곳에서는 연중 발생된다.

⑦ 우리나라에서도 여름철에 발생되고 있다.

증상

① 잠복기는 14～17일, 충혈접종의 경우는 4～9일이다.

② **급성형**: 무병지에서 사육된 소를 상재지로 옮길 경우 소에 발병되었을 때는 특히 성우에 있어서 급성의 증상이 나타난다. 즉 고열(41∼42℃), 원기부족, 식욕감퇴, 반추 및 비유의 정지, 호흡 및 맥박수의 증가와 더불어 황달, 빈혈, 혈색뇨 등의 증상이 있고, 50∼60%가 폐사된다.

③ **만성형**: 상재지에서 사육된 소가 발병된다 하더라도 대부분 만성으로 경과되면 폐사되는 경우는 드물다. 어린 소는 거의 발병되지 않은 채 내과하는 경우가 많다. 만성형은 그 증상이 경미하고 혈색소뇨의 특징은 볼 수 없으며, 황달 및 경도의 빈혈이 있을 뿐이다.

④ 회복된 소일지라도 오랫동안 보균우가 된다.

진단

① 급성형은 임상형으로 쉽게 식별될 수 있으며, Giemsa 또는 acridine orange염색법에 의해 적혈구 내의 원충을 증명할 수 있으므로 진단이 어렵지 않다.

② 만성내과우, 불형성 감염우 또는 보균우 등을 탐지하기 위해서는 보체결합반응, 형광항체법, gel침강반응, 혈액응집반응 등과 같은 혈청학적 방법이 시도되고 있다.

예방 및 치료

① 매개 진드기를 구제하기 위하여 0.5% chlordane 용액, 0.5% toxaphene 용액, 그리고 0.025%의 lindane 용액과 0.5% DDT용액과의 동량합제 등 3가지 약제 중 어느 하나를 택하여 2∼4주 간격으로 약욕 또는 분무시켜 준다.

② 상재지에 입식되는 소 또는 그 곳에서 출산된 송아지에 대해서는 미리 소량의 인공접종(내과 보균우의 혈액)을 하는 방법도 있다(premunizing).

③ 실용적인 예방접종법은 없다.

④ Trypanblue는 *B. bigemina*(牛) 및 *B. canis*(犬)와 같은 대형의 Babesia에 대해서 매우 유효하다. 이 약의 1%수용액을 소에는 50∼100mℓ, 개에는 5∼10 mℓ를 정맥주사 한다. 결점은 수개월 간 조직에 착색된다는 점이다.

⑤ Babesan 또는 Acarpin, Piroplasmin 등의 상품명으로 시판되는 quinuronium 유도체도 Babesia에 유효하다.

⑥ Acridine 유도체인 acriflavine도 소와 말의 Babesia에 유효하다.

⑦ 만성 Babesia병에 대해서는 Berenil이 가장 유효하다고 한다.

2) 전염성 혈색소뇨증(infectious hemoglobinuria)

전염성 혈색소뇨증(血色素尿症)에는 Europanische rinderbabesiose(유럽牛 바베시아병), Haemoglobinuria enzootica(유행성 혈색소뇨증), red water(赤水病 또는 赤尿症) 등의 별명이 있다.

① 이 병의 병원체는 Babesia *bovis*이며, 2.4×1.5 μ으로서 *B. bigemina*(진드기열)에 비해서 소형이다. 쌍생형을 보면 팔자형으로 보인다.

② 이 원충은 루마니에서 발견되었으며, 매개하는 진드기로서는 Haemophysalis punctata, Ixodes ricinus, Ixodes persulcatus 등이 있다.

③ 임상증상은 Babesia *bigemina*에 의한 진드기열의 증상보다 약간 경증으로 나타난다.

④ 진단, 예방 및 치료 등에 관해서는 진드기열과 같다.

3) 대형 파이로플라스마병

이 병은 일본에서 많이 발생되며, 우리나라에도 많이 발생되고 있다. 대형 파이로플라스마(Piroplasma)는 과거에는 일본에서 빈발하는 소형 파이로플라스마의 발육환의 한 형태로 생각하기도 하고 *B. bigemina*와 동일한 것으로 생각하기도 하였다. 그러나 대형 파이로플라스마는 *B. bigemina*와는 별종으로서 취급되고 있다.

원인

① 대형 파이로플라스마는 진드기열의 원인체인 *B. bigemina*와 크기 및 적혈구 내의 기생형태가 아주 비슷하며, 형태는 *B. bigemina*와 같은 서양배형 또는 방추형, 쌍생형, 원형 등으로 나타난다.

② 감염 직후 원충의 검출률은 높으나 내과우의 혈액 도말표본에 의한 검출은 곤란하다. 감염우에서 원충이 검출되지 않을 때라도 그 혈액을 건강우에 대량 접종하면 감염될 수 있다.

③ 매개체는 *Haemophysalis longicornis*라고 하는 진드기이다.

④ 대형 파이로플라스마병은 여름 이후에 발생하는데, 이 원충을 매개하는 진드기가 타일레리아 원충도 매개하므로 타일레리아병과 대형 파이로플라스마병의 혼합 감염이 많다.

⑤ 혼합 감염되면 대형 파이로플라스마의 증식은 소형 파이로플라스마에 의하여 억제되므로 대형 파이로플라스마에 의한 증상 발현이 억제된다.

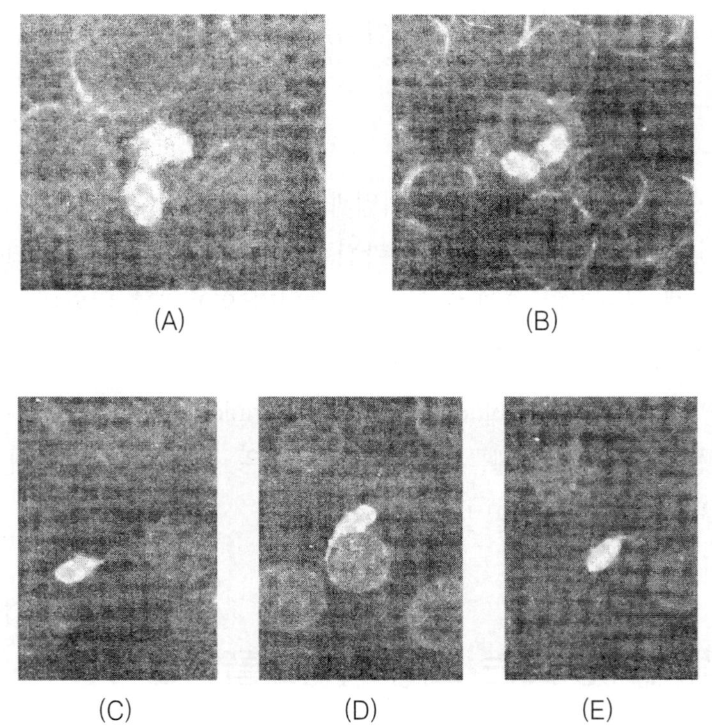

그림 1-29. 형광항체 염색에 의한 여러 형태의 Babesia

A. 세포외의 Babesia B. 세포내의 균체
C~E. 균체가 적혈구 밖으로 꼬리를 내고 있다.

증상

① 잠복기는 자연감염의 경우는 9~16일이며, 충혈 접종의 경우는 5~16일이다.

② 주 증상은 수일 간 고열이 계속되고, 빈혈증상이 나타나며, 적혈구의 수가 현저히 감소되지만 백혈구의 수가 증가하여 왕성한 활동을 한다.

③ 성우에서 볼 수 있는 증상으로는 고열(41℃ 이상), 원기소침, 반추정지, 호흡과 맥박수의 증가, 비유량의 감소 등을 들 수 있다.

④ 적혈구 파괴로 인한 빈혈증과 황달증상은 가시점막을 통해서 알 수 있다.

진단

대형 파이로플라스마병은 병원체의 형태, 증상 및 병소가 진드기열과 매우 비슷하여 임상 감별진단이 어렵다. 그러나 대형 파이로플라스마병은 진드기열에 비해서 증상이 경하고 폐사가 많지 않다는 점이 감별에 다소 도움이 된다.

예방 및 치료

① 진드기 구제를 위하여서는 진드기열과 같고, 유의할 점은 소형 Piroplasma에 특효약인 8-amioquinoline제제(파마킨, 푸리마킨, 펜다킨 등)는 대형 Piroplasma에 대해서는 전혀 효과가 없으며, 오히려 역효과를 나타내는 경우가 있다.
② 빈혈증이 심한 소에는 수혈을 한다.
③ 치료약으로서는 Pripan blue, Acridine, Quinulonum, Ganaseg 등이 있고, 빈혈이 있는 소에는 증혈제를 주사하고, 환축은 축사 내에 계류시켜 안정을 취하게 한다.

20. 타일레리아병 또는 소형 파이로플라스마병

소형 Piroplasma병(bovine theileriosis)은 주혈포자충목(住血胞子蟲目, haemosporidia)의 타일레리아科(Theileridae)에 속하는 타일레리아속의 원충에 의한 질병이며 고열, 빈혈, 가벼운 황달, 발육장애 등을 주증으로 한다.

본 증은 대형 파이로플라스마병과 혼합 감염되는 경우가 많아 오랫동안 혼동되어 왔으나 양자의 한계가 분명해서 Babesia병과 소형 파이로플라스마병을 별개로 취급하게 되었다. 소형 파이로플라스마병은 Babesia병(대형)에서 볼 수 있는 강한 황달, 비장의 종창 및 혈색소뇨는 거의 볼 수 없고, 또한 면역성도 Babesia병에 비해서 약하다는 점이 중요한 차이점이다.

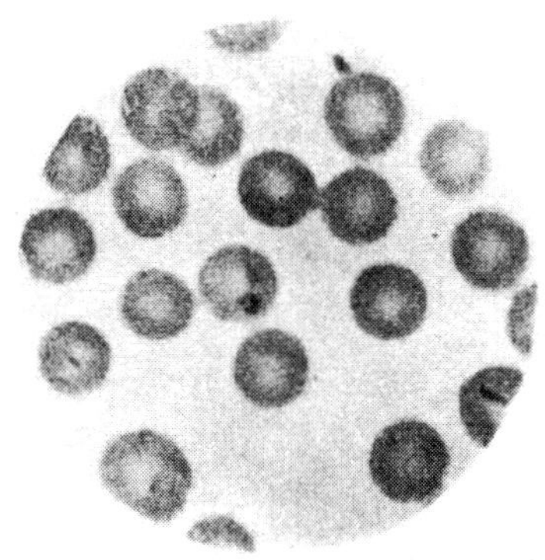

그림 1-30. 적혈구 내의 소형 Piroplasma

원인

① 이 병의 병원체인 소형 파이로플라스마는 주혈포자충목, 타일레리아科, 타일레리아屬의 원충이며, 이 원충의 특징은 림프구 내에서 무성 생식하고, 진드기 내에서는 유성 생식한다는 점이다.

② 우리나라에서 흔히 말하는 소형 Piroplasma병의 병인체는 *Theileria sergenti*로 밝혀졌다.

③ 적혈구 내의 원충의 형태는 감염 초기에는 소원형, 그 후는 원형·타원형·서양배형 등이 많아지며, 증식이 왕성할 시기에는 comma상·간상·유엽상(柳葉狀)인 것이 대부분을 차지한다. 부정원형, 아메바형 또는 사구균형의 원충도 소수 볼 수 있다.

④ 이 원충은 Babesia에 비해서 극히 적으며 (0.5～4.0)×(0.2～1.0) μ 정도이다.

⑤ 본 증의 원충을 확인하기 위해서는 혈액 도말표본을 만들어 Giemsa 또는 Wright염색을 한다.

⑥ 소형 Piroplasma 원충을 매개하는 진드기로서는 *Haemophysalis longicornis*와 *H. corniger*로 알려져 있다.

⑦ 이 병의 발생시기는 주로 초여름에서 가을에 이르는 더운 계절이지만 봄이나 늦가을에 발생하는 경우도 많다.

증상

① 잠복기는 자연감염의 경우는 10～14일이며, 충혈 접종시는 7～14일이다.

② 타일레리아병에 걸린 소는 40～42℃의 열이 약 1주일 계속된다. 이것을 1차 발증이라고 하며, 이 때는 발열과 림프절 종창 외에는 큰 변화가 없다.

③ 약 1주의 발열기가 지나면 평온으로 됨과 동시에 원충은 혈류 중에 출현하기 시작하여 2～3주에 급증하여 2차 발증을 하게 된다. 이 때의 증상은 이장열(弛張熱) 및 급성빈혈이며, 불과 수일 사이에 하루에 평균 20～50만의 적혈구가 감소됨을 볼 수 있다.

④ 이와 같이 빈혈의 정도에 따라서 일반 증상도 좌우되는데 원기부족, 식욕감퇴, 소화장애가 있을 때도 있고, 때로는 번식장애도 일으킨다.

⑤ 소형 파이로플라스마에 의해 생긴 빈혈증에 있어서 혈액상의 특징은 대혈구성 저색소성 빈혈이다.

⑥ 만성경과를 하는 소는 외형적으로 증상이 나타나지 않지만 다른 원인체와 합

표 1-1. 진드기열, 대형 파이로플라스마병 및 소형 파이로플라스마병의 비교

병 명	바베시아병		타일레리아병
	진드기열 (대만)	대형 파이로플라스마병 (일본)	소형 파이로플라스마병 (일본)
병원체	*Babesia bigemina*	대형 Piroplasma	소형 Piroplasma
원충의 형태	(4～5)×(2～3) μ, 시양배 모양, 방추형, 원형	*B. bigemina*의 형태와 같음	(0.5～4)×(0.2～1) μ, 콤마형, 유엽형, 난원형, 사구균형
매개진드기의 종류와 시기	*Boophilus micropls*의 유충(卵繼代)	*Haemophysalis bispinosae*의 유충(卵繼代)	*Haemophysalis bispinosae*의 약충과 성충
잠복기 (충혈접종예)	14～17일(4～9일)	9～16일(5～16일)	10～14일(7～14일)
주병상	계류열, 급성빈혈, 황달, 혈색소뇨, 원기식욕, 소실	진드기열과 동일하나 다소 경(輕)하다.	이장열(弛張熱), 만성 때로는 급성빈혈, 경한 황달, 만성 발육장애
주병변	비의 종창, 황달, 빈혈	진드기열과 병변과 같음	비종창(脾腫脹)은 거의 없고 경한 황달 및 빈혈을 수반되는 병변
치료약	Trypanblue, Acridine제, Quinuronium제, Berenil imidocarb, Ganaseg 등이 유효	진드기열과 동일 약으로 유효, 8-amino-quinoline제는 전연 무효	8-amino-quinoline제 및 Ganoseg가 유효
면역성	내과우(耐過牛)는 재발병하지 않음	재발병은 없지만 내과우도 진드기열에 걸린다.	만성형에서 급성형으로 되어 재발병한다.

병될 때는 증상이 악화되며 폐사하는 경우도 있다.

진단

① 진드기가 많이 존재하는 곳에서 소가 발열과 더불어 빈혈증이 있으면 일차적으로 이 병을 의심한다.

② 혈액 도말표본을 제작하여 적혈구 내의 원충을 확인한다.

③ 방목우에 있어서는 Babesia科의 대형 파이로플라스마가 혼합 감염되어 있을 때가 많으므로 이 병 치료법이 다른 만큼 혼합감염 여부를 확인해야 한다.

④ 소형 파이로플라스마는 다른 종류의 Theileria와 그 형태가 유사하므로 총괄 비교할 필요가 있다.

예방 및 치료

① 예방법으로는 매개 곤충인 진드기 구제약의 살포, 약욕, 운동장의 격년제(休牧法) 등을 실시하면 어느 정도 감염률을 낮출 수 있다.
② 치료약으로는 Permarkin, Pirokin 등의 주사액이 있으며, 빈혈이 심한 환축에는 건강한 소의 혈액을 수혈해 주고 증혈제로서 철분을 주사해 준다.
③ 대증요법을 실시함과 동시에 합병증이 발생되었을 때에는 그에 대한 치료도 병행해야 한다. 종합비타민과 무기물 첨가제를 복용시킨다.
④ 환축은 운동을 시키지 말고 축사 내에 계류하여 안정을 취하게 한다. 적혈구가 많이 파괴된 소의 예후는 좋지 못하다.

제 2 편

소의 일반질병

제 1 장

소화기계의 질병

1. 구강의 질병

1) 구내염(stomatitis)

구내염(口內炎)이란 구강점막에 생긴 염증으로서 여러 가지 원인에 의하여 발생되며, 원인과 병증에 따라 다음과 같이 분류할 수 있다.

(1) 카타르성 구내염(catarrhal stomatitis)

가벼운 염증으로 구강점막의 충혈종창을 특징으로 하며, 점조성의 침을 흘린다.

원인

① 거친 조사료, 단단한 이물질과 곡류에 의한 자극에 의하여 일어날 수 있다.
② 자극성 있는 화학성 독성물질 및 감염증에 의해 생길 수 있다.

증상

① 채식・저작(咀嚼)・연하(燕下) 등의 장애가 있고, 거품이 섞인 침을 많이 흘린다.
② 구강점막의 충혈종창이 나타난다.
③ 주변의 림프조직의 반응이 나타난다.
④ 구강 내에서 악취가 난다.

치료

① 2%의 과망간산 칼륨액, 0.5%의 과산화수소액, 5%의 중조수로 세척해 준다.
② 염증이 심할 때는 항생제를 주사한다.
③ 연한 조사료와 자극성이 없는 사료를 급여한다.

(2) 괴사성 구내염(necrotic stomatitis)

원인

괴사성 구내염은 *Fusobacterium necrophorum*이라는 병원균이 감염됨으로써 발생하며, 괴사성 후두염을 동시에 발생시키는데, 이러한 괴사성 구내염 및 괴사성 후두염을 '디프테이라성 염증'이라고도 한다.

증상

① 식욕부진, 체온 상승(41℃ 이상), 구강점막 종창 등이 있다.
② 황백색의 괴양소가 구강점막과 혀에 발생한다.
③ 침을 많이 흘리며, 예후가 불량하다.

치료

① 항생제, 설파제, vitamin A, D 등을 주사한다.
② 5% 중조수, 붕산수, 0.5% 과망간산칼리액으로 구강을 자주 씻어 준다.
③ 연한 사료, 유동사료 등을 주어 식욕을 돋우어 준다.

(3) 수포성 구내염(vesicular stomatitis)

수포성(水疱性) 구내염이란 구강점막의 상피층에 수포를 동반한 구내염을 말한다.

원인

변질된 사료, 곰팡이가 슬은 사료 등 독성을 지닌 사료를 먹었을 때 원인이 될 수 있으며, 구제역과 같은 전염병이 발생했을 때도 원인이 될 수 있다.

증상

① 식욕부진, 저작운동이 매우 부자연스러우며 침을 많이 흘린다.
② 구강점막에는 수포가 산재해 있고, 3~4일 후에 수포가 터지며, 미란(糜爛)이 형성된다.
③ 수포는 파열된 후 감염증이 없으면 약 1주일이면 치유된다.

치료

일반 구내염에 준하여 치료한다.

(4) 진균성 구내염(mycotic stomatitis)

진균성 구내염은 황색 괴사반점이 생기는 것으로 제관부, 유방, 유두의 피부 등에도 진균성 피부염이 발생한다.

원인

① 곰팡이가 생긴 사료를 먹음으로써 발병된다고 볼 수 있지만 확실한 것은 밝혀지지 않고 있다.
② 미국에서는 늦은 여름과 가을에 비가 그친 후에 자란 풀을 섭취함으로써 발생한 예가 있다.

증상

① 초기 증상으로는 입술·잇몸·혀 등의 점막이 벗겨지는 등 손상이 있고, 유연, 저작 곤란, 채식 곤란 등이 있다.
② 경과가 진행되면 다리의 파행, 강직증이 나타난다.
③ 비경에 미란(糜爛)이 생기는 경우도 있다.
④ 구강 내에서 악취가 난다.
⑤ 체온 상승은 없고, 장에 감염되어 설사를 일으키는 수도 있는데 예후가 좋지 못하다.

치료

① 방목지에서 발생되었으면 우군을 다른 곳으로 옮겨 방목을 중지시킨다.

② 항생제 · 설파제 등의 주사와 요오드화나트륨을 정맥주사 한다.

(5) 바이러스성 구내염(virus stomatitis)

바이러스에 의해 야기된 구내염으로서 바이러스성 하리, 궤양성 구내염, 그리고 그 밖에 구진성(丘疹性) 구내염, 증식성(增殖性) 구내염 등이 밝혀져 있다.

치료

① 경증으로 경과되는 구내염은 회복되는 경우가 많으므로 일반 구내염 치료에 준한다.
② 중증일 경우에는 일반적인 치료를 할지라도 예후가 불량할 때가 많다.

2) 혀의 악티노바실러스병(lingual actinobacillosis)

혀(舌)에 염증이 생겨서 혀가 비대, 목설(木舌)이 되어 채식과 음수에 큰 장애를 일으키는 병으로 후두림프선이나 식도구(食道溝)에까지 파급되는 감염증이다.

원인

원인균은 *Actinobacillus lingieresi*로서, 이에 오염된 목초나 건초를 섭취할 때 구강점막에 생긴 상처 부위를 통해서 감염된다.

그림 2-1. *Actinobacillus*에 의한 목설(木舌)
[혀가 부어 있고 뻣뻣하게 굳어 사료를 잘 먹지 못함.
페니실린, 스트렙토마이신, 요오드제 등을 주사]

증상

① 급성으로 진전되기 때문에 감염 후 48시간 동안 사료 섭취가 힘들다.
② 혀는 비후되어 단단한 느낌을 주며, 자극에 대해 민감한 반응을 나타낸다.
③ 혀의 움직임이 억제되어 채식과 음수가 곤란해진다.
④ 하악, 이하선부에 염증이 생겨 농이 배출되는 경우도 있다.
⑤ 사료의 연하가 곤란해지고, 호흡곤란이 수반된다.

치료

항생제의 주사와 요오드화 나트륨(sodium iodide)을 10～14일 간격으로 정맥주사 한다.

3) 타액선염(sialoadenitis)

구강내 주위에는 이하선(耳下腺)・악하선(顎下腺)・설하선(舌下腺) 등의 타액선이 있고, 악하선의 염증이 가장 많이 발생한다.

원인

결핵병소 같은 방사선균증 병소에서 원인균이 림프류를 통해서 침입하여 타액선의 병소를 형성하거나 타박상 또는 천자상(穿刺傷)을 통한 감염에 의하여 염증 내지는 화농소(化膿巢)를 형성한다.

증상

① 이하선염의 경우에는 열을 수반한 동통성 종창이 나타나고, 호흡곤란을 일으키기도 한다.
② 악하선염의 경우에는 안면 종창이 뚜렷하게 되고, 채식・저작・연하 등이 곤란하게 되며, 호기(呼氣)에서 악취가 난다.
③ 설하선염은 흔하지 않지만 타액선염은 경증의 경우 7일 전후에서 자연 치유되나 중증일 경우에는 농양을 형성하기도 한다.

치료

① 농양이 발생되었을 때에는 수술로 배농시켜야 한다.

② 염증을 완화시키기 위해 항생제 또는 설파제를 주사한다.
③ 만성으로 진행된 병소에는 페니실린액과 dihydrostreptomycin액을 직접 주입하면 효과가 있다.

4) 구개열(cleft palate, palatoschsis)

구개열(口蓋裂)은 구강의 천정인 구개가 종으로 갈라져 비강과 통해 있는 선천성 기형을 말한다.

원인

선천성 또는 유전인자의 돌연변이, 환경적 요인, 독물의 영향, 호르몬의 이상, 기계적 원인 등 여러 가지 요인들이 작용하는 것으로 알려져 있다.

증상

① 갓 낳은 송아지가 포유할 때 유즙이 외부로 흘러나온다.
② 송아지는 포유가 제대로 되지 않으므로 영양실조 및 발육지연이 된다.
③ 우유가 기관으로 흡인되어 이물성 폐렴을 일으키는 경우도 있다.
④ 구개열이 된 송아지는 토순(兎脣, 언청이)처럼 될 때가 많고, 구강을 검사해 보면 구강의 천정이 종으로 갈라져 비강과 통해 있다.

치료

수술 치료가 가능하지만 구개열이 넓은 것은 불가능하고, 좁은 것은 가능하나 치료가 된다고 해도 경제성이 없다.

2. 식도의 질병

1) 식도 경색(choke, obstruction of esophogus)

식도의 내경(內徑)보다 큰 경고성 사료 덩어리, 근채류, 이물질 등이 식도를 폐쇄시킨 경우를 말한다.

원인

견고성 먹이로는 무, 고구마, 감자, 과일류, 옥수수, 덩어리진 사료, 나무토막, 금속물체, 한약 등 덩어리진 고체를 들 수 있는데, 성격이 급하고 탐욕적인 식욕을 가진 소에서 많이 발생한다.

증상

① 갑자기 침을 흘리면서 기침을 한다.
② 갑자기 채식을 중단하며, 거동이 불안해지고, 머리와 목을 앞으로 길게 뻗은 채 계속 연하운동을 하며, 신음하고 입을 벌린 채 혀를 늘어뜨리며, 많은 침을 흘린다.
③ 시간이 경과되면 제1위 내에 점차 가스가 차서 고창증이 발생한다.
④ 식도의 일부만 폐쇄시킨 불완전 식도경색(食道梗塞)의 경우에는 물을 마실 수 있다.
⑤ 식괴가 인후두부를 폐쇄시켰을 경우 급성 호흡곤란을 일으켜 수분 내에 질식사 할 수 있다.
⑥ 심한 유연과 동시에 광증을 발하기 때문에 약물 중독이나 신경성 질환(광견병, 광우병) 등으로 오진할 수 있기 때문에 주의 깊은 관찰이 요망된다.

치료

① 식도를 폐쇄하고 있는 이물을 제거하는 방법에는 위 catheter를 사용하여 제1위를 향해 이물을 밀거나 이물적출기로 이물을 뽑아 낸다. 또는 이물질이 커서 배제가 되지 않을 경우에는 식도를 절개하여 이물을 제거하는 방법 등이 있다.
② 고창증이 심할 때에는 제1위를 천자(穿刺)하여 가스를 배출시켜 주어야 한다.

2) 식도 파열(esophogeal laceration)

물리적 또는 염증성 병소에 의해 식도가 파열된 상태를 말한다.

원인

① 이물성 식도경색이 발생하였을 시 이물을 제거하기 위하여 불량한 위관을 사

용하거나 거칠게 시술할 때 흔히 발생한다.

② 식도부에 질환과 농양이 발생했을 시 일어날 수 있다.

증상

① 식도 파열 초기에는 불안하고 식욕폐절의 증상이 나타난다.
② 식도 파열부 피하에 가스를 혼재한 수종이 발생한다.
③ 환부에 열감이 있다.

치료

① 항생제의 경구투여와 동시에 주사를 한다.
② 환부에 수종이 생기면 온암법과 냉암법을 실시한다.
③ 채식, 연하, 음수가 곤란하기 때문에 치료를 하여도 예후가 불량하기 때문에 도태시키는 것이 바람직하다.

3) 식도 협착(stenosis of esophagus)

식도 협착이란 식도의 내경이 좁아진 상태로서 섭취한 사료가 제대로 통과하지 못하게 된다.

원인

① 식도 주변의 조직에 방선균종, 악성 림프종, 농양, 종양, 림프선의 결핵성 종양 등이 생겨 식도를 외부에서 압박하는 경우에 발생한다.
② 식도 내강에 못・나뭇조각 등이 꽂혔거나, 식도벽이 비후되었거나, 식도점막하에 농양 또는 혈종이 생겼거나, 식도점막 손상 후 반흔병소가 생겨 식도 내강이 좁아지게 되면 일어날 수 있다.

증상

① 물을 마실 수 있지만 고형사료를 잘 먹지 못해 식도경색을 일으킨다.
② 식욕부진으로 영양상태가 나빠진다.
③ 예후가 불량하게 된다.

4) 식도 마비(paralysis of esophagus)

식도가 마비되어 채식, 연하가 어렵게 되는 경우이다.

원인

① 아연 중독이나 독극물 중독 시 원인이 될 수 있다.
② 소의 유행열 시 목 부분에 가해진 타박상으로 인한 식도부 신경의 손상, 이바라기병 발생 시 나타날 수 있다.

증상

① 사료의 연하가 곤란해지고 침을 많이 흘린다.
② 사료가 연하되지 않고 역류하여 흘러나오게 된다.
③ 식도 마비에 의한 오염으로 이물성 폐렴을 일으킨다.
④ 간혹 자연 치유되는 수도 있지만 예후가 불량해진다.

치료

치료방법이 없으므로 발생하지 않도록 예방관리를 하여야 한다.

3. 위의 질병

1) 제1위 식체(rumen indigestion)

소가 한 번에 많은 양의 사료를 채식한 결과 제1위가 급격히 충만 확장되어 일시적으로 소화기능에 장애가 일어난 상태를 말하며, 소의 소화기 질환 중 발생률이 가장 높은 질환이다. 급성 소화불량증이라고도 한다.

원인

식체에는 다음과 같은 다양한 원인이 있다.

① 섭취하는 사료 성분이 급변하였을 때, 변질된 사료를 먹었을 때, 농후사료, 변질된 두과 식물사료, 조잡하고 불결한 사료를 과식했을 때
② 기후의 급변, 피로하였을 때, 과식하였을 경우

③ 임신 말기 및 분만 직후의 허약한 체질의 소가 과식했을 경우
④ 곡류 사료의 과식, 음수량이 부족할 때
⑤ 창상성 제2위염을 앓았던 소
⑥ 방목시 방목지에 있던 비닐 등을 먹었을 때 등을 들 수 있다.

증상

단순성 식체, 고창증을 수반하는 식체 등으로 구분할 수 있다.

(1) 단순성 식체(simple indigestion)

① 개별적인 발생이 대부분이지만 집단적으로 발생할 때도 있다.
② 식욕감퇴, 폐렴 등이 있고, 트림 및 반추작용이 중지하거나 완만해진다.
③ 사지·귀·유두·코 등 체(體) 말단부의 냉감이 있고, 체온의 변화는 심하지 않지만 호흡·맥박 등이 다소 빨라진다.
④ 환축(患畜)은 원기가 없고, 거동이 둔해지고 유량이 급속히 감소한다.
⑤ 청초·곡류·발효사료 등을 과식하였을 때에는 수양성(水樣性) 설사를 하고, 때로는 위 내용물을 토하는 토분증(吐糞症)을 나타내는 수도 있다.

(2) 고창증을 수반하는 식체(indigestion with tympany)

① 우측보다 좌측 겸부(膁部)가 팽창 돌출된다.
② 환축(患畜)은 거동이 불안하고, 누웠다 일어났다 하는 복통 증세를 나타낸다.
③ 체온은 대개 정상이지만 호흡이 빨라지고 맥박수도 증가한다.
④ 단순성 식체 때와 마찬가지로 체단부에서 냉감을 느낄 수 있다.
⑤ 트림·반추 등이 중단되며, 유량이 급격히 감소한다.

치료

(1) 단순성 식체

① 45~50℃의 온수, 20ℓ에 식염 60g을 녹여 먹인 다음 좌측 복벽을 주먹으로 압박해 가면서 제1위부를 마사지 해준다.
② 반추촉진제로서 stimulex, rumex를 복용시키며, 20% 포도당액과 vitamin B 복합체를 정맥주사 한다.
③ 고단백사료 또는 요소 성분 함량이 많은 사료를 과식하였을 때에는 초산을 물

에 묽게 희석하여 먹이면 어느 정도 효과가 있다.

(2) 고창증을 수반하는 식체

① 소주 400 mℓ, creolin 및 묽은 염산 30 mℓ를 물에 희석하여 먹이거나 20% 포도당액과 vitamin B 복합체를 정맥주사하면 효과가 있다.
② 가스가 많이 찼을 때는 제1위를 천자하여 가스를 배제시킨다.
③ 들기름·콩기름 등의 식물성 유류 약 250~500 mℓ를 서서히 먹인다.

2) 급성고창증(acute bloat)

급성고창증이란 제1위 내에 정체되어 있는 내용물이 이상 발효하여 발생한 가스가 급격히 증가하는 한편 트림반사에 장애가 생겨 트림이 중단됨으로써 가스가 축적되어 제1위가 급속히 확장된 상태를 말한다. 고창은 유해가스가 축적하는 단순성 고창증과 가스가 제1위 내용물, 특히 분말사료와 혼합되어 농후한 포말을 형성하는 포말성 고창증의 두 가지로 구분할 수 있다.

원인

(1) 단순성 고창증(simple bloat)

① 개화기 전의 수분이 많은 두과식물과 발효성 사료를 과식하였거나 서리, 이슬, 비 등에 젖은 풀을 많이 먹었을 때
② 여름철에 강한 일조 하에서 예취한 풀을 장시간 한 군데에 쌓아 놓아서 열기 있고 발효 직전에 있는 풀을 많이 먹었을 때
③ 늘 먹이던 사료를 갑자기 다른 사료로 바꾸어 먹었을 때
④ 무우·순무 등과 같은 근채류나 감자, 고구마 등을 과식하였을 때
⑤ 추운 겨울철 찬물을 너무 많이 마셔서 제1위 내 온도가 갑자기 낮아졌을 때
⑥ 식중독에 걸렸을 때 등을 들 수 있다.

(2) 포말성 고창증(frothy bloat)

① 포말은 제1위 내에서 발생한 다량의 가스가 표면장력이 높고 끈끈하며 점조도가 높은 위 내용물과 혼합된 결과 발생한다. 이렇게 발생한 포말은 식도와 연결되어 있는 분문을 폐쇄시켜서 가스를 트림으로 배출시킬 수 없어 위에 축적된다. 그 결과 제1위벽이 팽창되고, 이 때 생긴 자극으로 제1위의 운동이 더

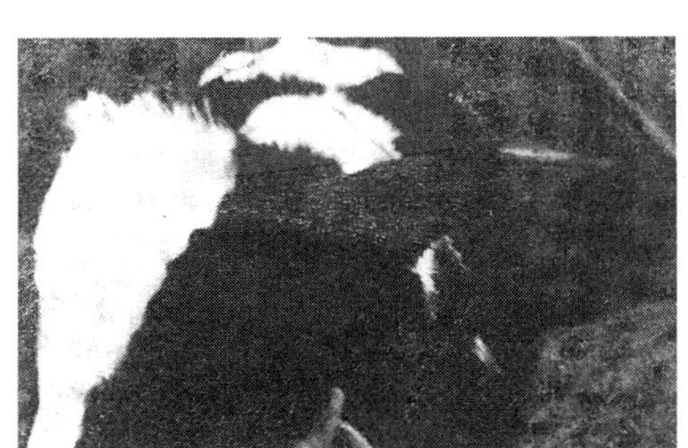

그림 2-2. 송아지의 급성고창증

[좌측 상복부가 팽대되어 있음]

욱 항진되어 포말이 더 많이 발생한다.

② 포말 형성과 관련이 있는 물질은 사료성분 중의 단백질, saponin, pectin 등이고, 침에 들어 있는 mucoprotein 및 세균류가 함유되어 있는 다당류도 포말 형성의 원인이 된다.

③ 침은 제1위 내에 pH를 조절함과 동시에 침에 함유되어 있는 mucin 점소(粘素)는 포말의 발생을 억제하는 작용이 있다고 한다. 위내의 세균들 중 어떤 것은 점액을 분해하는데, 이러한 점액 분해균(分解菌)이 증식하면 침 속의 뮤신을 파괴하므로 충분한 양의 침이 분비 연하되더라도 고창증이 발생할 수 있다.

증상

① 좌측 겸부(膁部 또는 饑餓部)가 팽창되고 타진해 보면 타진음(打診音)이 들린다.

② 고창증의 발생 초기에는 불안 초조한 모습을 보이며, 가끔 뒤를 돌아보고 신음하며, 빈번히 앉았다가 벌떡 일어서는 동작을 되풀이한다.

③ 처음에는 조금씩 트림을 하지만 그 횟수가 점차 줄어들고 호흡이 점차 촉박해지면서 거칠어지고, 땀을 많이 흘린다. 때로는 침을 계속 흘리고 위 내용물을 토하는 소도 있다.

④ 복강 내장과 흉강이 압박되므로 혈액 순환장애, 호흡곤란, 안결막충혈이 나타난다.

⑤ 증세가 막바지에 이르면 보행이 불안정하며 호흡이 매우 거칠어지고, 가시점막이 암적색으로 변한다.

⑥ 시간이 더 경과되면 허탈상태에 빠져서 몸을 가눌 수 없게 되어 땅에 쓰러져 있다가 폐사한다.
⑦ 급성고창증 발생 시 치료하지 않고 방치해 두면 4∼5시간이 경과한 후에는 순환장애 및 질식으로 폐사한다. 가벼운 고창증에 걸린 환축은 입과 항문으로 계속 가스를 방출하다가 24시간 내에 자연 치유되는 경우도 있다.

치료

① 급성고창증 시 우선 시급한 처치는 제1위 내에 축적된 가스를 배제시키는 일이다. 가스를 배출시킬 때에는 구강과 식도를 통해 위 카테데르를 제1위 내에 삽입하여 가스를 배제시키거나 좌측 겸부의 팽창되고 돌출된 부위에 투관침(套管針)을 자통(刺通)시켜 가스를 배출시킨다.
② 포말의 발생을 억제하는 콩기름, 들기름, 아주까리기름 등의 유류 250∼300mℓ를 서서히 먹인다.
③ 제산제(制酸劑)로서 희석염산 30 mℓ, 크레졸 30 mℓ, 포르말린 30 mℓ, 70% Ethyl alcohol 30∼90 mℓ 또는 소주 1병을 5배 정도의 물에 희석하여 서서히 먹인다. 이상 발효를 방지할 목적으로 테라마이신 1g 또는 페니실린정 100 mg을 먹이기도 한다.
④ 각종 제산, 계효제로서도 듣지 않을 때는 제1위 내에 있는 내용물을 제거하기 위하여 제1위 절개술을 하는 경우도 있다.

3) 만성고창증(chronic bloat)

만성고창증이란 제1위 내에 가스가 중등도로 차고 치료된 후 소실되었다가 재발하는 등의 증상이 반복되는 경우를 말한다.

원인

창상성 제2위염, 전위 무력증, 제1위와 복막과의 유착, 미주신경성 소화불량, 제3위 또는 제4위의 경색 등이 원인이 될 수 있다.

증상

① 제1위 내에 가스가 생겨 좌측 겸부가 팽창되지만 급성고창증의 경우처럼 복부 팽창은 심하지 않다.

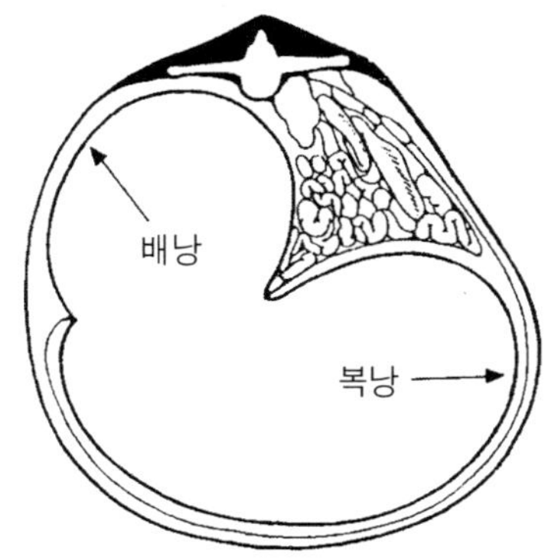

그림 2-3. 미주신경성 소화불량에 걸린 소의 제1위의 구도
[배낭은 상좌방향, 복낭은 우측방향으로 확장됨]

② 치료제를 먹이면 고창증은 가라앉지만 얼마 후 재발한다. 이런 상태가 계속 반복되면 제1위의 소화기능과 반추기능이 점차 쇠퇴되어 영양장해에 빠져 쇠약해진다.

치료

① 희석염산, 알코올, creolin 등을 먹이면 일시적인 효과가 있다.
② 창상성 제2위염일 경우에는 수술치료를 시도한다.
③ 제1위 복벽과 복막의 유착 및 미주신경의 손상에 의한 만성고창증은 치료하기 힘들다.

4) 제1위 산성증(rumen acidosis)

제1위 산성증은 탄수화물, 특히 당질이 다량 함유되어 있는 사료를 과식할 때 제1위 내에서 유산형성을 동반하는 이상발효 현상이 나타나고, 강산성으로 되어 위 내에 상재하는 원충 및 세균의 pH 저하로 인해 활동성이 크게 저하됨으로써 일어나는 소화불량증으로 병세가 매우 위독하다.

원인

감자, 옥수수, 곡류, 농후사료 등 전분 또는 당분이 다량 함유되어 있는 사료를 일시에 포식함으로써 일어날 수 있다.

증상

① 사료를 포식한 후 12～14시간 사이에 증상이 나타난다. 채식 전폐, 유량 감소, 거동 둔화, 지각 둔화 등의 증세가 나타나며 트림, 반추 및 위 운동이 완전 중단된다.

② 체온이 내려가고(37～38℃), 맥박이 빨라지면서(90～100회/분) 호흡이 불규칙하고 느려진다.

③ 변비증이 생겨 검고 굳은 똥을 소량 배설하기도 하고, 때로는 심한 설사를 하여 거품이 섞인 황록색의 물똥을 누기도 하며 탈수상태에 빠진다.

④ 환축은 급격히 쇠약해져서 비틀거리다가 누워버리기도 하고, 사지단이 매우 차고, 피부의 촉감이 싸늘하며, 습윤하고, 결막이 충혈되며, 핏발이 선다.

⑤ 위 내용물이 처음에는 밀가루 반죽과 같이 뭉쳐 있다가 시간이 경과하면 차차 액화되어 물이 많이 고이는데, 이는 점막에서 수분이 많이 분비되기 때문이다. 좌측 겸부를 힘주어 누르면 출렁이는 물소리가 들린다.

⑥ 치료하지 않고 방치하면 감각이 마비되어 혼수상태에 빠진다. 후유증으로 제엽염(蹄葉炎)을 일으키는 경우도 있다.

치료

① Glucuronic acid, calcium, Ringer's solution, 비타민 B 복합제, methionine, 항히스타민제, 부신피질자극호르몬 등을 주사한다.

② 제산제로서 탄산칼슘 20 g 또는 중조 250 g을 물에 녹여 먹인다.

③ 약물로 치료가 되지 않을 경우 제1위 절개술을 실시하여 위 내용물을 제거한 다음 스티뮬렉스와 건강한 소의 위액을 넣어 주면 치료효과를 거둘 수 있다.

5) 제1위 부패증(rumen putrefaction)

제1위 부패증은 단백질사료의 급여량이 부족할 때 이것을 과다하게 섭취하면 제1위 내에는 암모니아 성분이 증가하여 위 내용물이 알칼리성으로 변하고, 이와 동시에 대장균 변이주로 오염된 불결한 사료 또는 음료수를 먹었을 때에는 제1위 내에 대장균 변이주가 증식하여 독성이 있는 분해산물이 산출되기 때문에 나타나는 증후이다.

원인

① 저장 과정중에 부패한 사료를 먹었을 때 발생할 수 있다. 제1위 내에서는 부패성 발효가 일어나 알칼리성이 높아지므로 제1위 내의 미생물들의 활성이 떨어져 사료 분해능력이 없어진다.
② 생후 1~2개월 된 송아지에 산패한 젖, 불결한 음수, 비에 젖은 목초, 불결한 물에 잠겼던 풀 등을 먹었을 때에도 같은 증상이 나타난다.

증상

① 초기에는 만성 소화장애를 일으켜 채식량이 감소되고, 하리, 유량 감소가 인정되고, 위운동, 반추운동, 트림반사가 둔화된다.
② 호기 시 부패취를 나타내고, pH는 7.5~8.5로 매우 높아진다.
③ 원충류의 활성이 떨어져 얼마 안가 소멸된다.
④ 만성증으로 경과될 경우 고창증을 수반하게 된다.
⑤ 암모니아 흡수의 결과 간장이 종대되고, 심할 경우에는 부전마비(不全痲痺)를 일으킨다.

치료

① 건강우의 위 내용액의 투여로 효과가 있음이 밝혀졌다.
② 유산균군을 주제로 한 균제가 개발되어 큰 성과가 있음이 보고되어 있다.
③ 희석염산, 스트렙토마이신 등을 먹이고 링게르액, 비타민류 등 영양제를 주사한다.

6) 제1위 부전각화증(ruminal parakeratosis)

제1위 점막상피의 표층에 핵이 없는 편평상피가 형성되어 있지만, 어떤 원인에 의해 각화(角化)가 되지 않고 각화층에 편평핵이 잔류되어 부전각화가 일어나 사마귀와 같은 굳은 돌기가 다수 증식된 상태를 말한다.

원인

탄수화물이 다량 함유되어 있는 농후사료, 특히 분말사료를 장기간 섭취하여 발효분해가 심해짐으로써 프로피온산, 낙산이 증가하고, 초산은 감소되면서 유산발효

그림 2-4. 반추위의 부전각화증
[위벽의 융모가 딱딱하고 편편하게 변해 있음]

가 현저하게 되어 제1위의 pH는 6.0 이하로 내려가 제1위 점막의 손상이 쉽게 된다. 저급 지방산의 증가와 제1위 내의 pH 저하는 점막상피의 정상적인 각화에 영향을 주어 불완전한 각화를 일으킨다고 생각된다.

증상

① 이 중독증의 임상증상은 없지만 제1위의 이상발효로 기능저하를 일으켜 유지방의 감소가 나타난다. 또한 부전각화증의 소견은 제1위 절개술 시 발견되는 경우도 있다.

② 비육우에 있어서 부전각화증과 간농양에 관련이 있다고 생각하는 경우도 있다. 간농양의 주요 병원균인 *Fusobacterium necrophorum*은 건강우의 제1위 내에서도 발견되지만, 부전각화증에 의해 손상된 병변부에서 증식하여 내강(內腔)을 거쳐 간장에 운반되어 농양을 형성한다고 생각된다.

치료

① 조사료의 급여량을 증가시키고, 농후사료의 다급을 중지하는 등 제1위염의 발생을 예방하는 외에 특별한 치료법은 없다.

② 기초 사료에 12%의 중탄산나트륨액을 첨가하여 pH를(pH 6.5) 교정시켰더니 좋은 결과를 얻었다는 보고가 있다.

7) 미주신경성 소화장해(vagus indigestion)

미주신경성 소화장해란 미주신경의 복지(腹枝)가 손상을 입어 이 신경의 작용으로 이루어지는 전위(제1, 2 및 3위)의 운동성이 저해됨으로써 위 내용물이 소화가

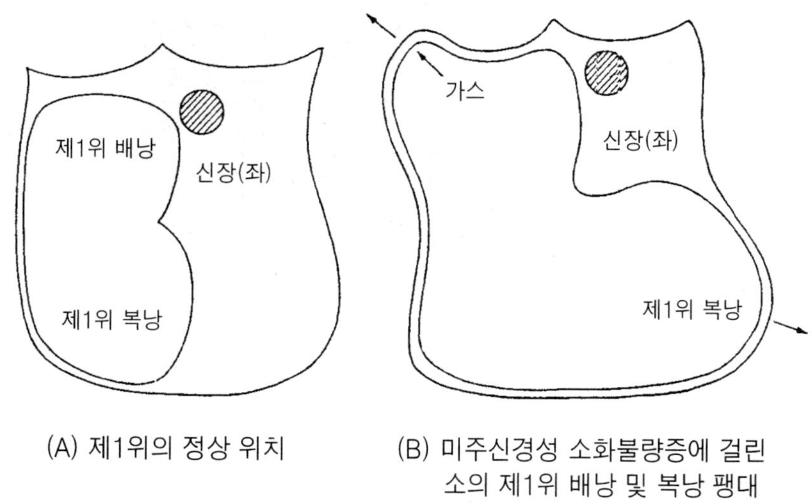

(A) 제1위의 정상 위치 (B) 미주신경성 소화불량증에 걸린 소의 제1위 배낭 및 복낭 팽대

그림 2-5. 미주신경성 소화불량증에 있어서의 위의 변화

되지 않아 장해를 일으키는 경우를 말한다.

원인

① 미주신경의 복지가 입은 손상 또는 염증이 주원인인데, 가장 큰 원인으로는 창상성 제2위 복막염과 제4위 궤양으로 위벽이 천공되어서 발생하는 복막염을 들 수 있다.

② 제4위 우측 전위증에서 제4위가 염전되었을 경우 외과적 수술로 교정한 후에도 전위 내용물의 기능적 유출이 장해받을 수 있다.

③ 극히 드문 원인으로서는 흉강중격(胸腔中隔)을 포함하는 흉강내 감염이 발생하였을 때에도 미주신경성 소화불량증을 일으킬 수 있다.

증상

① 임상 소견에 대하여는 조기에 간헐적으로 복벽이 팽대되는데, 이러한 증상이 수주~수개월에 걸쳐서 만성적으로 반복 진행된다.

② 초기에는 제1위 배낭에 가스와 액체가 충만하여 좌측 상복부가 팽대되므로 고창증으로 오인되고, 그 후 시일이 경과함에 따라 우측 하복벽이 팽대 돌출된다.

③ 체중 감소, 유량 감소 등의 증상이 나타난다.

④ 식욕감퇴와 동시에 배분량이 감소되고 분은 진흙상(泥狀)이다. 그러나 rumex 및 하제(下劑)를 먹이고 칼슘주사를 하면 배분량이 일시 증가한다.
⑤ 결국 위운동의 횟수가 줄어들고, 심박동수도 감소된다(42～64회/분).

치료

① 대부분 예후가 불량하다.
② 제1위 내용물이 액상 또는 죽상(粥狀)으로 되어 팽만되어 있는 경우에는 위 카데테르(안지름 25 ㎜)를 이용하여 내용물을 배설시킨다. 내용물은 대개 이상으로 악취가 있다.
③ Rumex, stimulex 등을 먹이고, 칼슘제 및 항생제를 주사한다.
④ 제1위 절개술을 실시하여 내용물을 제거한다.
⑤ 임신우의 경우 고창증이 반복되면 제1위 누(瘻)를 만드는 수술치료 방법도 응용되지만 분만할 때까지 수개월 간에 한해서 유용하다.

8) 창상성 제2위 복막염(traumatic reticuloperitonitis)

금속성 이물(못・철사・핀 등)이 제2위 내에 들어가 제2위를 관통함으로써 발생하는 제2위염 및 복막염을 말한다.

원인

① 소는 사료를 포착한 후에는 충분히 씹지 않고 곧 삼켜 버리는 습성 때문에 금속성 이물을 그대로 삼켜 버리는 수가 있다.
② 무기물・비타민류 등 미량성분이 부족할 때에는 이기현상을 일으켜 나무조각, 금속물, 흙 등을 먹는 경우도 있다.
③ 연하된 철사・못・쇠붙이 등은 대개 제2위에 가라앉게 되고, 따라서 제2위벽의 수축력은 매우 강하기 때문에 날카로운 이물은 제2위벽을 천입, 뚫고 이동할 수가 있다. 이어서 횡격막을 뚫고 심낭, 심근으로 자입(刺入)될 수도 있고, 또는 폐장과 간장에 꽂힐 수도 있다.

증상

① 금속 이물이 둔체(鈍體)이면 만성 또는 급성의 소화불량을 일으키지만 고창증을 일으키는 경우는 드물다. 이물이 둔체(鈍體)의 경우면 돌연 발작증이 되

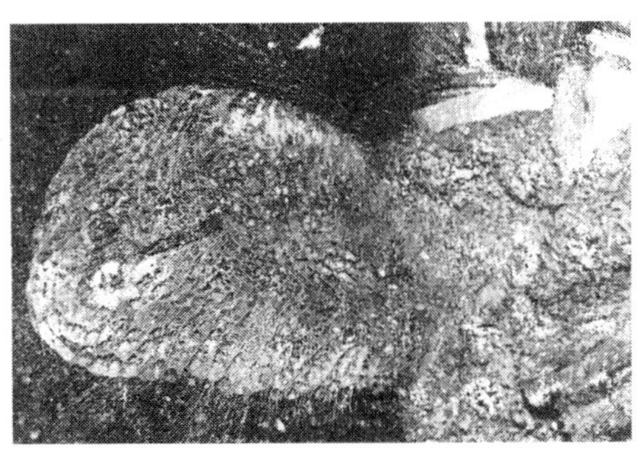

그림 2-6. 창상성 제2위 복막염

[예리한 쇠붙이가 제2위벽<화살표>을 천공하였음]

고 식욕부진, 폐절을 일으킨다.

② 유량이 급격히 감소되고, 보행을 거부하며, 강제로 보행시키면 느리게 걷고, 경사지를 내려갈 때 통증을 느껴 신음한다.

③ 환축(患畜)은 장시간 서 있거나 누워 있으며, 배분·배뇨할 때에는 통증을 느껴 신음하고, 체온이 39.5～40℃로 상승하며, 심박동이 80～100회/분 이상으로 증가된다.

④ 제1위 운동, 반추, 트림이 중지되고, 제1위 내용물이 충만해 있으며, 고창증이 생겨 좌측 겸부가 팽창된다. 때로는 변비가 생겨 굳고 검은 똥을 배설하며, 점조성의 점막이 덮여 있기도 하다.

⑤ 급성 미만성 복막염이 발생하면 복수가 생기고, 위·장 등 소화관의 운동이 정지되며 쇠약해지는데, 분만 전후의 환축(患畜)은 한층 더 증상이 심하게 된다.

⑥ 체온이 상승하는 경우도 있고, 정상 체온보다 낮아져 귀, 뿔, 유두, 사지단 등이 싸늘해지는 경우도 있다.

⑦ 복막염이 진행되면 환축이 쇠약해지고 혼수상태에 빠져 폐사하게 된다.

⑧ 금속 이물이 제2위와 복막에 제2위 복막염을 일으키는 경우가 많다. 금속물이 심낭·폐·간·비장 등으로 삽입되어 진단이 어려울 때가 있지만, 근래에는 금속 탐지기를 이용하면 쉽게 진단할 수 있다.

치료

① 예방으로는 첨체이물(尖體異物)을 채식하지 않도록 주의를 하는 것이 급선무이다.

② 봉상(棒狀) 영구자석(panet A)을 투여하는 방법이 이용되어 왔지만, 근래에는 이용률이 그리 많지 않다.
③ 환축을 보정틀에 보정하고 약 30 cm 높이의 발돋움을 놓아 전지를 높게 해 주며, 사료량을 1/2로 감소시키고 항생제를 주사한다. 이와 같은 치료를 10～14일 간 실시하면 염증을 완화시킬 수 있으나 재발하는 경우가 많다.
④ 이물이 천자된 것이 밝혀지면 수술적 방법을 실시, 좌측 복벽을 절개하고 제1위벽을 절개한 다음 제2위벽에 꽂혀 있는 금속물을 제거한다.

9) 제3위 식체(omasal impaction)

제3위 식체란 제1위를 거쳐 넘어 온 식괴가 제3위 내에 빽빽하게 차 있고, 제4위로 후송되지 않고 매우 경화되어 있는 상태를 말한다.

원인

제1위 식체 또는 제4위 식체가 직접 관련된 소화기 질환으로 생각되나 거친 조사료를 많이 급여하거나 음수량이 부족한 경우에 발생되는 수가 있다.

증상

① 제1위 식체의 증상과 흡사하기 때문에 조기진단이 어렵다. 제3위가 경색되어 있으면 제1위 내용물이 후송되지 못하므로 제1위 식체로 병발하게 된다.
② 일반적인 증상으로는 식욕감퇴, 유량감소, 위운동의 약화 등의 증상이 있지만 진단상 뚜렷한 원인을 파악하기 어렵다.
③ 제3위 내의 엽상판 사이에 끼어든 식괴는 오래 머물러 자연히 수분이 흡수되고, 건초를 압축한 반대기처럼 딱딱한 고체로 된다.
④ 제3위 식체가 오래 계속되면 환축은 영양실조로 폐사한다. 제1위 절개술 시에 발견되는 수가 많다.

치료

① 유동파라핀 또는 식용유 2～3 ℓ를 먹여 엽상판(葉狀板) 사이에 끼어 있는 견고한 사료괴를 부드럽게 만들어 배출되도록 한다.
② 제3위를 절개하여 내용물을 제거한 후 세척하고 봉합한다.

③ 제1위 운동이 정상인데도 불구하고 식욕부진, 배분량 감소, 그리고 요중 keton 체가 음성이면 제3위 식체를 의심할 수 있다.
④ 제3위 식체는 치료하지 않는 한 예후는 불량하다.

10) 제4위 궤양(abomasal ulcer)

제4위 궤양은 자우(仔牛)나 성우(成牛)에 발병하여 소화불량을 일으키고, 때로는 위가 천공되어 복막염을 일으켜 급사하는 경우도 있다. 또한 만성경과를 일으켜 악액질에 빠지는 경우도 있다. 생전에는 거의 장애를 인정하지 않던 소가 도축장에서 해체될 시 비로소 제4위 궤양을 나타내는 경우가 많다.

원인

① 송아지의 경우 이유 후 거칠은 조사료를 먹기 시작할 때 조사료에 의해 입은 제 4위 점막 손상, 겨울철의 급격한 기후 변화로 입은 스트레스 등이 원인으로 작용할 수 있다.
② 성우(成牛)에서는 농후사료, 산성이 강한 엔실리지의 장기간 급여로 생긴 위 산과다증, 착유, 분만, 기후의 급격한 변화로 생긴 스트레스 등을 들고 있지만 확실한 원인은 알려져 있지 않다.
③ 제4위 궤양증은 증상을 나타내지 않는 불현성의 질병상태로 있다가 자연 치유가 되는 경우가 많은데, 조사 결과에 의하면 생후 2∼8주령의 송아지 발생률은 23%, 이유한 송아지가 조사료를 먹기 시작하는 시기에 75∼95%, 또한 비육우의 이병률은 3∼5%라고 한다.
④ 송아지에서 제4위 궤양을 일으키는 소인으로는 양동이 급유를 들 수 있다. 양동이 내의 젖을 먹기 위해서는 머리를 수그려야 하는데, 이러한 자세로 젖을 먹을 때에는 식도구(食道溝)가 잘 조성되지 않아서 먹은 우유가 직접 제4위로 넘어가는 양이 적어지고 제1위 내로 들어간다. 따라서 송아지는 공복감을 느껴 건초와 사료를 먹게 되는데, 연한 위점막에 손상을 입혀 궤양이 발생된다.

증상

① 출혈성의 제4위 궤양을 일으키면 식욕부진, 유량의 감소가 있고, 이 출혈이 수일 간 지속되면 배분량이 감소되고 타루상으로 된다. 급성으로 출혈이 많을

경우 24시간 이내에 폐사하는 경우가 있지만, 대개는 4~6일 후에 회복되어 만성궤양기로 이행된다. 때로는 눈의 결막, 질, 비강, 구강점막 등의 가시점막이 창백해 보인다.

② 위천공(胃穿孔)으로 궤양이 장막면까지 파급되면 천공되어 위 내용물과 함께 세균이 복강 내로 흘러들어 가면 복막염을 일으키는데, 창상성 제2위 복막염과 비슷한 증상을 나타낸다. 또한 shock를 일으켜 폐사되는 수도 있다. 그러나 이러한 복막염은 대개 자연 치유되는 경우가 많고, 임상증상은 천공이 생긴 후 48~72시간이 지나면 자연히 소실되고 다시 건강한 모습으로 돌아간다. 제4위 벽에 천공이 클 때에는 복강 내로 유입되는 위 내용물이 많아서 광범위한 복막염을 일으켜 갑자기 쇄약해지고, 맥박이 빨라져 저녁 무렵에 이르면 기력이 없이 누워 있다가 야간에 폐사하는 경우가 있다.

③ 위궤양의 정도가 심하지 않을 때에는 외견상 아무런 증상이 나타나지 않으므로 발견할 수 없게 된다.

치료

① 경증에 있어서는 농후사료를 줄이고, 엔실리지의 급여를 중지한다.

② 제산제로서 수산화마그네슘[$Mg(OH)_2$]을 체중 450kg의 경우 1일 500~800 g을 2~4일 간 투여한다.

③ 한국성(限局性) 복막염을 일으켰을 때에는 항생제를 주사한다. 그러나 출혈량이 많을 때에는 보액(補液)과 수혈이 필요하게 된다. 위궤양이 심할 때는 외과적 수술이 필요하게 되지만, 고가인 소가 아닌 이상 수술하는 것은 바람직하지 않다.

11) 제4위 식체(impaction of the abomasum)

제4위 내에 식미가 충만, 제4위가 확대되어 소화장애를 일으킨 경우를 말한다. 겨울기간 동안 조사료를 많이 주는 지역의 소에 많이 발생하거나 조잡한 조사료를 많이 먹이는 임신 말기의 소에서 발생한다.

원인

① 저단백, 저칼로리의 조사료를 과식했을 때 발병한다.

그림 2-7. 제4위 궤양

[화살표가 있는 곳이 궤양부위]

② 집단적으로 비육을 시킬 경우와 토사가 많이 묻은 사료를 과식시킬 경우 제4위 식체가 일어난다고 한다.

③ 추운 겨울철에 소화불량성 조사료를 임신 후 말기에 있는 임신우에 급여하였을 때 발생하기도 한다.

④ 짧게 절단한 조사료와 분쇄한 곡류는 길이가 긴 건초보다 전위를 통과하는 속도가 빠른데, 소화기능이 불량한 소에서는 이러한 종류의 사료를 많이 채식하면 제4위에 축적하여 식체를 일으킨다.

⑤ 흙과 모래를 다량 섭취하면 제3, 4위, 대장, 맹장 등이 경색을 일으키며, 제4위 무력증도 발생한다.

증상

① 발병 초기에는 식욕폐절, 제1위 운동정지, 유량 감소, 배분량 감소, 경도의 복부 팽창이 있지만, 수일이 경과하면 삭척이 현저하게 된다.

② 4~5일이 지나면 식괴와 수분이 십이지장으로 유입되지 못하므로 영양실조에 빠지고 탈수상태에 이르므로 체중 감소, 보행곤란, 기립불능에 빠진다.

③ 체온은 정상을 유지하나, 심박동수는 약간 증가하여 90~100회/분이지만 alkalosis, chloro혈증이나 탈수증이 현저할 때는 120/분 이상으로 된다. 비경이 건조하고 짙은 점액성 콧물을 흘린다.

④ 이 질환의 경과는 식체의 중등도와 산염기 및 전해질의 불균형의 정도에 의하지만, 중증의 경우에는 3~6일경에 폐사된다. 만일 제4위의 파열이 일어나면 급성복막염과 shock에 의해 빨리 폐사된다.

치료

① 대사성 alkalosis, 저 chloro혈증, 저 calcium혈증 및 탈수증을 회복시키기 위해 전해질 용액을 24시간에 걸쳐서 체중 kg당 100∼150 mℓ를 주사하고, 정제된 위 내용물에 이동을 위해 유동파라핀, 또는 식용유를 아침, 저녁으로 5∼6 ℓ씩 먹이며, 장운동 촉진제를 주사한다.

② 제4위를 절개하고 내용물을 제거하는 수술요법도 시도되나 예후가 좋지 못하며, 치료되어도 재발되는 경우가 많다.

12) 제4위 전위증(displacement of abomasum)

제4위 전위증이란 제4위가 정상적인 해부학적 위치를 벗어나 제1위 저부를 지나 제1위의 좌측으로 자리를 옮긴 좌측 전위와 제자리에서 제4위가 가스로 팽창되어 위치에 변화를 일으키거나 염전된 상태인 우측 전위 또는 염전(捻轉)의 두 가지 변위형태를 말한다. 제4위 전위증의 발생은 근래에 와서 유우의 사양관리 양식이 다두화(多頭化) 및 집약적 사육방식으로 바뀜에 따라 발생 빈도가 높아진 것으로 알려져 있고, 제4위 좌측 전위증과 우측 전위증의 발생 비율이 대개 10 : 1로 알려져 있지만, 지역과 나라에 따라서는 우측 전위증의 발생률이 좌측 전위증보다 많이 발생하기도 한다.

원인

제4위 전위증의 원인은 명확히 단정지울 수 있는 결정적 요인들은 없고, 여러 가지 요인들이 복합적으로 작용하는 것으로 생각된다.

① 대개 분만 후 6주 이내에 다발하는데, 이 시기에 곡류사료 또는 농후사료의 계속적인 다량 급여, 조사료 급여량의 부족, 운동부족, 제4위 궤양증, 지속되는 칼슘 부족증, ketosis, 제4위 무력증 등이 변위의 원인이 될 수 있다.

② 또한 임신 말기의 큰 태아에 의하여 제4위가 받는 중압, 분만진통, 평탄하지 않는 도로상의 흔들리는 트럭수송, 미끄러 넘어짐, 폭주, 무리한 승가 등이 원인이 될 수 있다.

③ 심한 자궁염이나 유방염에 의하여 생성되는 히스타민, 분만 시 생기는 복강내 장기들의 배열상의 변종 등을 발증 원인으로 생각할 수 있다.

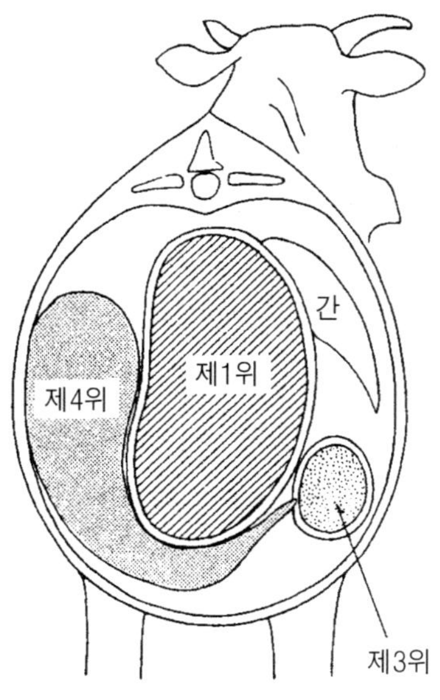

그림 2-8. 제4위 전위증

[좌측으로 전위된 제4위]

증상

제4위 전위증의 계절별 발생률은 1～4월이 75%를 차지하고 있어서 계절적 발생 특징을 나타낸다고 하지만, 우리나라에서는 계절별 경향이 뚜렷하지 않다. 발생 연령은 2～6세에 60%를 차지하고, 분만 후 6주 이내 발생률이 90% 정도로 대부분을 차지한다.

① 제4위 좌측 전위증은 대개 만성적 경과 및 만성 식욕부진 상태를 나타내며, 농후사료를 기피하고 청초・건초 등의 조사료를 선호한다. 유량이 서서히 감소되고, 배분량이 감소되며, 설사 또는 변비증이 생기고, 통상 흑색 묽은변(泥狀便)을 배설한다. 특히 분만 후에 발병되는 경우에는 요중 keton체의 배설이 많아진다. 맥박, 호흡 및 체온이 정상일 때가 많고, 제1위 운동력이 약화되며, 체중 감소, 기력감퇴 등이 나타난다. 좌측 전위된 제4위는 점차 가스가 충만되어 팽대되며, 경우에 따라서 파열되어 복막염을 일으킨다.

② 제4위 우측 전위증 및 염전증(捻轉症)은 분만 후 수주 간에 발생되기 쉽고, 식욕부진, 유량 감소, 이상변, 또는 점액이 덮인 견고성의 변을 배설하고, 대개 좌방 변위보다 중증이다. 제4위가 확장되면 거의 채식을 전폐하고, 기력이 쇠

퇴해지고, 탈수상태에 빠져 갈증을 느껴 빈번한 음수욕을 나타낸다. 호흡 및 체온은 거의 정상을 유지하지만 심박동수(80～100회/분)가 증가된다. 제4위의 확장이 심해져 가스와 액체가 충만되면 환축(患畜)은 누워서 호흡할 때마다 신음한다. 제4위가 최대로 확장되는 기간은 10～14일이 걸린다. 제4위 염전증은 수평 혹은 수직으로 180～270°의 염전상태가 되고, 국소적 순환장애를 일으켜 제4위의 빈혈성 괴사를 동반한 급성증상을 나타낸다. 탈수증이 매우 심해지며, alkalosis가 유발된다. 환축은 염전 후 24시간이 지나면 누워 버리고 48～96시간에 shock상태에 빠져 폐사하며, 때로는 제4위가 파열되어 급사하는 경우가 있다.

치료

제4위 좌측 전위증, 우측 전위증 및 염전증은 수술로 치료하는 방법이 가장 확실하며, 수술 후에는 수일 간 전해질 용액 및 영양제를 다량 보충해 주어야 한다. 제4위 우측 전위증 및 염전된 환축의 수술 성공률은 약 20% 정도로 예후가 불량하다. 제4위 좌측 전위증은 회전에 의하여 정복하는 방법이 응용되고 있어 좋은 효과를 기대하나 재발하는 경우가 많다.

13) 송아지의 제4위 이완증(atony of abomasum)

송아지의 제4위 이완증이란 제4위 식체 또는 제4위 변비라고도 하며, 제4위 내에 식미가 충만하여 위벽이 늘어나 있거나 또는 유문이 좁아져 있거나 폐쇄되어 있어서 식미가 정체되어 위벽이 늘어나 소화장애를 일으키는 상태를 말한다. 이 병이 발생되기 쉬운 시기는 생후 5～14주령이고, 전위(제1, 2, 3위)가 충분히 발달되어 있지 않은 시기이다.

원인

① 송아지는 1주령부터 건초를 소량씩 먹기 시작하다가 이어서 배합사료로 소량씩 먹는다. 송아지용 배합사료는 반추위의 발달을 촉진시키지만 건초를 과식하면 반추위의 발육을 지연시킬 수 있다.

② 어린 송아지는 제 1, 2위의 발달이 불충분하고, 반추운동이 없으므로 제1위에 들어간 건초는 거친 상태로 제4위로 이동되는데, 섭취한 건초의 양이 많을수록 제4위의 부담도 많아지고 축적되는 건초의 양도 많아진다.

③ 한편, 대용유·우유·물 등은 짧은 시간 내에 제4위를 통과하여 장으로 이동하기 때문에 상태가 더욱 악화된다.
④ 송아지에 대한 건초 급여량은 인공유 섭취량의 10% 정도가 적합하며, 20%를 넘게 되면 소화장애가 일어난다.

증상

① 발병 초기에는 고창증이 발생하는데, 투관침(套管針)으로 가스를 배출시키면 고창증은 해소되지만, 그 후 고창증이 재발되어 투약효과도 없게 된다.
② 환축(患畜)은 갈증을 느껴 물을 자주 마시게 되고 묽은 똥을 소량씩 배설하며, 제1위 내에는 물이 차 있어서 주먹으로 압박을 가하면 출렁이는 소리가 들린다.
③ 송아지를 뒤에서 관찰해 보면 좌측 복벽이 고창증 때문에 좌측 상방으로 돌출해 있고, 제4위에는 식괴가 빽빽이 차 있기 때문에 우측 하복부가 돌출해 있다.

치료

제4위 이완증이라고 확진이 되면 조기에 제4위를 절개하여 축적된 건초를 제거한다. 약물치료는 거의 효과가 없다.

4. 장의 질병

1) 송아지의 위장 카타르(catarrh)

위장(胃腸) 카타르란 장의 점막에 발생한 급성 또는 만성염증을 말한다. 이유 전의 송아지 또는 젖을 갓 떼고 난 후의 송아지는 병에 대한 저항력이 매우 약하고, 위장기능도 완전하지 못하기 때문에 쉽게 소화장애를 일으킬 수 있는 체질이라고 할 수 있다.

원인

① 모우가 위장병, 전염병, 유방염 등이 걸린 어미젖을 먹었을 때, 모유 중에 비타민 A가 부족했을 때, 대용유의 회석배수를 지키지 않았거나 비위생적으로

처리하였을 때, 찬 우유, 산패한 우유, 불결한 우유를 먹였거나 일시에 다량의 우유를 먹였을 때 원인이 된다.

② 감기, 기후의 변화, 이유 후의 사양의 잘못, 기생충 감염, 환치 등도 원인이 되며, 병원미생물의 감염에 의해서도 발생한다.

증상

① 포유 중의 송아지는 포유량과 채식량이 매우 감소되고 식욕이 전폐될 수도 있다.
② 이유 후의 송아지는 종종 열이 있고, 사지단에 냉감이 있으며, 수양성 설사를 하고, 때로는 거품이 섞여 나오기도 하며, 냄새가 매우 고약하다. 혈변을 배설하기도 하고, 꼬리와 후구가 지저분해진다.
③ 환축(患畜)은 등을 구부리면서 배분하려고 노력하지만 소량의 물똥만이 배설된다.
④ 말기에는 복통이 생겨 뒷다리로 복부를 차려는 행동을 취하며, 점차 쇠약해져서 급성폐렴을 일으키기도 한다.
⑤ 최후에는 항문의 괄약근이 이완되고, 송아지는 허탈상태에 빠져 누워 있다가 폐사한다.

치료

① 어미젖 또는 대용유의 질을 개선하고 젖의 온도, 대용유의 조제법을 지키는 등 젖을 위생적으로 처리하며, 젖먹이는 수칙을 잘 지켜야 한다.
② 이유 후의 송아지에 대해서는 양질의 조사료를 급여하고, 송아지 축사의 보온, 청결 등 위생적 관리를 해야 한다.
③ 설사증이 심할 때는 탈수증을 치료하기 위해 링게르액, 포도당액을 주사한다.
④ 내복약으로는 수산화알루미늄[$AL(OH)_3$] 및 지사제를 먹이고, 감염증이 있을 때는 설파제와 항생제를 먹이거나 주사한다.

2) 송아지 설사(calf scour)

송아지 설사는 출생 직후부터 출생 후 10일 사이의 어린 송아지에 발생하는 급성적이면서 감염률이 높고 치사율도 높은 장의 질병이다. 송아지 설사증의 경우에 심한 설사와 탈수증에 빠지는 것이 특징이다.

원인

송아지 설사의 원인은 어느 특수한 것을 들 수 없지만 주된 병원체는 대장균, 살모넬라, rota virus, corona virus가 병원균으로 작용한다고 알려져 있다.

① 송아지 설사를 일으키는 대장균에는 장관 독소성 대장균(ETEC), 장관 병원성 대장균(EPEC), 장관 침입성 대장균(EIEC) 등이 있으나, 이들 중 장관 독소성 대장균의 감염에 의한 설사증이 가장 많으며, 생후 5일 이내의 송아지에 많이 발생한다. Rota virus의 감염은 생후 5일 이후에 많다.

② 또한 장관 독소성 대장균과 rota virus의 혼합 감염과 장관 독소성 대장균, rota virus 및 corona virus 3종의 혼합 감염도 있다.

③ *Salmonella*의 감염도 설사의 원인이 된다.

④ 송아지의 설사증은 초유를 먹지 못한 개체에서 많이 발생된다고 알려져 있는데, 초유에는 비타민 A와 항체를 다량 함유하고 있다. 이러한 물질들은 설사증에 대해 어느 정도 저항력이 있다고 알려져 있다.

⑤ 갓 태어난 송아지가 지방량이 많은 젖을 많이 먹었을 때에는 새로 기능을 개시한 송아지의 장점막 표면에 지방질막이 형성되어서 초유에 함유되어 있는 항체가 잘 흡수되지 않아 감염에 대한 저항력이 약해지는 것도 원인이 될 수 있다.

증상

① 대장균 감염에 의한 설사는 대개 생후 5일 이내에 집중적으로 발생하고, rota virus 감염에 의한 설사는 생후 5일 이후에 발생하는 율이 높다.

② 장관 독소성 대장균에 의한 설사는 1～4일에 갑자기 시작되는데, 잠복기가 12～18시간이다. 이 경우에 황백색의 수양성 설사가 계속되며, 때로는 암갈색의 설사를 하기도 한다.

③ 설사를 하는 송아지는 2일 이내에 포유를 전폐하고, 기립할 수 없어서 누워 있으며, 탈수가 심하여 안구가 함몰되고, 체온이 하강된다. 환축은 탈수와 패혈증으로 1～4일 만에 폐사한다.

④ Rota virus 감염에 의한 설사는 생후 12시간부터 시작되며, 늦어도 생후 5～10일경에 발병한다. 폭발적으로 시작되는 설사는 청색, 황록색, 유황색, 때로는 혈액이 섞인 혈변도 배설한다.

⑤ 설사를 오래 하면 기력이 떨어져 기립할 수 없어 누워 있고, 심한 탈수로 인

해 안구가 함몰되며, 체온이 상승한다.

⑥ 발병률이 90∼100%이고, 폐사율은 0∼50% 정도이며, 폐사 원인은 탈수증과 산성증 때문이라 한다.

치료

① 대장균의 감염에 의한 설사에는 gentamycin, polymixin, kanamycin, chlorampenicol, furazoridone 등이 효과가 있는데, 발병 초기에 투약해야 한다.

② 탈수증에 대한 치료가 매우 중요하며, 링게르액, 전해질 용액, 강간제(强肝劑), 지사제 등을 주사한다.

③ 어미소의 혈액을 수혈하거나 또는 설탕물과 같이 수산화알루미늄을 먹이는 것도 치료효과가 있다.

④ 바이러스성 설사에는 항생제의 효과가 없으며, 건조한 자리깃을 깔아 주고 보온을 해준다.

예방

송아지의 설사를 예방하기 위해서는 분만 시부터 위생적인 관리가 요망되는데, 다음과 같은 사항에 유념해야 한다.

① 일반 성우의 축사 내에서 송아지를 분만 할 때에는 분만과정에서 송아지에 많은 양의 장내세균이 감염될 수 있다. 분만과정에서 생기는 세균 감염은 초유를 먹음으로써 얻어지는 수동면역이 형성되기 이전에 이미 이루어지기 때문에 문제가 된다. 송아지가 자궁에서 만출(娩出)된 후 첫 호흡을 시작할 때에는 건조한 똥의 분만에 혼합되어 있는 장내세균을 많이 들이마시게 한다. 분만 장소가 가장 위생적인 곳은 축사 근처의 태양광선이 잘 쬐는 풀밭이라고 할 수 있다. 다음으로 좋은 장소는 독립된 산실로서 미리 소독을 하고, 건조상태를 유지시켜 놓아야 한다.

② 분만 후 초유를 빨리 먹여야 한다. 출산 직후 초유를 먹을 수 있도록 배려한다. 8시간 간격으로 1.8 ℓ 정도를 먹었을 때 충분한 면역성을 획득할 수 있다.

③ 우유와 대용유를 위생적으로 처리하여 먹여야 하는데, 초유를 착유할 때에는 착유에 앞서 어미소의 유방과 유두 및 착유자의 손을 약물로 잘 소독해야 한다. 송아지에게 먹일 젖 또는 대용유를 담는 그릇은 사용할 때마다 끓는 물에 소독하고 후에 재차 소독수에 담갔다 사용한다.

④ 배꼽 줄을 3% 요오드팅크에 담가 소독한다.

⑤ 예방액으로는 겐다마이신, 카나마이신, 클로람페니콜을 복용시키는데, 생후 10일까지 계속 먹이는 것이 좋지만 남용은 금물이다.

3) 장폐쇄(intestine obstruction)

장폐쇄란 장의 일부가 비틀리거나 또는 중첩됨으로써 그 부위가 막혀서 내용물이 그 이하의 소화관으로 통과할 수 없게 된 상태를 말한다.

원인

장간막과 망막에 있는 지방의 괴사, 돌발적으로 일어나는 격렬한 운동, 부분적으로 일어나는 장경련, 난소에서 출혈한 혈액이 응고되어 장을 압박할 때이다. 그리고 발정, 교미 시에 취하는 갑작스러운 승가자세, 장결절충(腸結節蟲)이 밀집 기생한 결과 일어나는 장유착, 장내 기생충이 가하는 장벽의 자극 등 여러 가지가 요인이 될 수 있다.

증상

① 초기에는 식용폐절, 불안 및 산통(疝痛) 증상을 나타내고, 산통 증상으로는 후지를 거북스럽게 증상을 나타내고 후지를 거북스럽게 올렸다 내렸다 하면서 제자리걸음을 하며, 앞발로 복부를 차고 꼬리를 휘두르며, 신음하는 등 통증을 나타낸다. 통증이 심하면 땅에 누워 뒹구는 경우도 있다.

② 복통이 8～12시간 지속되면 환축(患畜)은 심한 통증 때문에 쇠약해지고 침울한 모습으로 기운 없이 누워 있으며 위장의 운동은 거의 정지상태에 있게 된다.

③ 배변의 특징은 본 증을 진단하는 데 도움이 된다. 배분량이 줄어들거나 거의 없고, 간혹 배분이 있다 하더라도 극히 소량의 끈적끈적한 검은 똥이 나올 정도이다.

④ 직장 내에 손을 넣어 검사해 보면 똥이 전혀 없이 비어 있고, 흑갈색의 끈적끈적한 악취를 풍기는 점액을 인정할 뿐이다.

⑤ 급성복통 증상을 나타낸 후 4～5일이 지나면 복수가 생겨 복벽의 둘레가 점점 팽대되고, 맥박이 80회/분 이상으로 증가하며, 발생한 지 10여 일이 지나 폐사한다.

치료

장중첩이 확산할 경우에는 수술에 의하여 치료가 가능하다. 폐쇄 괴사된 장을 절개한 후 건강한 장의 끝을 봉합하는 장문합술을 실시한다. 수술 후는 소화되기 쉬운 유동식 또는 청초를 급여하고 영양제를 보충해 준다.

4) 결장고창증(colon tympany)

결장부(結腸部)에 가스가 차서 소화장애를 일으킨 상태를 말하며, 제4위 전위증과 비슷한 증상을 나타낸다.

원인

농후사료의 다량 급여, 운동부족, 분만 후의 쇠약, 세절한 건초를 다량 급여 등의 원인을 들 수 있으나 확실치는 않다.

증상

① 식욕부진 내지는 폐절, 농후사료 섭취의 기피, 제1위 운동의 약화, 제1위 내용물의 정체 및 경도 증가, 장운동의 약화, 배분량의 감소, 설사 또는 변비증, 유량 감소 등의 증상이 나타난다.
② 체온, 맥박 및 호흡에는 별 이상이 없다.
③ 때로는 맹장고창증을 수반하는 경우가 있다.

치료

사하제, 장운동 촉진제 및 칼슘제를 주사하며, 치료 후 매일 적당한 운동을 시키는 것이 권장되고 있다.

5) 직장질루(rectovaginal fistula)

직장질루(直腸膣瘻)란 난산시 태아의 발톱이 어미소의 상부질벽과 직장하벽을 동시에 파열 관통시켜 직장과 질이 맞뚫려서 똥의 일부가 질 내로 유입된 상태를 말한다.

원인

난산이 원인이 되기도 하지만 선천적 결함에 의해서 발생하기도 한다.

증상

직장을 통과하는 똥의 일부가 직장질루(直腸膣瘻)를 통하여 질 안으로 들어와 질은 항상 똥으로 오염되어 염증을 발생시킨다. 똥이 자궁경과 자궁까지 흘러 들어가 질염, 자궁경관염, 자궁염 등이 발생하므로 번식장애를 일으킬 수 있다.

치료

수술로 교정할 수 있다.

6) 직장탈(prolapse of rectum)

직장탈(直腸脫)이란 직장의 일부분이 항문을 통해 뒤집혀서 밖으로 빠져 나오는 상태를 말한다.

원인

① 직장탈은 단독적으로 발생하기도 하고, 때로는 질탈 후에 속발하기도 한다.

② 영양상태가 좋지 못하여 허약한 동물, 음수량이 부족하고 섬유질이 많은 조사료를 많이 먹은 송아지에 발생한다.

③ 내부 기생충의 감염이 많은 소, 직장의 염증, 항문 주위염, 만성적으로 설사를 하는 소, 변비, 난산, 분만시 입은 상처로 인해 항상 뒤가 무거워서 계속 힘을 주고 있는 상태 등이 직장탈의 원인이 된다.

④ 선천적으로 항문괄약근이 약한 송아지도 직장탈이 잘 발생한다.

증상

① 배분하는 동안 직장점막이 항문 밖으로 탈출하면 울혈을 일으켜 검붉은 빛깔을 띠고 있다가 배분이 끝나면 직장은 원위치로 복귀한다.

② 진성 직장탈이란 직장이 완전히 뒤집혀서 원통상으로 항문 밖으로 돌출되는 상태를 말한다. 탈출 직후의 장점막은 붉은 빛깔로 윤기가 나고 광택이 있지

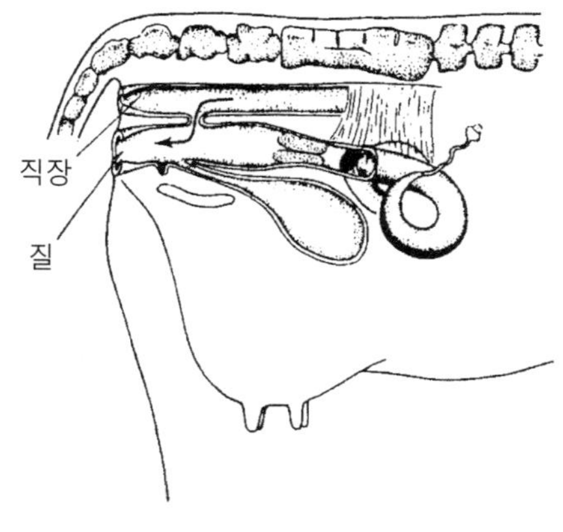

그림 2-9. 직장질루

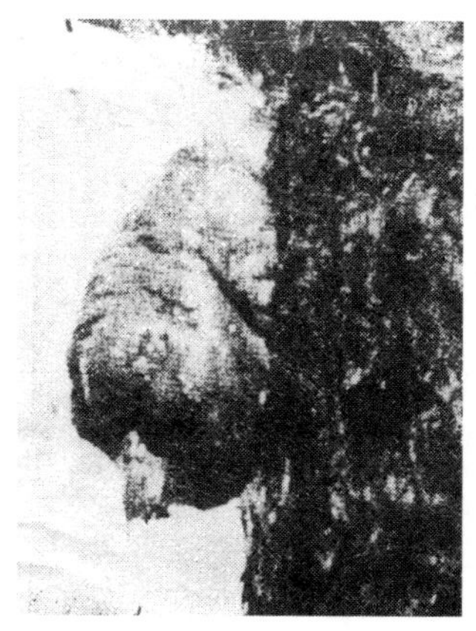

그림 2-10. 직장탈

만 시간이 지나면 점막이 울혈로 인해 검붉은 빛깔 또는 검푸른 빛깔로 변하면서 윤기가 없어진다.

③ 울혈된 부분은 시간이 지나면 괴사된다. 탈출된 직장의 중앙부에는 작은 구멍이 생겨 묽은 똥을 소량씩 배출하는데, 이를 직장내강(直腸內腔)이라 한다.

④ 탈출된 직장을 처치하지 않고 그냥 방치하여 두면 지각이 마비되어 통증을 느끼지 못하고 괴사 건락한다.

치료

① 탈출된 직장에 부종이 생겼을 때에는 5% 명반액 또는 설탕가루를 뿌려 부종을 가라앉힌 다음 직장 내로 서서히 밀어 넣는다.

② 탈출된 직장이 괴사하였거나 직장탈이 반복하여 일어날 때에는 탈출한 직장을 절단하고 봉합하는 수술처치를 해야 한다.

7) 선천성 직장 및 대장폐쇄

선천성 직장 및 대장폐쇄(congenital atresia of the anus and colon)란 분만한 송아지의 항문, 직장, 대장 등이 폐쇄되어 있는 상태를 말한다.

원인

치사 유전인자로 인한 것을 추측하고 있으나 명확하지는 않다.

증상

① 항문이 폐쇄된 송아지는 항문부가 개공(開孔)되어 있지 않고 직장이 폐쇄된 것은 외견상 발견하기 어렵다. 이러한 송아지는 가스가 계속 축척되며, 배변이 없으므로 복부가 점점 팽대해지고 항문 부위가 돌출되어 있다.
② 소장의 회장부가 폐쇄된 송아지는 분만 전부터 복부가 팽대되어 있어서 난산할 때가 많지만, 대장이 폐쇄된 송아지는 분만 후부터 복부가 팽대하기 시작한다.
③ 대장이 폐쇄된 송아지의 직장에는 대량의 끈적끈적한 점액이 고여 있으며, 태변을 발견할 수 없다.
④ 선천적으로 장이 폐쇄된 송아지는 다른 기관들(방광·요도 등의 비뇨기계)의 결손이 수반되어 있는 경우가 많다.

치료

항문 또는 직장이 폐쇄된 경우에 수술로 개통시킬 수 있지만 성공 시에는 비육 목적으로 사용한다. 수술을 하여도 성공치 못하는 경우가 많고, 수술하지 않으면 분만 후 약 7일경에 폐사한다.

제 2 장

대사성 질병

1. 대사성 질병의 개요

소가 섭취한 사료는 위와 장에서 소화·흡수되고, 사료 중에 함유되어 있던 여러 가지 영양소는 혈액을 통해 체내의 각 장기 및 조직에 운반된 후에 여러 가지 화학 변화를 일으킨다. 이러한 화학변화에서 합성반응을 나타내는 것을 동화작용이라 하고, 분해반응을 나타내는 것을 이화작용이라 하며, 이 두 가지 반응을 합하여 대사(代謝, metabolism)라고 한다. 그런데 이러한 작용이 어떤 원인에 의하여 원만히 이루어지지 않아서 일어나는 변화를 대사성 질병(metabolic disease)이라고 하는데, 가축 중에서는 유우와 임신한 양에서 문제가 된다.

1) 유열(milk fever, hypocalcemia)

유열(乳熱)은 주로 비유량이 많은 소에서 분만 전후에 발생하는 대사성 질병으로서 보통 분만 후 72시간 이내에 발생하는데, 이 질병에서는 저칼슘혈증, 근허약, 의식 상실 등이 증상으로 나타난다.

원인

① 장의 칼슘분 흡수능력이 저하되거나 상피소체(부갑상선)의 기능이 저하됨으로써 골질의 칼슘분을 혈액 내로 동원시킬 능력이 저하되는 것 등이 주 요인이고, 초유(初乳)의 착유로 혈액 내의 칼슘분이 양적으로 감소되는 것이 원인이 된다.

② 초유의 칼슘분 함량은 초유 1,000 ㎖ 중 2 g이라고 하는데, 초유 4,000 ㎖ 중

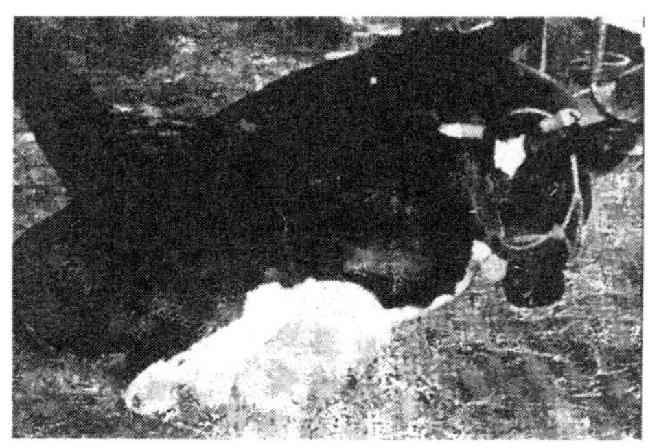

그림 2-11. 유열에 걸려 누워 있는 소

에 칼슘분은 전 혈액에 함유되어 있는 양과 같다고 한다.

③ 유열의 양상은 저칼슘혈증의 정도 및 지속되는 시간의 장단에 따라 달라질 수 있으며, 칼슘분이 혈액 내로 이동해 돌아가고, 혈액 중의 칼슘분이 유방으로 동원되어 가는 대사성 변화의 상태에 따라서도 달라질 수 있다고 한다.

④ 칼슘분의 대상성 변동은 외적 요인과 내적 요인을 들 수 있다. 외적 요인으로는 사료의 칼슘분 함량, 장의 칼슘분 흡수능력 등을 들 수 있고, 내적 요인으로는 상피소체 호르몬의 영향으로 골질내 칼슘분이 재동원 될 수 있는 능력 등을 들 수 있다.

⑤ 주로 3~7산의 비유량이 많은 소에 발생하고, 초임우에 발생하는 경우는 드물다.

증상

유열의 증상을 다음과 같이 3기로 나누어 설명할 수 있다.

① **1기 증상**: 흥분 과민증상으로서 머리, 안면 및 사지 근육에 가벼운 경련이 일어나고, 채식 전폐, 이 갈음, 운동 거부, 후구허약 등의 증상을 볼 수 있다.

② **2기 증상**: 땅에 쓰러져 흉골을 땅에 대고 머리를 앞가슴에 기댄 채 웅크리고 있으며, 의식 혼미, 무감각, 피부 냉감 및 습윤, 비경건조, 제1위 운동정지, 반추 및 트림 정지, 변비 등이 나타난다. 심박동은 빠르지만 맥박은 매우 약하고, 동공 산대, 광반사(光反射) 약화, 시선 고정, 항문괄약근의 이완, 항문 개방, 체온 하강(25~37℃) 등의 증상을 볼 수 있다.

③ **3기 증상**: 사지를 무기력하게 벌리고, 옆으로 누우며, 혼수상태에 빠진다. 심박동이 청취하기 힘들 정도로 약해지지만 박동수는 증가한다(120회/분). 이러

한 개체를 치료하지 않으면 폐사한다.

치료

① 글루콘산칼슘(calcium gluonate), 마그네슘 혼합주사액(CDM)과 CDP 등의 정맥주사는 특효가 있다.

② 유방 내 공기 주입법이 있는데, 공기를 유방 내에 주입하여 유방이 팽창되면 유두를 붕대로 묶어서 공기가 새어 나오지 못하게 하는 방법이다. 유방염을 예방하기 위하여 유방 내에 미리 항생제를 주입한다.

예방

① 가장 권장되고 있는 방법으로 분만 전에 가능한 한 급여 사료 중에 Ca의 절대량을 감소시켜 준다.

② 건유기에 비타민 A, D, E를 주사하거나 첨가제를 넣어 급여한다.

③ 분만 후 초유를 완전 착유하지 말아야 하며, 분만 후 3~5일이 지난 다음에 비로소 완전 착유한다.

2) 케토시스(ketosis)

케토시스(저혈당증, ketosis)는 체내에서 탄수화물과 지방 대사에 이상이 생기고, 제1위 내용물이 이상발효되며 스트레스, 간장의 기능저하 등이 원인이 되어 케톤체(ketone body)가 생리적 한계를 넘어 체내에 다량 축적된 결과 식욕부진, 우유 생산량의 격감, 체중 감소, 신경증상 발현 등의 임상증상을 나타내는 유우의 질병이다. 특히 유량이 많은 소에서 발생한다.

원인

케토시스(ketosis)를 일으킬 수 있는 원인을 들면 다음과 같다.

① **탄수화물과 지방의 이상**: 체내에 지방분이 지나치게 축적되어 있고 당분이 부족할 때 지방산화가 불안정해지므로 구연산(枸櫞酸) 회로가 정체되어 활성질산의 양이 증가하며, acetic acid, β-hydroxy butyric acid, acetone 등 케톤체 등의 생성량이 증가한다. 케토시스(ketosis)에 걸리면 혈당량이 감소되고, 반대로 케톤체의 양은 증가한다. 이와 같은 현상은 기아, 저질사료의 급여, 장

내 기생충 감염 등으로 소의 영양이 극도로 저하된다. 이 때 어떤 병적 원인 때문에 섭취한 영양분의 이용성이 나빠져서 부족한 영양을 보충하기 위하여 저장되어 있던 지방이 동원됨으로써 케톤체가 과다하게 생산될 때, 간질환이 있어서 탄수화물과 지방의 대사에 장애가 일어날 때 등 여러 조건하에서 발생한다.

② **제1위 내용물의 이상발효**: 조사료는 제1위 내에 들어가 미생물의 작용을 받아 발효 분해되어 acetic acid, propionic acid, butyric acid 등으로 변하며, 위벽을 통해서 흡수된다. 그런데 어떤 원인에 의하여 제1위 내의 세균과 원충의 수가 급격히 감소될 때에는 프로피온산(당원이 됨)의 생산량이 감소되는 반면 브티르산(butyric acid)이 과다하게 생성될 수 있다. 제1위벽으로 통과된 브티르산이 변하는데, 낙산발효된 엔실리지의 다급, 농후사료의 다급, 청초(靑草)의 부족, 사료의 급변 등이 원인이 될 수 있다.

③ **부신피질 호르몬의 기능저하**: 부신피질에서는 당질호르몬을 분비하는데, 이 호르몬은 체내에서 축적되어 있는 지방질과 그 밖의 물질들을 glycogen으로 전환시켜서 혈액의 당분량을 높여 준다. 그런데 임신, 젖의 대량 생산, 추위, 무더위, 급여 사료 질의 급변, 사료의 부족, 축사 내의 환기 불량 등 스트레스를 주는 조건들이 누적될 때에는 부신피질의 기능이 억제되고, 당질호르몬의 분비가 억제된다.

④ **간기능 저하**: 영양대사의 중심인 간장에 장애가 발생하면 당질대사에도 장애가 발생하여 케토시스(ketosis)에 걸릴 수 있다.

⑤ 4세 이상의 비유량이 많고 착유횟수가 잦은 소에 발생하기 쉬우며, 조사료가 부족한 겨울철과 이른 봄, 그리고 다습한 여름철에 발생하는 경향이 많다.

증상

케토시스(ketosis)의 증상은 소모형·신경형·유열형(乳熱型)·수반형(隨伴型) 등 4가지로 구분하여 설명할 수 있다.

① **소모형 케토시스**: 분만 후 10~14일 사이에 발생한다. 환축(患畜)은 서서히 식욕을 잃어 가는데, 초기에는 농후사료의 섭취량이 감소되거나 전혀 먹지 않고 건초, 청초만을 먹게 된다. 유량이 급격히 감소되고, 유방과 유두가 탄력성이 없어지며, 체중이 감소된다. 따라서 분뇨로 더럽혀진 자리깃, 가마니, 나무조각 등을 씹는 이식증(異食症)이 나타나고, 제1위의 기능 약화로 반추기능

이 약화된다. 배설된 오줌과 호흡에서는 강한 산성취를 내며, 변비증이 생겨 굳은 흑색의 분을 배설한다. 환축은 기운이 없어 보이지만 체온, 맥박, 호흡 등은 정상이다. 치료하지 않으면 발병 후 1개월이 지나면서 서서히 회복되고, 합병증이 없는 한 폐사하는 경우는 드물다.

② **신경형 케토시스**: 분만과는 관계가 없는 증상이 돌발적으로 발생한다. 비유, 채식, 제1위 운동, 반추 등이 완전 정지되고, 흥분증상을 나타내는 것이 특징이다. 이를 갈고, 경련, 선회, 사경, 전진 후퇴 및 후구부 전마비 등의 제신경 증상을 인정할 수 있다. 시력은 거의 상실되어 앞을 볼 수 없게 되고, 발작적 증상은 1～2시간 계속 되다가 일단 가라앉는데, 8～12시간의 간격을 두고 발작이 반복된다.

③ **유열형 케토시스**: 분만 후 수시간 내에 발생하기 때문에 유열과 혼동할 수 있다. 증상 자체로는 유열증상과 흡사하다.

④ **수반형 케토시스**: 전위 제질환, 제4위 질환, 창상성 위염, 횡격막염, 심막염(心膜炎), 폐렴, 신염(腎炎), 생식기 질환, 간질증, 외과적 제질환 및 감염증 등을 기초 질환으로 하여 요(尿) 또는 혈액 중에 케톤체가 증가된 상태를 말한다.

치료

20～50%의 포도당액을 1일 500～1000mℓ를 정주한다. 비타민 B 복합제, 스테로이드제(cortisone, ACTH) 등을 주사한다.

예방

케토시스(ketosis)를 예방하기 위한 유의사항을 들어보면 다음과 같다.

① 건유기간 중에는 소를 지나치게 살찌게 하지 말 것.
② 양질의 조사료를 충분히 먹이고, 낙산발효된 사일리지는 소량 먹일 것.
③ 늘 급여하던 조사료를 갑자기 변경하지 말 것.
④ 분만 후에는 충분한 양의 사료를 급여할 것.
⑤ 무기질, 비타민 등이 부족되지 않는 사료를 급여할 것.
⑥ 운동과 일광욕을 충분히 시킬 것.
⑦ 축사 내에 환기가 잘 되게 하고, 우상(牛床)에 항상 건조한 자리깃을 깔아 줄 것 등이다.

3) 저마그네슘 혈성 강축증(hypomagnesemic tetany, grass tetany)

저마그네슘 혈성 강축증(强縮症)은 초식성 강축증, 비유성 강축증 등 여러 가지로 불리는데, 소와 면양에 발생한다. 지각과민, 보행실조, 경련성 강축 등을 주 증세로 하는 대사성 질병이다.

원인

혈액 중의 마그네슘분이 정상 이하로 떨어져 발생하는데, 마그네슘 성분을 저하시키는 요인을 들어보면 다음과 같은 예가 있다.

① **마그네슘(Mg) 결핍 토양 및 가리(K) 과잉 토양**: 마그네슘분이 적은 토양은 화강암, 석영조면암, 사암(砂岩), 화산회토양, 사질토양, 산성토양 등 기후 및 인위적 조건에 의하여 Mg가 용탈되어 낮게 되어 있는 상태이고, 가리(K) 과잉 토양은 K 편용(偏用)에 의하여 K_5 함량이 과잉된 상태이고, Mg가 토양 중에 충분히 있어도 K과 Mg의 길항작용의 결과 Mg 흡수가 방해되어 있는 토양이다.

② **발생 시기와 기후**: 본 증은 저온다습의 이른 봄이나 가을에 발생하는 경우가 많고, 특히 이른 봄에 잘 자란 목초지대에서 방목 개시 후 2~3주간 이내에 발생하는 경우가 많다. Mg 함량은 4계절 중 봄철이 가장 낮다. 이 시기에 토양 성분은 Mg, Ca, Na 등의 함량이 적고 K, P의 함량이 높게 된다.

③ **목초의 화학적 조성**: 목초의 화학적 조성, 특히 무기물의 불균형, grass tetany의 발생과 목초의 화학적 성분 간에 밀접한 관계가 있는 것으로 알려져 있다. 즉, 목초의 Mg 함량이 건물량의 0.2% 이하로서 N 및 K함량이 현저하게 높고, K/Ca+Mg 당량비가 2.2 이상일 때 grass tetany가 발생하기 쉽다. 목초의 K/Ca+Mg 당량비 치가 높게 됨에 따라 본 증의 발생률이 높다고 보고되어 있다.

④ Mg 함량은 보통 풀에 있어서도 0.1~0.2 g/dℓ이고, 두과식물에 있어서도 0.3~0.7 g/dℓ이다. 그런데 사료 중에 Ca, K, NH_3, Na 등이 많이 함유되어 있을 때에는 장내에서 Mg의 흡수가 억제될 수 있다.

⑤ 비유 자체가 저마그네슘증을 유발할 수 있는 요인이 되기도 한다. 1일 비유량이 30 kg인 소에서 젖을 통해서 매일 배출되는 Mg의 양은 약 3.6 g에 달한다고 한다.

증상

이 병은 지역에 따라 발생률이 크게 다른데, 발증 소의 65%는 비유량이 최고 수준에 도달하는 분만 후 2개월을 전후하여 발생하고, 연령이 많아질수록 발병률도 높아진다. 발생 위험도는 목야지에 퇴비를 다량 시비하였거나 K, N 성분이 많이 함유된 비료를 다량 시비하였을 때 더 높아진다.

① **급성형 강축증**: 풀 뜯기를 중단하고 불안한 모습으로 서 있다가 머리를 휘저으며 난폭하게 발을 구르고, 때로는 목적 없이 폭주하다가 쓰러지기도 하며, 강한 경련이 사지, 뒷등, 목 근육 등에 일어나고 이어서 일정한 간격을 두고 근육이 수축하다가 이완하는 간대성(間代性) 경련을 일으킨다. 경련을 할 때에는 눈이 뒤집혀지고 입에서 거품을 뿜으며, 귀가 뒤로 빳빳하게 당겨지고, 호흡이 빨라진다. 강축성 경련은 약 1분 간 지속된 후 정상으로 회복되어 건강한 소와 다름없이 풀을 뜯지만 후에 재발한다. 이와 같은 증상을 가진 소의 폐사율은 높은 편이다.

② **아급성형 강축증**: 거동이 불안해 보이며, 가끔 머리를 높이 치켜 올리는데 안검, 귀, 안면근 등에는 잔물결 같은 가벼운 경련이 일어나고 사지가 뻣뻣해 보이며, 비틀거리는 보행을 한다. 경련 증상이 점차 뚜렷해지며, 어느 시기에 이르면 돌발적으로 소리를 지르기도 하고 폭주하는 경우도 있고, 땅에 쓰러진 후 경련을 계속하거나 머리를 옆가슴에 기댄 채 웅크리고 누워 있는 경우도 있다.

③ **혈액 소견**: 저마그네슘혈증이 본 증의 특징으로서 정상우의 혈청 Mg치는 1.8～3.0 mg/dℓ이지만, 본 증의 경우에는 0.4～0.9 mg/dℓ로 현저하게 저하한다. 또 정상우의 혈청 Ca치는 9～12 mg/dℓ, 평균 10 mg/dℓ이지만 tetany에 걸린 소는 7 mg/dℓ 이하로 된다. 저마그네슘 혈증우의 6%에 있어서 저칼슘혈증이 인정된다.

치료

칼슘, 포도당, 마그네슘 혼합주사액(CDM)을 정맥주사하거나 20% 황산마그네슘액 200～400 mℓ를 정맥주사하거나 약 60 g 정도를 먹여도 효과가 있다.

4) 산후 기립불능증(downer cow syndrome)

산후 기립불능증(産後 起立不能症) 상태에 빠져 있는 소에 붙여진 증후군으로서 원인을 중심으로 발생사항을 관찰하면 매우 도움이 될 것이다. 유열과 같은 대사성 질환 분만 전후에 발생하는 산과질환(産科疾患), 후지(後肢)의 탈구 및 골절, 근파열, 요천(腰薦)의 손상, 산도 감염, 유방염, 전신쇠약 등 여러 가지 원인으로 발생하지만, 현재 문제시 되고 있는 것은 증상이 유열증과 흡사하면서 의식이 뚜렷하고, 식욕도 있으며, 체온도 정상이면서 분만 후 기립불능한 상태에 있는 경우를 말한다.

원인

① 고능력우나 산차(産次)가 많은 소에 발생하는 율이 높다.

② 다양한 원인이 있지만 일반적으로 혈액 중에 칼슘, 마그네슘 및 인 등이 부족하며, 칼륨이 과량으로 존재하는 무기물 불균형이 원인으로 지적되고 있다. 다른 면에서는 임신 기간중 급여된 단백질의 양 및 칼로리 양 등 사료의 성질과도 관계가 있다고 한다.

증상

① 유열(乳熱)의 증상과 혼동하기 쉽지만 Ca제 주사를 수일 간 계속 주사해도 효과가 없으며, 환축이 기립하지 못한 채 그대로 누워 있다.

② 환축은 식욕이 비교적 좋아 누운 채 사료를 먹고 반추도 잘 하며 기운도 있어 보이고, 가끔 전지를 디디고 기립하려고 노력하지만 후지가 무력하여 기립을 하지 못한다.

그림 2-12. 산후 기립불능 상태에 있는 소

③ 배변과 배뇨에는 이상이 없으나 경우에 따라서는 누워 버린 채 식욕을 전폐하는 경우도 있다. 만일 7～15일 정도에 기립할 수 있는 소는 예후가 좋다고 볼 수 있다.
④ 체온, 맥박, 호흡은 정상적이지만 때로는 맥박이 고르지 못한 경우도 있다.

치료

① 유열의 치료법에 준하며, 1～2주일 간 치료하면 회복되어 기립하는 경우도 있다.
② 기립을 못하는 환축은 욕창이 생기지 않도록 자리깃을 두껍게 깔아 주고, 누운 자세를 하루에 4～5회씩 갈아 눕히며, 땅에 닿아 압박되었던 부분을 마사지하여 혈액순환을 촉진시켜 준다.
③ 정해진 시간에 착유를 하여 유방염에 걸리지 않도록 하며, 비타민과 유기물이 함유되어 있는 첨가제를 사료에 섞여 먹인다.
④ 14일 정도가 지나도 기립을 못하는 소는 예후가 불량한 것이다.

5) 고산증(high mountain disease)

고산증은 고산지대(1,300m 이상)에서 사육하는 소에 발생하며, 하악(下顎)·흉수(胸垂)·하복부 등에 수종이 생기는 것이 특징이다.

원인

① 고산지대 대기의 산소 분압이 낮을 때에는 만성 산소 부족증이 되어 고산병을 일으킨다.
② 평지에서 고산지대로 옮겨 사육시킨 소는 심장의 우심실이 비대해지고, 폐를 순환하는 혈액의 압력이 높아진다. 결과적으로 우심실의 기능부전을 일으킨다.
③ 고산병의 감수성의 차이에 대해서는 유전성과의 관계가 고려되고 있다.
④ 폐렴, 우폐충(牛肺蟲)의 기생과 같은 폐순환장애를 일으키는 감염증은 고산병을 유발하거나 더욱 악화시킨다.

증상

① 우심실 기능부전에 의한 순환장애의 증상은 서서히 일어난다. 환축은 침울해 보이고, 동작이 느려지며, 건강한 소들과는 떨어져서 느리게 행동한다.

② 병이 진전됨에 따라 호흡기 증상, 순환기장애에 기인한 정맥성 충혈 및 전신성 수종 등에 증상이 나타난다.

③ 경정맥이 노장되어 맥박이 뛰는 상태를 볼 수 있으며, 복장 내에로 복수가 차고 설사증도 나타난다. 호흡도 거칠고 빨라진다.

치료

① 환우는 1.500 m 이하의 낮고 안전한 지대로 옮기기만 하여도 반수 정도는 자연 회복된다.

② 강심제, 이뇨제를 주사하고 심할 경우에는 산소호흡도 실시한다.

6) 구루병(rickets)과 골연증(osteomalacia)

구루병(佝僂病)과 골연증(骨軟症)이란 골격의 주요한 구성성분인 칼슘과 인의 공급 부족, 동화이상 또는 칼슘흡수와 동화에 관여하는 비타민 D의 부족 등이 원인이 되어 칼슘과 인의 대사에 이상이 생겨 골조직의 석회화가 불완전해진 병적상태를 말한다. 구루병은 어린 동물에 나타나는 증상의 병이고, 골연증은 성숙한 동물에 나타나는 병이다.

원인

① **구루병**: 어린 동물의 신생 골조직 기질에 석회침착이 불완전한 상태에서 발생하는데, 주로 장골에 병적변화가 일어난다. 원인은 사료 중의 칼슘이나 인의 부족, 칼슘과 인의 비율의 불균형 등이다. 또한 비타민 D가 부족하면 Ca을 충분히 섭취하여도 장으로부터 흡입량이 떨어져 화골(化骨)을 불충분하게 한다. 사료 중 칼슘분과 인의 부족도 구루병의 원인이 되지만 칼슘과 인의 비율이 적합하지 않을 때 흡수율이 큰 문제가 된다. 인의 함량이 많은 쌀겨, 밀기울, 골분 등을 다량으로 급여할 경우에는 PO_4이온과 Ca이온이 결합하여 용해하기 힘든 Ca_2, $(PO_4)_2$로 되어 흡수되지 못하고 똥으로 배설된다. 따라서 칼슘 부족상태에 이른다. 비타민 D가 부족할 경우에는 혈중의 Ca와 P의 농도가 떨어지는데, 비타민 D의 부족은 장에서의 칼슘 흡수량을 감소시킴으로써 혈중 Ca량이 저하된다. 이어서 2차적으로 상피소체의 기능이 항진되어 상피소체 호르몬의 생산량이 증가하면 혈중인 이 오줌을 통하여 배설되므로 혈중 인이 감소되어 결과적으로 화골현상(化骨現象)이 부진하여 구루병에 걸린다.

② **골연증**: 칼슘, 인 및 비타민 D의 공급 부족, 불균형의 Ca과 P의 비율, 급성으로 발생된 경우에는 뼈에서 골염의 저장이 현저하게 저하되는데, 임신이나 비유 등 Ca이나 P의 수요가 급증된 경우에 인정된다. 즉 사료로 섭취되는 Ca과 P의 양보다 배출되는 Ca과 P의 양이 과다할 때 골연증이 발생한다. 동물별로 골연증의 원인을 분석해 보면 일반적으로 소나 면양은 P의 결핍, 돼지에서는 Ca의 결핍, 말에서는 P가 많은 사료 급여시, 개에서는 비타민 D 결핍의 경우에 많이 발생한다고 한다. 골질환 발생의 또한 문제가 되는 것은 급만성 신질환에서 오는 비타민 D 대사장해가 문제가 된다. 신장의 배설장해에 의하여 혈청무기 P치가 상승되고, 신피질부의 P레벨이 올라가 1α, $25(OH)_2$ D_3의 합성이 억제된다. 활성형 비타민 D_3의 결핍은 장관으로부터 Ca의 흡수와 골격에서 Ca방출을 감소시켜 저Ca혈의 경향이 되어 골의 석회화 장해가 일어난다.

증상

① **구루병**: 초기 증상으로 걸음걸이가 뻣뻣하고 때로는 발을 절며, 병이 진행되면 관절부, 늑골의 연골접합부가 종대되고, 사지(四肢)의 장골이 만곡되며, 척추골이 아치형으로 위로 휘고, 근육과 건이 약화되므로 복부가 늘어진다. 일반적으로 성장이 지체되며 털이 거칠다.

② **골연증**: 이기증(異嗜症), 식욕부진, 불건전한 전신상태, 발 절음, 골절, 유량감소, 수태곤란, 성장부진, 거칠은 털, 모색의 변화 등의 증상을 나타내고, 걸음걸이가 부자연스러우며, 보폭이 좁고 등이 위로 굽으며, 복벽이 위로 당겨 올라간다. 관절부가 종대되고, 장골이 만곡되는 경우는 거의 없지만 지골의 종대는 나타난다. 조직학적으로 석회화의 부전이 현저하고, 골 피질부에 골연증을 결정짓는 유골(類骨)의 축적이 나타나지만 골 내부에는 별로 나타나지 않는다. 골아세포 주변의 골아층의 폭은 정상에서는 16 ㎛ 이하, 평균 9 ㎛ 정도이지만 골연증의 경우 20 ㎛ 이상으로 넓어져 이 소견이 진단에 결정적인 도움이 된다.

치료

구루병 치료와 골연증 치료는 같다. 우선 비타민 D와 무기질 합제를 비경구적으로 투약하고, 계속해서 Ca과 P를 보충한다. 비타민 D의 과잉 급여는 반대로 조직의 석회침착을 초래하는 피해가 있으므로 주의를 요한다. 급성장기의 송아지에는 특히 전 기간에 걸쳐 무기질과 비타민 D가 필요하고, 햇빛을 자주 쪼이도록 배려한다. 성축 혹은 건유우에서는 P와 Ca은 각각 적어도 1일에 20 g와 15 g를 급여할 수 있도록 하고, 착유우는 유량 1 kg당 1.8 g의 P와 2.5 g의 Ca(유지율 3.0%)를 보충하며, 사료 중의 Ca과 P의 비를 적정한 범위로 유지할 수 있도록 유의한다.

7) 과비우증후군(fat cow syndrome)

과비우증후군(過肥牛症候群)은 일명 지방간증후군(fatty liver syndrome)으로도 불리는 체지방이 지나치게 축적된 과비우(過肥牛)에서 분만 후 발생하는 일련의 병적증상에 붙여진 병이다. 산후마비(유열), 케토시스(ketosis), 제4위 전위증, 후산정체, 제엽염(蹄葉炎), 초발정의 지연, 불임, 감염병에 대한 저항력 저하 등 여러 가지 산후 질병의 발생률이 높아진다. 이 증상군은 비교적 최근에 알려진 대사성 질환이고, 생산성의 저하로 인해 경제적 손실을 입는다.

원인

① 주 원인은 비유 말기 및 건유기간 동안 과량의 농후사료, 옥수수 사일리지 또는 저수분의 사일리지를 급여함으로써 체지방이 과다하게 침착하여 지나치게 비대되는 데 있다.

② 체지방이 지나치게 침착한 과비우(過肥牛)는 분만 후에 식욕이 매우 감퇴된다. 식욕이 감퇴되어 있는 기간 중에는 유즙생산을 위한 에너지 부족현상이 일어나서 부족한 에너지는 체내에 축적되어 있는 지방과 영양분을 동원할 수밖에 없는데, 이러한 체내 대사과정에서 지방간이 형성되는 것으로 생각된다.

③ 지방간 형성은 간에서의 지방형성의 증진, 간의 지방산 산화능력의 감퇴, triglyceride 분비기능의 감퇴 등이 원인이 된다.

증상

① 분만 후의 심한 식욕감퇴, 후산정체, 자궁수축의 지연, 활기의 둔화, 유량 감소, 점차적인 체중 감소, 허약 등의 증상이 나타난다.

② 과비우는 감염에 대한 저항력이 약해져서 자궁염 및 유방염이 발생되기 쉽고, 케토시스(ketosis), 유열, 제4위 전위증의 발생률이 높아지고, 초발정 기간이 늦어지며, 수태율이 떨어져 공태기(空胎期)가 길어진다.

③ 임상병리학적으로는 혈중 GOT 효소치의 상승, 혈당치의 저하, 혈중 칼슘치의 저하, β-hydroxybutyrate치의 상승, 유리지방산치의 상승 등이 나타난다.
④ 폐사한 소를 부검해 보면 간장의 심한 비대, 자궁이완, 피하, 망막, 신장 주위 및 골반강 내에 과량의 지방축적 현상을 볼 수 있다.

치료

① 외견상 인정되는 케토시스(ketosis), 유열 등의 증상에 대해서는 각각 해당하는 대증요법을 이용하나 좋은 치료효과는 기대할 수 없다.
② 권장되는 예방법은 건유기간 중 농후사료, 옥수수 엔실리지 등 에너지 사료의 과다 급여를 피하고, 건초 위주의 사료를 급식하여 과비상태에 빠지지 않도록 해 주어야 한다.

8) 복강내 지방괴사증(abdominal fat necrosis)

지방괴사는 지방조직이 괴사에 빠져 경한 조직으로 변질되는 질병이다. 복강 내 지방조직이 굳은 조직괴를 형성하여 장・신장・요도를 압박하여 그들 장기 기능에 2차적 장해를 일으켜서 만성적 경과를 취해 결국 폐사 지경까지 이르게 한다. 유우에서보다 육우에서 더 많이 발생한다.

원인

확실한 원인은 알려져 있지 않지만 다음과 같은 원인이 예시되고 있다.
① 췌장의 상해 또는 염증에 의해 췌액이 복강 내로 누출될 때 단백질 혹은 지질이 소화효소에 의하여 지방조직이 손상됨으로써 발생된다고 한다.
② 체내에 축적된 지방이 어떤 원인에 의하여 포도화가 높은 triglycerides로 치환된 결과 결정화되어 괴사적 변화를 일으킨다고 생각하고 있다.
③ 유지방률이 높은 유우와 육우의 한정된 품종에서 발생률이 높다고 하며, 한편으로는 소가 섭취하는 포화지방산 혹은 ester가 많이 함유된 사료를 먹임으로써 지방괴사증이 발생하였다고 한다.

증상

① 제4위로부터 직장에 이르는 사이에 장간막에 축적되는 지방이 괴사되는 경우

가 가장 많다.

② 지방괴사는 점차적으로 장을 압박하기 때문에 장내강이 좁아져서 배분량이 적어지고, 식욕부진, 체중 감소, 쇠약, 변비(때로는 연변), 혈변, 고창증 등 소화기장애를 일으키며 장폐쇄로 폐사한다.

③ 또한 방광・요도 등을 압박하면 요정체가 일어나고, 골반강 내에 지방괴사가 생기면 난소, 난관 및 자궁을 압박하므로 번식장애를 일으키며 산도협착으로 난산하는 경우도 있다.

④ 지방괴사증은 증상이 발견된 후 1～3개월이 지나면 폐사하는데, 주로 직장검사로 복강내를 촉진하여 대소 불규칙한 지방괴(脂肪塊)가 촉진됨으로써 진단된다.

치료

본 증의 예방, 치료법은 현재까지 잘 알려져 있지 않다.

① 예방에 대하여서는 급여사료, 운동, 일광욕 등의 사양관리의 개선이 필요하다는 견해가 있고, 비타민 A, D_3, E를 먹이는 것도 예방수단이 될 수 있다고 한다.

② 발증우에 물만을 급수시키면서 50～70일 간 계속해서 기아상태에서 치료했다는 예가 있고, 비타민제(A 50.000, D_3 5000 및 E 300 I.U/일 3개월 경구투여), 리놀산(100 mℓ/일 3개월 경구투여), 갑상선호르몬 방출 호르몬(1 mg/월 2일 3개월 피하주사) 등이 시도되고 있다.

2. 영양결핍

일반적으로 단일 영양소의 결핍증은 잘 나타나지 않으나 어떤 스트레스나 감염성 질병에 수반하여 여러 가지 영양소가 동시에 결핍되는 경향이 있다. 결핍증은 외부 소견만으로 발견하기 어려워서 결핍증에 걸려 있다 하더라도 인정하지 못하고 지나쳐 버리는 경우가 많으며, 다만 외견상 생산성이 낮은 소로 인정받을 정도이다. 소의 영양장애는 주로 한 목장의 전체적 문제 또는 지역적 문제로 대두되며, 일반적으로 유량이 많은 고능력우에서 발생하는 경향이 높다.

비타민류와 무기물(mineral)은 소의 대사기능상 서로 밀접한 관계를 맺고 있어서 일종의 영양소가 결핍된 상태 하에서는 다른 영양소와의 균형도 깨지는 등 연관성을 갖고 있다.

1) 영양실조(malnutrition)

① 일반적으로 일어날 수 있는 영양실조(營養失調)는 총가소화 영양분(total digestible nutrient, TDN)의 부족에서 오는 것이라고 할 수 있다. 가소화영양분 총량의 부족현상은 사양표준을 잘 지키지 않은 양축농가일수록 더 많이 일어날 수 있다.

② 사료를 개체별로 급여하지 않고 우군(牛群, herd) 전체에 일괄 급여할 때 겁이 많고 허약한 소는 충분한 양을 섭취할 수 없으므로 개체적 영양요구량이 항상 미달된 상태에 있게 된다.

③ 목초의 질이 조악한 목야지나 한발의 피해를 입은 목야지에 소를 방목하였거나 사양관리 상태가 불량한 양축농가의 소는 한층 더 영양실조에 걸리기 쉽다.

④ 영양결핍증은 특히 임신 말기의 소나 비유 초반기의 고능력우에서처럼 사료요구량이 증가하는 시기에 발생할 가능성이 많다. 영양이 극도로 저하되어 있는 소는 쇠약하고 기립불능 상태에 빠질 수 있고, ketosis, 소화불량증 등에 걸릴 수 있으며, 스트레스에 대해 저항력이 약해진다.

⑤ 계절적으로 볼 때 소의 영양불량증은 조사료의 질이 저하되는 겨울과 이른 봄에 발생하는 경향이 있고, 특히 임신 말기의 소, 비유량이 많은 소, 발육 성장기에 있는 송아지 등 사료요구량을 잘 지켜야 할 중요한 시기에 있는 소에서 발생하는 경향이 높다.

2) 단백질 부족

① 단백질의 함량이 극히 적은 사료를 만성적으로 급여할 때에는 동물의 사료이용률이 저하되고, 건강상태가 나빠지며, 성장발육이 지체되고, 생산성이 낮아지고, 불임증에 걸린다.

② 한편, 단백질 함량이 많은 사료 또는 소화하기 쉬운 연한 사료를 갑자기 바꾸어 먹일 때에는 제1위에서 소화작용을 돕는 원충과 세균이 급격한 사료의 변화 때문에 소화기능을 잃어서 소는 급성식체 또는 대사장애를 일으킨다.

③ 단백질 사료를 많이 급여할 때에는 다량의 암모니아가 생산되어 위벽을 통해 흡수되므로 중독증상을 일으킨다.

3) 무기질 결핍증

무기질은 일명 광물질(mineral)이라고도 하며, 연소시키면 재로 남는 부분으로서 회분(灰分, ash)이라고도 한다. 이 무기물 섭취의 불균형은 소의 생산성이나 건강에 상당한 영향을 미친다. 소의 영양상 필요한 원소는 나트륨(Na), 칼륨(K), 칼슘(Ca), 마그네슘(Mg), 철(Fe), 구리(Cu), 코발트(Co), 아연(Zn), 망간(Mn), 인(P), 황(S), 염소(Cl), 요오드(I), 불소(F), 몰리브덴(Mo) 등이다. 이 무기물들 중에서 Ca, P, Mg 등 골조직을 만들고, Fe, P, S, K, Cl, I 등은 단백질과 근육의 구성인자로서 근육, 내장, 혈구 및 그밖의 연한 부분의 고형분이 된다. 또 Ca, Na, Cl, Mg, K 등은 혈액과 체액에 용해되어 있는 염류로서 혈액, 조직액 및 분비액의 pH를 조절하고 삼투압 신경의 자극과 감수성, 근육의 탄력성 등을 유지하는 데 중요한 역할을 한다.

축산이 발달한 나라에서는 이미 지역별로 토양의 성분을 조사하여 가축에 필수적인 각종 무기물의 결핍지대를 밝혀 놓았기 때문에 어떤 무기물이 결핍되어 있다 하더라도 부족한 무기물은 별도로 사료에 첨가하여 급여하므로 결핍증을 어느 정도 예방할 수 있다.

(1) 인과 칼슘의 결핍증

① 인(phosphorus, P)과 칼슘(calcium, Ca)은 체내에 함유되어 있는 총 무기물 중 약 90%를 차지하고 있는데, Ca의 99%와 P의 80%가 뼈와 치아에 함유되어 있다.

② 혈액 중에 함유되어 있는 칼슘분은 혈액이 응고할 때 혈액응고인자로 이용되고, 근육에 탄력성을 부여하며, 신경의 감수성 및 세포 간의 정상기능을 유지하는 기능을 한다.

③ 인은 칼슘과 함께 골격과 치아를 구성하는 한편 에너지의 이동 pH의 완충작용에 관여하고, 또 제1위의 운동을 유지시키는 데 관여하고 있다.

④ 체중 450 kg의 성우가 비유기에 요구하는 칼슘과 인의 양은 기초 요구량과 임신 요구량을 제외하고 비유량 0.45 kg당 칼슘 1.0 g과 인 0.7 g을 더 요구하게 된다. 칼슘과 인의 급여 비율은 1 : 1～2 : 1이 적절하다. 만일 칼슘과 인의 비율이 4 : 1을 초과하거나 인의 비율이 칼슘보다 높아질 때에는 다른 영양소의 소화작용에도 지장을 줄 수 있다.

⑤ 인 결핍증은 소에서 흔히 발생할 수 있는데, 특히 칼슘분이 지나치게 급여하였을 때에는 인의 부족상태가 한층 더 악화될 수 있다. 또 다른 인 결핍증상

은 조사료가 조악하거나 지나치게 성숙한 풀 또는 비바람을 맞아 질이 저하되어 있는 목초를 먹였을 때 일어날 수 있다.

증상

① **인 결핍증**(phosphorus deficiency) : 송아지가 인 결핍증에 걸리면 골질 구성이 엉성해지고, 성장속도가 늦어지며, 다리를 절고 관절이 부어오르는 등 구루병의 특징을 나타낸다. 성우의 경우에는 뼈에서 석회분이 탈실(脫失)되어 골질이 연해지고 골연증의 특징을 나타낸다. 고능력우가 인 결핍증에 걸리면 식성이 변해 이기증(異嗜症)에 걸리며, 유량이 감소하고 여위며, 관절염에 걸려서 걷는 모양이 이상하게 되는데, 이 현상을 유파행(milk lameness)이라 한다.

② **칼슘 결핍증**(calcium deficiency) : 소에서는 일반적으로 칼슘 결핍증이 잘 일어나지 않지만 조사료의 공급이 매우 부족한 상태에서 일어날 수 있다. 칼슘 결핍증의 증상은 인 결핍증의 증상과 비슷하다. 칼슘이 결핍되면 발을 절고, 다발성 골절(일시에 여러 군데의 뼈가 골절하는 것)이 일어날 수 있으며, 육성기에 있는 송아지는 성장이 지체된다.

③ 급성 칼슘결핍증으로는 유열증(乳熱症)을 들 수 있다.

예방 및 치료

① 고단백 유박, 밀기울, 곡류사료 등에는 일반적으로 충분한 양의 인분이 함유되어 있으므로 유념해서 공급하고, 조사료를 주로 하여 사육하거나 조사료의 질이 조악할 때에는 충분한 양의 인분을 별도로 보충해 준다.

② 질이 좋은 조사료, 특히 두과식물체는 칼슘분이 많이 함유되어 있으므로 두과식물을 충분히 먹일 때에는 별도로 칼슘분을 첨가할 필요는 없다.

③ 인산칼슘과 불소를 제거한 인광석 분말 18 kg, 석회암 분말 18 kg 및 요오드화염 9 kg를 배합한 분말 또는 압축시킨 덩어리(block)를 운동장에 놓아 주고 소가 자유롭게 핥게 하면 칼슘과 인 결핍증을 예방할 수 있다. 불소를 제거한 인광석 분말 중에는 불소가 0.3% 이상 함유되어 있어서는 안 된다.

(2) 마그네슘 결핍증(magnesium deficiency)

① 마그네슘은 동물체 내의 경우 특히 뼈 속에 많이 함유되어 있고, 사료 중에는 풀에 많이 함유되어 있다. 마그네슘은 칼슘 및 인의 대사와 관계가 있는데, 마

그네슘이 부족할 때에는 칼슘대사가 원활히 이루어지지 않아 칼슘분이 근육 같은 연한 조직 속에 침착되며, 뼈가 정상적으로 형성되지 않는다.

② 마그네슘 결핍에 의하여 발생하는 병을 초식성 강축증(grass tetany), 겨울성 강축증(winter tetany) 또는 밀 목야지성 중독증(wheat pasture poisoning)이라고 한다.

③ 마그네슘분은 곡류・박류・강류 등에 많이 함유되어 있고, 풀에도 많이 함유되어 있어 사료를 제대로 급여하면 결핍증에 걸릴 염려는 없다.

④ 이 결핍증의 지역적 문제를 생각할 수 있는데, 문제가 되는 지역의 토양 중에는 마그네슘 성분의 함량이 극히 적기 때문에 그 곳에 생산되는 곡류와 목초의 마그네슘 함량이 극히 낮다. 이 곳에서 생산되는 생산물을 먹는 소는 마그네슘 결핍증인 초식성 강축증이 발생할 수 있다.

⑤ 한편, 사료 중에는 정상량의 마그네슘이 함유되어 있는데도 질소의 양이 많으면 소화기 내에서의 마그네슘 이용을 방해하여 마그네슘이 결핍되는 경우가 있다.

증상

① 마그네슘 결핍증에서 나타나는 증상은 일정하지 않지만, 일반적으로 의식장애 운동 실조 및 부전마비가 주증이며, 심한 경우에는 간대성 경련 또는 강직성 경련, 때로는 전신경련이 나타난다. 기타 시각장애, 놀라는 증세, 식욕부진, 침울하고 무기력한 증상 등이 나타난다. 급성의 경우에는 돌발적인 증상을 이르킨 후 곧 폐사하는 경우도 있다.

② 송아지에 있어서의 Mg 결핍증의 증상은 전간양발작(癲癇樣發作)의 전신증상을 유발하는데, 주위의 환경적 자극에 의하여 더욱 심하게 된다. 발작중 호흡근의 강직성 경련이 지속되어 호흡이 정지하기도 하는데, 인공호흡을 실시하면서 Mg를 투여하면 회복될 수 있다.

③ 부검 소견에 있어서는 간염, 신염, 광범위한 출혈병소, 심장이나 대혈관에서 석회침착을 인정할 수 있다.

치료

① 저마그네슘 혈증성 강축증의 치료에서 예시한 바와 같이 Mg염과 Ca염은 주사와 더불어 동시에 dextrose액을 정맥주사하면 효과가 나타나고, 후에 Mg염을 1일 60 g씩 계속 급여하면 재발을 방지할 수 있다.

② Mg 결핍 토양에 대해서는 Mg염을 살포함으로써 마그네슘 결핍증을 예방할 수 있다.
③ Mg의 필요량은 송아지에 있어서는 사료 중에 체중 50 kg당 약 0.6 g이 함유되어야 하고, 성우에 있어서는 체중 50 kg당 0.4 g이 함유되어 있어야 한다.

(3) 코발트 결핍증(cobalt deficiency)

코발트(cobalt, Co)는 소의 영양상 매우 중요한 미량원소로서 제1위 내에서 비타민 B_{12}를 합성하는 미생물의 활동을 돕고, 이들 미생물이 성장 증식하는 데 필수적으로 요구되는 물질이다. 제1위 내에서 합성된 비타민 B_{12}는 조혈인자로서 작용한다. 이 미량원소는 토양 중에 존재하는데, 어떤 지역에서는 토양의 코발트 함량이 매우 낮아서 그 곳에서 생산되는 곡류나 목초의 코발트 함량도 자연히 적어지므로 이 사료를 먹은 소는 결과적으로 결핍증에 걸린다.

원인

① Co결핍은 Co 함량이 적은 사료(화본과 건초 또는 곡류사료)를 전적으로 급여할 때 일어날 수 있으나 이보다는 토양의 성상에 따른 지역적 분포가 중요한 원인이 될 수 있다.
② Co결핍 지역에서 생산된 사료원으로 기른 소에 있어서 Co 성분은 있지만 유독성 불소와 같은 유독물질이 음수에 함유된 지역에서 기른 소는 제1위 미생물이 사멸되어, 결과적으로 제1위 기능의 감퇴 및 비타민 B_{12} 결핍성 빈혈을 일으킨다.
③ 특수 지역에서만 나타나는 증후군은 일본에서도 보고되고 있으나 우리나라에서는 아직 발생보고가 없다. 세계 여러 나라에서 발생 보고되어 병명도 여러 가지로 표기하고 있다. 오스트리일리아에서는 Pining, 뉴질랜드는 bush sickness, 미국 중서부에서는 grand traverse, 일본에서는 kuwazu disaese, kuiyani disaese 등으로 불려지고 있다.

증상

① 점차 식욕이 감퇴되고 쇠약해지며, 비유량도 감소되고 피모가 거칠어져 윤기가 없고, 빈혈 증상이 있어서 가시점막이 창백해지며, 설사와 변비가 번갈아 일어나고, 난소기능도 감퇴되어 발정이 유지되지 않는다.

② 중증의 Co결핍의 경우에는 매우 삭척되고, 부검 시에는 체지방을 인정할 수 없을 정도이다. 대뇌피질 괴사, 간장의 지방화, 비장의 hemosiderin 침착이 인정된다. 골수 등의 조혈조직의 형성 부전이 나타난다. 적혈구 수와 Hb 농도는 정상 이하로 감소된다. 소에서는 소적혈구성, 저색소성 빈혈이 인정된다.

예방 및 치료

① 코발트 결핍지대로 판명된 지역에서는 예방법으로 매일 Co제를 먹이는데, 성우의 Co 요구량은 1일 1 mg이라고 한다.
② 황산 코발트 또는 탄산 코발트 30 g을 농후사료 1톤에 혼합하여 먹이면 예방할 수 있다.
③ 비타민 B_{12}의 주사도 효과가 있다.

(4) 철 및 구리 결핍증과 몰리브덴 중독증

① 철(Fe), 구리(Cu), 몰리브덴(Mo) 등의 무기질은 대부분의 토양 중에 함유되어 있다. 예전에는 철분이 부족하면 빈혈증이 생긴다고 생각해 왔는데, 근래에 와서는 소와 양에서는 코발트와 구리가 부족해도 빈혈이 생긴다고 인정하고 있다.
② 혈액 성분인 혈색소를 형성하는 데에는 철분과 소량의 구리가 필요하다. 송아지가 철분결핍증에 걸리면 혈색소의 양이 적어지는 빈혈증에 걸리고, 식욕이 부진하며 발육이 저해된다. 송아지의 철분 요구량은 1일 30 mg 정도이다.
③ 사료 중에 너무 많은 철분이 함유되어 있으면 장에서 인의 흡수와 이용을 방해하여 골질에 구멍이 많이 생기는 골다공증에 걸려서 뼈가 부러지기 쉽게 된다.
④ 구리결핍증은 사료 중에 구리분이 결여되어 있는 반면 몰리브덴이 과량 함유되어 있을 때 나타난다. 증상으로는 소의 털이 갈색으로 변하고 빈혈증을 나타내며, 운동실조에 걸려서 비틀거리고 설사를 한다.
⑤ 구리 성분이 풀에 7.5 ppm, 사료건물 중에 20～30 ppm 함유되어 있을 때에는 구리 결핍증상이 나타나지 않지만, 5 ppm 이하로 적어질 때에는 결핍증상이 나타난다. 또 사료 중에 구리분이 적당량 함유되어 있다 하더라도 같은 사료 중에 몰리브덴이 과량 함유되어 있으면 구리결핍증에 걸린다.
⑥ 몰리브덴은 동물이 필요로 하는 미량 성분인데, 보통 식물에는 6 ppm 또는 그 이하의 양이 함유되어 있다. 그러나 소가 15 ppm 이상의 몰리브덴을 섭취

할 때에는 중독증상이 일어난다. 몰리브덴 중독(molybdnumosis)에 걸린 소에 구리를 먹이면 중독증상이 치료된다.

증상

몰리브덴 중독증

① 초기 증상은 심한 설사로 시작되는데, 설사가 계속되면서 체중이 급속히 감소되고, 이식증에 걸리며, 검은 빛깔의 털이 갈색으로 변하고, 빈혈증을 일으킨다.

② 분만한 소는 태반이 정체되어 산후에는 발정이 오지 않는 불임우로 된다. 기형의 송아지를 분만하는 경우도 있다.

③ 중독증상이 계속되면 환축은 의식이 몽롱해지고 비틀거리다가 쓰러져 죽는다. 개체에 따라서는 임상증상을 나타내지 않으면서 심근변성으로 인한 심장마비를 일으켜 폐사한다.

치료

식염에 황산동을 0.5% 비율로 섞어 핥아먹게 하고, 정제로 만든 황산구리 0.5~1g을 수일 간격으로 3~4개월 간 먹인다. 구리와 같이 코발트를 먹이면 증상이 더 빨리 완화된다.

(5) 아연 결핍증(zinc deficiency)

사료 중의 아연(zinc, zn)의 함량이 적어서 소가 결핍증상에 걸리는 경우는 매우 드물다. 그러나 아연 결핍증에 걸린 소는 피부에 가려움증과 탈모증이 생겨서 털이 빠지고 피부가 딱딱해지는 부전각화증에 걸리며, 체중이 감소되는 경향이 있다.

예방 및 치료

① 전형적인 아연 결핍증에 대해서 체중 500 kg당 약 0.5 g의 비율의 아연염을 경구투약함으로써 치료가 되었다는 예가 있다.

② 아연결핍과는 반대로 사료 중의 아연함량이 높을 때에는 증체량의 지연, 그리고 사료이용 효율의 감소 등의 역효과가 나타나므로 과잉투여가 되지 않도록 주의해야 한다.

(6) 식염 결핍증(sodium-chloride deficiency)

① 소와 기타의 반추동물은 닭이나 돼지에 비해서 식염의 요구량이 많기 때문에 부족되지 않도록 항상 충분히 공급해 주어야 한다. 식염은 조직세포 내에서 그 기능을 영위하는 데 있어서 가장 필요한 무기물질이며, 동물의 혈액 중에는 0.85% 정도 함유되어 있다.

② 배합사료를 급여할 때에는 식염함량이 충분하기 때문에 결핍증에 걸릴 염려는 없지만, 단미사료를 급여할 때에는 부족하지 않도록 충분히 고려해야 한다.

③ 식염이 결핍된 상태에 이르면 흙을 파먹고, 나무토막, 철사 등을 씹는 이기현상을 나타내며, 사료를 잘 먹지 않아 유량 및 체중이 감소된다. 때로는 근육의 경련증상을 나타내며, 심장기능이 불규칙해진다.

④ 식염을 과량 섭취하고 식수가 부족하면 식염중독에 걸린다.

3. 비타민류의 결핍

① 비타민은 유기화합물이고 가축의 영양상 필수적인 물질이다. 지금까지 밝혀진 비타민은 약 20여 종이며, 물에 녹지 않고 지방에 녹는 지용성 비타민과 물에 잘 녹는 수용성 비타민으로 구분된다.

② 동물은 단백질, 지방, 탄수화물 및 무기염류의 4가지 영양소만으로 성장 번식하고, 성장하면서 완전한 건강을 유지할 수는 없다. 비타민은 이와 같은 4종의 영양소와는 다른 물질인데, 극히 적은 양으로 여러 가지 생리작용을 원활히 조절하고 진행시키는 역할을 한다.

③ 비타민은 세포조직의 구성성분이지만 energy를 내는 물질이 아니고 단백질・지방・탄수화물 등의 대사과정에서 없어서는 안 될 효소와 같은 역할을 한다.

④ 비타민류는 보통사료에 적당히 함유되어 있기 때문에 풀, 목초, 강류, 박류 등을 사양 기준에 맞추어 고루 먹일 때에는 부족을 느끼지 않는다. 반추동물에서는 제1위 내의 미생물이 비타민 B군에 속하고, 비타민들을 거의 자체 합성된다.

⑤ 성장기의 송아지, 임신중인 어미소 또는 비유중인 소는 일시적으로 많은 양의 비타민을 요구하기 때문에 저질사료의 급여, 소화기 장해 또는 다른 전신 질환으로 결핍증에 걸릴 수도 있다. 소에서 결핍증을 일으킬 수 있는 비타민 A, D, E 및 복합체 등이다.

표 2-1. 비타민의 종류

구 분	비타민의 종류
지용성 비타민	비타민 A, D, E, F, K
수용성 비타민	비타민 B(B_1, B_2, B_6, B_{12}, 니아신, 판토텐산, 엽산, 비오틴, 리보산, 오드토산, 이노시톨, 콜린, 파라아미노벤조산), 비타민 C, L, P

1) 비타민 A 결핍증

① 비타민 A는 소가 필요로 하는 비타민 중에서도 가장 중요한 비타민이다. 양질의 녹색건초, 사일리지, 풀 성장중인 식물 등에는 풍부한 양의 carotenoid가 함유되어 있는데, 이 carotenoid는 장점막을 통해 흡수된 다음 비타민 A로 전환된다. Carotenoid는 비타민 A의 전구물질이라고 불리우고 있다.

② 비타민 A가 영양상 중요하다는 것은 인식되어 있지만 체내에서 어떻게 작용하는가는 불분명한 점이 많다. 비타민 A는 구강, 타액선, 누선, 호흡기도, 소화관, 비뇨관, 생식기의 점막 등 상피조직을 대개 보존하고 뼈의 형성에 관여하며, 신경구조 보존에 필요한 물질이라고 알려져 있다.

③ Carotenoid가 체내에서 비타민 A로 전환되고, 비타민 A가 체내에서 이용되는 데에는 여러 가지 요인이 작용한다. 몇 가지 예를 들어 보면 목야지에 비료를 과량 시비하였거나, 가뭄이 오래 계속되었거나, 또는 일광조사 기간이 극히 짧았을 때에는 사료작물에 질산염과 아질산염이 많이 축적되어 carotenoid가 비타민 A로 전환되는 과정이 방해되며, 또 소가 인 부족증에 걸려 있을 때에도 carotenoid가 비타민 A로 전환되는 과정이 방해된다.

④ 기온이 27℃ 이상으로 상승하면 소의 비타민 A 요구량이 증가된다. 또 소가 수송열, 장내 기생충 및 소화기 장애증이 걸려 있을 때에는 장에서 carotenoid 흡수가 잘 안되므로 2차적으로 비타민 A 결핍증에 걸린다.

증상

① 비타민 A 결핍증의 경우 가장 전형적으로 나타나는 증상은 야맹증으로서, 야맹증이 발생하기에 앞서 환축(患畜)은 눈물을 계속 많이 흘리고 보행이 불확실해지며, 상피조직에는 각화 변화가 나타난다.

② 상피조직의 변화는 호흡기도(코, 기관, 기관지), 구강 구선, 타액선, 장, 생식

기, 요도 등 대부분의 상피조직에서 발생할 수 있다. 각 장기조직의 점막상피의 변질이 생길 경우에는 호흡기 질병, 설사, 유산, 허약한 새끼의 출산, 눈먼 새끼의 생산 등 다양한 증상이 나타난다.

③ 송아지의 경우 비타민 A 결핍증에 걸리면 뇌척수액압이 높아지는데, 이로 인해 근육운동에 장애가 일어나서 경련·발작 등을 일으키기도 하고, 걸음걸이에 이상이 나타난다. 어미소가 비타민 A 결핍증에 걸리면 눈먼 송아지를 분만하여 전구의 부종이 생기기도 한다.

④ 비타민 A의 과잉섭취로 장애를 일으킨다. 만성증에 있어서는 가장 일반적으로 골의 이상이 인정된다. 기타 장기에 퇴행변성, 성장장해, 체중 감소, 피부질환, 선천성 기형의 송아지가 출산하기도 한다. 골 이상에는 심한 골 흡수, 골붕괴, 골폭 협소화, 골 취약, 골 조송화 등이 나타나고, 연골기질에도 장해가 생긴다.

예방 및 치료

① 결핍증의 위험을 치료하기 위해 50,000～500,000 I.U의 비타민 A를 근육주사하거나 또는 제1위 내에 주입한다.

② 결핍을 예방하기 위한 비타민 A 급원사료로서는 청초, 잎이 많은 양질의 녹건초가 좋으며, 건조된 alfalfa pellet로 많이 이용되고 있다.

③ 성장 중인 송아지의 비타민 A 1일 요구량은 체중 45 kg당 1,000 I.U 정도이며, 성우의 경우 번식, 비유 및 간 저장을 위한 필요 요구량은 체중 kg당 3,000I.U이다.

2) 비타민 D 결핍증

① 비타민 D에는 많은 유도체가 존재하지만 동물 영양학상 중요한 것은 비타민 D_2(ergocalciferol)과 D_3(7-dehydrocholesterol)가 있다. 비타민 D는 비타민 A보다 산화작용에 대하여 안정하다.

② 비타민 D는 항구루병의 작용을 한다. 구루병에 걸리면 소의 장내의 pH가 정상 pH보다 알칼리 쪽으로 기울어지는데, 비타민 D를 먹이면 pH가 정상으로 되어 Ca과 P의 흡수가 촉진된다. 비타민 D에는 D_1, D_2, D_3 및 D_4가 있는데, 이 중에서 비타민 D_2 및 D_3가 비타민 D의 역할을 하고 있다.

③ 건강한 소에서도 비타민 D는 장에서 Ca과 P가 흡수되는 과정을 돕고, 뼈의

석회화가 잘 되도록 작용한다. Ca과 P가 장에서 잘 흡수되게 하고, 뼈를 석회화시키는 데에는 비타민 D의 작용에 앞서 사료 내에 함유되어 있는 Ca과 P의 비율이 잘 맞아야 하는데, 일반적으로 칼슘과 인의 비율은 2 : 1 또는 1 : 1이 적절하다.

④ 자연계에 분포되어 있는 비타민 D의 범위는 비교적 좁아 식물조직에서는 비타민 D를 직접 생산하지 못하지만, 식물 중의 ergosterol이 자외선(태양광선 중에 있음)에 조사되면 비타민 D와 같은 효능을 지니는 물질인 비타민 D_2로 전환된다.

⑤ 동물성 사료(특히 오유, 난황)에는 cholesterol이 존재하는데, 이 콜레스테롤도 역시 자외선을 조사하면 비타민 D_3로 전환된다. 공정규격에 맞는 배합사료 중에도 적당량의 비타민 D가 함유되어 있다.

증상

(1) 결핍

① 비타민 D 결핍증에 걸린 환축은 지골(趾骨), 완전골(腕前骨) 등이 종대되며, 관절이 부어오르고 통증을 느끼면서 다리를 전다. 또한 전지(前肢)가 밖으로 휘어져 다리자세가 O형으로 나타난다.

② 성우의 경우 비타민 D가 부족하면 유산하거나 기형아 또는 허약아를 분만한다.

③ 비타민 D의 결핍시 나타나는 대표적인 증상은 구루병과 골연증이다. 구루병과 골연 중에서 비타민 D의 중요성을 강조했기 때문에 여기서는 생략한다.

(2) 과잉

① 비타민의 과잉 투여는 장관으로부터 칼슘흡수가 증가하여 고Ca혈증으로 되고, 신장으로의 과잉의 Ca 배설은 신장의 간질이나 세동맥이 장애를 받는다.

② 또한 신장, 혈관(대동맥), 심근, 뇌의 유문부, 기관, 방광 등으로 전이성 석회침착을 흉선나 비장에 퇴행성 변화가 나타난다. 신장장해가 있으면 배뇨장애, 요독증이 발생하는 경우도 있다.

치료

비타민 D를 먹이거나(송아지는 50,000 I.U를 6일 간) 근육주사한다.

4. 비타민 E 결핍증과 셀레늄 결핍증

① 비타민 E는 tocopherol과 tocotrienol의 2개 그룹으로 나누고 각각 α, β, γ, δ의 4형, 즉 8종의 형이 알려져 있다. 생물학적으로 가장 관계가 짙은 것은 α-tocophererol이다.

② 비타민 E의 생리작용은 아직 정확하게 알려져 있지 않지만 중요한 작용의 하나는 항산화작용이다. 특히 linolein산의 과산화수소화물의 억제로 활동하는 것은 중요하다.

③ 비타민 E가 결핍되면 송아지는 근위축증 또는 영양성 근육병에 걸리는데, 외국에서도 이 병이 지역적으로 많이 발생한다. 비타민 E가 결핍되면 송아지의 근섬유가 부분적으로 회백색으로 변하기 때문에 백근병(白筋病)이라고도 한다.

④ 비타민 E는 또한 항불임성 비타민이라고도 하며, 성장 촉진작용도 한다.

⑤ 비타민 E 결핍증은 일반적인 사양조건 하에서는 잘 발생하지 않지만 비타민 A가 부족한 사료를 먹이거나 불포화지방산인 간유, 어유 등을 장기간 먹였을 때에는 결핍증상이 나타날 수 있다.

⑥ 송아지가 비타민 E 결핍증에 걸렸을 때에는 동시에 selenium(Se)도 결핍된 상태에 있다고 하는데, 비타민 E와 selenium과의 상호관계는 잘 알려져 있지 않다. 근위축증이 문제가 되는 지역에서 재배되는 사료작물에도 selenium 성분이 0.1 ppm 보다 낮게 함유되어 있다고 한다.

⑦ 비타민 E와 selenium을 조직의 항산화제로 작용하며, 세포막을 건전하게 유지시키는 데 필요한 물질이다. 자연계에 존재하는 황산염, 불포화지방, 산화촉진제 등은 사료 중에 비타민 E가 결핍되기 쉽게 한다.

증상

① 결핍증은 수일령~6개월령, 또는 한 살 정도의 어린 소에서도 발생하지만 성우의 빠른 시기에도 발생되고 있다. 증상으로는 먼저 근육의 위축이 나타나고, 임상적으로는 운동장해, 운동기피, 보행이상, 기립곤란 등이 나타난다.

② 또한 심기능부전 때문에 돌연 폐사하는 경우가 적지 않고, 골격근이나 심근에도 백색이나 회백황색의 섬유와 평행으로 달리는 반점이나 근이 존재한다. 대개 이와 같은 병증을 백근증(白筋症, white muscle disease)이라 부른다. 근육

은 건조감과 경화되어 있다.

③ 근육의 퇴행성 변성과 괴사 변화는 각(脚) 근육에 가장 현저하고, 심근에 있어서는 응고성 괴사가 특히 좌심실 심근에 현저하게 나타난다.

치료

곡류, 특히 밀, alfaflfa 등과 같은 사료작물 중에는 카로티노이드가 많이 함유되어 있다. 치료제로서는 비타민 E 1,000 ㎎을 1일 2회 먹이거나 750 ㎎을 근육주사한다. 송아지에 selenium 5 ㎎을 매주 1회씩 먹이면 비타민 E 결핍증이 예방될 수 있고, 치료효과도 있으며, 송아지의 성장도 촉진된다.

5. 비타민 K 결핍증

① 비타민 K에는 alfalfa에서 분리한 K_1(phylloquinone)과 어분에서 분리한 K_2 (menaquinone) 등이 알려져 있다.

② 비타민 K는 혈액응고인자인 prothrombin(factor II)의 합성과 혈액응고인자 VII(SPCA), IX(PTC), X(SPF)에 관여하고 있는 비타민으로서 비타민 K의 결핍에 있어서는 혈액응고시간이 지연되고, 조직내 출혈, 빈혈증이 생긴 후 죽음에 이른다.

③ 비타민 K는 녹색식물 등 자연계에 널리 존재하고, 또 체내에서는 장내세균에 의하여 충분한 양이 합성됨으로써 보통 사양조건하에 있어서는 결핍증은 일어나지 않는다.

④ 특수한 예로서 산 질산염이나 항균제의 장기 사용으로 장내세균이 억제될 때나 황달이나 심한 하리로 담즙이 장관에 유입되지 않을 때에는 비타민 K의 투여가 필요하게 된다.

⑤ 변질된 sweet clover는 dicumarol을 함유하고 있어 이는 혈중의 prothrombin을 감소시키는 sweet clover poisoning을 일으키는 것으로 알려져 있다. 이 경우 비타민 K의 투여에 의하여 이 병기의 혈액 응고성을 개선할 수 있다고 한다.

6. 비타민 B 복합체 결핍증

① 반추동물은 비타민 B 복합체를 제1위와 장에서 합성하기 때문에 결핍증에 걸리는 경우는 드물다. 비타민 B 복합체에는 choline, niacin, nicotinic acid, riboflavin(vitamin B_2), thiamine(vitamin B_1), biotin, folic acid, pantothenic acid, pyridoxin(vitamin B_6) 등이 있는데, 이들은 모두 물에 잘 녹는 성질이 있어서 수용성 비타민이라고 한다.

② 비타민 B 복합체의 결핍증은 정상적인 사양관리 목장이라면 거의 발생하지 않지만, 소가 장기간 소화기병을 앓고 있거나 또는 인공사료를 먹이는 어린 송아지에서는 발생할 수도 있으므로 참고 삼아 결핍증상을 기술하면 다음과 같다.

㉠ Thiamine(vitamin B_1) : 탄수화물 이용에는 필수비타민으로서 보통사료에는 충분한 양의 티아민이 함유되어 있다. 결핍증상으로서는 허약, 운동실조, 전신경련을 일으키고, 어떤 송아지에서는 식욕부진, 설사, 탈수증 등이 나타난다.

㉡ Riboflavin(vitamin B_2) : 유즙에는 충분한 양의 riboflavin이 함유되어 있다. Riboflavin이 부족하면 성장률 및 사료효율이 떨어진다. 눈, 입술, 피부, 비경 주변이 충혈되고 신경증상이 나타난다. 식욕부진, 설사를 한다.

㉢ Niacin : 송아지에 niacin 성분이 함유되어 있지 않은 인공사료나 tryptophane(아미노산의 일종)의 함량이 적은 사료를 먹일 때에는 이 결핍증에 걸리게 된다. Niacin이 결핍되면 식욕이 부진하고 설사를 심하게 하여 탈수증에 걸리며, 허약한 상태에 빠져 있다가 급사한다. 송아지를 정상적으로 사육하는 목장에서도 결핍증상이 발생하지 않는다.

㉣ Pyridoxin(vitamin B_6) : 반추동물은 소화기관 내에서 충분한 양을 합성할 수 있다. Pyridoxine이 결핍되면 적혈구의 크기와 형태에 변화가 생기는데 적혈구 부동증 및 이형(異形) 적혈구증을 일으킨다. 또한 빈혈, 성장지연 등을 일으킨다.

㉤ Pantothenic acid : 정상적인 사양관리를 할 때에 소에서는 pantothenic acid의 결핍증은 일어나지 않는다. 판토텐산이 결핍되면 성장과 번식장애, 피부, 피모의 이상, 위장관의 장애, 신경계의 병변이 나타난다.

㉥ Biotin : 일반적으로 급여하는 사료에는 충분한 양의 비오틴(biotin)이 함유되어 결핍증을 일으키지 않으나 만약 결핍증이 생기면 피부염, 탈모증과 후

구마비를 일으킨다.

㉦ Choline : 합성사료를 급여한 송아지에서 발생보고가 있다. 결핍증으로서는 허약, 기립불능, 호흡촉박 및 식욕부진 등의 증상이 있다.

㉧ Vitamin B_{12}(cyanocobalamin) : 곡류사료에 의존해서 사육한 송아지에서 가끔 나타난다. 결핍증으로서는 성장 중단, 식욕부진, 전신쇠약, 근육허약 등의 증상과 대적혈구성 악성 빈혈을 일으킨다.

㉨ Folic acid : 엽산(folic acid)은 항빈혈성 인자로서 결핍되면 purine 합성의 저하로 적혈구 성숙을 위한 핵단백합성이 저하되어 대적혈구성 빈혈을 일으키고 동시에 백혈구 감소도 나타난다.

7. Ascorbic acid 결핍증

비타민 C는 사료를 통해서 자연 공급되기도 하지만 유우의 송아지 및 성우에 있어서는 체내에서 합성되어 결핍증을 인정하기는 어렵다. 결핍증으로는 괴혈병(壞血病, scurvy)이 생겨 치은의 종창, 출혈, 괴양, 골 취약, 반치가 되고 모세혈관 파열, 전신성 출혈을 일으킨다.

제 3 장

호흡기계의 질병

1. 비출혈

원인

① 비출혈(鼻出血, nasal bleeding epistaxis)의 원인으로는 비강의 상처, 즉 비강 점막이 딱딱한 건초에 찔렸을 때, 안면에 가해진 타박상으로 비강 내부의 혈관이 파열되었을 때, 비강점막에 궤양이 생겨서 혈관이 터졌을 때, 식육(息肉, polyp)이 돋아나서 출혈할 때이다.

② 탄저와 같은 전염성 질환, 유행성 비기관염, 고사리 중독, 스위트 클로버 중독, 수은중독과 같은 중독성 질환에 걸렸을 때를 들 수 있다.

증상

① 편측성 비출혈은 대개 선홍색의 소량의 출혈이 있고, 외상성 원인일 때는 다량의 출혈이 있다. 양측성 비출혈일 때에는 혈액에 거품이 많이 섞어 나올 경우가 있는데 이는 폐출혈을 의심할 수 있으며, 혈액이 사료에 혼합되어 나올 때에는 위출혈을 의심할 수 있다.

② 패혈증 및 요독증 시에 나타나는 양측성 비출혈에 있어서는 악취가 있는 삼출액이 유출되거나 요취가 생긴다.

③ 원인이 확실하지 않으면서 불결한 비즙에 혈액이 혼합되어 나올 때에는 구강, 항문 등으로부터의 출혈 유무를 확인할 필요가 있고, 동시에 환축(患畜)의 식욕과 유량도 조사하며, 같은 목장에 유사한 질환이 발생해 있는가를 확인해야 한다.

치료

① 환축을 우선 격리 안정시키고 머리를 높이 들어올려 보정해 주면 자연히 지혈되는 경우가 많다. 타박상을 입어 안면골이 손상하였을 때 생기는 출혈은 지혈이 잘 안 된다.

② 일반적으로 외상성 비출혈의 경우를 국소성 지혈제를 묻힌 솜이나 가제뭉치로 비강을 틀어막아 주고, 국소 지혈제로 효과가 없을 때에는 전신 지혈제를 주사한다.

2. 비 염

비염(鼻炎, rhinitis)이 한 비점막의 급성카탈성 염증을 말하는데, 일명 단순비염이라고 한다. 때로는 후두염(喉頭炎), 인두염(咽頭炎), 기관지염 등이 병발할 때도 있다.

원인

① 환절기에 급작스러운 기온의 변화, 지속적인 불편과 피로에 의한 스트레스, 축사 내의 환기불량, 배수불량 등으로 생긴 먼지와 자극성 있는 가스 등이 소인이 되며, 바이러스와 세균이 감염되어 염증을 일으킨다.

② Pasteurellosis mycoplasma병, 악성 카다루열, 우역(牛疫), 우폐역 및 전염성 비기관염(IBR)과 같은 특이 감염증의 경과 중에 발생한다.

증상

① 초기에는 묽고 투명한 콧물을 흘리고 기침을 하는데, 수일이 지나면 콧물이 점차 누르스름한 농성 배설물로 변하며, 비점막이 부어 오르고 체온이 상승(39.5~41℃)하며, 감염원에 따라서는 설사도 일으킨다.

② 대부분의 비염은 단순성으로서 시간이 지나면 자연 치유되는 경향이 많지만 인두염, 후두염, 폐렴 등을 유발하는 경우도 있다. 계절적으로 볼 때 늦가을이나 늦겨울과 같은 환절기에 많이 발생하는 경향이 있다.

치료

① 발병된 소는 따뜻하고 건조한 환기 양호한 곳으로 옮겨 항생제 또는 설파제 등을 3～4일 간 주사하고 비타민 A, D_3도 주사한다.

② 비강 내에 적용하는 약으로서는 oxytetracycline, furacin 및 corticosteroid가 함유된 50%의 glucose액이 이용되는데, 이 액을 각 비공에 50 mℓ씩 주입한다.

③ 발병우는 보온과 환기가 잘 되는 우사로 옮겨 사양관리를 철저히 해야 한다.

3. 송아지 디프테리아

송아지 디프테리아(calf diphtheria)는 괴사성 후두염 또는 괴사성 구내염을 지칭하는 것으로서 급만성으로 발생되며, 인후두부에 궤양이 생기고 또한 부어 오르기도 한다.

원인

① 원인균은 *Fusiformis neorophorum*으로서 토양구비 집적장, 분뇨에 의해서 더럽혀진 자리깃 또는 불결한 우사에서 구강점막에 입은 상처를 통하여 감염된다고 생각된다.

② 2차적으로는 비염, 인두염, 기관염, 폐렴 등에서 속발되거나 병발한다.

증상

① 3개월령 이하의 송아지에서는 구강점막, 구순(口脣) 등이 괴사되고 통증이 심하여 사료섭취와 음수가 곤란하고 끈적거리는 점액성의 침을 계속 흘리게 된다.

② 급성후두염의 경우 체온 상승, 침울, 식욕감퇴, 유연, 빈번한 음수, 호흡곤란, 흡기시의 후두협착음, 초기의 악취, 개구호흡 등이 나타나고, 특히 급성디프테리아 증상이 나타난다.

③ 만성후두염의 증상은 완고하고, 거친 호흡을 나타내는 흡기성 호흡곤란을 일으켜 후두협착이 된다.

④ 괴사성 후두염 시에는 *Corynebacterium pyogenes*가 가끔 분리되기도 한다.

치료

① 연하되기 쉬운 유동식 및 부드러운 청초 등을 급여하며, 가급적 거칠은 조사료는 급여하지 않는 것이 좋다. 송아지에게는 우유, 대용유 등을 급여한다.
② 페니실린, 스트렙토마이신, 테트라사이클린, sullfa 등을 선택 주사하고, 괴양병소부는 Lugol's solution을 발라 준다.
③ 축사의 바닥은 물청소한 후 5% 석탄산액, 크레졸액, 5% 차아염소산 소다(halasol)액 또는 석회수 등의 약물로 소독하며, 가급적 환축(患畜)은 격리시킨다.

4. 동 염

동염(洞炎, sinusitis)은 전두동(前頭洞)이나 상악동(上顎洞)에 생긴 염증을 말한다. 전두동은 두골과 안면골 사이에 있는 공동(空洞)이고, 그 속에는 공기가 차 있다. 소의 두부에는 전두동, 상악동, 누동 등이 있다. 전두동의 윗부분은 양쪽 뿔과 연결되어 있으며, 하단부에는 작은 구멍이 뚫려 있어서 비강과 서로 통해 있다. 전두동에는 전두 중앙부에 동(洞)을 좌우로 갈라놓은 중격(中隔)이 있어서 동(洞)이 좌우로 구분된다. 소에서는 제각 후 발생되는 전두동염이 문제가 된다.

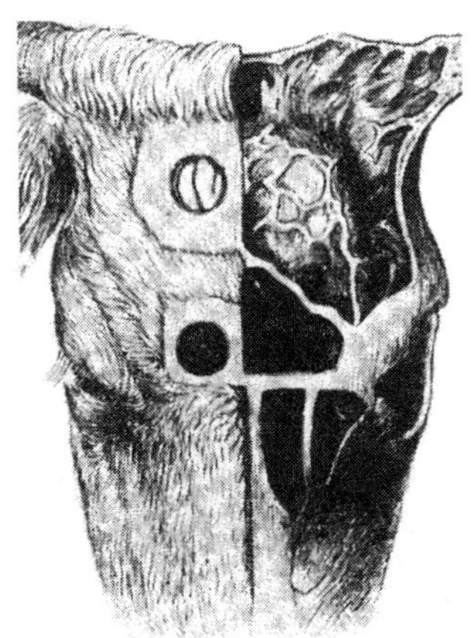

그림 2-13. 소의 전두동(前頭洞)과 비강

[눈의 선상부는 전두동이고, 눈의 선하부는 비강이며, 원형으로 뚫린 구멍은 전두동염의 치료를 위한 배액공임]

원인

① 전두동염은 뿔을 절단한 후에 있을 수 있는 세균감염, 뿔의 손상(뿔의 골절) 및 전두동에 입은 타박상이 원인이 되어 그 부위를 통하여 직접 감염된다. 또한 전염성 비기관염, 비염 등을 앓고 있을 때 염증이 전두동의 비강 개공부를 통해 상향성으로 확대되거나 또는 비강염으로 전두동과 비강 사이의 개공부가 폐쇄되어 전두동 내에서 침출된 점액이 비강으로 유출되지 못한 채 고여서 부패됨으로써 동점막(洞粘膜)을 자극하여 생기는 염증이다.

② 상악동염은 보통 방선균병, 종양 또는 치아병에서 병발 또는 속발된다.

증상

① 급성 전두동염 시에는 머리를 상하로 흔드는 기이한 모습을 볼 수 있으며, 염증이 생긴 동(洞)은 민감해져서 손을 대면 기피한다.

② 동염이 있는 쪽은 비강에서는 악취를 풍기는 농성 콧물이 흘러 나오는데, 호흡할 때마다 썩은 악취가 난다.

③ 만성 안골동염이 오래 지속되면 골동(骨洞)을 덮고 있는 골이 융기되고, 타진음은 정상 골동음에 비해서 탁음으로 변한다.

④ 전두동 내에 축적된 농즙의 양이 점차 증가하여 내압이 높아지면 두개골을 압박하여 외증상을 일으키기도 한다. 이러한 개체는 간격을 두고 전신경련을 일으킨다.

⑤ 전두동 내에 농이 고여 있는 상태를 전두동축농증이라고 한다.

치료

① 방선균병에 기인된 만성 상악동염 시에는 스트렙토마이신을 체중 50kg당 1g의 비율로 1일 1회 계속 주사하면 소의 수명은 연장시킬 수 있으나 변형된 골은 교정되지 않는다.

② 급성 전두동염 시에는 원거(圓鋸)를 사용하여 전두골에 구멍을 뚫어 농을 뺀 후에 소독수로 세척한다. 치료시간이 많이 소요되며, 완치되기가 어려워 폐기하는 것이 바람직하다.

5. 인두염

인두염(咽頭炎, pharyngitis)이란 인두점막에 발생한 급성 또는 만성염증을 의미한다.

원인

인두염은 흔히 비점막에서 파급되어 일어나는데 대개 ① 먼지, 연기 및 자극성이 있는 가스를 다량 흡입하였을 때, ② 환절기에 습기가 많고 한냉한 기후에 장시간 노출되었을 때, ③ 겨울철에 축사내로 찬바람이 스며들 때, ④ 조악한 물 또는 엉겅퀴 등의 이물이 인후두점막을 찔러 상처를 입혔거나 점막에 가시가 박혔을 때, ⑤ 인두 주위 조직에 염증이 생겨 인두까지 확대되었을 때 등을 들 수 있다.

증상

① 급성의 경우에는 인두점막이 붉게 충혈되고 부어 올라서 찬 공기나 먼지가 섞인 탁한 공기, 연기 또는 축사에서 발생하는 자극성 있는 가스를 흡입하였을 때에는 자극을 받아 기침을 한다.
② 기침은 처음에는 건성 기침을 하다가 후에는 습성 기침으로 변하면서 가래가 많아진다. 운동할 때, 찬물을 마실 때, 찬 공기를 흡입할 때, 또는 인후두에 압박을 가할 때에는 쉽게 기침이 유발된다.
③ 인두염과 함께 기관 및 기관지에 염증이 생겨서 호흡이 곤란해지고, 쌕쌕거리는 잡음을 낸다. 이러한 경우는 개구호흡을 한다.
④ 급성인두염에 걸린 소는 인두부의 통증 때문에 사료를 자유로이 먹지 못한다.
⑤ 괴사성 인두염에 걸린 송아지는 체온이 상승하고 호흡증세가 심해지는데 치료하지 않으면 쇠약해지고, 인두가 부어 올라 호흡곤란으로 질식하여 폐사하는 예도 있다.

치료

① 급성인두염의 경우에는 축사환경을 개선해 주어야 한다. 즉, 축사 내에 스며드는 찬 바람을 막아 주며, 환축(患畜)을 따뜻하고 환기가 잘 되는 곳에 옮겨 주며, 자리깃을 두껍게 깔아 주어 바닥에서 올라오는 냉기를 막아 보온해 준다.

② 만성인두염의 경우에는 호흡곤란을 완화시키고 감염을 억제시키는 데 노력해야 되고, 심한 호흡곤란이 있을 때에는 기관절개관을 장치해야 한다. 또한 sodium iodide(성우, 30 g)를 증류수 300 mℓ에 녹여 정맥주사하면 호흡곤란이 완화된다.

③ 인후두부에 자극을 적게 주는 연한 사료나 미지근한 물에 배합사료를 탄 유즙사료를 먹이고, 음수는 더운 물을 주는 것이 좋다. 영양상태가 좋지 않으면 포도당액이나 비타민 B 복합체를 주사하고, 세균감염을 방지하기 위하여 설파제나 항생제를 주사한다. 환축은 안락한 환경 하에서 안정시키면 7~8일 후에 자연 치료된다.

6. 후두염, 기관염 및 기관지염

후두염, 기관염 및 기관지염(laryngitis, tracheitis and bronchitis)이란 호흡기도인 후두, 기관 및 기관지 점막의 염증을 말하는데, 이들 3가지 염증은 심한 기침, 공기를 들이마실 때 일어나는 잡음, 흡기성 호흡곤란 등 거의 비슷한 증상을 나타낸다.

원인

① 추운 겨울 날씨에 자동차로 원거리 수송, 습기 찬 추운 축사 내에 오랫동안 계류시킬 때 가스와 먼지로 가득 찬 환기 불량한 축사 등을 들 수 있고, 이러한 환경에서는 상부기도가 여러 가지 병원세균 및 바이러스에 감염되기 쉬운 여건이 된다.

② 전염성 비기관염(鼻氣管炎, IBR), 송아지 디프테리아, 결핵병, 폐농양, 폐충의 감염 등에서는 상부 호흡기도의 감염증과 흔히 병발한다.

증상

① 기도점막의 염증으로 인한 기침을 자주하며, 기도점막의 종창으로 기도가 부분적으로 폐쇄됨으로써 흡기성 호흡곤란을 일으킨다. 기침을 빈번히 하는 것은 중요 증상이다.

② 급성염증이 있을 때에는 짧고 건조하며 거칠은 기침을 한다. 기관 또는 후두부를 손으로 압박하거나 찬 공기 또는 탁하고 자극성이 있는 가스를 흡입하면 기침을 한다.

③ 만성염증이 있을 때에는 기침의 빈도가 적고 건조하며 거칠다. 삼출액이 많이 흘러 나오거나 점막에 궤양이 생겼을 때의 기침은 습성이고, 심한 통증을 느낀다.

④ 흡기성 호흡곤란은 기관의 폐쇄된 정도에 따라 다른데, 매 흡기때마다 골골하는 소리, 크고 거칠은 잡음 또는 건성 호흡음을 낸다. 이들 염증은 폐렴으로 발전되기 쉽다.

치료

① 전염성 질환 시 발병된 후두염, 기관염 및 기관지염이 발생될 시에는 격리시켜 따뜻하고 건조하며 환기가 좋은 곳으로 옮기기만 해도 증상이 호전되고, 치료가 수월해질 수 있다.

② 거담제를 경구투여하거나 항생제, 비타민 A, D 주사제 또는 cortisone제를 주사한다.

7. 기관지 폐렴

기관지 폐렴(bronchopnoumonia, 소엽성 폐렴 또는 카달성 폐렴)은 소에 있어서 가장 흔히 발생하는 폐질병이며, 먼저 기관, 기관지염으로부터 시작하여 이에 폐 실질조직인 폐소엽(肺小葉)으로 염증이 진행되는 경우를 말한다.

원인

① 대부분의 호흡기 질병에서 볼 수 있는 바와 같이 직접 원인이 되는 병원미생물의 발병기전 못지 않게 병원미생물의 침입을 가능케 하는 유인이 더욱 중요하게 작용한다.

② 이들 유인으로서는 한냉하고 환기가 불량한 축사, 장거리 수송 등도 중요한 요인이 되며, 먼지 발생, 다습, 공기의 불결, 동물의 밀사(密舍) 등도 원인이 될 수 있다.

③ 기관지 폐렴의 원인균으로서는 *Corynebacterium pyogenes*, 용혈성 포도상구균(hemolytic staphylococci), *Pseudomonas aeruginosa*, intectious bovine rhinotracheitis virus(IBR바이러스), *Pasteurella* 등을 들 수 있다.

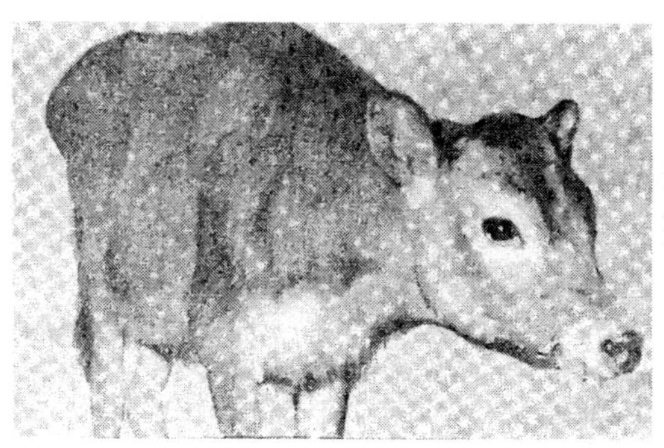

그림 2-14. 폐렴에 걸린 송아지

[심한 호흡곤란 때문에 목을 쭉 뽑고, 호흡할 때마다 비공이 벌렁거림]

④ 급성기관지 폐렴은 전신 감염증의 합병증으로 발생되며, 특히 자궁염, 유방염, 창상성 제2위염, 기관지염 등을 앓고 있는 개체에서는 2차적 폐렴이 발생할 가능성이 있다.

증상

① 기관지 폐렴은 대개 갑자기 증상이 나타나는데, 초기 증상은 호흡수가 증가하고, 기침을 하며, 식욕부진, 체온상승(40~41℃), 유량 감소, 침울, 호흡수 증가 40~80회/분, 맥박수 증가 80~90회/분이나 된다.

② 콧물은 초기에 비교적 투명하나 질병이 진행됨에 따라서 누르스름하고 짙은 농성 콧물로 변한다.

③ 심한 폐렴에서는 호흡곤란성 개구호흡을 하며, 혀를 입 밖으로 늘어뜨리기도 하며, 입에서는 거품이 섞인 침이 많이 유출된다.

④ 질병 초기에 기침은 거칠고 큰 건성 기침을 하다 차차 습성 기침으로 변한다. 때로는 호흡곤란이 심하여 폐기종이 생기는데, 기종이 피하까지 미쳐서 피하기종(皮下氣腫)까지 생기는 경우도 있다.

⑤ 원발성 폐렴의 경과는 약 1주일이며, 때로는 만성화되기도 한다.

치료

① 먼저 환우(患牛)를 건조하고 따뜻하며 환기가 잘 되는 축사에 격리시켜 안정을 시켜 주고, 자리깃을 두껍게 깔아 주고, 등에 담요를 덮어 보온을 해 준다.

② 포도당액, 링게르액, 비타민제 등의 영양제를 주사하고 동시에 항생제도 주사

한다.

③ 가벼운 증례에 있어서는 잘 관리하면서 치료하면 치료 후 3~4일이 지나면 병증이 완화되지만, 중증의 경우에는 4~5일 간 치료제로 치료해도 병세가 호전되지 않고 예후가 불량해진다.

8. 오연성 폐렴 또는 이물성 폐렴

오연성(誤嚥性) 폐렴 또는 이물성 폐렴(Inhalation pneumonia, foreign body pneumonia)이란 사료, 투약 시약물, 물 등 이물이 잘못 연하되어 기관지 폐포 내에 들어가 폐조직이 염증・괴사를 일으키는 것을 말하며, 폐병소(肺病巢)의 성질로 보아 괴저성 폐렴이라고도 할 수 있다.

원인

① 물약을 먹일 때 카테터를 사용하지 않고 경구투약 시 실수로 인한 오연성 폐렴이 가장 빈번히 발생한다.

② 유열, 소의 유행열, 식도 경색, 인후두염, 납중독 등으로 연하가 곤란한 상태에 있는 소에게 강제로 약을 먹일 때 또는 어린 송아지에 분말사료를 먹일 때 오염되어 발생한다.

③ 유행열, 유열, 고창증 또는 다른 질병으로 누워 있는 소에 있어서 제1위 내의 내용물이 역출되어 호흡기도로 넘어가 원인이 되기도 한다.

증상

① 오연성(誤嚥性) 폐렴의 증상은 잘못 흡입된 이물의 성질과 흡인된 양에 따라 달라진다. 급성적으로 발생할 경우 소에 물약을 투여한 직후 극심한 호흡곤란 증상을 나타내며, 큰 기침을 하면서 거품을 뿜고 땅에 쓰러져서 허탈상태에 빠져 버둥거리다가 급사하는 경우가 있다.

② 흡입량이 적을 경우에는 기침을 하며 호흡곤란을 일으켜 입을 벌리고 힘들여 호흡을 한다. 환축(患畜)은 사료를 잘 먹지 않으며, 이물(異物)을 흡입한 후 24시간이 지나면 체온이 상승하는데, 2~3일 간은 체온이 계속 상승된 상태를 유지하다가 그 후부터 오르락내리락 하는 이완열(弛緩熱)의 열형을 나타낸다.

③ 이 병은 호흡곤란이 계속되고 호흡을 짧게 하면서 가끔 기침을 한다. 시일이 경과하면 호흡할 때 악취가 나고, 코에서는 악취가 나며, 갈색 또는 녹색을 띤 액체가 흘러 나오는데 경우에 따라서는 사료편, 약물 등이 콧물에 흡입되어 흘러 나오기도 한다.
④ 오염된 이물과 사료의 양이 적을 때에는 증상이 회복되어 자연 치유되기도 하지만, 대개의 경우 사고 후 6~7일에 폐사하거나 병세가 오래 지속되다가 결국 폐사한다.

치료

① 잘못 삼킨 이물은 제거할 방법이 없으므로 자연치유를 기다리는 수밖에 없다. 2차 감염을 방지할 목적으로 항생제를 주사한다.
② 오연성(誤嚥性) 폐렴을 예방하기 위해서 물약을 먹일 때에는 환축의 머리를 수평으로 유지하고 천천히 간격을 두어 흘러 들어가게 한다. 물약의 속도와 환축의 머리 위치는 오연성 폐렴 발생과 관계가 깊다.

9. 급성폐부종

급성폐부종(acute pulmonary edema)은 폐포, 모세기관지, 기관지 및 폐의 간질 조직 내에 장액이 침윤되어 급성 호흡장애를 일으키며, 부종 정도가 심하면 질식사한다.

원인

① 예방주사, 약품 또는 어떤 종류의 사료에 대한 allergy 반응으로 발생할 수 있다.
② 임마혈청(姙馬血淸, pregnant mares serum, PMS)은 융모성 성선자극호르몬(chorionic gonadotropin, CGH) 등 호르몬제의 주사, 고시폴(gossypol, 면실에 함유되어 있는 유독물질)의 함량이 많은 면실박을 다량 급여함으로써 원인이 될 수 있다.
③ 항생제, 특히 페니실린, 스트렙토마이신 등의 주사에 의한 부작용으로 발생할 수 있다.
④ 폐충혈에서 폐수종이 속발된다.

증상

① 약물투여 후 또는 사료급여 후 폐수종은 돌발적으로 발생되고, 극심한 호흡곤란 증상을 일으키는 것이 특징이다. 페니실린, 스트렙토마이신, 테라마이신 등 항생제를 주사한 후 2～3분이 지나 갑자기 호흡곤란을 일으키는 증상을 나타낸다. 수시로 기침을 한다.

② 폐부종이 심한 소는 호흡곤란이 나타나는 즉시 땅에 쓰러져 버둥거리다 죽는다. 이 때에 비강·구강·눈 등의 가시점막은 산소 부족증 때문에 창백해지거나 청색증(cyanosis)이 나타나며, 맥박이 분당 100회 이상으로 증가한다.

③ 폐충혈에 의해 속발되는 폐수종의 증상은 알레르기성 폐수종과 같으나 그 발생이 알레르기성에 비해 다소 완만한 경향이 있다.

치료

응급치료로서 cortisone, 항히타민제, atropine, adrenaline 등을 주사한다. 순환장애에서 속발한 폐수종은 대개 말기 증상에 해당하므로 강심제로 증상이 완화될 수 있으나 예후 불량의 경우가 많다.

10. 폐기종

폐기종(肺氣腫, pulmonary emphysema)은 어떤 원인으로 세포벽이 공기의 압박을 받아 확장되면 엷어져서 파열되어 공기가 충만하여 폐포기종을 일으킨 상태를 말한다. 소의 폐기종은 대개 급성으로 나타나지만 나이가 먹을수록 만성화하는 경향이 있다.

원인

원인으로는 불분명한 점이 많지만 일반적으로 다음과 같은 여러 가지 조건이 있다.

① 소를 높은 산악지대로부터 목초가 무성한 저지대로 이동시켜 사료가 갑자기 바뀔 때, 깡마른 초지에서 무성한 초지로 옮겼을 때, 갑자기 곡류사료를 다량 급여하였을 때, 알팔파, 왕포아풀(벼과식물), 양배추, 평지(rape), 순무의 톱(top), 케일 등을 먹었을 때 발생한다고 한다.

② 알레르기성 물질이나 독성물질, 즉 곰팡이가 슬은 조사료, 썩은 고구마 등을 먹었을 때, 파라티온 중독 등이 원인이 된다.
③ 2차적으로 발생하는 폐기종은 만성적인 호흡 곤란증, 수송열, 폐부종, 폐농양, 송아지의 만성폐렴, 납중독, 늑막과 폐에 외상 등을 입었을 시 병발할 수가 있다.

증상

① 원발성 폐기종은 돌발적으로 발생하는 심한 호흡곤란 증상, 특히 흡기성 호흡곤란이 특징이고, 호흡을 할 때마다 비공이 크게 벌어지며, 소량의 거품이 코와 입술 주변에 묻어 있다.
② 폐기종의 증상은 소를 무성한 목야지에 이동시켰을 때에는 4～10일에 나타날 수 있고, 곰팡이가 슬은 건초를 먹였을 때에는 7일이 경과한 후에 나타나며, 곰팡이가 슬은 고구마를 먹였을 때에는 48시간 이내에 나타난다. 폐기종에 의한 폐사율은 5～33%라고 한다.
③ 2차적 폐기종(속발성 폐기종)의 증상은 1차적인 원발 병소에 따라서 달라질 수 있다. 폐렴을 앓고 있는 소에 폐기종과 피하기종이 동시에 발생하는 경우가 있는데, 이러한 환축의 예후는 매우 불량하다.

치료

항히스타민제, 에피네프린 등을 주사하는 치료법이 있으나 효과는 크게 기대할 수 없다. 경증일 때는 자연히 회복된다.

11. 폐농양 또는 화농성 폐렴

폐농양(purulent or suppurative pneumonia) 또는 화농성 폐렴(abscesstion)이란 폐조직 내에 농이 고여 있는 상태, 즉 화농성 폐렴을 말한다.

원인

① 폐의 화농 병소를 수반하는 만성기관지 폐렴으로 나타나거나 자궁염, 유방염, 창상성 제2위염, 배꼽의 염증, 간농양, 만성 심내막염 등에 걸린 소에서 세균

이 혈류를 타고 폐로 전이된 결과 전이성 폐농양이 발생한다.

② 폐농양은 흔히 결핵병과 외상성 흉막염과 함께 병발되기도 한다.

증상

① 한국성(限局性)형의 폐농양에 걸린 소는 점차적으로 영양상태가 불량하고 쇠약해진다.

② 지속성의 기침을 하고 운동시 호흡곤란을 일으키는 것이 특징이다. 때로는 폐출혈(객혈)이 발생하는 경우도 있다.

③ 원발성 폐렴을 앓은 후 수개월 간 병세 회복이 지지부진한 상태로 있다가 갑자기 다량 폐출혈을 일으키거나 폐부종으로 폐사된다.

④ 만성기관지 폐렴을 수반하는 화농 병소가 있을 경우는 원기부족, 지속성 기침, 호흡곤란, 보행곤란, 등을 구부리고 통증을 나타낸다.

치료

항생제를 주사하여 치료하지만, 치료효과는 기대할 수 없다. 대부분 예후가 불량하므로 진단이 확실하면 폐기시킨다.

12. 기생충성 기관지염

기생충성 기관지염(parasitic bronchitis)이란 우폐충(牛肺蟲)이 소의 기관지에 기생한 결과 발생하는 기관지염을 말한다.

1) 폐충의 생활사

① 성충의 길이는 5～8 cm 정도이며, 대기관지와 모세기관지에 기생한다. 여기서 산란하면 이 때의 충란에는 이미 폐충이 들어 있어 대기관지 및 식도 입구에서 부화되어 유충이 되어 나온다. 유충은 분변을 통해 배설되어 5일 이내에 감염성이 있는 제3기 유충으로 발육되어 섭식에 의해 감염된다.

② 섭식에 의해 감염된 제3기 유충은 장점막을 천공한 후 림프류에 의해서 전신순환계로 운반되어 다시 폐에 도달, 모세관을 거쳐 폐포를 경유하여 모세기관지에 정착되어 성충이 된다.

③ 감염 후 25~28일 내에 분변 내에서 유충이 발견된다.

증상

① 기생하는 우폐충의 수가 적을 때에는 가끔 기침을 하는 정도이고 외부 증상이 보이지 않지만 기생충 수가 많을 때에는 호흡수가 증가하며, 기침을 자주하고 호흡곤란 증상이 나타나며, 탈수증에 걸리는 것이 특징적 증상이라고 할 수 있다.
② 우폐충이 기생하고 있는 소는 폐부종, 폐기종, 세균성 폐렴 등에 걸리기 쉽다.
③ 우폐충의 수가 많아서 폐충이 기관을 폐쇄할 경우에는 돌발적으로 질식해 죽는다.

치료

Levamisole, Rintal, Cambendazole, Methyridine, Piperazine, Ascaridole 등의 구충제를 먹여 치료한다.

제 4 장

순환기계의 질병

1. 창상성 심낭염

창상성 심낭염(創傷性 心囊炎, traumatic pericarditis)은 잘못 연하된 날카로운 금속성 이물(못·철사·핀 등)이 제2위에 머물러 있다가 강한 위운동에 밀려 제2위벽과 횡격막을 뚫고 심낭을 자통(刺痛)함으로써 일어나는 심장질환이며, 치명적 결과를 초래한다.

원인

① 자세한 원인은 창상성 제2위염에서도 언급된 바 있으며, 주로 못, 철사, 핀 및 그 밖의 날카로운 금속성 이물이 심낭을 자통하는 동기의 하나는 임신 말기의 육중한 자궁이 제1위와 제2위를 전방으로 압박하는 데 있다고 생각된다. 따라서 창상성 심낭염은 분만 3개월 전부터 분만시까지의 기간에 발생하는 율이 높다.

② 잘못 연하된 날카로운 금속성 이물은 제2위 내에 머물러 있거나 제2위벽에 꽂혀 창상성 제2위염만을 일으키고 있다가 임신 말기 또는 분만기에 이르러 횡격막을 거쳐 심낭을 자통하기에 이른다. 이물이 심낭을 자통하면 제2위 내의 병원성 세균들이 이물과 함께 심낭 내에 주입됨으로써 심낭에 세균성 염증을 일으킨다.

증상

창상성 심낭염에 걸린 환축(患畜)에서 볼 수 있는 증상에는 다음과 같은 것이 있다.

① 심낭 내에 세균성 감염이 일어났기 때문에 염증성 삼출물이 축적된 결과 독혈증을 일으킬 우려가 있고, 심낭 내에 많은 양의 염증성 삼출물이 저류되어 있기 때문에 심장이 압박을 받아 심박동에 장해를 일으키게 된다.

② 심낭염 발생 초기에는 환축이 침울하고 거동이 둔해지며, 점진적으로 부종이 생긴다. 부종은 서서히 형성되는 경우도 있지만, 때로는 2～3일 사이에 급진적으로 광범위하게 형성되는 경우도 있다. 갑자기 부종이 생긴 개체는 질병경과가 빨라 단시일 내에 폐사한다.

③ 심낭염이 만성적으로 진행될 경우에는 심낭이 심장에 유착되어 심장기능에 장애를 주지만, 곧 폐사하지는 않고 좋지 않은 건강상태를 유지하면서 생존한다.

④ 때로는 날카로운 금속성 이물이 심장의 관상동맥 또는 심실벽을 뚫어 큰 구멍을 내는데, 이 때 일시에 다량의 출혈을 일으켜 폐사한다.

⑤ 창상성 심낭염에서 볼 수 있는 공통 증상은 다음과 같다.

㉠ 침울하고 무감각한 모습, 식욕감퇴, 체중 감소, 유량 감소 등의 증상이 나타난다.

㉡ 누워 있는 시간이 많고, 운동을 기피하며, 경사진 길은 쉽게 오르지만 내려가기를 매우 꺼린다.

㉢ 이를 갈고 신음하며, 침과 콧물을 흘리고, 변비증이 있거나 또는 설사를 한다.

㉣ 환축은 서 있을 때 등을 약간 구부리고 있으며, 좌측 전지(前肢)의 팔꿈치와 흉벽 사이에 간극이 생겨 사이가 벌어진다.

㉤ 위운동과 트림, 반추 등을 하지만 그 횟수가 줄어들고 활발하지 못하다.

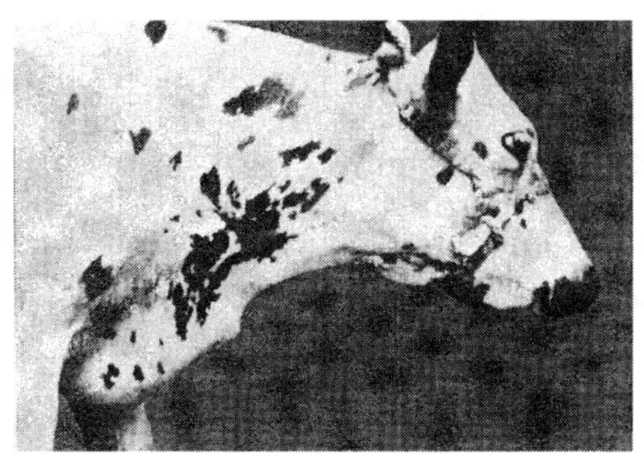

그림 2-15. 창상성 심낭염에 걸린 소

[턱밑과 흉수에 부종이 생겨 있고, 경정맥이 돌출되어 있음]

ⓑ 발병 초기에는 체온이 40℃ 정도로 상승하고, 호흡수 증가, 맥박수도 증가한다.

ⓢ 시일이 경과되면 경정맥이 돌출하고 박동을 볼 수 있다.

ⓞ 부종은 처음에는 턱밑에 생기지만, 차차 목 아래로 내려가 흉수(胸垂)에 이르러서는 뚜렷해지고 하복부까지 파급된다. 부종이 심한 환축은 안면부까지 부어 오른다.

ⓙ 말기가 되면 더욱 이를 갈며 신음하는데 신음소리는 야간에 더 심하다. 흉부를 타진해 보면 환축은 통증을 느껴 고통스럽게 신음한다. 따라서 피온(皮溫)이 냉해지고, 신음하며 누워 있고, 채식을 전폐하다가 폐사한다.

치료

치료결과는 기대할 수 없고, 창상성 심낭염으로 확진되면 절박도살을 시킨다.

2. 심내막염

심내막염(心內膜炎, endocarditis)은 대개 세균감염에 의해 발생되며, 심내막과 판막에 직경 1~2 ㎜로부터 수 ㎝에 달하는 다수의 염증소(炎症巢)를 형성하고, 이 염증 병소는 뚜렷한 임상증상을 나타내지 않으나 판막에 증식성 병소가 형성되면 심장질환을 일으킨다.

원인

① 심내막 병소부에서 세균이 증명되지 않는 경우도 있으나, 대부분의 병소는 섬유조직의 증식과 더불어 괴사소 및 세균을 증명할 수 있다.

② 돈단독증(豚丹毒症)을 앓고 있는 돼지에 있어서 특징적 소견으로서 심내막염이 나타나는데, 섬유소 증식이 만성으로 나타나 만성 심내막염이라고 하며, 이 병소부에서 돈단독균이 분리된다.

③ 결핵병에 걸린 소에서도 심내막염이 발생하고, *Corynebacterium pyogenes*가 원인이 된다.

④ *Staphylococci*, *Streptococci*, 기타 여러 세균들이 심내막염 병소에서 분리되었는데, 이들은 다른 병소로부터 심장으로 전이되어 2차적으로 심내막염을 일으킨 것이다.

증상

① 빈혈, 황달, 침울, 제1위 고창증, 하리 또는 변비, 호흡곤란, 동통, 파행, 체온 상승(39.5～41.5℃) 등이 있다.

② 맥박은 빠르고, 때로는 경정맥이 노장된다.

③ 혈액을 채혈하여 혈액검사 소견(적혈구수 및 혈색소량의 감소 그리고 백혈구 수의 증가)과 세균배양 검사를 하면 진단에 도움이 된다.

치료

항생제를 약 1주일 정도 주사하면 증상이 호전되지만 치료를 중단하면 재발하는 경우도 있다.

3. 빈 혈

빈혈(貧血, anemia)이란 적혈구의 생산기능의 이상이나 파괴, 대혈관 파열에 의한 실혈(失血), 기생충성 질환에 의한 흡혈 등으로 체내에 순환하는 적혈구 및 헤모글로빈이 감소된 상태를 말한다. 헤모글로빈은 체조직에 산소를 운반하는 기능을 지나고 있는데, 헤모글로빈이 부족할 경우에는 산소 운반량이 감소되므로 혈액 중에 헤모글로빈의 양이 감소되는 것을 질적빈혈이라고 한다. 또한 혈액량이 감소되어 혈액량이 부족해져 일어나는 빈혈을 양적빈혈이라 한다.

원인

빈혈을 발생 원인별로 구분하면 다음과 같다.

① **실혈(失血)에 의한 빈혈**: 외상에 의하여 큰 혈관이 파열되어 일어나는 체내외의 출혈, 기생충의 흡혈 등을 들 수 있다.

② **적혈구 파괴에 의한 빈혈**: 여러 원인에 의하여 적혈구가 파괴되어 일어나는 빈혈을 말하며, 용혈성 빈혈이라고도 하는데 babesiosis(대형 파이로플라스마병), theileriosis(소형 파이로플라스마병), 고사리 중독, 산욕성(産褥性) 혈색소뇨증 등이 있을 시 발생한다.

③ **혈액형성 장애에 의한 빈혈**: 사료성분의 부족, 즉 코발트·철·구리 등 미량성분의 결핍이나 감염성 질병, 중독 등으로 적혈구 생산에 장해가 일어나거나

또는 조혈기관에 적혈구 생산이 억제되는 경우에 나타난다.

증상

① 급성빈혈 시에는 갑작스러운 쇠약으로 비틀거리거나 누워 있고 불안, 맥박수 증가, 호흡수 증가, 혈압 강하, 가시점막의 창백, 체온 하강 등의 증상이 급속히 나타나며 곧 쇼크 상태에 있다가 폐사한다.
② 만성빈혈 시에는 피모(皮毛)가 거칠어지고 허약해지며, 생산성 감소, 식욕부진, 가시점막의 창백, 발육 지연, 제1위 운동의 약화 등의 증상이 나타난다.

치료

급성빈혈 시에는 수혈을 하고, 만성빈혈 시에는 장내 기생충일 경우 구충하는 등 빈혈의 원인 치료와 함께 무기물이 함유되어 있는 첨가사료를 급여한다.

4. 쇼 크

쇼크(shock)는 혈액 상실, 심박출량 감소, 말초운동 조절의 상실 등으로 심장맥관계의 급성 진행성 부전이 일어남으로써 야기되는 허탈상태를 쇼크라고 한다.

원인

① 쇼크의 기전에 관해서는 충분한 해명이 되지 않고 있고 아직도 많은 연구가 진행되고 있다. 개에 있어서 전 혈량의 40~50%의 실혈(失血)이 있으면 쇼크가 발생한다.
② 출혈성 및 외상성 쇼크에 있어서 대량의 혈액 감소가 일차적 원인이 될 수 있다. 손상이 가해졌을 때 출혈을 일으키거나 외상성인 경우의 혈량 감소는 조직 내로의 혈액 감소에 의해서 일어나는 것으로 생각하고 있다.
③ 쇼크를 일으키거나 쇼크사를 일으키는 기타 요인으로서 독소 요인은 주로 히스타민, kinins, prostaglandins, adenosine triphosphate 및 세균 독소를 들 수 있다.

치료

순환장해가 중증화 되기 전에 치료에 임해야 한다. 수혈이 가장 급선무이고, 혈액이나 혈장이 없을 때는 혈장 대용액을 주사하고, 혈액이나 혈장 대용액이 없을 때는 상용 생리식염수를 정맥주사한다. 전해질과 dextrose의 혼합액 주사도 가능하며, 동시에 산소흡입도 시도한다. 기타 대증요법을 실시하거나 2차 감염의 예방(항생제 주사) 등이 필요하다.

5. 우백혈병

소백혈병(bovineleukemia)은 소백혈병 바이러스(bovine leukosis virus, BLV)의 감염으로 발생하는 악성 종양성 질병이며, 체내의 모든 장기에 종양성 림프세포가 증식하는 것이 특징이다. 소백혈병은 유행형과 산발형으로 구분할 수 있는데, 산발성 백혈병은 대개 송아지형, 흉선형 및 피부형으로 구분한다. 우리나라에서도 발생하고 있다.

원인

① 유행형 백혈병의 원인은 BLV이고, 소에만 자연 감염하는 것으로 알려져 있다. 발병은 개체의 면역능력, 감염한 바이러스의 양에 따라 다를 수 있다. 유행형 백혈병은 환축의 유즙, 오줌 및 똥에 혼합되어 배출되는 바이러스에 접촉함으로써 건강우에 수평 감염되는 반면 흡혈곤충, 오염된 주사침, 수혈 등

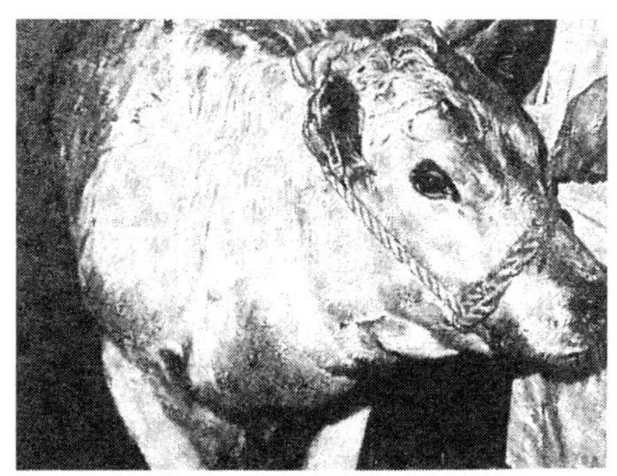

그림 2-16. 소백혈병

[목 하단에 림프종이 있음]

에 의해서도 감염될 수 있다. 백혈병은 모든 소에 감염될 수 있고, 연령의 증가와 더불어 감염률도 높아진다.

② 산발형 백혈병은 송아지에만 발병하며, 개체에 발병하는 것이 많고, 유행형 백혈병과는 증상도 다르다.

증상

① 일반적으로 종양이 형성되기 전에는 뚜렷한 임상증상의 발견이 어려우며, 감염 후 증상이 나타나기까지는 수개월~수년이 걸린다.

② 전신성 또는 국소성으로 림프절이 커지는 림프종이 진행되어 체내의 여러 장기들(폐, 식도, 심장, 간장, 제4위, 장, 자궁, 신장 등)을 압박하여 기능장해를 일으킴으로써 증상이 나타나기 시작한다.

③ 환축(患畜)은 점점 쇠약해지고 빈혈, 체중 감소, 유량 감소, 불임, 소화장애, 순환장애, 비뇨기장애 등의 증상이 나타나며, 어떤 환축은 피하의 림프종을 일으켜 돌출되는 모습을 볼 수 있다.

④ 흉강 내의 흉선 또는 흉강 림프선이 종대되면 식도를 압박하므로 사료의 연하, 반추 및 트림 배출이 안 되어 고창증이 생긴다. 또 림프종이 심장에서 기시하는 큰 혈관을 압박할 때에는 혈액순환이 장애되어 경정맥이 노장되므로 창상성 심낭염으로 오인할 수 있다.

⑤ 림프종이 척수 또는 척수신경을 압박할 때에는 후구마비, 보행장해, 기립불능에 이르고, 때로는 안구후부에 종양이 생겨 안구가 돌출하는 경우도 있다.

⑥ 간, 신장, 자궁, 골수 등에 밤알 같은 마디가 생겨서 전면적으로 부어 오르며, 자궁에 종양이 생기면 불임우가 된다.

치료

일단 발병되면 치료대책이 없으며, 예방에 의한 근절책을 모색해야 한다. 혈액학적 진단으로 양성을 나타내는 소는 격리시키거나 도태시킨다.

제 5 장

비뇨기계의 질병

1. 신우신염

신우신염(腎盂腎炎, pyelonephritis)은 소의 비뇨기 질병 중 흔히 볼 수 있는 질병으로 성빈우(成牝牛)에서 발생되며, 보균우가 있는 집단 우군일지라도 산발적으로 발생한다. 연중 어느 때든지 발생할 수 있으나 대개 동절기에 사사우(舍飼牛)에서 많이 발생한다. 본 증은 비뇨기의 상행성 감염으로 시작하여 오줌에 고름이 섞여 나오고, 화농성 신염, 수뇨관염(輸尿管炎) 및 방광염 등을 동시에 일으키는 범비뇨기계의 화농성 질병이다. 수소에서 발생하는 경우가 있다.

원인

원인균은 *Corynebacterium renale*(우신염간균)으로서 요도감염되며, 다른 세균도 원인균으로 작용할 수 있다. 흙과 오줌으로 오염된 자리깃에 접촉하여 질 외구(外口)가 세균에 오염되거나 소독하지 않은 기재·수정봉·손 등을 질 내에 삽입함으로써 원인균이 요도, 방광, 수뇨관 등을 거쳐 신장에 도달하는 상행성 감염을 일으키는 경우가 많다.

증상

① 초기에 있어서 배뇨 시 간헐적인 혈뇨, 산통, 체온 상승, 식욕부진, 유량 감소, 체중 감소 등의 전신증상을 나타낸다.
② 초기 증상이 나타난 후 오줌의 빛깔은 점차 혼탁해지고 혈괴가 섞여 나오기도 한다. 혈뇨에 이어 단백뇨, 농뇨, 균뇨 등이 나타나기도 한다.

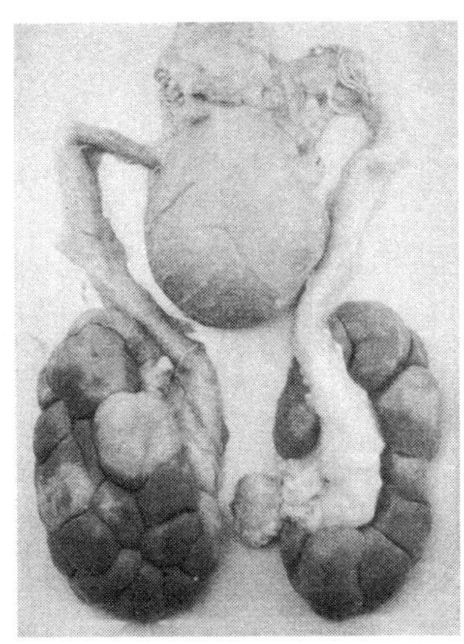

그림 2-17. 암소(7세)의 신우신염과 뇨관염

③ 환축(患畜)은 불안해 보이며, 후지를 자주 움직이고, 자주 뒤를 돌아보는 등 이상한 행동을 한다.
④ 배뇨 횟수는 많지만 1회 배뇨량은 적고, 배뇨 시 통증으로 등을 구부리며, 뒷발을 구르며 뒤를 돌아보는 등 통증증상을 나타낸다. 음모에 백색 분말이 말라붙어 있다.
⑤ 신우신염이 진행되어 요폐에 이르면 요(尿) 성분이 전신에 번져 요독증을 일으켜 폐사한다.

치료

① 페니실린, 스트렙토마이신을 병용하며, 광범위 항생제도 효과가 있다.
② 건강한 소에 전염되는 것을 막기 위해 환축을 격리수용 치료하고, 양질의 사료를 먹여 체력을 증진시킨다.
③ 만성화되지 않는 경우 4~5일 간 치료하면 증세가 호전되어 오줌의 빛깔이 정상으로 돌아가고 통증도 소실된다.

2. 수신증

수신증(水腎症, hydronephrosis)은 어떤 원인에 의하여 수뇨관이 폐쇄되거나 요도가 폐쇄되어 배뇨가 방해되어 신장에 오줌이 고여 수종을 일으킨 상태를 말하며,

일명 수신증이라고도 한다.

원인

① 주 원인은 수뇨관에 염증이 생겨 수뇨관 내벽이 종창 폐쇄되거나 수뇨관에 결석이 생겨 수뇨관이 폐쇄되어 오줌이 배출되지 못하게 된다.
② 간혹 백혈병에 걸린 소에서는 신우조직 주위에 종양조직이 형성되어 수뇨관이 폐쇄되어 오줌이 신장에 고이게 된다. 따라서 신장의 크기가 3～4배에 이르기까지 팽대된다.

증상

① 양측성 신수종(腎水腫)은 드물고, 보통 편측성 신수종으로 나타난다.
② 그러나 양측 신장이 모두 수신증(水腎症)에 걸리면 오줌이 전혀 배출되지 못해 정상 신장의 3～4배로 커지고, 오줌 성분이 혈류에 흡수되므로 요독증에 걸려 혼수상태로 있다가 폐사한다.
③ 편측성인 경우에는 건강한 쪽의 신장 기능이 강화되어 비대해지고 대상작용을 한다. 그러나 별다른 증상을 나타내지 않는다.

치료

수신증이 양쪽 신장에 발생하였을 때에는 치료가 불가능하고, 한쪽 신장에만 수신증이 발생하였을 때에는 부어 있는 신장을 수술하여 적출하는 치료법이 이용된다.

3. 신 증

신증(腎症, nephrosis)은 비화농성 신장병이며, 주로 요세관의 상피세포가 변성되고, 나아가서는 괴사되어 그 기능을 상실하는 신장 질병이다.

원인

① 화학성 독물인 수은제, 비소, 석탄산, 인 등과 독초에 의한 중독, 빈혈성질 등이 원인이 될 수 있다.
② 세뇨관 내의 결정형성의 과다 및 저산소증 등이 원인이 될 수 있다.

③ 용혈성 질병에 있어서는 신장혈액의 산소 부족으로 저산성증을 일으켜 신증을 야기시킬 수 있다.

증상

① 초기에는 뿌옇게 혼탁된 단백뇨가 배뇨되는데, 이어서 신세뇨관이 폐쇄되면 감뇨가 된 후 요독증을 일으킨다. 결국 폐사한다.
② 신세뇨관의 변성이 심하지 않을 때에는 세뇨관 폐쇄가 일어나지 않고 오히려 만성다뇨증으로 되어 요독증을 일으키지 않으나 단백뇨는 계속된다.

치료

신증(腎症)은 중독증, 빈혈증 또는 간장병 등에서 속발되는 것이므로 원인요법을 실시하고 중요한 증상에 대한 대증요법을 실시한다. 특별한 치료법은 없다.

4. 방광염

방광염(膀胱炎, cystitis)이란 방광에 생긴 염증을 말한다.

원인

대장균(*Escherichia coli*), *Corynebacterium renale* 또는 *Proteus* SP.와 같은 세균 감염이 원인이 되고, 소인이 되는 것은 결석에 의한 방광점막의 손상, 카데테 삽입에 의한 손상, 그리고 요농축(尿濃縮)이 지속되어 증식을 일으킨 세균의 감염 등이 방광염을 일으킨다.

증상

① 급성으로 발생한 방광염 시에는 배뇨빈도는 많지만 배뇨량이 적고, 배뇨 시에 통증의 자세를 취한다. 방광염은 흔히 요도염을 동반한다.
② 만성방광염 시에는 통증은 완화되나 배뇨빈수는 계속된다.
③ 오줌의 빛깔은 유백색으로 혼탁하고, 혈액이 섞여 있을 때에는 적색을 띠는 경우도 있다. 만성의 경우에는 혈액 혼재가 적어진다.

치료

① 급성방광염의 경우에는 항생제를 4～5일 간 주사하면 임상증상이 없어지지만 그 후에도 3일 정도 계속 치료를 하여야 한다.
② 만성방광염의 경우에는 항생제를 1～2주 간 계속 주사한다.
③ 방광염에 걸렸던 소는 치료 후 2주일 정도 지나 요검사를 하여 완치 여부를 결정해야 한다.

5. 혈뇨와 혈색소뇨

혈뇨(hematuria)란 오줌에 적혈구 및 혈괴(血塊)가 혼합된 것을 의미하며, 혈색소뇨(血色素尿, hemoglobinuria)는 혈액에 붉은 색소만 용해되어 즉, 적혈구가 파괴되어 혈색소가 유리된 상태로서 진정한 적혈구는 존재하지 않는 상태이다.

원인

① 혈뇨를 일으키는 질병으로서 신우신염, 방광염, 요도염 및 요결석으로 인한 비뇨기점막의 손상, 신장 경색증, 급성패혈증 등을 들 수 있고, 설파제를 장기간 복용시켰을 때에도 신장실질이 손상되어 혈뇨를 일으킨다.
② 혈색소뇨증은 적혈구의 혈색소에 의해서 생긴 요(尿)를 말하는데, 용혈성 질병 시 과다하게 생긴 혈색소를 간의 망상내피계가 처리할 능력이 부족하거나 또는 능력이 있어도 감당할 수 없을 정도의 대량의 용혈이 생길 때 진성 혈색소뇨증을 일으킨다.
③ 혈색소뇨를 일으킬 수 있는 병은 leptospirosis, 세균성 혈색소뇨증, babesiosis, 송아지의 급성세균성 패혈증, 구리중독, 부주의한 수혈 등을 들 수 있다.

치료

혈뇨와 혈색소뇨를 일으킨 원인을 추구하여 치료에 임해야 한다.

6. 요결석

요결석증(尿結石症, urolithiasis)은 소에서 종종 발생되는 것으로 특히 모우에서 흔히 나타나고, 오줌에 함유되어 있는 염류가 신장, 수뇨관, 방광 또는 요도에서 침전, 응결되어 결석을 이룬 것을 말한다. 결석이 존재하는 위치에 따라 신결석, 수뇨관결석, 방광결석, 요도결석 등으로 불린다.

원인

확실한 원인은 아직 자세히 밝혀져 있지는 않지만 한 종류의 결석을 형성하는 데도 다음과 같은 많은 요인이 종합되어 작용한다.

① 식물성 사료 내에 규산염, 수산염 및 estrogens가 많이 함유될 때 요결석 형성이 많아지고, 사사(舍飼) 비육우에 있어서는 칼슘, 암모늄, 인산마그네슘이 결석의 주성분이 된다.

② 일반적으로 음료수의 양이 부족하여 장기간 충분한 양의 물을 마실 수 없을 때에는 오줌에 함유되어 있는 염류의 농도가 높아져서 결석을 하기 쉬운 상태로 되는데, 이러한 경우 신장이나 방광에 염증이 생겨 염증 부위에서 상피세포가 탈락하고, 혈액응고괴가 생기거나 괴사조직편이 탈락해 있으면 결석을 형성하는 중심핵의 역할을 한다.

③ 칼슘, 마그네슘 등 염류의 함량이 많은 사료를 계속 먹였을 때, 무기물과 비타민 D가 함유되어 있는 첨가사료를 장기간에 걸쳐 다량 먹였을 때, 비타민 A의 결핍상태가 계속되었을 때 발생률이 높다.

④ 질병 치료 또는 예방을 위하여 설파제를 장기간 복용시켰을 때 신장에 설파제의 결정이 침착하여 요결석의 발생 요인으로 작용한다. 계절적으로는 겨울철에 발생하는 율이 높다.

⑤ 소와 양에서는 황색 소결석 또는 진주처럼 광택이 나는 결석이 형성된다. 소의 요결석 구성성분은 대부분 탄산칼슘 또는 탄산석회일 때가 많고, 암소보다는 수소에, 유우보다는 비육우에 발생률이 높다.

증상

요결석이 형성되는 부위별로 나눈 여러 가지 증상과 특징을 보면 다음과 같다.

(1) 신결석(renal calculi)

① 신장에 생긴 결석을 신결석(腎結石)이라고 하며, 신결석에 걸린 소는 신우신염에 걸린 소의 증상과 거의 흡사한 증상을 나타내는 경우도 있지만, 증상 없이 폐사하여 부검해 보면 신장에서 큰 결석이 발견되는 경우도 있다.
② 결석이 신장조직에 자극을 주어 통증을 일으키기 때문에 환축은 걸음걸이가 뻣뻣해 보이며, 신장이 위치한 등 부분을 외부에서 강하게 압박할 때에는 통증을 느껴서 몸을 피하는 등 예민한 지각반응을 일으킨다.
③ 운동이 있은 후 심한 통증을 느껴서 꼬리를 휘두르고, 후지를 이리저리 불안정하게 움직이면서 앞발로는 가슴을 차며 자주 뒤를 돌아본다. 이 때 요가 배출되지 않으면 요독증에 걸린다. 오줌에는 농, 신우상피계, 혈액 등이 혼합되어 있다.
④ 신장에 생겼던 결석이 수뇨관을 통해 방광에 들어가면 방광점막을 자극하여 방광염을 일으키기도 하며, 요도로 들어가면 요도를 폐쇄시키는 수도 있다.

(2) 요도결석(urethral calculi)

① 요도결석(尿道結石)은 주로 수소에 발생하며, 결석이 요도를 폐쇄하고 있기 때문에 오줌이 배출되지 못하여 방광이 팽창된다.
② 환축은 불안해지고, 후지가 뻣뻣해 보이며, 안절부절 못하는 불안한 증상과 통증을 나타낸다.
③ 배뇨 횟수가 증가하고 이급후증(裏急後症)의 증상을 나타내며, 방광이 점점 팽창되어 파열되는 수가 있다. 이후에 결국 요독증에 걸려 폐사한다.

(3) 방광결석(vasical calculi)

① 방광결석(膀胱結石)이 있으면 방광상피에 염증이 생겨서 오줌에 혈액과 농이 섞여 나온다.
② 환축은 배뇨 횟수가 많아지고 질금질금 조금씩 누며, 때로는 오줌을 다 눈 후에도 허리를 구부리고 배뇨 노력을 계속한다.

예방 및 치료

① 요도의 부분 폐색으로 요가 배출될 수 있을 때에는 자율신경 차단제 또는 신경안정제 및 평활근 진정제를 적용함으로써 요도가 이완되어 결석이 요와 함께 배출될 수 있다.

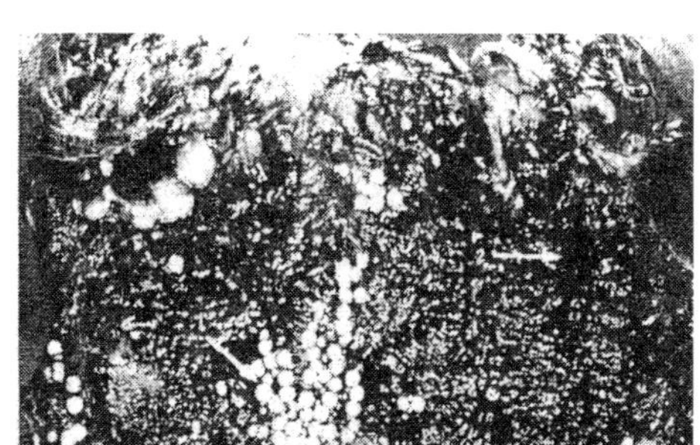

그림 2-18. 방광 내에 생긴 결석

[20여 개의 작은 결석들이 방광 내에 들어 있음]

② 모우의 요도폐색으로 방광이 심히 팽대되었을 때는 긴 피하주사침 또는 투침을 이용하여 방광 내의 요를 배제할 수 있다.

③ 2차 감염을 예방하기 위해서는 항생제를 주사한다.

④ 요결석 형성을 예방하기 위해서는 영양관리가 중요하다. 즉 깨끗한 음료수의 충분한 급여, 균형 있게 배합된 광물질의 첨가, 식염의 임의 섭식, 충분한 비타민 A 급여 등에 유의하고, 요결석 형성에 관계되는 사료급여를 지양한다.

7. 요독증

요독증(尿毒症, uremia)은 요(尿)의 생성장애 및 배설장애 또는 재흡입 기인으로 인해 체내에 요소가 다량으로 축적되어 중독증을 일으킴으로써 발생된다.

원인

① 요독증을 일으킬 수 있는 원인으로는 신장염, 수뇨관 또는 요도폐쇄로 오줌의 배설이 불가능할 때, 방광이 파열되어 오줌이 고여 흡수될 때 등을 들 수 있다.

② 모우 또는 거세우에 있어서 방광 또는 요도의 파열 후에 복막 또는 피하직으로부터 요의 재흡수에 기인되어 요독증이 일어나기도 한다.

증상

① 침울, 식욕감퇴 또는 폐절, 근허약 및 호흡촉박을 볼 수 있으며, 배뇨량은 대개 감소되나 요로의 폐색이 있을 경우에는 뇨폐(尿閉)가 일어난다.
② 의식이 흐려져 외부의 자극에 대하여 무감각하며, 누운 채 계속 졸고, 근육의 진전, 동공축소, 호흡이 느린 등의 증상이 있다.
③ 구토 또는 설사를 하기도 하며, 구강을 검사해 보면 구강점막에 염증이 생긴 것을 발견할 수 있고, 위장에도 염증이 생겨 식욕폐절, 구토 및 설사를 일으키는 원인이 된다.

치료

복막투석법(腹膜透析法, peritoneal dialysis)은 복막의 투석성을 이용하여 체액 내에 축적된 요소성분을 비롯한 기타 노폐물을 신속히 배설시킴으로써 일시적이나마 신장의 배뇨기능을 대행케하는 방법으로서 요독증 치료를 위한 가장 좋은 대증요법이다. 이 방법은 하복부(臍의 후부)의 정중선에서 약간 우측에서 복강을 절제하여 카데테르를 넣어 이것을 통해 복강 내에 10～20 ℓ 의 가온(加溫) 투석액을 주입하여 약 45분 후에 다시 외부로 배액한다. 이 때에 체액 내의 요소를 비롯하여 노폐물은 복강액으로 투석되므로 이 액을 외부로 배액하면 요독증이 완화된다. 1일 1회, 2～3일 간 반복하면 상당한 효과가 있다. 투석액은 impersol(또는 ringer액)에 적당한 농도로 dextrose를 첨가한 것을 사용한다.

전신에 부종이 생겼을 때는 impersol에 dextrose를 7.0% 되게 첨가한 것을 사용하고, 부종이 없는 경우에는 dextrose를 1.5% 되게 한 것을 사용한다. 복막염이 있을 때도 이 방법을 적용할 수 있으며, 복막투석법은 개의 *Leptospira*병의 요독증 시 가장 유효하게 이용된다.

8. 소상화농성 신염

소상화농성 신염(巢狀化膿性 腎炎, focal suppurative nephritis)은 대부분의 가축에서 발생되며, 장기간에 걸쳐 만성적으로 진행되는 예가 많아서 일명 만성간질성 신염이라고도 한다.

원인

대부분 심내막, 창상성 심낭염, 창상성 제2위 복막염, 유방염 등을 앓고 있는 소의 병소부에서 *Corynebacterium pyogenes, Streptocci,* 대장균 등이 혈류를 따라 신장에 도달함으로써 발생하며, 때로는 병원성 세균이 요도를 통하여 상행성 감염을 일으켜 발생한다.

증상

① 가끔 산통증상을 나타내고 체온 상승, 식욕 또는 비유량에도 이상을 나타낸다.
② 요검사를 해보면 혈뇨, 단백뇨, 농뇨(膿尿), 균뇨(菌尿) 등을 인정할 때도 있다.
③ 때로는 요독증, 전신부종을 일으켜 폐사하는 경우도 있다.

치료

① 분리된 세균의 항생물질 감도시험에 의해서 선택된 항생제를 적용하면 효과가 있다.
② 나타나는 증상에 따라 대증요법을 실시한다.

제 6 장

생식기계의 질병

생식기 질병의 진료, 수태의 조절 및 임신진단을 정확하게 하기 위해서는 생식기의 해부와 생리를 잘 이해하여야 하며, 이를 기초로 해서 특히 직장검사 기법에 익숙하여야 한다. 소가 불임증(sterility)에 걸리면 공태기(空胎期)가 길어서 송아지의 생산이 늦어지고, 산유량의 감소, 생산성의 저하, 비생산성 사료비와 치료비의 지출 등 경제적 손실을 초래한다. 번식장해는 선천성 기형을 제외하면 주로 영양장해, 난소기능 장해 및 내분비 장해, 생식기의 미생물 감염증 등 3가지 원인에 의하여 일어난다. 일반적으로 다음과 같은 상태의 소는 불임우라고 할 수 있다.

1. 번식장애의 개요

일반적으로 번식장애 및 불임우의 개요를 살펴보면 다음과 같다.

① 3회 이상 계속 인공수정 또는 자연교미를 하더라도 임신되지 않는 소
② 생후 16～18개월의 번식 적령기에 도달할 때까지 발정이 없는 소
③ 분만 후 90일이 지나도 발정하지 않는 소
④ 발정주기가 불규칙한 소
⑤ 불임증의 근본적 원인으로는 ㉠ 무발정, ㉡ 난자의 미성숙, ㉢ 무배란, ㉣ 배란시기의 지연, ㉤ 불수정, ㉥ 수정란의 사멸, ㉦ 태아의 조기사멸 등과 같은 이상을 들 수 있다.

그러나 개체우 또는 어떤 우군(牛群)에 존재하는 불임증의 요인에는 그 종류가 많고, 다양한 양상을 보여 임상적 소견만으로는 정확히 규명할 수 없는 경우가 많다. 그 요인으로는 사양관리, 내분비, 유전적 체질, 전염성 질병, 소화기계의 질병,

기생충의 감염 등을 열거할 수 있고, 그 외에도 분명치 않은 원인들이 관계된다고 볼 수 있다.

2. 생식기의 선천적 이상과 불임

암소의 생식기에 생기는 선천적 기형(congenital abnormality) 및 이상에는 여러 가지가 있고, 출생 시부터 불임요인을 지니고 있다.

1) 난소 기형(abnormalities of ovaries)

난소 기형은 한쪽 또는 양쪽의 난소가 선천적으로 결여되어 있는 경우 1개 또는 2개의 난소가 여분으로 달려 있는 경우(과잉 난소) 등의 예가 있지만 소에서는 드물다.

2) 난소형성부전(ovarian hypoplasia)

난소형성부전(卵巢形成不全)이란 난소의 발달상태가 불완전하여 그 크기가 작은 것을 말하는데, 열성인자(劣性因子)의 유전 때문에 생겨난다. 이와 같은 현상은 우측 난소보다 좌측 난소에 더 많이 발생하는데, 이러한 난소는 난포를 형성하지 못한다. 난소형성 부전은 난소의 발육부전과 영양실조 때문에 생기는 난소위축과 구분하기 어렵다.

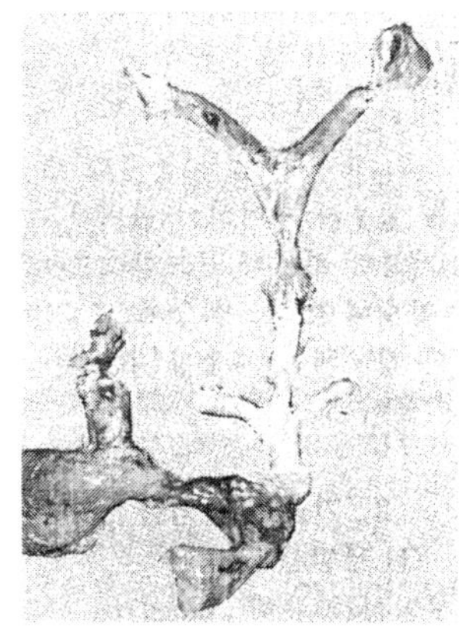

그림 2-19. 프리마틴

[자궁경, 자궁 및 난소의 발육이 불완전함]

그림 2-20. 이중자궁경

[자궁경의 외구 2개가 나란히 달려 있음<화살표>]

3) 프리마틴(freemartin)

① 프리마틴은 이란성 쌍태아에서 태아가 암수의 이성쌍태(異性雙胎)일 경우에 생기는 것으로서, 출산된 암송아지의 약 90%는 성기(性器) 기형인 프리마틴이 된다.

② 프리마틴은 암수 태아의 맥락막(脈絡膜) 혈관이 연결되어 양쪽 혈액이 태반을 통하여 교류됨으로써 수태아의 성호르몬이 암태아의 생식기 발육을 억제하므로 생긴다.

③ 프리마틴에서 볼 수 있는 생식기의 기형으로는 질, 자궁, 난소 등의 발육불량 또는 결손을 들 수 있고, 일반적으로 질의 발육이 불량하여 성우가 되어도 송아지의 질 크기밖에 안 되어 번식능력이 없게 된다.

4) 처녀막 잔류(persistent hymen)

소의 처녀막(處女膜)은 자연교미를 하거나 질을 검사할 때 파열되지만, 처녀우에 인공수정을 시켰을 때에는 강인한 처녀막은 분만 시까지 남아 있다. 그러나 처녀막이 질을 완전히 폐쇄하고 있을 때에는 자궁, 자궁경관 및 질로부터 분비되는 분비물이 밖으로 배출되지 못하고 질과 자궁 내에 고여 있어서 질과 자궁이 팽창된다. 질은 완전히 봉쇄할 정도의 처녀막을 가진 소는 대개 생식기에 부분적 결함이 있다고 한다.

5) 이중경구(double cervix)

이중경구(二重頸口)란 자궁경관 외구(外口)가 중복되어 있는 것을 말하고, 대부분 품종의 소에서 가끔 볼 수 있다. 이는 자궁경외구의 직후(질축부)에 생겨 있는 넓은 대상조직(帶狀組織)이 부분적으로 자궁외구를 폐쇄하여 불완전 중복 자궁경을 만들거나, 또는 완전 중복 자궁경관을 만들어 수정에는 별 지장이 없지만 분만 시에 난산과 사산의 원인이 되는 수도 있다.

6) 경관륜의 기형(abnormalities of cervical ring)

1개 또는 2개 이상의 경관륜(頸管輪)이 결여되어 있어서 자궁경관 길이가 짧은 소가 있는데, 이러한 소는 수정이 잘 안 된다. 자궁경관륜의 발달상태와 자궁감염 방어능력 사이에는 밀접한 관계가 있다. 즉 경관륜이 잘 발달되어 있지 않은 소의 자궁은 질 내에 상주하는 세균들에 오염될 기회가 많아지며, 따라서 자궁내막염에 걸려 불임우로 되는 경우가 많다. 처녀우 중 1～3%에 해당하는 소는 자궁경관이 만곡되어 수정봉의 삽입이 불가능하다. 또한 이러한 자궁경관을 가진 소의 자궁경관 내에는 매우 끈적끈적한 점액이 고여 있는데, 시간이 경과되면 자궁에도 점액이 고여서 자궁점액증을 일으킨다.

7) 자궁의 분절형성부전(aplasia of uterine segment)

자궁의 분절형성부전(分節形成不全)이란 한쪽 자궁각이 자궁체의 가까운 부분에서 분절을 형성하고 있는 것을 말한다. 즉 자궁각과 자궁체 사이가 질긴 장막으로만 연결되어 있을 뿐 자궁내강이 서로 연결되어 있지 않다. 분절을 형성한 자궁 내에는 점액이 충만해 있어서 임신으로 오진하기 쉽다.

8) 경관 확장증(dilatation of cervix)

경관(頸管) 확장증이란 자궁경관의 중간 부위가 확장되어 있으면서도 경관 말단부의 내강이 수정봉을 통과시킬 수 없을 정도로 협소한 것을 말하는데, 이러한 소는 임신이 어렵다.

9) 질, 자궁경 및 자궁의 결여(aplasia of vagina, cervix and uterus)

질, 자궁경, 자궁 등이 완전히 결손된 경우를 말한다. 때로는 뮤레라관(Müllerian duct ; 태생기의 한 쌍의 관으로서 질, 경관, 자궁 등으로 발육됨)의 부분적 발육부진으로 한쪽 자궁각의 일부 또는 전부가 결여되어 있거나, 자궁각이 가늘고 편평한 끈 모양으로 미발달된 상태에 있다. 자궁체 결여의 경우에는 자궁강 내에 분비물이 고여 있다.

3. 기능적 불임증

1) 무발정(anestrus)

무발정(無發情)이란 번식 적령기인 생후 14～18개월에 도달할 때까지 발정하지 않거나, 분만 후 90일이 지나도 무발정 상태가 계속되거나, 한 번 발정 후 차기 발정이 오지 않는 경우를 말한다.

원인

불충실한 사양관리로 단백질・무기물 등이 결핍될 때 뇌하수체 기능의 감퇴, 난소형성부진(卵巢形成不全), 난소 위축, 영구황체, 자궁의 기능장해 등이 나타난다. 일반적으로 15%에 해당하는 소가 분만 후 장기간 무발정 상태로 있으며, 교미 또는 수정한 후부터 무발정 상태로 있는 소들 중 약 8%에 해당하는 소가 불임으로 판정되고 있다.

(1) 성우의 난소 위축(atrophy of ovary)

난소 위축은 겨울과 봄에 많고, 특히 고능력우에서 볼 수 있다. 분만 후 3～5개월 간 무발정으로 지나다가 비유량이 감소되기 시작하면 발정이 온다.

(2) 난소형성부전(ovarian hypoplasia)

처녀우에는 양측성 난소부전일 경우가 많고, 양측 난소가 모두 콩알처럼 작으며, 무발정 상태가 계속된다. 일측성 난소형성은 처녀우와 성우에서 다 같이 발견되는데, 어느 시기에 이르면 난소의 기능이 정상으로 회복되는 경우도 있다. 난소형성부전(卵巢形成不全)은 난소의 크기가 작아 2 cm(길이)×0.5 cm(넓이)×0.5 cm(두께)이고, 촉감이 단단하며, 난소와 항체가 형성되지 않는다. 유전적 소인(素因)을 지닌다.

(3) 처녀우의 난소 발육부전(underdevelopment of ovaries in heifers)

정상 난소의 크기까지 발육하지 못한 것을 말하며, 그 원인은 영양실조에 기인되는 수가 많다. 양질의 건초, 청초, 농후사료 등을 충분히 급여하면 2～3개월 후에는 난소의 기능이 회복된다. 난소 위축 및 난소 발육부전의 원인으로는 난포자극호르몬의 분비 부족, 영양실조, 코발트・인・철・요오드・구리 등 미량성분의 부족, 만성질환 때문에 생긴 전신쇠약 등을 들 수 있다.

치료

급여사료를 개선하고, 비타민・무기물 등이 함유되어 있는 첨가제를 먹인다.

(4) 난소염(ovaritis)

일반적으로 한쪽 난소에만 발생하는 경우가 많다. 염증을 일으킨 난소는 난소간막(卵巢間膜), 난관채(卵管采), 복벽(腹壁) 등에 유착되어 있으며, 난소의 활동이 중지된다.

원인

난소 촉진이 거칠어 부종이 생겼거나 자궁염이 난소에까지 파급되어 발생한다.

치료

한쪽 난소만 염증이 있을 경우에는 수태될 수 있다. 그러나 양측 난소가 모두 난소염에 걸렸을 경우에는 치료방법이 없다.

2) 배란장해(ovulation failure)

배란장해는 발정 후 배란될 때까지의 시간에 차질이 있고, 난포의 형태 변화에 이상이 있는 것을 말하며, 배란지연(delayed ovulation)과 무배란(anovulation)으로 구분한다.

(1) 배란지연

성숙한 난포에서 배란될 때까지 소요되는 시간이 길다. 성숙한 난포에서 배란이 되지 않고 폐쇄 퇴축된 후 새 난포가 발육하여 이로부터 배란되므로 발정개시 시간부터 배란될 때까지 장시간이 걸린다. 소의 발정 지속시간은 평균 12.4~21.6시간이고, 배란은 발정이 끝난 후 평균 7.5~14.0시간 사이에 일어난다. 따라서 발정 개시 후 48~72시간이 경과하더라도 배란되지 않는 것 또는 발정 종료 후 24~48시간이 경과하더라도 배란되지 않는 것을 배란장해라고 한다.

(2) 무배란

난소의 활동이 주기적인 소에서 난포가 성숙단계에 이르지만, 배란되지 않고 폐쇄 퇴축되거나 폐쇄되고 황체화되는 현상을 말한다.

원인

① 내분비의 이상이 주원인이지만 때로는 난소기질에 변화가 생겨 발생하는 경우도 있다. 내분비의 이상으로는 항체형성호르몬의 분비 기능이 저하되거나 항체형성호르몬의 분비가 지연됨으로써 일어난다.

표 2-2. 소의 난소이상 발견율(Zemijanis)

구 분		총 환축수(두)	총 기형우에 대한 %	총 환축에 대한 %
기 형	난소발육부전	389	12.9	1.9
	난포낭종	827	27.2	4.0
	황체낭종	364	12.0	1.7
	난소염	65	2.1	0.3
	과립막세포종	5	0.1	-
계		1,650	54.3	7.9

주) 총 임상 환축수 21,896두 중에서 발견된 난소 기형

② 농후사료를 다급하고, 운동부족인 고비유우, 또는 질이 조악한 사료를 급여하고 스트레스를 많이 받는 소에서 나타난다.

치료

1회 수정으로 수태되지 않으므로 1차 수정 후 24시간 후에 재수정을 한다. 성선자극호르몬, 합성황체형성호르몬 및 방출호르몬 등을 주사한다.

(3) 둔성발정(silent heat)

둔성발정(鈍性發情, 微弱發情)이란 외견상 발정증상이 매우 희미하게 나타나고, 발정 지속기간도 짧은 상태를 말하는데, 이러한 소는 관찰을 소홀히 하면 무발정우로 오인할 수 있다. 이러한 소의 자궁과 난소에서는 어떠한 이상도 발견되지 않는다.

원인

분명하지 않은 점이 많으나 성선자극호르몬 분비이상, 난소호르몬 분비이상 또는 이 호르몬의 분비량의 불균형, 유전적 요인 등이 관계되는 것으로 알려져 있다. 또한 비유량이 많은 소, 저질사료를 많이 급여한 소, 전신질환이 있는 소 등에서 나타나기도 한다.

치료

Estrogen과 progesterone을 혼합 주사하거나 태반성 성선자극호르몬을 주사하고,

사료조건을 개선해 주어야 한다.

(4) 난소낭종(ovarian cyst)

난소낭종(卵巢囊腫)은 소에 있어서 매우 중요한 난포질환으로서 난포낭종(follicular cyst)과 황체낭종(luteal cyst)으로 구분한다.

가) 난포낭종

난포의 과립층 세포가 변성을 일으키거나 소실되며, 난자가 사멸한다. 한쪽 난소에 발생하는 경우가 많지만 양측성인 경우도 있다. 성숙한 정상난포의 크기(지름 20~25 mm)보다 더 큰 난포가 배란되지 않은 채 장기간 잔존할 경우에는 난포낭종이라고 하며, 1개의 난포에 소형의 낭종성 난포가 다수 존재할 경우에는 다낭성 난소낭종이라고 한다.

원인

고능력 유우, 농후사료의 다급, 비유기간 중 저질사료의 다급, 사료 급여량의 부족, 영양불량 등의 경우에 난포낭종을 일으킬 수 있다. 난포자극호르몬, 분비기능의 항진 또는 항체형성호르몬의 양적 감소 등 두 호르몬의 불균형 상태에서 일어날 수 있다.

증상

발정이 항진되는 이상발정형(思雄症)과 무발정형이 있다. 이상발정형은 발정주기

그림 2-21. 난소낭종(좌측 난소)

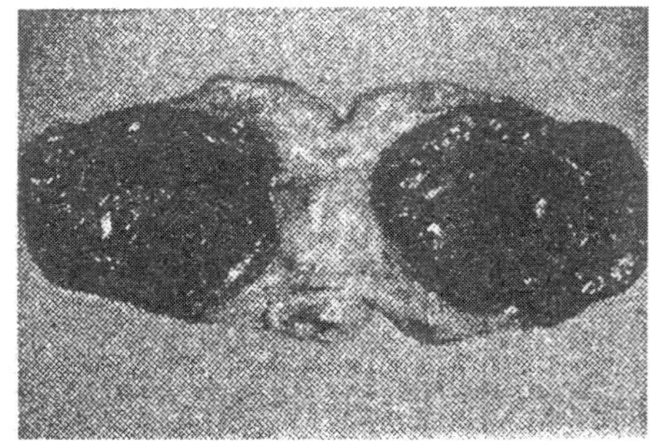

그림 2-22. 황체낭종

[임신하지 않은 소의 황체낭종으로서 난소를 절단하였음]

가 불규칙하고, 발정증상이 매우 강하다. 낭종증상이 장기화되면 목, 어깨가 비대해져 수소와 같은 체구로 변하며, 성질이 난폭해지고, 다른 소에 빈번히 기어오르며, 질에서는 점액이 유출되고, 미근(尾根)이 굵어지고, 항상 미근을 들어올리고 있다.

치료

사양관리를 개선한다. 태반성 성선자극호르몬, prostaglandin F2α 등을 주사한다.

나) 황체낭종

황체낭종(黃體囊腫)이란 난포에서는 배란이 이루어지지 않고 난포가 이상발육을 계속하면서 난포벽에 황체조직의 층이 형성되어 중심부에 액체가 고여 있다.

원인

난포낭종과 마찬가지로 황체형성호르몬 및 난포자극호르몬 분비량의 불균형, 황체형성호르몬 분비량의 감소 등이 원인이 된다.

증상

무발정 상태가 지속된다.

치료

성선자극호르몬을 주사한다.

(5) 황체 잔류증(persistent corpus luteum)

황체(黃體) 잔류증이란 임신하지 않은 소의 황체가 장기간 잔류해 있으면서 황체의 기능을 지니고 있는 상태를 말한다.

원인

황체 잔류(또는 영구황체)의 원인은 자궁 내에서 사멸한 태아가 계속 남아 있거나 자궁 내에 농 또는 점액이 고여 있어서 황체가 소멸되지 않는 경우와 성호르몬의 분비에 이상이 생긴 두 가지 경우를 생각할 수 있는데, 새끼를 많이 낳은 소에서 발생하는 경향이 많다.

증상

무발정이 지속된다.

치료

황체를 제거하거나 호르몬을 주사한다.

(6) 난소 종양(tumor of ovary)

난소에서 발생하는 종양(腫瘍)으로서 과립막세포종(顆粒膜細胞腫, granulosa cell tumor)을 들 수 있는데, 매우 드물게 한 측의 난소에 발생하지만 때로는 양측에 발생하는 경우도 있다. 종양의 크기는 10~20 ㎝로 커지므로 임신자궁으로 오진하는 경우도 있다. 어떤 과립막세포종에서는 호르몬이 분비되어 유선(乳腺)을 발육시키고 유즙을 분비시키는 경우도 있다. 치료방법은 없다.

(7) 수정란의 사멸(death of fertilized ovum)

수정란의 사멸이란 수정된 난자가 자궁내막에 착상하기 전 또는 착상 후에 사멸하는 것을 말한다. 자궁내막의 병적상태에 있어서는 특히 점막상피의 변성 탈락에 의하여 수정란의 착상이 이루어지지 않아 사멸하게 된다. Progesterone 호르몬의 분비부족 또는 호르몬의 불균형에 의해 수정란의 착상발육의 장해를 추측하고 있으나 확실히 밝혀져 있지 않다.

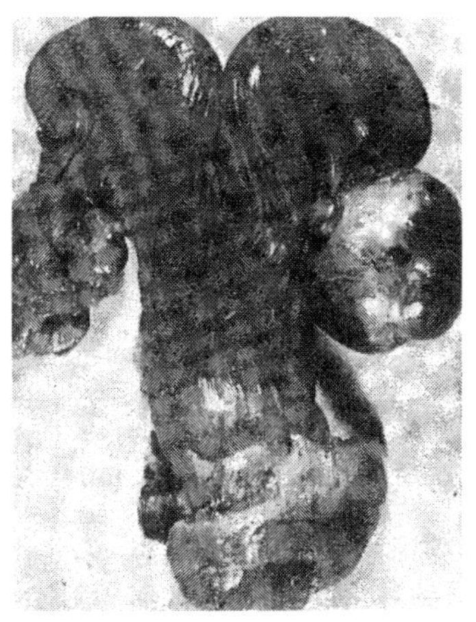

그림 2-23. 우측 난소의 과립막세포종

(8) 태아의 사멸(death of embryo)

① 임신 15~45일에 태아의 사멸이 있을 수 있는데 불임이 되는 것이다. 이러한 소에서는 인공수정 후 계속 무발정 상태가 지속되므로 임신으로 오인하기 쉽다.

② 호르몬 작용의 불균형, 특히 자궁내막의 세균감염 등이 태아 사멸에 원인이 된다고 하지만 확인되고 있지 않다. 그러나 고균증(孤菌症, vibriosis) 및 트리코모나스증(trichomoniasis)이 태를 사멸시킨다는 것은 잘 알려진 사실이다.

③ 태아의 사멸은 이들 감염병 외에도 잘 발생하는데, 여기에는 호르몬의 불균형, 영양장애, 특이 세균 감염증 및 비특이 생식기 감염증 등이 중요한 역할을 하는 것으로 알려져 있다.

(9) 저수태(low fertility)

규칙적으로 발정은 반복되지만 3회 이상 수정시켜도 수태되지 않는 소를 말하는데, 임상적으로는 난소의 이상, 생식기의 염증 등 불임증의 원인이 될 뚜렷한 원인을 발견할 수 없다.

원인

저수태(低受胎)의 원인은 다음과 같이 수정장해 및 수정란, 배, 태아 등의 조기 사멸로 구분할 수 있다.

① **수정장해**: 정자가 난자에 침입하기 전 난자의 사멸, 정자와 난자의 형태 및 기능 이상, 생식기 이상으로 정자 또는 난자가 수란관, 자궁경관 등을 통과할 수 없을 때에 배란장해, 수정시기의 일실, 생식기의 감염성 질병, 성호르몬 분비의 이상 등을 들 수 있다.

② **수정란, 배, 태아의 조기 사멸**: 정자, 난자 또는 수정란의 선천적 및 후천적 결함, 생식기의 감염성 질병, 내분비의 이상, 영양결핍, 모우와 태아 사이의 면역학적 부적합 등을 들 수 있다.

증상

① 교미 또는 인공수정 후 정상 성주기 내에 재발정한다. 그러나 1~3주기는 무발정으로 경과하다가 재발정하는 소도 있다. 재발정이 오는 기간의 장단은 배 및 태아의 사멸시기와 직접적인 관련이 있다.

② 수정란이 상실기(桑實期) 또는 배반기(胚盤期)에 사멸된 것은 황체가 정상 주기에서와 같이 퇴행하므로 발정주기가 정상일 것이다. 그러나 배반포(胚盤胞)가 성주기 후반기인 착상 직전에 사멸하면 황체퇴행이 늦어지기 때문에 정상 주기를 지나 발정을 하고, 태아가 사망하였을 때에는 재발정이 더 한층 늦어진다.

치료

원인이 다양하기 때문에 치료법도 차이가 있어 치료에 어려움이 있다. 생식기 감염의 치료, 수정적기의 선택, 성호르몬 분비에 대한 개선책, 영양개선, 정자 및 난자의 통과를 장해하는 요인의 제거 등을 들 수 있다.

4. 생식기 감염

1) 특이성 생식기 감염병(specific genital infections)

소의 불임증의 원인으로 여러 가지 특이 감염병에 관여하는 병원미생물로서 세균, 바이러스, 원충, 진균 등 여러 종류가 있다.

(1) 브루셀라병(brucellosis)

브루셀라병은 인수(人獸) 공통 질병으로서 소에 있어서는 *Brucella abortus*라는 세균이 태반에 감염하여 태아를 유산시키고 불임증을 일으키는 질병이다. 브루셀라병에 걸려 유산한 소는 후산(後産)이 정체되고, 자궁에 염증이 생겨 불임증에 걸린다.

(2) 비브리오병(vibriosis)

태아 고균성(孤菌性) 유산증이라고도 하며, *Campylobacter fetus*(일명: *Vibrio fetus*)라는 세균이 생식기에 감염됨으로써 일시적으로 유산과 불임을 일으키는 생식기 질병이다. 이 병이 우리나라에서 발생하였다는 보고는 없지만 발병 여부는 미지 상태이다.

원인

① 보균 수소와 자연교미에 의하여 전파되는 경우가 대부분이고, 육용우의 집단 방목장 및 자연교미 시 문제가 된다. 이 병은 자기소멸형 질병이라고도 할 수 있으며, 번식우 이외에는 피해를 입히지 않는다.
② 자연교미, 소독하지 않은 질경(膣鏡)의 사용, 소와 소 상호간의 음부의 접촉 등 접촉감염의 경로를 통해 감염우로부터 건강우에 전염된다.

증상

① 이 병은 외견상 뚜렷한 증상이 없기 때문에 발견하기가 어렵다. 비브리오병에 의하여 발생하는 유산은 임신 6개월 된 태아에서 가장 많이 발생하고, 다음으로 임신 5개월 및 7개월 된 태아가 많이 발생한다.
② 일반적으로 trichomonas 원충의 감염 때문에 발생하는 유산은 임신 3개월 내에 발생하며, 브루셀라병 때문에 발생하는 유산은 임신 말기에 대개 발생하므로 임신 6개월을 전후한 유산은 비브리오병으로 인한 유산으로 간주할 수 없다.
③ 비브리오균은 유산한 소의 질점액과 유산한 태아의 소화관, 특히 제4위, 소장, 맹장 등에서 발견된다. 비브리오병은 유산을 일으키는 반면 불임증의 원인이 된다.
④ 비브리오균에 감염되어 있는 수소의 정액을 이용하면 수정률이 크게 낮아져서 공태기간(空胎期間)이 길어지는데, 감염정액을 이용하였을 때 수태에 요구되는 수정 횟수는 평균 6회까지 이른다고 하는데 유의해야 한다(건강우의 정액은 평균 수정 횟수 1.9회). 수정 전 검사를 철저히 해서 이용해야 한다.

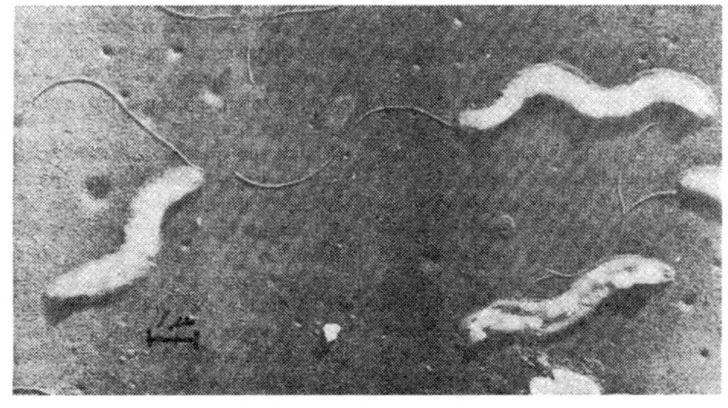

그림 2-24. S-형태의 *Vibrio fetus*의 전자현미경 사진

예방 및 치료

① 감염우의 조기 발견과 조기 치료가 최선의 방법이다. 여러 마리의 임신우가 임신 6개월 전후해서 계속 유산을 하였을 때에는 질점액과 유산태아에 대한 철저한 검사가 요구된다.

② 비브리오병은 penicillin, streptomycin 등 항생제로 잘 치료되며, 대부분의 목장에서 인공수정을 하고 있기 때문에 그다지 우려할 필요는 없다.

(3) 결핵병(tuberculosis)

인수(人獸) 공통 만성전염병으로서 *Mycobacterium bovis*에 의해서 야기되며, 주로 호흡기, 림프계, 소화기계, 유방 등의 병소를 형성하지만 생식기 감염을 일으켜 불임의 원인이 되기도 한다. 사람에게 피해를 주는 법정전염병이기 때문에 철저한 검진이 요구된다.

(4) 트리코모나스병(trichomoniasis)

Trichomoniasis는 *Trichomonias fetus*라는 원충이 생식기에 감염하여 발생하는 생식기 병으로서 암소에서는 조기 유산, 질염, 자궁내막염을 일으켜 불임증의 원인이 된다. 수소에서는 음경염(陰莖炎), 포피막염(包皮膜炎) 등을 일으키고, 직접 교미를 통해 암소에 원충을 전염시킨다. 우리나라에서는 아직 발생보고가 없다.

원인

① 감염된 수소와의 교미를 통해 암소에 감염된다. 처녀우의 감염률이 가장 높고, 그 다음으로 3～4세의 연령층이 높다. 5세 이상에서는 감염되더라도 가벼운 증상만 나타난다.

② 교미, 목부의 손, 솔, 질경, 소독되지 않은 수정봉 등을 통해서 *Trichomonas fetus*라는 원충이 감염된다.

증상

① 감염 후 3일째부터 농이 섞인 점액이 흐르고, 외음부가 부어 오른다. 질점액은 초기에는 백색이던 것이 시간이 경과하면서 유백색으로 변한다.

② 자궁내막염, 때로는 자궁축농증을 일으키기도 한다.

③ 감염우는 수태가 잘 안 되며, 수태가 된다고 하더라도 3개월 이내에 조기 유

산하고, 이후부터는 불임상태가 지속된다.

④ 수소에서는 외적으로 나타나는 증상이 없기 때문에 발견하기가 어려우나 보균우로 된다.

예방 및 치료

① 위생적인 인공수정으로 번식에 임하므로 정액을 통한 감염은 없어졌다고 한다.

② 만성 감염우는 발견 즉시 격리 치료를 해야 하며, sodium iodide를 체중 100 kg당 10 g을 정맥주사, 2일 1회씩 5회 주사, Lugol's solution을 희석하여 질과 자궁을 세척한다.

③ 예방접종법은 없으며, 감염된 종모우는 격리 치료하고, 의심되는 경우에는 정액검사를 철저히 하여야 한다.

(5) 전염성 비기관염(infections bovine rhinotracheitis, IBR)

① 전염성 비기관염(鼻氣管炎)은 IBR 바이러스가 소의 상부 호흡기에 감염함으로써 발생하는 비기관염의 염증을 말하는데, 이 IBR 바이러스는 동시에 암소에서는 전염성 농포성(膿疱性) 외음부 질염과 유산을 일으키고, 수소에서는 귀두포피염(龜頭包皮炎) 그리고 눈의 결막염도 일으킨다.

② IBR 바이러스가 원인이 되어 발생하는 암소의 외음부 질염은 수정과 수태에 지장을 가져올 정도로 생식기 장애를 일으키지 않지만 염증 때문에 일시적으로 번식장애를 일으킨다.

③ IBR 바이러스는 상부 호흡기도에 염증을 일으키는데, 이 병을 앓는 소는 병이 치유된 후 상당한 기간이 지나서 아무런 증상도 없이 갑자기 유산하는 경우가 있다.

④ IBR 바이러스에 의한 유산은 태령 6개월의 태아에서 발생하기 쉽다.

예방 및 치료

① 예방약이 개발되어 있어 예방약을 접종하면 예방할 수 있다. 우태아(牛胎兒) 신장 조직배양에 계대배양하여 감독된 생독백신이다.

② 원인요법은 할 수 없고 2차적 감염에 대한 예방과 치료를 한다.

(6) 전염성 농포성 외음부 질염(infections pustular valvovaginitis, IPV)

전염성 농포성 외음부 질염은 질점막에 발생하는 급성염증이며, 질점막에 농포가 형성되는 것이 특징이다. 질염을 앓고 있는 암소와 교미한 수소가 감염되어 음경과 표피점막에 염증과 농포가 생긴다. 전염성 농포성 외음부 질염의 원인체는 IBR 바이러스이다.

원인

주로 교미를 통해 전염되지만 오염된 걸레, 자리깃, 불결한 질경의 삽입, 질의 배설물이 묻은 꼬리가 다른 소의 꼬리 또는 둔부에 묻어 전염되는 등 접촉감염의 경로를 거친다.

증상

① 처음에는 가벼운 열증상으로 시작되는데, 미열은 수일 간 계속된다. 환축(患畜)은 거동이 불안해 보이며, 외음부가 부어 있고, 만지면 통증에 대한 반응을 일으키며, 오줌을 자주 눈다. 배뇨 시에는 이급후중(裏急後重) 자세를 오래 취한다.
② 질에서는 황색의 점액이 조금씩 흘러내리는데, 외음부의 점막은 충혈 종창되어 있고, 점막면에는 지름 2mm 정도의 농포가 산재해 있다. 어떤 경우에는 질점막에 출혈반점이 생겼다가 괴사되어 일률적으로 탈락하고, 그 자리에는 점막하직(粘膜下織)이 붉게 노출되는데 자극에 대해 민감하게 반응한다.
③ 전염성 농포성 외음부 질염에 걸린 소는 3주 정도 병증이 경과된 후 자연 치유된다. 식욕감퇴와 유량 감소의 증후가 있지만 수태에는 별 영향을 미치지 않는다.
④ 때로는 2차 세균감염으로 인해 자궁내막염을 일으키는데, 이러한 개체는 자궁내막염이 치료되지 않는 한 수태할 수 없다.
⑤ 감염을 일으킨 수소의 음경과 표피가 서로 유착하는 경우도 있고, 때로는 표피의 염증 때문에 표피가 협착되어 음경이 통과하기 어려워지는 경우도 있다.

치료

바이러스성 질병이기 때문에 치료가 어렵다. 질염이 있는 동안에는 인공수정이나 교미를 중단시킨다. 2차 세균감염을 예방하기 위해 항생제를 주사하고, 질 세척을 계속하는 것이 좋다.

(7) 아가바네병(Akabane disease)

아가바네병은 bunyaviridae의 bunyavirus에 속하는 아가바네 바이러스의 감염에 의하여 발생하는 소의 태아 질병으로서 조기 유산, 조기 사산, 체형의 기형, 대뇌결손 등 자궁 내 태아에 이상이 일어난다. 1972~1975년에 일본에서 대유행이 있었고, 우리나라에서도 1980년부터 발생하기 시작했다.

원인

아가바네 바이러스의 감염으로 발생한다. 이 병원체는 8~9월에 모기에 의하여 전파된다고 알려져 있다.

증상

① 성우는 감염되더라도 임상적인 증상을 나타내지 않는다. 특징적인 증상은 임신우의 이상분만인데 임신 7개월 이상 또는 만삭에 가까운 소에 유산이 된다. 기형의 태아를 분만하여 난산이 되는 경우도 있다.
② 태아는 관절만곡(關節彎曲), 척추만곡(脊椎彎曲), 경골만곡(脛骨彎曲) 등에 이상을 볼 수 있고, 보행이 불가능할 때가 많으며 또 대뇌가 결손되어 있는 것도 있다.

예방

뚜렷한 임상증상이 없어 치료에는 어려움이 있고, 현재는 예방약이 개발되어 있어 시판되고 있다.

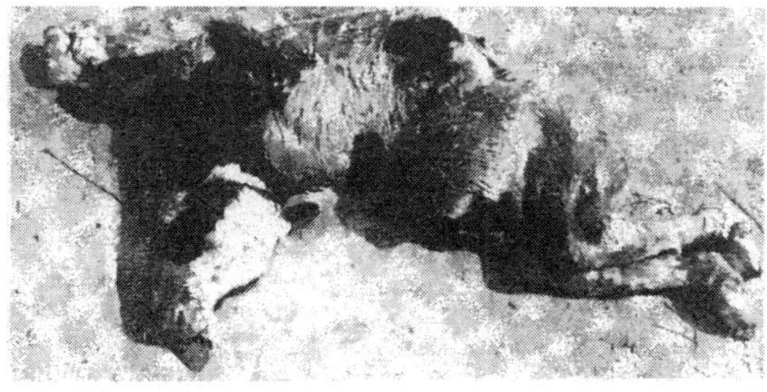

그림 2-25. 사지가 굴곡된 송아지(아가바네병)

(8) 과립성 생식기병(granular veneral disease)

과립성 생식기병은 과립성 질염 또는 감염성 질염, 음문염 등으로 알려져 있으며, 소에서만 발생하는 특이성 질병이다.

원인

원인체는 *Mycoplasma bovigenitanium*, IBR 바이러스 등으로 알려져 있다. 과립성 질염은 교미에 의해서만 전염되는 것으로 알려져 왔지만 다른 전염경로를 통해서도 감염된다는 사실이 밝혀졌으며, 이 병의 잠복기는 1～2주일이다.

증상

① 특징적 변화는 1～2 ㎜의 낟알모양의 도톨도톨한 과립성 질염이 질 점막면에 발생해 있고, 증상이 가벼울 때에는 과립의 수가 적고, 그 대부분이 음핵 부근에 몰려 있다.
② 증상이 중등도일 때에는 과립의 수가 더 많아져서 질 점막에 산재하며, 과립 주변의 점막이 충혈되어 붉은빛을 띤다.
③ 증상이 매우 심할 때에는 질 점막 전면에 과립이 밀집해 있고, 과립이 밀집, 유착되어 있는 경우도 있다. 질 점막은 충혈되어 있기도 하고, 점액성 농이 배출되기도 한다. 증상이 심한 소는 거동이 불안하고, 심한 통증이 있으며, 발정기에 이르면 증상이 더욱 악화된다. 통증 때문에 교미나 인공수정을 거부하고, 이리저리 피하며 소란을 피운다.
④ 과립성 질염으로 인한 염증은 약 2개월 동안 지속되다가 서서히 쇠퇴되지만, 일반 세균성 질염이 합류되었을 때에는 자궁경관염, 자궁염 등이 병발되어 번식장애를 일으킨다.

치료

항생제 연고, 설파제 연고 등을 질 점막에 발라 주거나 Lugol's solution을 희석하여 세척한다. 그러나 약물요법에 의한 치료효과는 그다지 기대할 수 없다.

(9) 진균성 감염(mycotic infection)

진균류에 의한 번식장해에는 산발성 유산 및 자궁내막염 등이 있다. 진균성(眞菌性) 유산증이 우리나라에서도 잘 알려져 있지만, 구미 각국에서 매우 중요시하고 있고, 미국에서는 소의 유산의 약 8～10%가 진균성에 의하여 이루어진다고 알려지고 있다.

원인

진균성 유산의 원인균은 *Aspergillus fumigatus*와 *Mucovales* 로 알려져 있는데, 그 중 약 80%는 *Aspergillus*라고 한다.

증상

① 진균에 의한 유산은 대개 5～7개월에 일어나는 것이 보통이지만, 임신 4개월에서 임신 말기에 걸쳐 모든 기간에 일어날 수 있다.
② 유산을 일으킨 태막은 두껍게 비후되고 부종이 있으며, 쇠가죽 모양으로 딱딱해져 있고, 괴사되어 있으며, 태반이 유산 후 8～10일 간 분리되지 않는다.
③ 유산 태아의 피부에는 백선 같은 반점이 여기저기 산재해 있는 경우도 있다.

치료

후산 만출(娩出) 후에는 자궁을 세척하고 항생제를 주입한다. 2차 감염이 없는 한 차기 임신에는 큰 지장이 없지만 장기간 불임상태가 지속되는 수도 있다.

2) 비특이성 생식기 감염(nonspecific genital infection)

생식기에 비특이성 감염이 되어 불임증을 일으키는 경우에는 질염, 자궁경관염, 자궁내막염, 만성자궁염, 수란관염(輸卵管炎), 난소염, 자궁축농증, 태아침지 등이 있다. 비특이성 세균의 감염으로 발생하는 자궁내막염은 불임증의 가장 큰 원인으로 생각된다.

(1) 질염(vaginitis)

질염(膣炎)은 특이성 세균의 감염보다는 일반 세균의 감염에 의하여 일어나는 경우가 더 많다.

원인 및 증상

① **외상성 질염**(traumatic vaginitis) : 분만할 때 거칠게 조산했거나 난산처치, 질

탈(膣脫) 등으로 인해 질벽에 손상이 가해져 화농성 세균이 감염되어 질염을 일으킨다. 염증의 기본 증상을 나타내며, 치료하지 않고 방치하면 경관염, 자궁염을 일으킨다.

② **지방유행성 질염**(enzootic vaginitis) : 지방에 따라 몇 년마다 산발적으로 유행하는 질염으로서 외음부 질염, 과립성 질염 및 바이러스성 질염 등이 있다. 소량의 농성 삼출물이 흘러 나오고 경관염도 동시에 발생한다.

치료

자극성이 없는 소독액으로 소독을 하고, 항생제를 주사한다.

(2) 자궁경관염(cervicitis)

자궁경관염(子宮頸管炎)은 자궁염이나 질염과 관련되어 발생한다. 경도의 자궁경 외구의 염증은 질염에서 속발되고, 전체 자궁경의 심한 염증은 대개 자궁염에서 속발된다. 또한, 만성 경관염을 앓고 있는 소에서는 반드시 만성 자궁염이 공존한다. 경관염은 질경(膣鏡)을 이용해서 검진할 수 있고, 직장검사를 통해서도 염증 부위가 종창되어 있으므로 촉진하여 진단할 수 있다. 만성 경관염에 있어서는 자궁경관의 충혈과 종창이 뚜렷하지 않다. 염증이 경관 외구에만 국한해 있을 때에는 외구 부분만이 두꺼워져 있기 때문에 경관 전체가 촉진상 원추형으로 느껴진다. 자궁경관염도 불임의 원인이 된다.

치료

염증이 발생한 부위를 생리식염수 및 자극성이 없는 소독제로 세척 후 항생제를 주사한다.

(3) 자궁내막염(endometritis)

자궁내막염(子宮內膜炎)은 자궁내막에 발생하는 염증으로서, 원발성 자궁감염증 또는 2차적 감염에 의해서 야기된 자궁내막염은 불임의 원인이 된다.

원인

① 세균감염, 내분비 이상, 전염성 질병(브루셀라병, vibriosis, trichomonasis, IBR 감염증) 등에 감염되어 발생한다. 그러나 우리나라에서는 전염성 질병이 철저

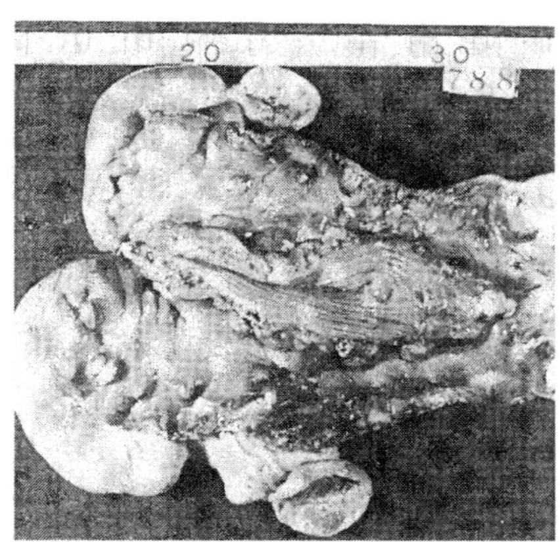

그림 2-26. 카타르성 자궁내막염

[자궁점막이 두꺼워져 있고 충혈되어 있지만 고름은 보이지 않음]

히 다루어지고 있으므로 전염성 질병이 원인이 되어 발생하는 자궁내막염은 극히 드물고, 비특이성 세균감염에 의한 자궁내막염이 대부분을 차지하고 있다.

② 자궁의 세균감염은 주로 분만 시 거칠고 불결한 조산, 난산 처치, 후산의 인위적 배출, 자궁탈 등으로 자궁내막의 일부가 손상되어 감염증을 일으킨다.

③ 자궁내막염의 발생과 난소호르몬의 작용과는 밀접한 관계가 있다. 자궁내막염에 의하여 발생한 자궁의 병적 변화는 불임증의 원인이 된다.

증상

자궁내막염은 병리적 또는 임상적 관점에서 여러 가지 유형으로 구분하는데, 임상적으로는 카타르성 내막염, 화농성 내막염, 잠재성 내막염 등으로 구분한다. 임상 소견을 보면 다음과 같다.

① **카타르성 자궁내막염**(catarrhal endometritis) : 수양성이지만 초자양점액(硝子樣粘液) 또는 회백색의 실오라기와 같은 고름이 섞인 점액이 자궁경에서 누출되고, 질 밖으로 유출되어 꼬리에 묻게 된다. 발정기에 이르면 이상점액의 배출량은 더욱 많아진다. 경관 외구와 질이 가볍게 충혈되고 부어 있으며, 약간 뒤집어져 있다.

② **화농성 자궁내막염**(suppurative endometritis) : 회백색 내지는 황색의 농이 자궁 내에 형성된 상태를 말하고, 염증이 오래 진행되면 점막상피에 탈락이 있게 된다.

③ **잠재성 자궁내막염**(latent endometritis) : 질의 외관 상태나 누출되는 점액이 정상에 가까워 발견하기가 어렵다. 그러나 자궁경관 외구에 점상 출혈반이 존재하거나 자남색으로 변해 있는 상태가 인정된 정도이므로 임상적으로는 진단하기 매우 어렵다. 발정 시 흐르는 점액을 채취하여 농편 또는 실오라기와 같은 회백색 물질의 혼입 여부를 검사한다.

(4) 만성 자궁염(chronic metritis)

만성 자궁염(子宮炎)은 후산정체 또는 난산을 비위생적으로 처리하거나 거칠게 처치함으로써 자궁점막이 손상됨과 동시에 급성 염증이 발생했다가 치유되지 않고 만성 자궁염으로 진행된 상태를 말한다. 만성 자궁염은 노우(老牛)에서 발생빈도가 높다.

증상

① 만성 자궁경관염을 수반하며, 화농성 삼출액이 약간 유출되고, 경관 외구가 비후되어 밖으로 뒤집혀져 있다. 직장을 통해 촉진해 보면 자궁경관이 두껍게 종창되어 있어 촉감이 단단하다.
② 자궁도 비대해 있으며, 자궁과 경관이 골반골 전연을 지나서 복강 내에 늘어져 있을 때도 있다. 만성 자궁염을 오래 앓는 소는 발정증상을 나타내지 않는다.
③ 만성 화농성 자궁염에 있어서는 농성 삼출물이 자궁경관을 통해 유출되는데 반해 자궁축농증에서는 경관이 폐쇄되어 있어서 농성 삼출물이 배출되지 못하고 자궁 내에 계속 축적하게 된다.

(5) 자궁축농증(pyometra)

자궁축농증(子宮蓄膿症)은 자궁점막에 만성염증이 생겨 고름이 형성되는데, 자궁경관이 굳게 닫혀 있어 고름이 배출되지 못하고 자궁내강에 축적된 상태를 말한다.

원인

분만 후에 생긴 자궁염, 후산정체, 트리코모나스병, 황체 잔류증, 사멸태아, 자궁무력증 등이 원인이 될 수 있다.

증상

무발정 상태가 계속되므로 수정란 소에서는 임신된 것으로 오인될 때가 많다. 자궁경관이 굳게 닫혀 있으므로 자궁에서 형성된 농이 배출되지 못하고 자궁 내에 계속 고여 자궁이 점점 커진다. 자궁축농증은 직장검사로 발견되지만, 임신으로 오진하는 경우도 있다. 한 측 자궁각에 발생하지만 양측성일 때도 있다. 고름의 양이 5~6ℓ에 달하는 경우도 있다.

(6) 태아침지(fetal maceration)

태아침지(胎兒浸漬)는 태아가 자궁 내에서 사멸한 후 세균감염을 받아 피부·근육 등 연부조직이 부패 융해되고, 골격만이 자궁 내에 남아 있는 상태를 말한다.

원인

태아가 죽은 후에 자궁경관이 정상적으로 크게 확장되지 않기 때문에 죽은 태아가 만출(娩出)될 수 없어서 자궁 내에 정체하는 동안 개공된 경관을 통해 세균감염이 일어나 죽은 태아는 기종(氣腫)되고, 세균과 체온의 작용으로 피부·내장·근육 등이 융해되어 골격이 자궁 내에 뭉쳐 있게 된다. 임신 5개월에서부터 말기에 발생하는 예가 많으며, 자궁무력증이 있을 경우에 많이 발생한다.

증상

① 수정 후 일단 임신으로 확인되었지만, 그 후 시일이 경과하더라도 임신 진행에 따르는 신체 변화가 일어나지 않거나 또는 변화 도중에 중단된다.
② 자궁경관이 열려 있을 때에는 불결하고 악취를 풍기는 적회색의 액체가 힘을 쓸 때마다 유출된다. 수일 동안은 체온 상승, 맥박 증가, 유량 감소, 식욕감퇴 등의 증상을 보이며, 임신황체가 잔류하는 경우가 많다.

치료

태아침지가 장기간 계속된 자궁의 치료는 어렵다.

(7) 태아의 미라 변성(fetal mummification)

태아의 미라 변성은 자궁 내에서 사멸한 태아가 부패되지 않은 채 남아 있으면서 체 수분이 서서히 흡수된 결과, 태아의 사체가 건조 위축된 덩어리로 자궁 내에 잔류되어 있는 상태를 말한다.

원인

① 임신중에 물리적 충격에 의해 태아 태반이 모체 태반에서 분리된 결과 모체로부터의 영양공급이 중지되므로 태아가 사멸하게 된다.
② 유전적 요인, campylobacter fetus of leptospira 등과 감염성 질병이 있을 때도 태아가 사망, 미라 변성을 일으킬 수 있다.

증상

① 임신황체가 계속 남아 있어서 무발정이 지속되므로 임신이 진행되는 것으로 알지만 임신 말기에 대한 모체의 변화가 없다.
② 미라 변성은 임신 4～6개월령의 태아에 발생하는 율이 높고, 임신 5～6개월령의 태아가 미라화되었을 때에는 자궁이 복강 바닥에 침하되어 있으므로 직장검사로는 잘 촉진되지 않아 임신우로 오인하게 된다.
③ 발정이 재발하면 미라화된 태아는 만출되지만 무발정 상태가 계속될 때에는 진단이 내려질 때까지 1～2년 간이나 자궁 내에 머물러 있을 경우도 있고, 때로는 미라화된 태아가 자궁벽에 유착되어 있기 때문에 만출이 불가능할 경우도 있다.

(8) 수란관염, 수란관수종, 난소주위염

① **수란관염**(輸卵管炎, salpingitis) : 자궁염이 수란관으로 상행성 파급되어 발생한다. 염증이 시작되면 충혈 종창되고, 계속해서 진행되면 수란관이 유착되어 난자와 정자가 통과할 수 없게 된다. 때로는 농이 많이 형성되어 난관축농증까지도 일으킨다.
② **수란관수종**(輸卵管水腫, hydrosalpinx) : 수란관이 어떤 원인으로 폐쇄되어 관내에 액체가 많이 고여 있는 상태를 말한다. 계속 고여 있으면 불임의 원인이 된다.
③ **난소주위염**(卵巢周圍炎, periovaritis) : 난소를 감싸고 있는 난소인대(卵巢靭帶), 난관채(卵管采), 난관막(卵管膜) 등에 생긴 염증을 말하는데, 이러한 조직에 염증이 생기면 난소와 난소 주위의 조직들이 서로 유착되므로 배란된 난

자는 수란관 내로 진입할 수 없어서 불임증이 된다. 난소주위염은 자궁내막염, 난관염 등이 생겨 이들 염증이 파급되어 일어나는 경우도 있다. 수란관염과 수란관수종은 직장검사를 통해 촉진하여 진단할 수 있지만, 정상상태의 수란관은 가늘기 때문에 촉진할 수 없다.

치료

질, 자궁염, 자궁 등의 염증에는 주로 국소적으로 치료된다. Lugol's solution의 희석액, 설파제, 항생제 등이 치료에 이용되어지고 있다. 이들 질환은 특별한 치료법이 없어 상기 요법으로 치료가 되지 않으며, 치료불능의 불임우로 되기 쉽다.

5. 생식기의 일반 질환

생식기 질병에는 난소기능 장애, 생식기 감염 등 불임에 관계되는 질병 이외에도 분만을 전후하여 여러 가지 병적 이상이 발생하는데, 때로는 이로 인해 소를 도태하지 않으면 안 될 경우도 있다.

1) 질탈(prolapse of vagina)

질탈(膣脫)은 보통 질의 저부, 측벽 및 상부의 일부가 음문을 통하여 탈출한 것을 말한다. 때로는 질이 전 탈출하는 경우도 있다.

원인

태반에서 estrogen이 대량 분비되는 시기인 분만 2~3개월 전에 다발한다. Estrogen은 골반의 인대와 그 주위의 조직을 이완시키고, 음문과 그 괄약근도 이완시키며, 부종을 일으킨다. 소가 누울 때 또는 임신 말기에 복강 내압이 증대되었을 경우에는 방광과 내장이 질 저부를 향하여 밀려 올려져 질탈을 촉진시킨다. 유전적 소인도 있다.

증상

① 환축이 누워 있을 때 질벽이 음문 밖으로 탈출하는데, 그 크기는 어른의 주먹 크기로부터 축구공 크기에 이르기까지 다양하다.

② 질탈이 가벼울 경우에는 소가 누워 있을 때 탈출해 있다가 기립하면 곧 골반강 내로 환납한다. 그러나 질이 완전 탈출했을 경우에는 자동적으로 환납되지 않는다.
③ 탈출된 질벽은 공기에 접촉하여 건조하고, 분뇨·사료·물 등이 묻어 있으며, 꼬리 또는 다른 물체와의 마찰로 상처를 입어 출혈이 생기고 부종 화농된다.
④ 질 전체가 탈출되면 방광이 골반강 내로 끌려나오는데, 이와 같은 경우에는 요도가 압박되어 배뇨가 장해되므로 방광이 팽창된다. 이 결과 방광이 파열되는 수도 있다.
⑤ 임신한 소에서 질탈과 동시에 자궁경관도 탈출할 때가 있는데, 이와 같이 되면 수일 내에 유산한다.

치료

충혈종창 및 화농된 질 점막을 자극성이 없는 소독액으로 잘 씻어낸 후 항생제 연고를 발라 주고, 서 있을 때와 누워 있을 때 후구가 높아질 수 있도록 목판 또는 가마니를 놓아 준다. 탈출된 질 점막의 일부를 절개하고 봉합하는 수술치료법도 있지만 일반적으로 예후가 불량하다.

2) 자궁염전(torsion of uterus)

자궁염전(子宮捻轉)이란 자궁이 좌측 또는 우측으로 회전되어 비꼬인 상태를 말한다. 임신 중반기 이후에 발생하는 경우가 많다. 우측으로 염전되는 경우가 더 많다.

원인

임신자궁은 자궁광인대(子宮廣靭帶)에 부착되어 유리된 상태로 매달려 있기 때문에 소가 갑자기 쓰러지거나 무리한 동작을 취할 때, 또는 분만 개시기에 자궁에 이상수축으로 인하여 염전되는 경우가 있다. 운동장의 협소, 축사 내에서의 장기간 사육 등에 의한 운동부족도 원인이 될 수 있다.

증상

① 임신 중반기 이후에 갑자기 식욕이 없어져 빈번히 일어섰다 앉았다 하면서 거동이 불안하다. 때로는 가벼운 고창증이 발생하기도 한다.

② 자궁염전의 약 90%는 분만기에 관찰되는데, 분만기에 이르러서 분만이 절박해 있는 상태를 보이지만 장기간 진통이 일어나지 않으며, 뒤에 힘을 주지 않는다.
③ 염전의 정도가 심할 때에는 맥박과 호흡이 빨라지고 쇠약해지며, 사지(四肢)에 냉감(冷感)이 있다.
④ 자궁염전은 직장검사 또는 질검사로 쉽게 발견할 수 있다. 자궁이 염전되면 질도 좌측 또는 우측으로 조여 나선형으로 주름지고 외음부에 부종이 생긴다.

치료

환축(患畜)을 눕힌 다음 자궁이 염전되어 있는 방향과 반대되는 방향으로 소를 굴리며, 이 방법으로 성공하지 못하면 수술요법을 시행한다.

3) 장기재태(retained fetus)

장기재태(長期在胎)란 태아가 평균 임신기간인 280일을 지나 300일 이상을 경과하여도 분만되지 않을 때를 말하는데, 일명 거대태아(巨大胎兒, giant fetus)라고도 한다.

원인

주로 유전적 소인이지만 과영양 상태 및 운동부족도 원인이 될 수 있다.

증상

① 분만 예정일을 전후하여 외음부가 부어 오르고, 유방이 커지는 등의 분만 전 징조가 일시적으로 나타났다가 얼마 후 소실되는데, 그 후 분만 징후는 다시 나타나지 않는다.
② 재태(在胎) 기간 동안 태아는 자궁 내에서 발육하고 털갈이까지 하는 경우도 있는데, 이러한 소는 정상분만을 할 수 없으며, 분만된 태아는 부신형성부전인 경우가 많다.

치료

태아가 거대하기 때문에 정상분만을 기대할 수 없다. 따라서 제왕절개술로 태아를 만출시킨다.

4) 자궁무력증(atony of uterus)

자궁무력증(子宮無力症)이란 분만 중 또는 분만 후에 자궁의 수축력이 결여된 상태를 말하며, 진통미약증이라고도 한다.

원인

임신 중의 운동부족, 과비(過肥), 태막수종(胎膜水腫) 또는 쌍태아로 인해 자궁벽이 신장되고 부담이 과중한 상태, 전신쇠약, 소모성 질병, 노령우 등에서 oxytocin의 자극에 대한 자궁근육의 반응부전, 뇌하수체후엽에 대한 자극 미약, 뇌하수체후엽의 기능부전, 그밖의 호르몬의 이상, 난산에 기인하는 자궁근육의 피로 등을 들 수 있다.

증상

진통이 미약하므로 난산이 되고, 분만 후에는 자궁수축이 일어나지 않으므로 후산정체의 원인이 되며, 후산을 제거한 후에도 자궁수축이 계속 일어나지 않을 때에는 삼출물(惡露)이 자궁 내에 정체된다. 자궁염으로 발전할 수 있다.

치료

자궁세척을 치료될 때까지 계속하고 호르몬제를 투여한다. 자궁염을 일으키지 않도록 항생제를 투여한다.

5) 자궁탈(prolapse of uterus)

자궁탈(子宮脫)이란 분만 후에 임신되었던 자궁각이 반전되어 점막 면이 음문 밖으로 탈출되어 나온 상태를 말한다.

원인

칼슘 결핍증에 의한 자궁경관 근육의 이완이 주원인이며, 분만 후의 자궁수축 불량, 산도의 상처로 인한 통증 때문에 계속 힘을 줄 때, 후산을 무리하게 견인하였을 때, 난산 시 태를 무리하게 견인하였을 때, 허약체질, 노령우 등은 자궁탈의 원인이 된다.

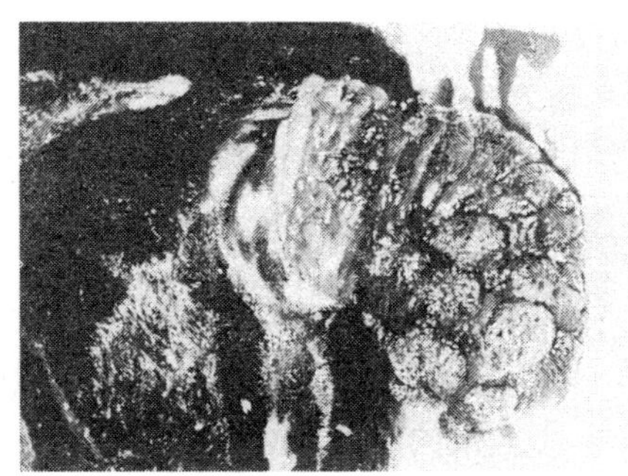

그림 2-27. 자궁탈

[자궁이 뒤집혀져 탈출되어 있고, 밤알 크기의 궁부가 보임]

증상

① 자궁탈은 분만 후 수시간 내에 발생하는 경우가 많다.
② 반전된 자궁각은 음문 밖으로 탈출하여 큰 주머니 모양으로 매달려 있다.
③ 검붉은 자궁점막의 표면 여기저기에는 크고 작은 밤알모양의 모체 태반이 달려 있는데, 시간이 지나면 자궁점막이 점차 암적색으로 변하고 건조해진다.
④ 탈출된 자궁은 꼬리와 마찰을 일으키거나 그 밖의 물체에 닿아서 쉽게 상처를 입는다. 탈출된 후 시간이 지나면 자궁점막이 울혈을 일으키고 부종이 생겨서 부피가 더 커진다.

치료

① 수의사가 도착할 때까지 자궁점막의 손상과 부종을 방지하기 위하여 회석한 소독약으로 자궁점막을 씻어서 묻어 있는 오물을 흘려 버린 다음 깨끗한 천으로 싸서 질의 위치까지 들어올려 주고 전저(前低), 후고(後高)의 자세를 하게 한다.
② 자궁을 정복시킨 다음에는 칼슘액을 주사하며, 1～2일 간격으로 3～4회에 걸쳐 자궁을 세척한 다음 자궁 내에 설파제나 항생제를 넣어 준다.

6) 태반정체(retained placenta)

태반정체(胎盤停滯, 後産停滯)란 분만 후 태아 태반의 융모가 모체의 태반에서 분리되지 않고 자궁 내에 정체되어 있는 상태를 말한다. 분만 후 6시간이 지나서도 후산이 배출되지 않을 때에는 후산이 정체되었다고 할 수 있다.

원인

① 후산정체의 1차적 원인은 분명치 않으나 미약한 후진통, 비타민 A와 같은 미량성분의 부족, progesterone의 분비부족, 자궁근육의 무력증, 평상시의 운동부족, 무기물 섭취량의 부족, 내분비장애 등 여러 가지 요인이 있다.

② 2차적 원인으로는 자궁염을 생각할 수 있다. 즉 브루셀라병, 비브리오병, 분만시 발생한 자궁감염 등에 의하여 발생한 자궁염 등이 원인이 될 수 있다.

증상

① 불그레한 태막의 줄기가 음문 밖으로 길게 매달려 있는 경우도 있지만, 음문 밖으로 전혀 노출되지 않은 경우도 있다. 태막의 일부가 음문 밖으로 나와 있을 때에는 세균의 감염률이 높아진다.

② 후산이 자궁 내에 48시간 이상 정체되어 있을 때에는 부패균의 감염으로 후산이 부패된다.

③ 경증의 경우에는 자궁의 퇴축은 불량하면서 태막이 부착되어 있으나 인위적으로 쉽게 분리시킬 수 있고, 전신증상이 나타나지 않고, 점액성 혼혈성 질루는 있으나 악취는 나지 않는다.

④ 중증 예에 있어서는 자궁퇴축의 불량과 더불어 태반은 궁부(宮阜)에 견고하게 부착되어 인위적으로 분리가 어려운 편이다. 부종이 심하게 일어날 때에는 태반분리가 더욱 어려워진다. 자궁 내에는 흑색 수양성(水樣性) 삼출액으로

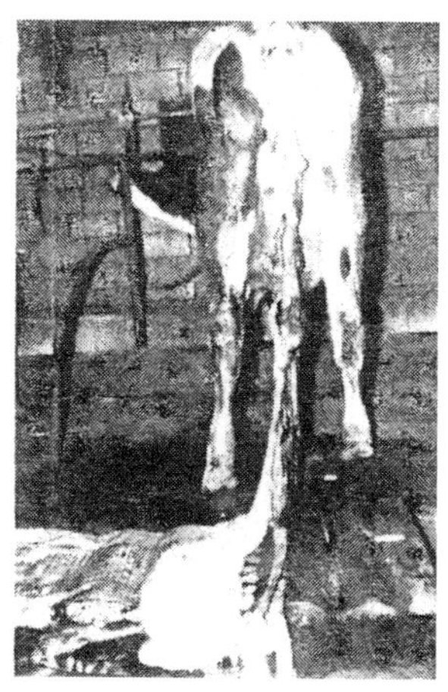

그림 2-28. 후산의 배출

충만하며 심한 악취가 있다. 또한 식욕감퇴, 원기부족, 침울, 발열, 맥박수 증가 등과 같은 전신증상이 나타난다.

치료

① 분만 직후 뇌하수체호르몬(oxytocin 5 mℓ의 근주 또는 피하주 또는 pituitrin 5∼10 mℓ의 근주, 정주 또는 피하주)을 주사하면 후산정체의 발생을 감소시킬 수 있다.
② 자궁에 직접 손을 넣어 태반을 분리 제거할 때에는 태반분리가 용이한 경우에 한해서 그대로 실시하되 만일 분리가 곤란하여 자궁에 손상을 줄 우려가 있을 때에는 대기하였다가 분만 후 48시간이 경과한 후 태반분리가 용이한 시기에 실시하는 것이 오히려 안전하다. 분만 후 48시간 이전에는 태반분리가 어렵기 때문에 유념해야 한다.
③ 태반분리를 시도하였으면 분리가 되었든 안 되었든 간에 자궁 내에 항생제를 주입해야 한다. 이와 같은 약제 주입만으로도 후산이 일어날 때가 있다.
④ 무리한 태반박리는 자궁에 상처를 주고, 자궁내막염의 발생은 물론 패혈증을 일으킬 수 있기 때문에 주의를 해야 한다.

7) 요질(urogina)

요질(尿膣)이란 오줌이 질 내에서 역류하여 질의 전방질저(前方膣底)에 고여 있는 상태를 말하며, 노령우, 영양 불량우, 질탈이 반복되는 소 등에서 발생하는 경향이 있다. 요질상태가 계속되면 질, 자궁경관 등에 염증이 생겨 수태가 안 된다. 환축(患畜)의 영양상태를 개선해 주고, 적절하게 운동을 시켜 체력을 강화시키면서 질부의 염증을 치료해야 한다.

8) 공기흡인증(pneumovagina)

공기흡인증이란 음부를 통해 공기를 질 내로 흡인시키는 상태를 말한다.

원인

① 외음부의 형태적 변화나 노령우에 있어 질벽의 이완증이 원인이 된다.
② 외음부의 형태변화 요인으로는 ㉠ 항문이 함몰해 있는데다 미근부를 거상하고 있어서 음순(陰脣)의 상단이 수평에 가까울 정도로 끌려 올라가 있을 때,

㉡ 난산이나 난산처치 등으로 음순 상연이 파열되었거나 항문괄약근이 찢어져서 음순의 형태가 일그러져 있을 때, ㉢ 노령우에서 자궁이 탄력성이 없어 복강 내로 늘어져 있기 때문에 질이 앞쪽으로 당겨져 있을 때, ㉣ 질에 염증이 있을 때 등이 원인이 된다.

증상

① 음문이 벌어진 채 닫히지 않아 개방된 상태에 있고, 음문을 통해 공기가 흡인되는 소리를 들을 수 있다.
② 개공된 음문의 구멍을 통해 똥, 공기, 세균 등이 흡인되므로 질염, 자궁경관염, 자궁내막염을 일으켜서 농성 삼출액이 배설되며, 증상이 살아지지 않으면 불임우가 된다.

치료

파열상이 있을 때에는 수술로 교정하고, 질과 자궁경의 염증은 자궁염 치료법에 준한다. 노령우나 항문이 우묵 들어가고 질이 끌려 올라가 음순이 수평으로 놓인 질과 구조상의 형태 변화는 교정하기 어렵다.

9) 직장질루(rectovaginal fistula)

선천성 기형도 있지만 분만할 때 태아의 발이 강력한 수축으로 밀려 나오면서 발끝이 질의 천정과 직장의 하면을 꿰뚫음으로써 생긴다. 직장질루(直腸膣瘻)가 생기면 직장을 통과하는 똥의 일부가 누관를 지나 질로 흘러내리게 되므로 질염, 경관염, 자궁염 등을 유발하여 임신할 수 없는 상태로 되는데, 치료하지 않고 방치해두면 불임우가 된다.

치료

수술하여 직장과 질에 뚫린 구멍을 봉합 폐쇄시킨다.

10) 난산(dystocia)

난산이란 분만행위가 연장되어 모축(母畜)이 조산 없이는 분만이 곤란한 상태를 말한다.

원인

일반적으로 난산의 원인은 모체성 난산과 태아성 난산의 두 가지로 구분할 수 있다.

(1) 모체성 난산(maternal dystocia)

모체성 난산은 모체의 생식기에 어떤 결함이 있기 때문에 일어나는데, 그 원인으로는 다음과 같은 것을 들 수 있다.

① **산도 미숙**(immature birth canal) : 모체의 체구가 미처 발달하기 전에 미경산우를 교미시켜 임신시켰을 때 일어날 수 있는데, 이러한 경우에는 분만기에 도달해서도 산도의 연조직이 잘 신전되지 않으므로 산도가 협소하여 난산이 된다.

② **산도 협소** : 골반강 내에 생긴 종양, 괴사를 일으킨 조직의 단단한 지방조직 덩어리 등이 산도의 일부를 좁히고 있어서 태아의 통과를 방해한다. 또 전회분만(轉回分娩) 때 찢어졌던 산도의 상처가 서로 유착되어 산도가 좁아질 때도 있다.

③ **자궁경관의 폐쇄 및 협착** : 전회분만(轉回分娩) 할 때 자궁경관이 입은 상처 또는 질염이나 자궁염에서 파급되어 발생한 자궁경관염이 유착되어 단단한 자궁경관을 폐쇄하거나 또는 경관이 잘 개장되지 않을 정도로 협착된 상태에 있을 때에는 난산이 된다.

④ **골반골 변형** : 골반골의 골절 또는 구루병에 걸렸기 때문에 골반골의 형태가 변형되어 산도가 협소해진 상태를 말한다.

⑤ **자궁염전**(torsion of uterus) : 자궁이 좌측 또는 우측으로 꼬여서 질이 비틀려 산도가 완전히 폐쇄된 상태를 말한다.

⑥ **질과 음문의 협착** : 질에 종양이 생겼을 때, 처녀막이 그대로 남아 있을 때, 질 내에 육주(肉柱)가 생겼을 때, 선천적으로 질과 음문이 좁을 때 등을 들 수 있다.

(2) 태아성 난산(fetal dystocia)

태아의 이상 태위(胎位) 및 태세(胎勢)가 주원인이 된다. 그 밖에 장기 재태(在胎)로 생긴 거대태아, 미라 변성, 관절강직, 중복기형, 수종태(水腫胎), 복수증(腹水症), 사지굴곡 등을 들 수 있다.

치료

난산처치는 주로 수술적 조치를 취할 경우가 많다. 예를 들면 ① 태아실위(胎兒失位)의 정복, ② 견인과 추출, ③ 재태술(在胎術), ④ 제왕절개술 등이 있다. 난산을 구조하는 데는 숙련된 기술이 필요하고, 수술은 무균적 수술의 절차를 거쳐야 한다.

제 7 장

유방의 질병

유우(乳牛)는 유선조직이 잘 발달되어 있어서 젖의 생산량이 많다. 그런데 큰 유선, 큰 유두, 기계착유, 많은 착유 횟수, 건유기 등으로 유방에 손상을 주는 기회가 많고, 세균에 감염될 기회가 많아지게 된다. 특히 유두관의 폐쇄, 유두의 외상, 무유증, 유방염 등 착유에 장해를 일으키거나 유질에 이상을 초래하는 질병이 있다.

1. 유방의 선천적 이상

유방의 선천적 이상에는 전후의 유두가 서로 유착된 것, 깔대기 모양의 유두, 짧은 유두, 길게 늘어져 흔들리는 유두, 전분방 또는 후분방의 형태가 잘 갖추어 있지 않은 유방, 부유두(副乳頭) 등 여러 가지 구조상의 결함이 포함되어 있다. 이들 중에서 부유두를 제외하고는 치료방법이 없다. 형태 및 구조상 결함이 있는 소들은 번식 대상에서 제외시켜야 한다.

2. 무유증

무유증(無乳症, agalactia)이란 분만 후 젖이 분비되지 않는 상태를 말한다. 무유증은 소보다는 돼지에서 흔히 발생하는 증상이지만 때로는 초산우에서도 발생한다.

원인

유선의 성장과 발육의 불완전, 비유를 지배하는 호르몬의 불균형, 분만 전후의 심한 전신성 질환을 앓았을 때, 유선 내 광범위한 섬유소의 형성, 산전의 만성유방염 등을 들 수 있다.

치료

호르몬의 불균형 또는 유전적 체질일 때에는 별다른 치료법이 없다. 만성유방염의 결과 유선이 섬유소화가 되었을 때에는 젖의 생산량이 감소되면서 근본적인 치료가 되지 않는다.

3. 사유부전

사유부전(射乳不全, incomplete let down of milk)이란 분만 후 젖이 제대로 분비되지 않는 경우를 말하며, 무유증과 서로 혼동하기 쉽고, 산차수가 적은 젊은 암소에서 가끔 발생한다.

원인

분만을 전후하여 유방이 단단하게 부어 오르고, 광범위하게 부종이 생겨서 느끼는 통증과 불안감이 원인이 될 수 있다.

증상

유방이 부어 있고, 부종이 심하여 유선을 만져 보면 매우 단단하게 느껴지며, 때로는 수종이 매우 심하여 유방의 피부에서 물방울이 흘러내리는 것을 볼 수 있다.

치료

① 더운 물수건으로 마사지하여 혈액순환을 촉진시켜 준다. 송아지에게 유두를 빨게 하는 것도 좋다.
② 이러한 방법으로도 사유가 잘 안 될 때에는 뇌하수체후엽호르몬이나 oxytocin을 주사한다. 완전 치료되기까지는 4~5일 걸린다.
③ 사유부전을 예방하기 위해서는 착유 시에 처음부터 손착유를 하지 말고 기계착유를 하는 것도 좋은 방법이다.

4. 생리적 유방부종과 충혈

분만을 전후해서 유방이 갑자기 커지고 부종이 심해지면서 유방 전체가 불그레한 빛깔로 충혈되어 부어 있는 상태로서 특히 고능력우에서 흔히 볼 수 있는데, 유전적 소인에서 기인한 것으로 생각된다. 심히 부종될 때에는 유방인대(乳房靭帶)가 파열되는데, 이렇게 되면 유방을 지탱시키는 보정능력이 없기 때문에 유방이 밑으로 처지게 된다.

치료

적당한 치료법이 없지만 부종과 충혈을 완화시키는 방법으로 다음과 같은 방법이 있다.

① 부종과 충혈을 완화시키는 방법으로 분만 전에 착유하는 것도 도움이 된다.
② 온수찜질, 마사지, 소염제 연고(안티플라민 등)를 바르는 등 유방의 혈액순환을 촉진시켜 부종을 감소시키는 방법도 있다.
③ 이뇨제를 주사하면 부종을 가라앉히는 데 도움이 된다.

5. 부유두

부유두(副乳頭, supernumerary teat)는 4개의 유두 외에 여분의 유두가 달려 있는 상태를 말한다. 부유두의 위치는 유두의 뒤, 전후, 유두의 중간에 달려 있다. 부유두는 착유에 지장을 줄 경우도 있고, 때로는 부유두에 달려 있는 작은 유선이 유방염에 걸려 농이 배출되면서 진전한 유방염을 옮길 위험성도 있으므로 어릴 때 절단하는 것이 좋다. 부유두는 생후 1주일~12개월에 절단하는 것이 좋은데, 가장 적당한 시기는 생후 3~8개월이다. 비유개시 직전이나 또는 비유기간 중에는 부유두를 절단해서는 안 된다.

6. 유두관 폐쇄

유두관 폐쇄(obstruction of teat canal)는 유두관이 막혀 있어서 착유가 불가능한 상태를 말하는데, 여기에는 선천적인 경우도 있고, 외상을 입은 후 또는 유방염을 않은 후 유착되어 폐쇄되는 경우도 있다. 또한 유두강(乳頭腔)의 선천적 막성(膜性) 폐쇄, 혈액 응고괴, 섬유소성 폐쇄, 염증성 유착, 유석(乳石) 등도 그 원인이 된다.

치료

타박상 또는 외상이 원인이 되어 유두가 폐쇄된 것은 유두관 협착의 치료법에 준한 치료를 한다. 외상의 정도가 심할 경우와 섬유소성 폐쇄는 치료방법이 없다.

7. 혈 유

혈유(血乳, bloody milk)란 분만 후 착유를 시작했을 때 유즙에 혈액이 혼합되어 나오는 상태를 말한다. 혈유는 1~2일이 지나면 자연히 그치고 깨끗한 유즙이 배출되기 시작하지만, 경우에 따라서는 혈유가 오랫동안 배출되므로 상품가치가 없어 경제적 손실을 입게 된다. 혈유는 초산에서 3산 사이에 젊고 비유량이 많은 소에서 많이 발생한다.

원인

① 유두는 분만기가 가까워지면 유선이 급속히 발달하여 유방이 커지는데, 이 기간에는 유방 내에 분포해 있는 혈관들이 팽창하여 굵어지는 한편 유선 내의 모세혈관의 수도 증가된다. 따라서 소가 유방을 깔고 앉아 있거나 걸어다닐 때에 유방에 가해진 압력이 모세혈관을 파열시켜 혈액이 새어나와 유즙을 붉게 물들인다.

② 유선포(乳腺胞)의 둘레에는 모세혈관이 많이 분포해 있어서 유선포 내로 젖의 성분을 방출해 내는 구멍이 적혈구를 통과시킬 수 있을 정도로 확대될 때 혈액이 섞여 나오게 된다.

③ 혈액과 초유 사이에 생긴 삼투압의 차이를 들 수 있다. 보통 유즙과 혈액의 삼투압은 서로 같은 수준을 유지하고 있지만, 초유의 유즙은 성분의 농도가 혈액보다 높으므로 초유가 혈액과 동등한 농도로 되기 위하여 혈액 성분을 강하게 빨아들인 결과 혈구도 함께 빨려 들어가서 적색으로 물들게 된다. 그런데 초유의 삼투압이 혈액의 삼투압과 같은 수준으로 되려면 분만 후 3~4일이 지나야 한다.

④ 경우에 따라서 어떤 세균의 독소는 유선 내의 모세혈관을 확장 파열시키는데, 출혈을 일으켜 혈액이 섞이게 된다.

치료

① 특별한 치료를 하지 않더라도 3～4일이 지나면 자연 치유되지만, 착유 횟수를 줄이는 것이 회복에 도움이 된다. 착유는 기계착유보다 손으로 착유하는 경우에 혈유를 가라앉히는 데 도움이 된다.
② 혈액 응고괴가 유조 또는 유두 내강을 메우고 있어서 착유가 불가능할 경우도 있는데, 혈액 응고괴를 작은 조각으로 절단 후 짜 버린다.
③ 치료제로서는 gluconic acid, calcium, vitamin K 및 그밖에 지혈제를 주사하면 지혈을 촉진시킬 수 있다.

8. 방유우

방유우(放乳牛, leaker, loose sphincter)란 유두관공(乳頭管孔)으로부터 유즙이 계속 새어나오는 소를 말한다.

원인

① 유두괄약근(乳頭括約筋)이 손상되어 그 수축력이 약해졌을 때 또는 선천적으

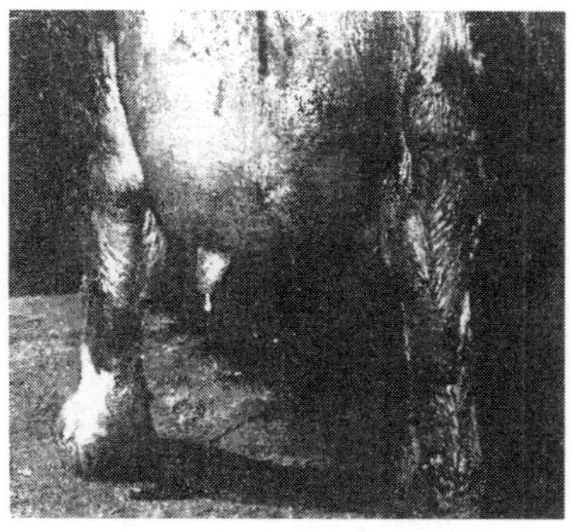

그림 2-29. 방유우

[유방에서 유즙이 생산되어 유방 내압이 높아지면 자연상태에서도 유즙이 흘러내림]

로 유두괄약근의 수축력이 약해졌을 때 발생한다.

② 흘러 나오는 유즙의 양은 유방에 젖이 고여 유방 내압이 증가되거나 또는 소가 유방을 깔고 앉아 있을 때 더 많아진다.

치료

유두관공(乳頭管孔) 주위의 조직에 물리적 또는 화학적 자극을 가하는 방법이 있지만 치료효과는 크게 기대할 수 없다. 유방염으로 발전되기 쉬우므로 관리상 주의해야 한다.

9. 비유기능 정지 분방

비유기능 정지 분방(分房)이란 초산우 또는 산차를 거듭한 경산우에서 분만 후 1개 또는 2개의 분방에서 유즙이 전혀 분비되지 않는 상태를 말한다.

원인

주요 원인은 건유기 또는 비유기 중에 발생한 유방염이 원인이라고 생각된다. 미경산우에서 유방염이 발생하는 주원인은 방목 중에 다른 송아지가 미경산우 유두를 계속 빠는 데 있고, 염증 결과 섬유조직이 유선을 메워 버린다. 때로는 비유기능이 선천적으로 상실되어 있는 소도 있다.

치료

유선조직이 섬유소화 된 범위가 좁을 때에는 치료에 따라서는 다음 유기부터 착유할 수 있지만 유량은 감소된다. 치료는 유방염 치료에 준한다.

10. 유두루

유두루(乳頭瘻, teat fistula)란 유두벽에 뚫린 구멍을 통하여 유즙이 누출되는 상태를 말한다.

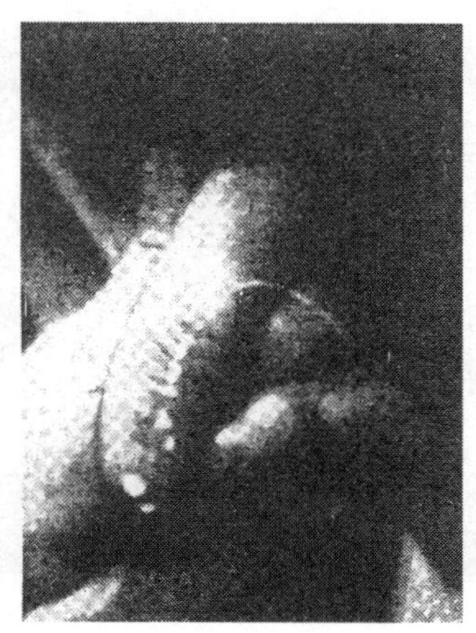

그림 2-30. 유두루
[유두 중간에 뚫린 구멍으로 유즙이 새어나옴]

원인

유두벽을 관통한 외상 때문에 원인이 된다. 외상은 주로 가시철망에 찔리거나 후지의 발톱 등으로 밟았을 때 일어날 수 있다. 때로는 선천적으로 누(瘻)가 생기는 것도 있다.

치료

수술하여 누공(瘻孔)을 봉합한 다음 유두전관(乳頭專管)을 끼워서 젖이 흘러 나오게 함으로써 봉합한 유두에 우유가 고여 압력이 가해지지 않도록 조치한다. 비유기보다 건유기에 이르러 수술하는 것이 치료상 유리하며, 때로는 화학약물로 누공을 소각 폐쇄시키는 방법도 이용된다.

11. 유두공 협착

유두공 협착(stricure of teat orifice, hard milker)이란 선천적 또는 후천적 원인에 의하여 유두내강과 괄약근이 협소한 상태에 있어서 착유하기 매우 힘든 유두를 말한다.

원인

① 유두공 협착은 유두가 타박상 또는 창상을 입어서 부어 오르거나 피하출혈한

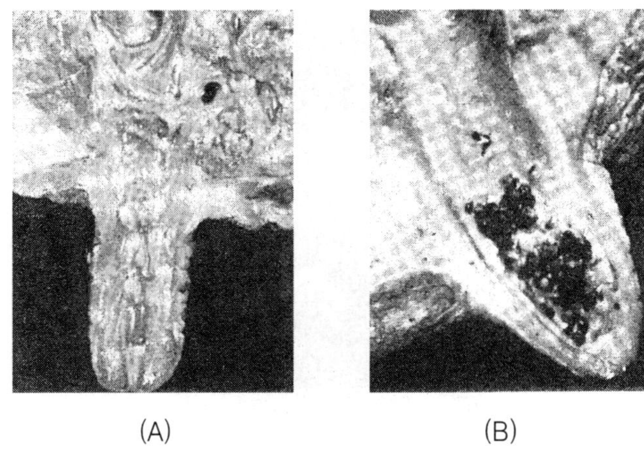

(A) (B)

그림 2-31. 유두관 협착

혈액이 모여서 혈종이 형성되거나 또는 점막에서 반흔조직이 형성되어 주위의 조직을 끌어당김으로써 내강이 협착되는 경우가 있다.

② 선천적으로 유두괄약근이 긴축된 상태나 외상 등에 의하여 유두 선단이 반흔성(瘢痕性) 구축을 일으켜 유두공이 협착된 상태가 원인이 된다.

증상

유두공 협착이 된 경우는 착유시간이 길어진다. 착유할 때 유두공을 통하여 방출되는 유즙이 실오라기와 같이 가늘다. 1개의 유두 또는 4개의 유두 전부가 협착될 수도 있다.

치료

① 타박상 또는 외상이 원인이 되어 급성협착증이 발생하였을 때에는 기계착유를 일시 중단하고 손착유로 바꾼다.

② 초기에는 냉수찜질을 계속하다가 4~5일이 지나서 부터는 온수찜질로 바꾸면서 가볍게 마사지한다.

③ 유두강 내에 혈액 응고괴가 차 있어서 착유할 수 없을 때에는 가늘게 절단한 후 짜 버린다.

④ 유두관공(乳頭管孔) 주위의 괄약근이 섬유소성 비후를 일으켜서 협착상태에 이르렀을 때에는 간단한 절개수술로서 교정한다.

12. 유두관의 막성 폐쇄

유두관의 막성(膜性) 폐쇄(membranous obstruction of teat canal)란 유두가 유방에 연결되어 있는 부위, 즉 유방유조(乳房乳槽)와 유두강(乳頭腔) 사이에 판막이 생겨서 유즙이 유두관으로 흘러가지 못하는 상태를 말한다.

원인

건유기에 발생하며, 염증에 의하여 섬유소성 판막이 형성된다고 생각하지만 확실한 원인은 알 수 없다.

증상

① 판막의 두께는 매우 두꺼운 때도 있지만 얇을 때도 있다. 이 판막이 유두관 내강을 완전히 폐쇄시키는 경우도 있고, 부분적으로 폐쇄시키는 경우도 있다.
② 유두관의 막성(膜性) 폐쇄는 보통 1개 또는 2개의 유두에만 발생하는데, 때로는 4개의 유두가 폐쇄되는 경우도 있다. 착유하더라도 유즙이 배출되지 않는다.

치료

유두공을 통하여 막을 절개 치료하는데, 다음 건유기에 재발할 수 있다.

13. 유 석

유석(乳石, milk stone)이란 젖의 성분 중 석회염이 집결되어 돌을 형성한 것을 말하는데, 그 형태는 대부분 원형이지만 때로는 불규칙한 형태도 있다. 대개 착유할 때 빠져 나오는데, 형태가 불규칙하고 덩어리가 클 때에는 유두관공(乳頭管孔)을 폐쇄하기 때문에 착유가 힘들어진다.

치료

유두관공을 통해 외과 기재를 삽입하여 유석을 잘게 분쇄시켜 배출시킨다.

14. 괴사성 피부염

괴사성 피부염(necrotic dermatitis)이란 대퇴 내측 피부와 서로 접해 있는 피부에 발생하는 피부염과 피부괴사를 말한다. 때로는 앞쪽의 좌우 분방 사이에 구의 전단부 피부가 5㎝ 정도의 너비로 검은빛으로 변해 있는 것을 발견할 수 있는데, 이 역시 괴사성 피부염이다.

원인

① 유방의 용적이 큰 소는 분만을 전후하여 유방부종이 심해 대퇴 내측 피부와 유방의 피부가 서로 접촉하고, 압박된 상태가 계속되면 피지선에서 분비되는 분비물이 유방의 피부와 대퇴 내측 피부에 진물게 되는데, 이러한 상태에서 소가 걸어다니면 마찰되어 피부염이 발생하고 피부가 점차 괴사된다.

② 전유방(前乳房) 간구(間溝)에 생기는 피부괴사는 분만 전후에 생긴 유방부종 때문에 혈액순환 장해가 생겨서 발생하는 것으로 생각되는데, 이 곳에 2차적으로 *Fusiformis necrophorum*이라는 괴사균이 감염되어 피부염을 더욱 악화시킨다.

증상

① 대퇴 내측 피부와 유방의 피부가 벗겨져서 피하직(皮下織)이 노출되고 충혈되어 점액이 흘러내린다.

② 피부염이 생긴 부위에서 악취가 나고, 시간이 경과되면 피부가 괴사상태에 이르러 검푸른 색깔로 변하여 악취가 더욱 심해진다. 검은빛의 딱딱한 딱지가 덮여 있어 쉽게 치유되지 않는다.

치료

① 운동을 자제시켜 유방과 대퇴부와의 마찰을 적게 하고, 염증부위를 자극성 있는 소독제(하이진, 저맥스 등)와 생리식염수로 가볍게 씻어낸 다음 분말 땀띠약, 아연하 분말, 분말 수렴제, 유성 방부제 등을 발라 준다.

② 앞쪽 유방 중간구 전단부에 생긴 피부괴사는 치료해도 쉽게 치유되지 않는다. 유성 요오드화 황에 10% 포르말린을 혼합한 약을 발라 주면 효과가 있다. *Fusiformis necrophorum*이라는 세균이 감염되었을 때에는 설파제를 복용시키

면 빨리 치료된다.

15. 우 두

소에 자연 발생하는 우두(牛痘, cow pox)는 사람에 유행하는 천연두(small pox)와 같은 것으로서, 소에서는 털이 없는 유방과 유두에 국한되어 발생하는 발진성 질병이다. 체(體)에 미치는 영향은 그다지 크지 않으나 접촉에 의하여 다른 건강한 소에 전염된다.

원인

*Cow pox virus*의 감염에 의해서 발생한다. 주로 봄 또는 가을에 산발적으로 발생하며, 그 전염속도가 매우 빨라서 한 목장에서 이 병이 발생하면 단시일 내에 모든 소에 감염된다. 근래에는 발생빈도가 낮아지고 있다. 환축으로부터 건강우로의 감염은 유방행주, 착유자의 손, 착유기 등 착유행위를 통해 이루어진다.

증상

① 잠복기는 3～7일이며, 처음에는 유두의 통증에 의해서 알게 되며, 전신증상은 극히 경미하다. 미열, 식욕감퇴가 가끔 있을 뿐 거의 인정되지 않는 예가 많다.

② 처음에는 여드름 모양의 충혈된 구진(丘疹)이 유두와 유방의 피부에 돋아나는데, 이 여드름 모양의 구진은 차차 커지고 열감이 있으며 단단하다.

③ 수일이 지나면 암적색으로 변한 구진은 중심부에 수포(水疱)가 생기는데, 이

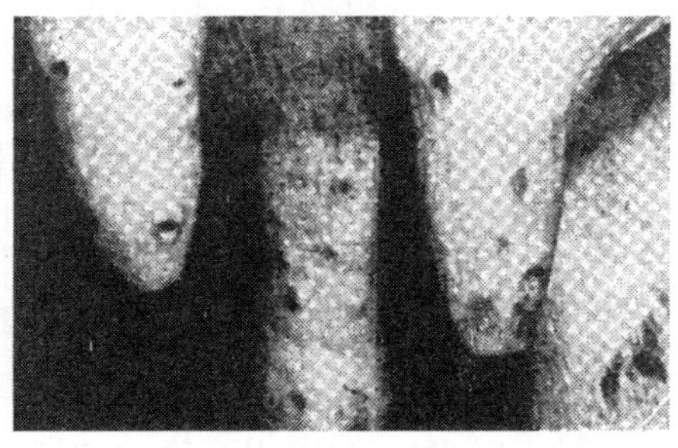

그림 2-32. 우두(牛痘)

수포는 파열되며, 파열된 자리에는 흑갈색 딱지가 생긴다. 2주 후에는 딱지가 떨어진다.

④ 구진에는 화농성 세균이 감염되어 화농되는데, 포도상구균이 감염되면 유방염을 일으키기 쉽다.

⑤ 목장의 관리인으로서 천연두 예방주사를 맞지 않은 사람은 소로부터 감염되어 손, 팔, 얼굴 등에 구진이 생기고 열이 난다.

⑥ 우두는 소의 경우 거의 전신증상을 일으키지 않지만 유방과 유두에 생긴 통증 때문에 유량이 감소한다.

⑦ 병소부의 비대한 상피세포의 세포질 내에서 호산성 봉입체를 형성한다.

치료

특별한 치료법이 없다. 농포가 생긴 부위에 2차적 세균감염이 일어나지 않도록 요오드팅크를 발라 준다.

16. 유방염

유방염(mastitis)은 병원성 세균이 유두관공(乳頭管孔)을 통하거나 유두 또는 유방의 관통상을 통해 유선조직에 침입함으로써 발생하는 염증으로서 발정기, 분만 전・후기, 비유 말기 또는 건유 초기에 발생하는 변화와도 관련이 있다.

원인

① 유방염은 주로 접촉감염의 경로를 통해서 전염되는데, 그 대부분은 유두공(乳頭孔)을 통한 감염이다.

② 주된 감염경로는 착유자의 손, 유방행주, 유방 세척수, 착유기의 고무라이너, 우상(牛床), 운동장 등이다.

③ 쉽게 감염될 수 있는 요인으로는 과잉 착유, 불결한 티트컵(teat cup), 착유기의 진공도의 변화, 유두의 외상, 유두괄약근의 수축력 약화 등을 들 수 있다.

④ 유방염에 대한 감염률은 나이가 많아지고 산차를 거듭함에 따라 더 높아진다고 한다.

⑤ 유방염의 원인균의 종류는 많지만 보편적으로 알려진 세균들에는 연쇄상구균

속들에 속하는 *Streptococcus agalactiae*, *Str. uberis*, *Str. dysagalactiae* 등이 있고, 포도상구균속에 속하는 *Staphylococcus aureus* 및 *S. epidermidis*, 간균속에 속하는 *Aerobacter aerogenes*, *A. coloacae*, *Escherichia coli* 등의 대장균과 *Pseudomonas aeruginosa*, *Corynebacterium pyogenes* 등이 있다. 그 밖에 *Clostridium perfringens*, *Pasteurella multocida*, *Mycobacterium fortuitum*, *Nocardia asteroides*, 진균류(fungi, 곰팡이), 어떤 류의 바이러스 등이 알려져 있다. 이들의 많은 원인균 중에서도 연쇄상구균과 포도상구균의 감염률이 보다 높은 것으로 보고되고 있다.

1) 유방염의 분류

유방염은 임상적 관점과 병리적 관점에 따라 여러 가지로 분류할 수 있다. 임상적 관점에서는 주로 유방의 세균 감염상태, 유방에 나타나는 국소적인 변화 및 전신반응에 따라 분류하고, 병리학적 관점에서는 유방이 원인균에 의하여 침해됨으로써 변화되는 유방조직의 소견에 따라 유방염을 분류한다.

(1) 임상적 분류

임상적 유방염은 임상적 특징에 따라 급성, 괴저성(壞疽性), 만성 유방염으로 구분할 수 있고, 또한 감염증상의 정도 및 유즙의 육안적 변화에 따라 다음과 같이 구분할 수 있다.

① **잠재성 유방염**: 유즙성분의 변화와 유선조직의 염증반응은 인정되지 않고, 다만 병원성 세균이 유즙에서 검출되는 정도의 유방염을 말한다.

② **준임상적 유방염**: 유즙성분의 변화 및 염증의 정도가 극히 미약하므로 육안적으로는 유즙의 성상이 정상이고, 유방에 통증·열감·부종 등이 인정되지 않는다. 그러나 유량이 감소되며, 유질이 저하되고, 건강한 소에 감염될 수 있는 감염원도 될 수 있다.

③ **임상적 유방염**: 임상적으로 유방에 열감, 발적, 종창, 통증, 비유장해 등의 염증의 전형적인 증상이 나타나는 경우를 말한다. 또한 임상증상에 따라 다음과 같이 분류할 수 있다.

㉠ 심급성 유방염: 유즙성분의 변화 및 유방의 염증과 부종이 뚜렷한 이외에도 체온 상승, 식욕전폐, 침울, 오한, 체중 감소 등 전신증상을 나타낸다. 비유는 거의 중단되고, 유괴(乳塊)와 혈청이 분비된다.

그림 2-33. 급성유방염

[유방이 단단하게 부어 있고, 피부가 적색을 띠며 통감이 있음]

㉡ 급성 유방염: 급성 유방염은 비유기나 건유기를 막론하고 발생할 수 있지만, 일반적으로 분만 후기에 발생하는 율이 높다. 유방의 염증증상이 뚜렷하고 유방이 부어 있으며, 유즙에 섬유소, 유즙응괴, 고름, 혈청성분 등이 많이 섞여 있다. 감염 초기에는 가벼운 신열(身熱)과 식욕부진 증상이 나타난다.

㉢ 아급성 유방염: 유방의 염증증상이 가볍고, 유즙에 고름, 유괴 등이 섞여 나오며 전신증상은 없다. 가장 많이 발견되는 유방염이다.

㉣ 만성 유방염: 급성 유방염을 앓다가 증세가 완화되어서 만성형으로 이행되거나 또는 만성 유방염으로 발생 진행되며, 수개월 지속되거나 한 비유기로부터 다음 비유기로 이행되는 염증상태를 말한다. 대부분이 준임상적 유방염의 형태인데, 일반적으로 아급성 유방염 또는 급성 유방염의 증세를 나타내다가 곧 소실되는 등 증상이 반복된다.

(2) 병리학적 분류

병리학적 소견에 따라 유방염을 다음과 같이 분류할 수 있다.

가) 삼출성 유방염

선포강(腺胞腔), 유관, 유조(乳槽), 유두관 등 유관계(乳管系) 내에 수양성, 장액성 또는 농성 삼출물이 고이고, 때로는 혈유(血乳)를 배출한다. 심하면 유방이 부어 오르고, 만성일 경우에는 유선이 단단해진다.

나) 간질성 유방염

결합조직성인 간질이 증식하여 피하조직, 선포(腺胞) 및 소엽간(小葉間) 간질의 세포가 한국성(限局性) 또는 미만성으로 침윤되어 있고, 이들이 유선포를 압박하기 때문에 유즙의 생산량이 크게 감소한다. 유방이 종창되고 염증이 있다.

다) 괴사성 유방염

유방염이 경과하는 도중에 유방동맥에 혈전이 생겨 동맥혈류를 차단하므로 유선조직의 일부가 괴사된다.

라) 괴저성 유방염

① 혈관 수축을 일으켜 유선조직의 일부를 국소 빈혈 및 괴사에 이르게 하는 α-독소를 생산하는 *Staphylococcus aureus*와 가스를 생산하는 혐기성 아포형성 간균인 *Clostridium perfringens*의 혼합감염이 원인이 된다.
② 유두 및 일부의 유방 피부와 유선이 괴저되면 피부색이 청색 또는 암적색으로 변한다. 변색된 부분은 냉감이 있고, 건전한 부분과의 사이에 뚜렷한 경계가 생긴다.
③ 중증의 경우에는 통증이 심하고 체온 상승, 오한, 전율, 혼수 등 극심한 임상증상을 보인다.
④ 괴저부에서 생성되는 독성물질이 흡수되면 독혈증을 일으켜 폐사되는 율이 높다.

마) 화농성 유방염

유방이 부어 오르고, 촉감이 단단한 결절이 형성된다. 이 결절의 내부에는 연황색의 악취를 풍기는 고름이 차 있고, 그 둘레에는 질긴 섬유소막이 둘러싸고 있다(농양). 농양은 파열되어 유선 밖으로 농이 배출된다.

바) 섬유소성 유방염

유방 내에 실질조직인 유선부에 광범위하게 결합조직이 대치되어 기능이 상실되고, 유즙의 생산이 크게 감소된다. 섬유소성 유방염은 만성 유방염으로 된 상태로서 삼출성 유방염 및 간질성 유방염에서 이행된 것이다.

치료

① 유방염의 치료효과는 감염된 세균의 독성, 감염병소의 수와 그 위치, 세균감염으로 인해 손상을 입은 유선조직의 범위, 농양이 정지상태에 있는가 또는 활

동적인가 등 여러 가지 조건에 따라 크게 달라진다.

② 유방염을 효과적으로 치료하기 위해서는 함부로 항생제를 남용할 것이 아니라 유방염 원인균의 감수성 검사를 거친 후 원인균에 대하여 가장 효력 있는 항생제 또는 설파제를 선택 이용하는 것이 이상적인 치료방법이다. 항생제를 분별 없이 계속 남용할 때에는 항생제에 대한 내성이 생겨서 치료가 점점 힘들어지기 때문이다.

③ 유방염은 비유기의 치료와 건유기의 치료로 구분하여 치료한다.

㉠ 비유기의 치료: 유즙의 세균배양으로 원인균이 검출된 유방, CMT(california mastitis test)에서 2~3가 양성인 유방, 현재 임상형 유방염을 앓고 있는 유방 등을 대상으로 치료한다. 유두를 알콜면으로 잘 문질러 소독한 후 선택적 광범위 항생제를 유두공(乳頭孔)을 통하여 주입한 다음 전신 투여(주사)를 겸한다. 항생제는 유방염의 증상이 소실된 후에도 재발을 방지하기 위하여 3일 간 더 계속 투여하여야 한다. 치료에 앞서 병원균의 항생제에 대한 감수성 검사를 실시하는 것이 바람직하다.

㉡ 건유기의 치료: 건유하는 소의 모든 분방을 치료하는 방법과 문제가 되는 특정 분방만을 치료하는 방법의 두 가지가 있다. 치료방법은 건유를 시작하는 개체에서 최종 착유한 후 유두공을 통하여 치료제를 주입한 다음 3% 옥도정기액에 유두를 30초 간 담근다.

예방대책

특히 젖소에서 유방염은 유량 감소, 유질 저하, 생산 수명의 단축, 많은 치료비의 지출 등으로 낙농가에게 직접 또는 간접으로 경제적 손실을 주는 질병이다. 유방염은 치료하는 것만으로 그 발생률을 감소시킬 수 없다는 것이 기지의 사실이다. 그동안 유방염에 대한 문제를 여러 측면에서 연구해 온 전문가들에 의하면 유방염 발생률을 최소 한도로 줄이기 위해서는 임상적 유방염에 대한 철저한 치료와 더불어 예방위생법을 철저히 지켜야 한다. 그러나 유방염의 발생을 완전히 차단할 수는 없는 것이다.

현재 세계 여러 나라에서 실시되고 있는 유방염 예방책은 주로 세균의 감염경로를 차단하는 한편 유선 내에 존재하는 세균을 박멸하는 예방적 조치와 유방염에 걸린 환축(患畜)의 치료를 병행하는 방법이다. 유방염 예방대책으로 권장하고 있는 사항들을 들어보면 다음과 같다.

그림 2-34. 착유기 소독

[한 소의 착유가 끝난 후 다른 소의 착유를 하기 전에는 착유기를 반드시 소독해야 한다]

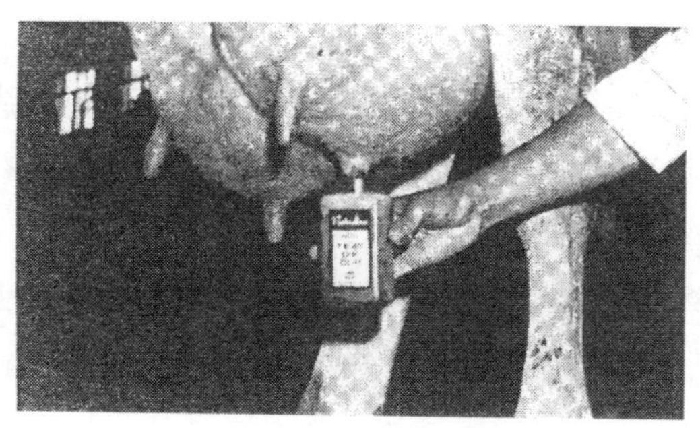

그림 2-35. 유두의 침지소독

① 유방행주는 유우 1두당 2매를 사용해야 한다. 1두당 2매씩 사용하는 유방행주는 늘 사용하는 소에게만 국한할 수 있도록 소의 고유번호와 같은 숫자를 기록하며, 고정적으로 사용한다. 사용 후 비눗물에 깨끗이 빤 다음 3분 이상 끓는 물에 소독한 후 말렸다가 사용한다.

② 유방 세척수는 1두당 1양동이를 원칙으로 준비한다. 소독약으로는 차아염소산소다, Hygien, Germex, 요오드제 등이 있다.

③ 착유자의 손은 착유하기 전에 청결하게 씻고 소독한다.

④ 본 착유에 들어가기 전에 전유(前乳)를 한두 번 짜서 검은 그릇이나 천에 받아 유질을 조사한다. 이상유의 유무를 평가한다.

⑤ 착유가 끝나면 유두를 곧 소독액에 담가 소독한다. 소독제로는 Halasol(차아염소산소다 성분), Hygien, Germex, 요오드제 등이 있다.

⑥ 유방염에 걸린 소는 즉시 격리하고 착유순서를 끝으로 미룬다.

⑦ 유방염이 의심될 때에는 건유기 치료를 실시한다.
⑧ 장기간 치료하여도 효과가 없는 만성 유방염우는 도태 처분한다.
⑨ 각 목장마다 매년 1회씩 유선의 세균검사를 실시하여 목장 전체의 감염상태를 파악한다.
⑩ 축사의 벽, 우상, 통로 등을 정기 소독하고, 하수구는 배수가 잘 되게 한다.
⑪ 우상에 자리깃을 두껍게 깔아 주어 유방과 유두를 보호해 주며, 운동장에 내놓아 자주 일광욕을 시킨다.
⑫ 발톱손질을 자주 하여 길게 자란 발톱이 유두를 손상시키지 않게 한다.

2) 정상우유와 감염우유

① 정상우유와 감염우유의 구분은 유즙의 육안적 소견, pH, 염화물의 함량, 1㎖당 체세포(주로 백혈구)의 수, 세균의 존재 등에 기준을 두어 구분하고 있다. 체세포(주로 백혈구)에 의한 구분은 소가 분만 후 4~5일 간의 초유, 비유 말기의 우유, 연령의 증가 등에 따라 백혈구 수가 증가하기 때문에 정상우유에 대한 규정에 논란이 있다.
② Gibbou(1968)은 불순한 덩어리가 있어서는 안 되고, pH가 6.4~6.8이며, 염화물의 함량이 0.08~0.15%이고, 체세포 수가 30만 개/㎖ 이하인 것을 정상유로 규정하였다.
③ 그러나 Cole(1965)은 유즙 중에 *Streptococcus agalactiae* 및 *Staphylococci*가 증명되거나 백혈구 수가 50만 개/㎖ 이상을 함유하고 있는 유즙을 감염우유로 규정하였다.
④ 미국에서는 우유 1 ㎖당 백혈구 수가 50만 개 이상 함유되어 있는 것을 이상우유 또는 감염우유라 하고, 우유 1 ㎖당 백혈구 수가 10만 개 이하 함유되어 있는 것을 정상우유라고 한다.

제 8 장

운동기계의 질병

운동기계(運動器系)는 골격과 이것을 움직이게 하는 근육, 건(腱), 인대 및 관절로 구성되어 있으며, 이를 일명 근육골격계(筋肉骨格系, musculoskeletal system)라고도 한다. 근육과 골격은 몸 용적의 대부분을 차지하므로 전신질병과도 깊은 관계가 있다.

1. 골 절

골절(骨折, fracture)이란 뼈의 연속성이 완전히 때로는 부분적으로 이단된 상태를 말하고, 이러한 경우에는 운동에 큰 지장을 초래한다. 소에서 골절이 잘 되기 쉬운 뼈는 전지(前肢)의 완전골(腕前骨), 후지(後肢)의 경골(脛骨)과 부전골(附前骨) 등이고, 비교적 골절률이 낮은 뼈는 전지의 요골(橈骨), 척골(尺骨), 상박골(上膊骨) 등이다. 성우에서 대퇴골이 골절되는 일은 극히 드물지만, 어린 송아지의 대퇴골 골절률은 비교적 높은 편이다. 구루병에 걸린 송아지의 뼈는 쉽게 골절될 수 있다.

일반적으로 소의 장관골(길이가 긴 뼈)의 골절은 비교적 잘 치유된다고 하지만, 골절을 치료하는 데에는 기술과 경제적 문제가 따르기 때문에 수의사의 판단에 맡기는 것이 유리하다. 소는 몸의 부피가 크고, 체중이 무거우며, 골절골을 접합 고정시킬 때 통증 때문에 일으키는 소란이 골절골을 정복 고정하는 조작을 방해하고, 어떤 때에는 소란으로 인해 고정 자체가 실패하는 일도 적지 않다. 그러나 골절골을 적절히 정복 고정시킬 수만 있다면 송아지의 골절은 8~12주에 유합 치유될 수 있다.

2. 고대퇴부 파행

고대퇴부(股大腿部)란 둔부(臀部)와 대퇴부를 말하는데, 이 부위에 기능장애를 일으켜서 파행(跛行)하게 되는 데에는 3가지의 발생 원인과 이들 병변이 원인이 되어 발생하는 합병증을 들 수 있다. 고대퇴부에 발생할 수 있는 3가지 병적상태로는 고관절의 완전 탈구, 고관절의 불완전 탈구, 대퇴골 골두(骨頭)의 골절 등을 들 수 있다.

이러한 이상은 수소보다 암소에서 더 많이 발생하는데, 특히 자연교미와 분만시 많이 발생한다. 또한 유열, ketosis, 초식성 강축증, 폐쇄근마비(閉鎖筋麻痺) 등에 걸린 동물들은 근육이 마비 또는 강수축하는 등 자율적으로 운동할 수 없는 상태에 빠졌을 때 탈구와 골절을 일으킬 수 있다.

1) 고관절탈구(coxofemoral joint luxation)

① 고관절탈구(股關節脫臼)는 주로 외상에 의하여 발생하는 예가 많다. 선천적으로 얕은 비구(골반골 좌・우측에서 고골두(股骨頭)를 받아들여 관절을 형성하는 구멍)가 탈구되는 것이다.

② 고관절이 탈구되면 대개 고골두는 비구의 전상방으로 탈출하는 경향이 많은데, 이러한 상태로 고관절이 탈구된 소가 서 있을 때에는 대퇴골의 끝에 돌출된 부분인 대전자가 정상 위치보다 높이 돌출되어 있고, 다리가 외측을 향해 회전되어 있는 상태로 된다.

③ 만일 고골두가 비구의 후방으로 탈출되었다면 다리는 내측을 향해 외전되어

그림 2-36. 완전골(腕前骨) 골절

[좌측 완전골 골절을 접골하고 부목을 장치한 송아지]

있는 자세로 되는데, 이 때 파행이 심하고 고관절 부위가 부어 오른다.

④ 만일 고골두가 비구의 하단으로 탈출되었다면 고골두는 폐쇄공(골반골에 뚫린 큰 구멍) 안으로 밀고 들어가기 때문에 대전자가 정상 위치보다 낮게 내려가 있으며, 비구의 상방탈구에 비하면 고골두의 돌출이 뚜렷하지 않다.

⑤ 고관절이 탈구된 환축(患畜)의 보행이 가능해질 무렵에는 탈구된 범위에 가관절(假關節)이 형성되므로 파행증상이 차차 없어지지만, 다리의 운동 범위는 크게 제한되고, 환축이 걸을 때에는 탈구된 관절에서 똑딱똑딱하는 소리가 난다.

2) 고골두 골절

고골두(股骨頭)가 골절되면 대전자는 상방으로 돌출되는데, 그 모양이 매우 현저하게 눈에 띄인다. 골절된 다리를 전후·내외 방향으로 자유로이 회전시킬 수 있고, 또 골절된 다리를 힘주어 당기면 아삭아삭하는 소리가 나고, 골절부위는 통증이 심하고 많이 부어 오른다. 고골두가 골절될 때에는 폐쇄근을 마비시킬 수도 있다.

3) 고관절의 불완전탈구(incomplete luxation of coxofemoral joint)

고관절의 불완전탈구는 고관절의 둘레를 감싸고 있는 질긴 원인대(圓靭帶)가 파열되기 때문에 발생한다. 탈구 초기에는 파행증상이 매우 심하고, 보행할 때에는 딸각딸각하는 소리가 나는데, 이 소리는 고골두가 비구 내에서 상하로 움직이면서 뼈가 서로 마주칠 때 나는 소리이다. 불완전탈구 때문에 발생하는 파행증상은 3~6개월이면 자연히 없어진다.

그림 2-37. 우측 고관절의 탈구(脫臼)

치료 및 예후

고골두 골절과 고관절 탈구를 정상상태로 회복시키기는 매우 힘들며, 특히 탈구된 후 누워 버린 환축의 예후는 불량하다. 불완전탈구된 환축을 강제로 걷게 할 때에는 관절염에 걸리기 때문에 1～2개월 간은 축사 내에 격리시켜서 운동을 제한하여야 한다. 고관절의 탈구 및 불완전탈구는 일단 치유되었다가 다시 재발하는 수도 있다.

3. 화농성 다발성관절염

화농성 다발성관절염(suppurative multiple arthritis)이란 어떤 부위에 생긴 세균감염이 혈류를 타고 관절로 옮겨 가서 2개 이상의 관절에 생긴 염증을 말하며, 이러한 전이성 관절염은 가끔 송아지에서도 발생한다.

원인

성우에서는 유방염, 자궁염, 방사선 균병, 부제, 만성폐렴 등이 있는 부위로부터 세균이 혈류를 타고 관절에 전이되어 2차 감염을 일으킨다. 송아지의 경우에는 제대염(臍帶炎)에 감염되었을 때 제대의 화농부에서 세균이 혈행을 타고 관절에 전이되어 발생한다. 세균이 2차 감염이 잘 일어나는 관절은 슬관절(膝關節), 부전관절(跗前關節), 완관절(腕關節), 제1지관절(第1趾關節) 등이다.

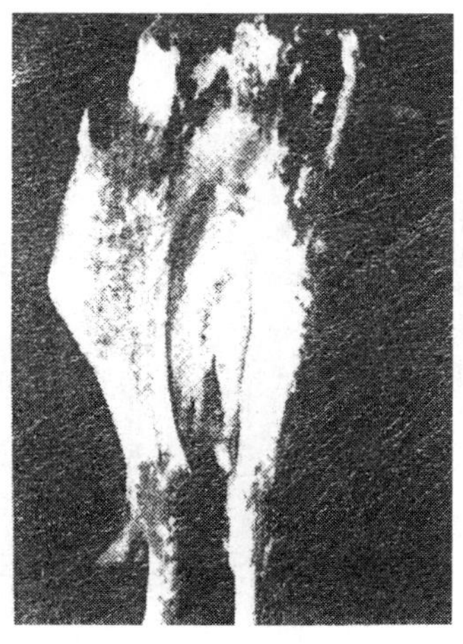

그림 2-38. 무릎관절의 화농성 관절염

증상

두 군데 이상의 관절이 크게 부어 오르고 파행증상이 매우 심하다. 관절낭에는 화농성 삼출물 또는 농이 섞인 활액(滑液)이 충만해 있어서 관절이 팽팽하게 부어 오르며, 관절의 통증이 매우 심하다.

치료

발견 초기에 항생제를 주사하는 한편, 관절낭에도 항생제를 주입하는 치료를 한다. 관절염이 오래 계속되면 관절 연골면이 거칠어져 관절의 운동이 제한되며, 나아가서는 관절이 강직되어 버팅다리가 되는 등 예후가 좋지 못하다.

4. 활액낭염

활액낭염(滑液囊炎, synovitis)이란 활액낭에 생긴 염증을 말하는데, 활액낭은 관절, 건, 근육 등 운동을 많이 하는 조직 간격에 존재하며, 항상 일정량의 미끄러운 활액을 분비하여 조직운동이 원활히 이루어지게 한다. 활액은 활액낭의 내면에 있는 내막성 결합조직막에서 생성되는데, 급성 또는 만성염증이 생기면 활액은 정상시 생산량을 초과하여 과량 생산되기 때문에 활액낭이 자연히 부어 오른다.

일반적으로 소에서 활액낭염이 자주 발생하는 부위는 뼈가 돌출된 부위에서 피부와 뼈 사이에 존재하는 표재성 활액낭인데, 전지(前肢)의 척골(尺骨) 주두부(肘頭部)와 피부 사이, 완관부(腕關部)의 외측부, 후지(後肢)의 비절 외측부 등이다.

그림 2-39. 비절관절의 활액낭염(滑液囊炎)

원인

활액낭염은 급성형과 만성형이 있는데, 급성형은 강한 타박상에 의하여 단시간 내에 발생하고, 만성형은 가벼운 물리적 자극이 계속적으로 같은 부위를 자극하여 발생한다. 소에서는 만성형의 발생률이 더 높다.

증상

① 급성형의 경우, 심한 외상을 입은 후 활액낭이 급격히 부어 오르고 국소열감(局所熱感)이 있으며, 통증이 심하여 다리를 심하게 전다.
② 만성형의 경우, 활액낭이 서서히 부어 오르고 국소통감(局所痛感)과 열감(熱感)은 없으며, 촉진해 보면 유연한 느낌이 든다.
③ 전지(前肢)의 주관절(肘關節)과 후지(後肢)의 비절관절이 만성 활액낭염은 별다른 장애를 주지 않지만, 때로는 날카로운 이물에 찔리거나 상처를 입으면 세균이 감염되어 화농성 염증을 일으키기도 한다.

치료

급성 활액낭염은 냉수찜질을 하면서 낭에 고여 있는 내용액을 주사침으로 뽑아 낸 후 항생제와 소염제를 주입한다. 만성 활액낭염의 경우도 활액을 주사침으로 뽑아 낸 후 항생제와 소염제를 주입한다. 낭(囊) 안에 섬유조직이 많이 형성되어 있어서 단단하고, 치료를 해도 종창된 부분이 가라앉지 않는다. 따라서 관절에 기능장애를 일으켜서 보행장애를 일으킨다.

예방

만성 활액낭염을 예방하기 위해서는 콘크리트 우상에 기거하는 동안 완관절(腕關節)이나 비절관절이 계속 바닥에 부딪혀서 만성적 외상을 입어 발생하므로 우상에 자리깃을 두껍게 깔아 주어 관절이 받는 충격을 완화시켜 주어야 한다.

5. 발의 질병

발(趾)은 항상 지면에 접촉해 있고, 소의 무거운 체중을 감당하는 부분이기 때문에 운동기계통에서도 중요한 부분이라고 할 수 있다. 소의 발은 항상 거친 지면, 더

러운 물구덩이, 질은 땅 등에 접하고 있으며, 날카로운 그루터기, 돌, 못, 그 밖의 금속성 물체에 찔려서 외상을 입을 수 있는 기회도 많고, 외상을 입은 부위는 세균이 쉽게 감염될 수 있게 된다.

발의 질병에는 제각질이 외상을 입은 후 세균감염을 받아 부식되는 부제(腐蹄), 지간부란(趾間腐爛), 지간섬유종(趾間纖維腫), 유취종(乳嘴腫), 지관절염(趾關節炎), 건염(腱炎) 등이 있고, 소가 발을 저는 원인의 40～60%가 발의 질병을 나타난다.

1) 부제(chronic necrotic pododermatitis)

부제(腐蹄)는 소의 발바닥 각질이 외상을 입은 후 세균이 침입하여 발생하는 제조직(蹄組織)의 염증 및 괴사를 일으킨 것을 말한다.

원인

제저(蹄底, 발바닥) 각질의 상처부를 통해서 원인세균인 *Fusiformis necrophorum*이 침입하여 발생한다. 제저(蹄底)의 각질이 손상을 입기 쉬운 소인으로는 ① 유전적 소인, 불량 지세(地勢), 잘못된 삭제(削蹄), 운동량 및 축사의 배수불량 등으로 제각질(蹄角質)이 불어 유연해 질 때, ② 사료의 영양성분의 불균형(cystine과 methionine의 부족)으로 각질이 연화될 때, ③ 노령, 비유량이 많은 소, 임신 중의 무거운 체중 등을 들 수 있다. 이러한 소인적 요인이 작용하여 연약해진 제각질이 날카로운 돌, 굵은 모래, 나무뿌리, 쇠붙이 등을 밟았을 때는 쉽게 구멍이 뚫리

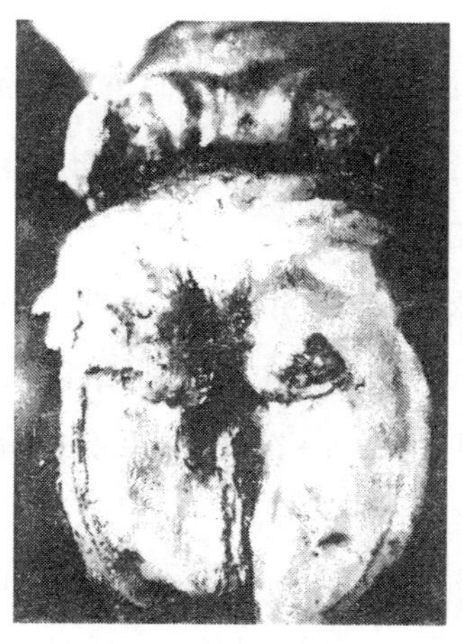

그림 2-40. 부제(腐蹄)

고, 그 자리에 *Fusiformis necrophorum*이라는 혐기성균이 침입하면 각질의 부란(腐爛)이 시작된다. 우리나라의 부제 발생률은 4.3%이고, 여름철에 발생률이 가장 높다.

증상

① 원인균이 감염된 제각질은 잠행성으로 침식당하기 시작한다. 그러나 민감층에 도달할 때까지는 통증이 없다.
② 초기 증상으로는 보행할 때 가볍게 발을 절고, 주의 깊게 관찰하지 않으면 발견할 수 없다. 서 있을 때에는 수시로 발을 들어올리며 흔드는 거동 등을 보인다.
③ 증상이 좀 더 진행되면 서 있는 자세에서 체중을 건강한 다리에 옮겨 놓기 때문에 서 있는 자세가 한쪽으로 기울어지는데, 이 때 제저(蹄底)를 조사해 보면 제저 각질부의 일부가 검은빛으로 부식된 것을 볼 수 있다. 이 부위를 깎아 보면 악취를 풍기고, 깊은 부분까지 각질이 부식되어 있음을 발견할 수 있다. 이 부분에 압박을 가하면 통증을 나타낸다.
④ 제각질이 완전히 뚫려서 심부조직에까지 염증이 미치면 지관절염(趾關節炎), 건염(腱炎), 인대염 등이 발생하여 격심한 통증을 느끼기 때문에 파행정도가 매우 심해지고, 나중에는 보행마저 곤란해져 누워 있게 된다.
⑤ 일반적으로 부제(腐蹄)에 걸린 소는 점점 여위고 발정이 오지 않으며, 유량도 감소되지만 식욕에는 변화가 없다.

치료

① 염증의 상태가 심하면 설파제, 항생제 등을 3~4일 간 주사하고 국소치료를 한다. 제저(蹄底)에 국소염증만이 있고, 각질이 부식되는 만성부제에 있어서는 국소적 치료만으로도 충분하다.
② 국소치료는 환축을 보정틀에 보정한 후 삭제도(削蹄刀)로 검게 부식되어 있는 제각질을 모두 깎아 낸 다음 요오드팅크, terramycin, kopertox 등의 약제를 뚫린 구멍에 바른 후 솜을 두껍게 대고 붕대를 감으며, 그 위를 다시 방수용 테이프나 반창고로 감아 똥, 오줌, 구정물 등이 들어가지 않도록 방수 조치한다.
③ 이러한 치료를 1주일에 1~2회 되풀이하면서 각질이 재생되기를 기다리며,

치료 중에는 환축을 바닥이 건조한 곳에 계류시키고 운동을 제한시킨다.

④ 제관절(蹄關節)에 염증이 파급되어 거동할 수 없을 경우에는 지절단술(趾切斷術)을 실시한다.

예방

부제치료는 발병 후에 하는 것보다 예방대책을 세워서 예방하는 것이 보다 바람직하다. 예방책으로 권장되고 있는 사항은 다음과 같다.

① 운동장이나 방목지에 있는 뾰족한 돌, 예리한 그루터기, 쇠붙이, 철사 등 소의 제저(蹄底)에 상처를 입힐 수 있는 물체들을 제거한다.

② 운동장이나 방목지에 있는 물구덩이와 습지대는 모래와 흙으로 메우고 배수가 잘 되게 하며, 축사의 바닥은 항상 청결하고 건조하게 유지시켜 준다.

③ 소가 축사에서 운동장으로 출입을 할 때 소들의 보행자세를 관찰하여 파행하는 소는 즉시 발굽을 검사한다.

④ 삭제 및 발톱 손질은 3～6개월에 한 번씩 정기적으로 실시한다.

⑤ 운동장에 설치한 음수용통 및 초가 주변의 지면에는 콘크리트 바닥을 깔고 배수가 잘 되게 하여 흙, 오줌, 똥, 물 등이 혼합되어 진창이 되지 않도록 예방한다.

⑥ 축사의 출입문 밖에는 너비 2 m, 길이 5～6 m, 깊이 15～20 ㎝의 소독조를 만들어 5～10% 황상동액을 채워 두고, 소가 축사를 출입할 때 이 소독조에 발을 담글 수 있도록 한다.

⑦ 운동장이나 방목지의 습기 찬 곳 또는 물구덩이 및 축사바닥에는 소석회를 뿌려 준다.

2) 지간부란(foot rot)

지간부란(趾間腐爛)은 지간의 피부 및 피하조직에 염증이 생겨 화농, 괴사되는 것을 특징으로 하고 있다.

원인

① 수렁지고 불결한 운동장 또는 물구덩이가 많은 방목장은 이 병의 발생에 주요 원인이 된다.

② 소가 습기 찬 땅에 오래 서 있으면 지간의 피부가 불어나 연해져서 손상을 입

기 쉬운 상태로 되는데, 이런 상태에서 뾰족한 돌, 그루터기, 쇠붙이 등에 찔려 지간(趾間)의 피부가 손상되면 그 자리에 세균이 침입하여 병을 일으킨다.

③ 이 병의 감염세균은 부제의 원인균과 동일한 *Fusiformis necrophorum*이라는 추측이 있고, 곰팡이류가 1차적으로 감염, 작용한다는 추측도 있다.

증상

① 지간피부에 염증이 생겨서 피부와 피하질이 갈라지고 짙은 농이 생기며, 조직이 괴사되어 악취를 풍긴다. 이 병은 급성적이고, 한 목장에서 여러 마리의 소가 동시에 집단 발병하는 경우가 있다.

② 환축은 발을 절며, 서 있을 때에는 지간부란(趾間腐爛)에 걸린 다리를 들었다 내렸다 하고 발을 완전히 딛지 못하며, 발끝으로 땅을 딛고 아픈 다리의 부중(負重)을 다른 다리로 옮겨 놓고 있어서 자세가 한쪽으로 기운다.

③ 일반적으로 염증이 지간부에서 지간부 앞쪽의 지간인대(趾間靭帶)까지 파급되는데, 이러한 경우 소는 심한 통증을 느끼므로 발을 심하게 절며 보행을 거부하고 누워 있다.

④ 지간조직의 염증이 주위의 조직으로 파급되어 제관부(啼冠部)까지 충혈되고 부어 오르는 경우도 있다.

치료

① 지간의 괴사조직은 긁어 낸 다음 크레졸액으로 잘 세척한 다음 요오드팅크를 솜에 묻혀 지간에 밀어 놓고 방수붕대로 감아 준다.

② 국소 치료제로는 요오드팅크액, 설파제 분말, 테라마이신 분말, 코퍼톡스(kopertox) 등이 이용된다.

③ 증세가 악화되어 제관부 일대에 염증성 부종이 생겨서 부어 있을 때에는 설파제 또는 항생제 주사를 한다.

④ 지간부란이 완치될 때까지 환축은 바닥이 건조한 축사 또는 운동장에 계류하여 상처에 구정물이 스며들지 않도록 하며 운동을 제한시킨다.

예방

부제(腐蹄)의 예방대책에 준한다.

3) 지간섬유종(interdigital fibroma)

지간섬유종(趾間纖維腫)은 지간피부 피하조직에 증식하는 이상조직을 말한다.

원인

지간섬유종(티눈)의 원인으로는 몇 가지 소인과 직접적인 자극 요인을 들 수 있는데, 소인적 요인으로는 지나치게 무거운 체중부담 때문에 지간의 피부가 받는 자극, 고르지 못한 제형 등을 들 수 있고, 자극요인으로는 지간부란, 지간피부의 손상, 세균감염 등을 들 수 있다.

증상

① 지간섬유종은 주로 성우에 발생한다. 지간섬유종이 크게 증식했을 때에는 큰 육괴(肉塊)가 지간에 달려 있는 것을 발굽에서 볼 수 있다.
② 지간섬유종이 크게 자란 소는 발을 저는데, 파행의 정도는 섬유종의 크기와 2차적 세균감염의 정도에 따라 달라진다.
③ 제저(蹄底, 발바닥)를 땅에 디딜 때 섬유종이 땅에 닿으면 통증을 느끼어 환축은 놀라서 발을 빨리 들어올리며, 걸음걸이가 매우 조심스러워진다.
④ 지간을 조사해 보면 살덩어리가 돌출해 있는 것을 발견할 수 있고, 이 부분을 압박하면 통증을 느낀다. 지간섬유종은 한 다리, 때로는 사지(四肢)에 모두 발생해 있는 경우도 있다.

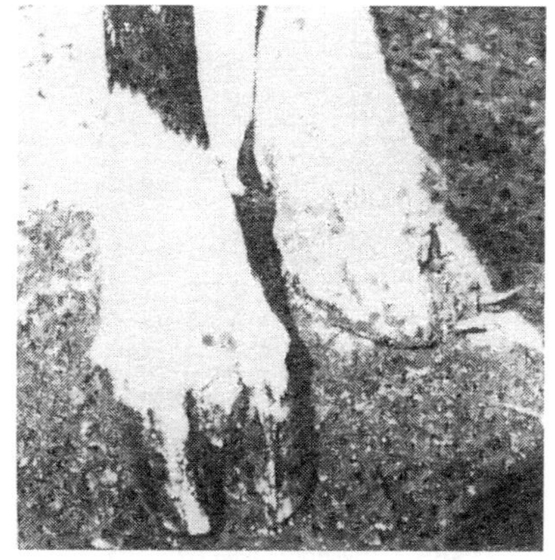

그림 2-41. 지간섬유종(趾間纖維腫)

치료

제거수술을 하지만 재발하는 경우가 많다.

4) 유두종(papilloma)

유두종(乳頭腫)은 대개 발뒤꿈치의 피부에 돋아나는 사마귀로서 발을 디딜 때 유두종이 땅에 닿으면 통증을 느껴 발을 전다.

원인

Papilloma virus에 의해서 발생되며, 불결하고 수렁진 운동장, 발뒤꿈치에 지속적으로 가해지는 가벼운 상처 등을 들 수 있다. 호발(好發) 부위는 후지의 발뒤꿈치 피부이다.

증상

발뒤꿈치의 피부 표면에 밤송이 모양의 까칠까칠한 살이 솟아 있다. 육안으로 쉽게 발견할 수 있으며, 유두종이 지면에 닿으면 순간적으로 통증을 느끼므로 다리를 조심스럽게 딛는다.

치료

제거수술을 하지만 유두종이 클 때에는 수술 후 재발하는 경우가 많다.

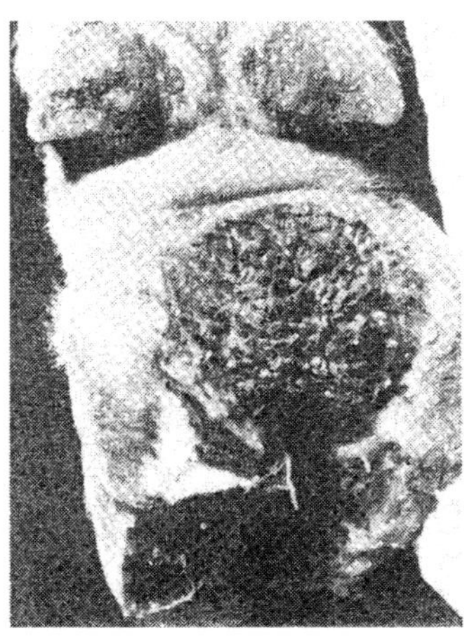

그림 2-42. 후지(後肢) 발꿈치에 생긴 유두종

5) 굴건단축(contracted tendon)

굴건단축(屈腱短縮) 또는 구축(拘縮)은 갓 태어난 송아지에서 가끔 볼 수 있는데, 다리의 굴건(屈腱)이 짧아서 발목이 뒤로 굽어 있다. 선천적이거나 아가바네(akabane)병이 있을 시 볼 수 있다. 성우에서는 외상으로 건(腱)에 구축이 일어날 수 있다.

증상

전지(前肢)나 후지(後肢) 지관절의 한쪽 또는 양쪽의 건(腱)이 단축되어 발목이 굽어 있는데, 굴건구축(屈腱拘縮)은 후지보다 더 많이 생긴다. 양쪽 발목이 굽어 있는 소의 경우 일어서지만 걷지는 못한다. 건의 구축이 심한 송아지는 발굽이 뒤로 심하게 굽어서 발굽 전면으로 땅을 딛는데, 이러한 상태가 오래 지속되면 지관절염에 걸린다.

치료

① 구축상태가 심하지 않은 경우에는 다리 뒷면에 부목을 만들어 그 위에 댄 다음 붕대를 단단히 감아 관절을 펴 준다. 부목은 12시간마다 풀어 혈액순환을 촉진시켜 준다.
② 굴건(屈腱)의 구축상태가 심하여 발굽이 매우 굽은 것은 굴건을 늘리는 수술을 하여 교정하기도 한다.

그림 2-43. 송아지의 굴건구축(屈腱拘縮)

[주로 앞다리의 발목에 자주 발생함]

③ 그 밖에 석고붕대를 감아 주는 방법도 있다. 석고붕대는 10~14일 간 감아 주는데, 석고붕대를 착용하기 전에 솜을 두껍게 감아서 딱딱한 석고가 피부에 상처를 주지 않도록 한다. 갓 태어난 송아지가 굴건단축이 있을 때에는 치료효과를 이루기 위해서 분만 후 수시간 내에 치료해야 한다.

6) 제의 변형(deformed hoof)

제(蹄)의 변형은 제(발톱)의 형태가 변형된 상태를 말한다.

원인

발굽의 기저부가 협소한 소, 내반슬(內反膝, 무릎이 안으로 구부러짐)이 있는 소, 한쪽 다리를 만성적으로 저는 소, 외측 또는 내측 발톱의 한쪽에 통증이 있어서 체중을 한쪽 발굽에만 부하시키고 있는 소, 만성 제엽염에 걸린 소, 정기적으로 삭제(削蹄)를 하지 않을 때 등을 들 수 있다.

증상

발굽의 형태가 변형되어 있음을 볼 수 있다. 변형된 제(蹄)에는 치도제(薙刀蹄), 윤제(輪蹄), 장취제(長嘴蹄), 전제(剪蹄), 연제(延蹄), 각적제(角笛蹄), 상화(上靴) 등 여러 가지가 있다.

치료

길게 자란 제엽(蹄葉)을 삭제(削蹄)한다. 삭제는 일시에 많이 해서는 안 되고,

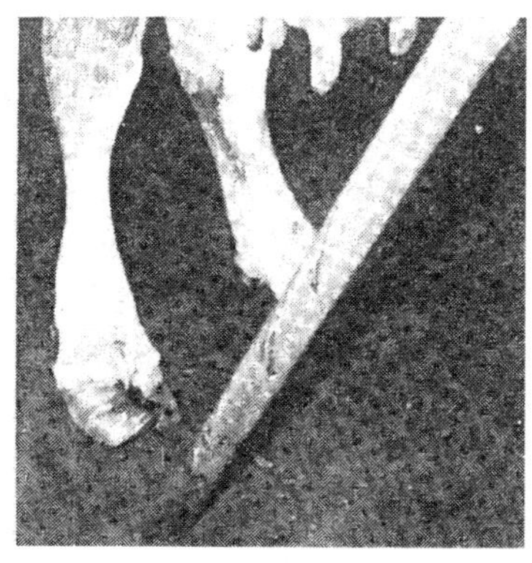

그림 2-44. 제(蹄)의 변형

수회로 나누어 조금씩 삭제해 들어간다.

7) 제엽염(lamintis)

제엽염(蹄葉炎)은 발굽에 발생하는 급성 또는 만성 무균성 염증으로서 2개 이상의 발굽에 발생하며, 파행증상과 전신증상이 동시에 나타난다.

(1) 급성 제엽염

원인

농후사료의 과식, 장시간에 걸친 무리한 운동, 어떤 사료작물에 의한 중독이 원인이 될 수 있으며, 유전적 소인도 들 수 있다. 제엽염은 일종의 대사성 질병으로도 취급되며, 알레르기성 질환으로 간주하기도 한다.

증상

① 환축(患畜)은 등을 구부리고 서 있으며, 걸음걸이가 부자연스러워 보인다. 후지(後肢)에 제엽염이 발생하였을 때에는 뒷발을 앞으로 내딛고 서 있다.
② 환축은 강제로 경사진 길을 오르게 하면 보행을 거부하며, 축사 밖으로 나가려 하지 않는다. 누워 있던 환축이 일어설 때에는 발굽의 통증 때문에 기립하는 모습이 매우 힘겨워 보인다.
③ 환축은 딱딱한 콘크리트 바닥을 걷기 싫어하고 연한 흙바닥을 골라서 걷는다.
④ 발병 초기에는 땀을 많이 흘리며 근육의 경련을 일으킨다.
⑤ 제저(蹄底, 발바닥)는 발병 후 수일이 지나면 누렇게 변하고 물러져서 물렁물렁하며, 제벽(蹄壁)은 열감이 있고, 자극을 가하면 통증을 나타낸다. 제벽 상부의 제1지골 관절부를 손가락으로 누르고 있으면 맥박을 느낄 수 있다.

치료

항히스타민제, 코티손 등을 주사하고, 경정맥(頸靜脈)에서 5 ℓ 정도의 피를 사혈(瀉血)시킨다. 환축은 자리깃을 두껍게 깔고 격리 안정시키며, 제엽염에 걸린 다리를 찬물에 담가 두는 것도 치료의 도움이 된다.

(2) 만성 제엽염

원인

주로 급성 제엽염에 뒤이어 발생한다.

증상

① 전신증상은 급성 제엽염에서처럼 현저하지 않다. 환축은 등을 구부리고 엉거주춤한 자세로 서 있으며, 보행이 불안하다.
② 염증이 심할 때에는 전지(前肢)가 휘는 경우도 있다. 축사 내에 서 있는 환축은 뒷발의 발굽 전면 절반 정도를 하수구의 가장자리에 걸치고 서 있다.
③ 만성 제엽염을 오랫동안 앓는 환축은 전신이 야위고 발굽이 휘는 등 변형이 있다. 후지(後肢)의 발굽이 이와 같이 변형되면 발굽의 뒤꿈치가 땅에 접하게 되고, 발끝은 들려 위를 향하게 된다.
④ 제3지골은 제벽(蹄壁)과 제저(蹄底) 각질 사이에서 방향을 바꿔 땅을 향해 굽기 때문에 제벽이 체중의 부담을 받아 한층 더 위쪽으로 휘어 올라간다. 이때 지골의 끝이 제각질에 구멍을 뚫는 결과가 되며, 이 구멍을 통해 구정물, 흙, 세균 등이 침입하여 염증을 일으키고 화농성 제엽염이 발생한다.

치료

특별한 치료법이 없다. 과도하게 자라 있는 제벽을 억제하여 발(趾)의 자세를 바로 잡아 주도록 하며, 삭제할 때에는 제각질을 너무 두껍게 깎아 제엽(蹄葉)과 지골(趾骨)이 손상되지 않게 주의한다.

제 9 장

눈의 질병

1. 사 시

① 사시(斜視, stabismus, 사팔뜨기)란 안구가 정상적인 위치를 벗어나 좌우나 상하 어느 한쪽으로 기울어져 있는 상태를 말한다. 소의 한쪽 안구만이 사시가 되는 것은 안와(眼窩, orbit) 내에 어떤 종양이 생겨서 종양조직이 증식하여 안구를 어느 한쪽으로 끌어모으므로 안구가 한쪽으로 기울기 때문이다.

② 양쪽 안구가 모두 사시로 되는 경우가 있는데, 이것은 유전적으로 형성된 기형이라고 할 수 있다. 이러한 경우 안구는 대개 밖으로 돌출되어 있으며, 좌우 안구는 모두 내측으로 선회되어 있어서 두 눈의 동공이 내측에 몰려 있고, 외측에는 흰자위가 많이 노출되어 있다.

③ 소의 선천성 양측성 사시는 생후 6개월령 때에 비로서 눈에 띄며, 성숙함에 따라서 더욱 향중심성의 사시로 되어진다. 보행할 때에는 좌우 양측 장애물을 보기 위해서 머리를 좌우로 크게 흔드는 모습을 볼 수 있다.

④ 안구돌출은 양측성인 것은 선천성 사시와 같이 나타나고, 편측성인 것은 편측성 사시와 동일한 원인에 의해서 2차적으로 나타난다.

2. 백내장

① 백내장(白內障, cataract)이란 눈의 렌즈(lens)가 어떤 원인에 의하여 유백색으로 혼탁해져서 렌즈의 투명도가 떨어짐으로써 시력을 상실하는 병을 말한다.

② 백내장에는 선천적인 백내장과 후천적인 백내장이 있다. 선천적 백내장은 주로 유전적 소인에 의하여 발생하고, 시력의 차이는 렌즈의 혼탁정도에 따라서 차이가 있다. 후천적 백내장은 갓 태어난 송아지가 패혈증에 걸렸을 때 또는 안염(眼炎)에서 속발되며, 성우의 경우에는 패혈증 또는 눈의 심한 염증이 1차적 원인이 되어 발생한다고 한다. 소에서는 사람이나 개의 경우와 같이 나이를 먹어 발생하는 노령성 백내장이 있는지는 불명하다.

③ 백내장을 감별하기 위해서는 집광선을 수정체에 비스듬히 조사한다. 백내장에 걸린 수정체는 회색으로 보이고, 수정체의 표면에서 결합조직과 혈관의 망상구조가 흔히 보인다. 동공은 구형이며, 광선에 대한 동공반사는 감퇴되거나 또는 결여된다. 동공반사가 결여되면 맹목(盲目)으로 된다.

④ 백내장의 외과적 또는 약물요법은 소에서는 그다지 효과가 없다.

3. 눈의 피부낭종

① 눈의 유피낭종(類皮囊腫, dermoid cyst) 또는 피양종(皮様腫)은 송아지의 눈에서 가끔 발견된다. 유피낭종은 눈의 결막이나 각막에 붙어 있는 작은 피부편이고, 털이 돋아 있다.

② 피부낭종(皮膚囊腫)은 태아가 자궁 내에서 성장하는 시기에 피부의 일부가 결막이나 각막에 잘못 정착되어 발생한 것으로 추측하고 있다. 유피낭종이 크고 털이 많이 나 있을 경우에는 시력에 장애를 주어 잘 보지 못한다.

③ 또한 유피낭종에 달려 있는 털이 결막과 각막을 찔러 자극하므로 눈에 염증이 생겨 결막이 충혈되고 눈물을 많이 흘린다. 또 환축은 눈을 완전히 감을 수 없으므로 결막과 각막이 항상 공기에 노출되어 있어서 만성결막염과 각막염을 앓게 된다.

치료

유피낭종은 수술해 잘라 버린다. 그러나 각막에 생긴 유피낭종은 각막조직의 깊은 층에 근원을 두기 때문에 깨끗하게 제거하지 않으면 수술 후 재발되어 다시 원상으로 된다.

4. 전염성 각막결막염

전염성 각막결막염(角膜結膜炎, pink-eye, infectious keratoconjunctivitis)은 소 또는 양, 산양 등의 눈에 발생하는 전염성 질병으로서 환축은 광성을 싫어하고 눈물을 많이 흘리며, 결막염과 각막염에 걸려서 각막이 혼탁 불투명해지는데, 후에는 각막에 궤양이 생겨서 괴사되고 시력을 완전히 잃는 경우도 있다.

원인

① 주 원인균은 확실히 밝혀져 있지 않지만 주로 *Moraxella bovis*라는 세균이 주된 원인균이며, herpes V형 virus(牛傳染性 鼻氣管炎), 안충, adenovirus 등도 관련이 있다.
② 먼지가 많고 건조한 환경, 강렬한 태양광선의 조사, 키가 큰 목초가 무성한 목야지에서의 방목, 파리가 많을 때 이 병을 일으키는 소인이 된다.
③ 환축의 눈물, 콧물 등으로 오염되어 있는 풀이나 사료에 접촉할 경우에도 전염이 된다.
④ 전염성 각막결막염에 걸렸던 소는 회복된 후에도 약 1년 간은 병균을 보유하고 있으면서 눈물과 콧물에 병원균이 혼재된다.

증상

① 전염성 각막결막염의 발병률은 성우보다 송아지가 높은 편이지만 모든 소에

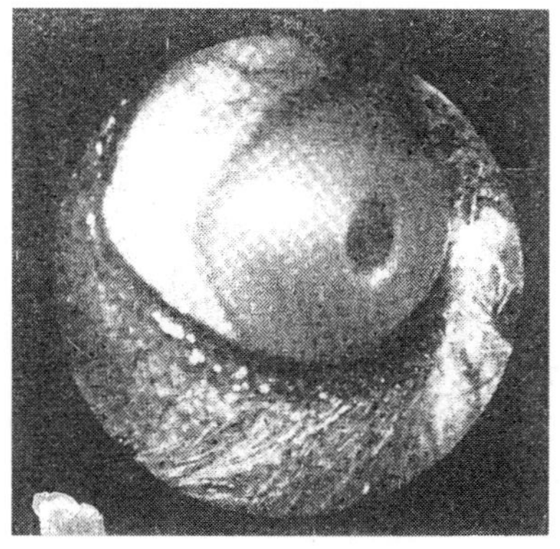

그림 2-45. 각막궤양

[전염성 각막결막염으로 각막에 궤양이 생겨 실명됨]

발생된다. 계절적으로는 더운 여름철과 가을철에 발생하는 것이 통례이다.

② 발병 초기의 증상은 수명증(羞明症)과 눈물 흘림, 결막의 종창과 충혈, 안검(眼瞼) 종창 등의 증상을 나타낸다.

③ 증상이 나타난 후 2~3일이 지나면 각막 중앙 부근에는 너비 2~3㎜의 백반이 생기고, 이 백반이 점점 커져서 넓은 백탁부(白濁部)를 형성하는데, 그 주위의 각막이 거칠어지면서 두꺼워지고, 황색의 농성 눈물을 흘린다.

④ 그 후 2~3일이 지나면 각막 주변의 혈관이 확장되어 눈이 심하게 충혈되어 적색을 띤다. 증상이 심하면 각막에 궤양이 생겨 실명되지만 치료를 잘 하면 시력이 회복된다.

예방

① 환축은 광선을 피할 수 있도록 축사 내에 수용하고, 파리나 그 밖의 곤충 등이 날아들지 못하도록 살충제를 뿌려 건강한 소에 각막결막염이 전염하지 못하도록 한다.

② 예방에는 핑크아이(pink-eye) 예방주사와 최근 미국의 Schering사에서 개발한 Piliguard 백신이 이용되고 있다.

치료

항생제 또는 설파제에 코르티손(cortisone)을 혼합한 약제를 치료용 안약으로 점안하고, 눈의 통증을 완화시키기 위하여 안약에 국소마취제를 섞어서 점안하기도 한다. 염증증상이 매우 심하거나 각막에 궤양이 생긴 소는 5% 질산은 용액을 점안해 주면 결과가 좋다. 또 항생제와 코르티손이 혼합된 주사약을 결막하에 주사하는 것도 치료효과가 있다. 분무용 pink-eye 스프레이도 이용된다.

5. 외상성 각막결막염

외상성 각막결막염(角膜結膜炎, traumatic keratoconjunetivitis)은 눈이 딱딱한 풀대, 나뭇가지, 철사, 말뚝 등에 찔렸거나 곤충에 물렸을 때 또는 뿔에 받혀서 발생한다.

증상

① 외상성 각막결막염에 걸리면 결막이 부어 오르고 충혈되며, 결막의 혈관들이 굳어진다.

② 날카로운 철사, 나뭇가지, 억센 풀 등에 각막이 찔렸을 때에는 각막이 부어 오르고, 찔린 부분에 백탁(白濁)이 생기며, 심할 경우에는 궤양이 생긴다. 때로는 각막이 완전히 관통되어 투명한 안방수(眼房水)가 흘러 나오는 경우도 있는데, 이와 같이 되면 안구가 찌부러져서 함몰된다.

치료

항생제와 코르티손이 혼합된 안약을 점안하고 안대를 씌워서 눈을 보호한다. 안구가 화농되면 수술하여 적출한다.

6. 안구 건조증

안구 건조증(xerophthalmia)은 주로 비타민 A 결핍증으로 인해서 발생하는 경우가 많은데, 비타민 A 결핍증은 생후 6～15개월령의 송아지에 흔히 발생한다. 일반적으로 성장속도가 빠른 시기에 있는 송아지가 비타민 A 결핍증에 걸리기 쉽다. 비타민 A 결핍증은 이유 후 카로틴(carotene, 비타민 A의 전단계 물질)의 함량이 적은 사료를 계속 먹기 때문에 발생하는 수가 많다.

증상

① 비타민 A 결핍증에 걸리면 눈의 결막이 건조하고 윤기가 없어지며, 잘 관찰해 보면 각막이 투명하고 동공이 확장된 그대로 고정되어 있으며, 어떤 경우에는 각막의 일부가 원추형으로 돌출되어 있을 때도 있다.

② 야맹증은 비타민 A 결핍 초기에 나타나는 증상이다.

③ 비타민 A 결핍증에서는 눈의 변화와 아울러 중추신경계통의 증상도 나타나는데 보행실조, 마비, 경련 등의 증상을 볼 수 있다.

치료

① 비타민 A 주사를 하거나 비타민 A가 많이 함유되어 있는 첨가제를 먹인다.

② 청초, silage, 당근 등에는 비타민 A의 전단계 물질인 carotene이 함유되어 있기 때문에 비타민 A 주사와 아울러 양질의 건초류를 급여하면 빨리 치료된다.

7. 인상세포암종

인상세포암종(鱗狀細胞癌腫, squamous cell carcinoma)은 일명 안암(眼癌, eye cancer)이라고도 하며, 소의 안구, 안검, 순막(瞬膜) 등에 발생한다.

원인

원인체는 바이러스로 추정하며, 유전적 체질, 안검의 색소 침착, 일사광선 등도 원인으로 들 수 있다. 인상세포암종은 4세 이하의 소에서는 드물게 발생하고, 나이가 든 7~9세의 소에서 발생률이 높은 편이다.

증상

① 인상세포암종이 발생하기 전에 각막과 공막의 접합부위에 유취종(乳嘴腫), 각화종(角化腫) 등의 딱딱한 조직이 생겼다가 점차 안암(眼癌)으로 발전된다고 한다.

② 인상세포암종은 안구, 순막(瞬膜). 누부(淚阜) 등에 발생하며, 드물게는 안검의 피부에도 발생한다.

③ 각막과 공막의 경계에 생긴 암종(癌腫)은 표면이 좁쌀알과 같이 오톨도톨한

그림 2-46. 인상세포암종(鱗狀細胞癌腫, 眼癌)

과립상이며, 건드리면 쉽게 출혈한다.

④ 안구 전체가 암종의 침해를 받으면 시력을 상실하고, 눈에서는 혈액과 농이 배출되며 눈물을 계속 흘린다.

⑤ 눈에 생긴 암종은 이하(耳下)림프선, 후구두림프선, 기관림프선 등으로 전이되고, 또 여러 다른 장기로도 전이되는데, 전이가 시작되면 전신증상이 2～3개월에 악화된다.

치료

안검과 안구조직 적출수술을 하지만 재발하는 경우가 많다.

8. 안충증

안충증(眼蟲症)은 선충(線蟲)인 rhodesia 안충(眼蟲)이 눈의 누관(淚管)과 결막낭에 기생하여 결막과 각막을 자극하기 때문에 결막염, 각막염 등이 발생하여 결막이 충혈되고 눈곱이 끼며, 항상 눈물을 흘리는 눈의 질병이다.

9. 일광 과민성 각막염

일광 과민성 각막염(photosensitive keratitis)은 구충제인 phenothiazine을 먹은 후 발생하는 경우가 있는데, 간의 해독능력이 약할 경우에 체액에 축적되어서 발생한다.

증상

페노다이아진을 투여한 후 빠르면 12～36시간 내에, 늦으면 6～10일 후에 나타나는데, 주 증상은 눈물을 많이 흘리고, 안검에 경련을 일으키며, 눈이 부시고 각막이 뿌옇게 혼탁된다.

치료

우선 환축을 그늘로 옮겨 주고, 눈에는 안과용 항생제 연고를 발라 준다.

10. 알레르기성 결막염

알레르기성 결막염(allergic conjunctivitis)은 면화의 개화기에 면화 재배지 근처에서 사육하는 소에 발생하였다는 보고가 있다. 또 꽃가루, 건초의 곰팡이, 먼지 등에 의해서도 알레르기성 결막염이 발생한다고 한다.

치료

항히스타민제(antihistamine)를 주사하면 이 결막염은 쉽게 치료된다.

제 10 장

기타의 질병

1. 탈 장

탈장(脫腸, hernia)이란 복강(腹腔) 내의 장기, 즉 소장・대장・위・간・비장・망막 등의 일부가 복벽에 뚫린 구멍을 통해 탈출하여 피하에 정체되어 있는 상태를 말한다. 탈장은 대개 탈장륜(脫腸輪), 탈장 내용물 및 탈장낭(脫腸囊)의 세 부분으로 구성되어 있다. 탈장륜은 복벽에 뚫린 구멍이고, 탈장 내용물은 소장・망막・대장・위・간 등을 들 수 있으며, 탈장낭은 탈장 내용물을 소장하고 있는 주머니이다.

탈장에는 제탈장(臍脫腸), 복벽탈장(腹壁脫腸), 회음부탈장(會陰部脫腸), 횡격막탈장(橫膈膜脫腸) 등이 있고, 수소에만 발생하는 서혜부탈장(鼠蹊部脫腸) 등이 있다. 이들 중 소에서 가장 많이 발생하는 탈장은 제탈장(배꼽탈장)과 복벽탈장이다.

탈장낭으로 빠져 나온 탈장 내용물에 압력을 가하면 다시 복강 내로 되돌아갈 수 있는데, 복강 내로 되돌아갈 수 있는 것을 환납성(還納性) 탈장이라 하고, 탈장 내용물이 복강 내로 되돌아갈 수 없는 것을 비환납성(非還納性) 탈장이라고 한다. 비환납성 탈장은 탈장륜이 좁아졌거나 또는 탈장 내용물이 탈장륜이나 탈장낭에 유착되어 있기 때문에 생긴 것이다.

1) 제탈장(umbilical hernia)

제탈장(臍脫腸, 배꼽탈장)은 배꼽(臍)에 형성된 탈장을 말하며, 주로 송아지때 많이 발생한다.

원인

탈장의 선천적 원인은 태생 때부터 송아지의 배꼽구멍인 제륜(臍輪)이 정상보다 넓게 뚫려 있기 때문이며, 후천적 원인은 분만한 송아지의 배꼽줄을 복벽에 너무 근접해 묶었거나 심한 설사, 변비증, 난산, 직장 또는 항문의 염증 등으로 소가 계속 뒤에 힘을 주어 배꼽구멍이 넓어지고, 장내용물의 일부가 밀려 나오기 때문이다.

증상

① 배꼽이 정상 송아지의 배꼽보다 크고 둥글게 돌출되어 있으며, 손으로 만져 보면 촉감이 유연하고 열감이나 통증이 없다.
② 탈장이 환납성일 때에는 탈장에 힘을 주어 복강 쪽으로 밀어 넣으면 내용물이 탈장륜을 통해 복강 내로 들어간다. 그러나 비환납성일 때에는 탈장 내용물에 압력을 가하여 밀어도 복강 내로 되돌아가지 않는데, 그 이유는 내용물이 탈장낭 또는 탈장륜과 유착하였거나 탈장륜이 협소하기 때문이다.
③ 때로는 탈장 내용물이 탈장륜에서 좁혀져 졸리게 되는 수도 있는데, 이와 같이 되면 탈장 내용물에 흘러들던 혈액이 차단되므로 결국 내용물이 괴사한다. 결국 환축(患畜)은 급성복통의 증상을 나타낸다. 즉 발로 배를 차고, 빈번히 뒤를 돌아보며 초조한 모습을 보이고, 후지(後肢)로 제자리 걸음을 하며, 꼬리를 좌우로 강하게 휘두르고, 때로는 웅크리고 앉아 신음하기도 한다. 탈장부를 만져 보면 열감이 있으며 단단하게 느껴지고, 소는 통증을 느끼기 때문에 몸을 피한다.

치료

① 수술치료가 가능하다. 경우에 따라서 어려서 발생한 배꼽탈장은 성장해 감에 따라 소실되는 것도 있다.
② 배꼽탈장의 수술은 생후 6개월의 월령에 도달할 때까지 기다렸다 하는 것이 유리하다. 왜냐하면 어린 송아지의 복막, 근육, 근막, 피부 등의 강도는 약하여 봉합사를 지탱할 만한 힘이 없어서 봉합한 부위가 터질 가능성이 많기 때문이다.
③ 탈장을 수술하기 전에 섭취하는 사료의 양을 줄이기 위하여 2일 간 절식시켜야 하며, 수술 후에도 복압을 조절하기 위하여 2~3일 간 계속 절식시키고, 그 후 사료의 급여량을 서서히 증가시켜 나아간다.

2) 복벽탈장(ventral hernia)

복벽탈장(腹壁脫腸)이란 복벽에 생긴 탈장을 말하는데, 무릎과 동체 사이에 달려 있는 무릎복벽 피부 주름을 경계로 하여 상부에 생긴 것을 상복부탈장이라 하고, 그 하부에 생긴 것을 하복부탈장이라고 한다.

원인

복벽탈장의 원인은 그 대부분이 복벽에 가해진 강한 타격 때문이다. 즉 소가 낭떠러지에서 굴러 떨어지거나, 말뚝 같은 물체에 충돌하거나 또는 소뿔에 받히거나 등의 강한 타격이 복벽에 가해짐으로써 복벽의 근막, 복막 등이 파열된 결과로 생긴다.

증상

① 상복부 탈장을 주로 좌우 겸부(膁部)에 발생하고, 소가 누워 있을 때 복강 내용물이 복벽의 파열구를 통하여 피하에 돌출되어 있는 것을 볼 수 있다. 돌출물의 촉감은 유연하고 주먹으로 밀면 복강 내로 들어가지만 주먹을 후퇴하면 내용물이 다시 돌출해 나온다. 그러나 소가 기립하면 돌출물이 복강 바닥으로 내려앉으므로 외견상 변화가 나타나지 않는다.

② 하복부탈장은 복강내장의 일부인 내용물이 항상 복벽의 파열구를 통해 탈출하여 피하에 머물러 있기 때문에 언제나 복벽에 돌출되어 있는 덩어리를 볼 수 있다.

③ 탈장 내용물이 복벽의 파열구인 탈장륜에 유착될 때에는 소화기능에 장해가 일어날 수도 있고, 졸릴 때에는 내용물이 목졸리듯 졸리므로 내용물이 장일 경우 장폐쇄와 같은 증상을 나타낸다. 즉 장을 통과하는 식괴(食塊)가 통과가 되지 않아 혈액순환이 장해를 받기 때문에 장이 괴사하여 치명적 결과를 가져온다.

④ 탈장 내용물인 장이 졸릴 때에는 발로 배를 차고 제자리걸음을 하며, 자주 뒤를 돌아보고 꼬리를 휘두르는 등 복통증상을 나타낸다. 치료하지 않으면 복막염에 걸려 10여 일 후에 폐사한다.

치료

수술하여 치료할 수밖에 없다. 상복벽탈장의 수술은 용이하다. 그러나 하복벽탈장에 있어서 지나치게 탈장이 넓을 경우에는 수술교정이 힘들다.

3) 횡격막탈장(diaphragmatic hernia)

횡격막탈장(橫隔膜脫腸)은 복강과 복벽의 경계인 횡격막의 일부가 파열되어 간, 장, 망막 등이 흉강 내로 몰려 들어간 상태를 말한다.

원인

선천적으로 횡격막에 결손이 있는 경우와 후천적으로는 송아지일 때 타박상을 입어 파열되는 경우를 들 수 있다.

증상

일반적으로 뚜렷한 증상은 없지만 호흡의 촉박감, 기침, 소화불량 등의 증상이 나타날 수 있고, 성장이 지체된다.

치료

수술치료에 어려움이 있다.

2. 제 염

제염(臍炎, omphalitis)이란 송아지의 배꼽에 세균이 감염하여 염증이 생긴 상태를 말하고, 주로 생후 6개월 미만의 송아지에 발생한다.

원인

① 분만과 관계가 있는 질병으로서 불결한 분만장소에서 분만 후 불결하게 처리된 탯줄에 대장균, 연쇄상구균, *Corynebacterium*, *Pasteurella* 등이 감염되어 일어난다.
② 때로는 모우의 브루셀라증, 비브리오증, 렙토스파이라증, 기타 태반자궁의 비특이감염증에 기인하여 출생 당시 이미 제염(臍炎)에 걸려 있는 경우도 있다.
③ 리프테리아, 전염성 하리(백리) 또는 vitamin A 결핍증과 같은 송아지 질병에

걸렸을 때 병발(倂發)하는 경우가 있다.

증상

① 대개 생후 1주일 사이에 증상이 나타나고, 때로는 2~3주 후에 증상이 나타난 경우도 있다.
② 40℃ 정도의 열과 식욕감퇴, 하리가 있는 경우 검사하지 않으면 백리(전염성 하리)로 오진하기 쉽다.
③ 배꼽 주위의 종창 및 삼출물에 의한 피모(被毛)의 오염 그리고 악취가 있다.
④ 균혈증이 급성으로 발생한 경우에는 증상을 나타내지 않고 곧 폐사하거나 2~3일 간의 급성증상을 일으킨 후에 폐사한다.
⑤ 드물게는 세균이 혈류를 타고 사지관절에 전이하여 다발성 관절염을 일으키는 경우도 있는데, 이러한 송아지는 체온이 상승(41℃ 이상)하고, 식욕감퇴, 보행 시에는 다리를 절고, 관절통 때문에 계속 누워 있게 된다.
⑥ 이 병으로 폐사한 경우의 부검소견은 제엽(臍葉)의 비후 또는 농양, 화농성 관절염 및 내장의 농양부를 볼 수 있으며, 이와 같은 농양은 특히 간, 방광 및 신장에서 인정될 수 있다.

예방

분만된 송아지의 배꼽줄을 요오드팅크액에 담가 소독하고, 신생 송아지를 사육할 축사의 바닥을 잘 소독한 다음 건조된 새 깔짚으로 갈아 준다.

치료

제염(臍炎)이 발생되면 항생제를 주사하며, 배꼽 부위가 화농되었을 때에는 절개 배농하고, 소독 후 가제로 심을 박아 주며, 절개부가 아물 때까지 세척을 매일 계속 한다.

3. 유두종 또는 전염성 유취종

유두종(사마귀, wart) 또는 전염성 유취종(乳嘴腫, infectious papilloma)은 양성 종양으로서 포유동물에서는 거의 발생한다. 사마귀는 피부층에서 생기는데, 그 중심

그림 2-47. 소의 피부 유두종(사마귀)

부에는 섬유소성 조직이 들어 있고, 그 둘레는 여러 층의 편평상피로 둘러싸여 있는데 외층의 상피는 딱딱하게 각화되어 있다. 임상적으로 문제가 되는 것은 송아지에 발생하는 다발성 유취종(乳嘴腫)으로서 수많은 유취종이 전신에 발생한다.

원인

① 소에서는 유취종 바이러스(bovine papilloma virus, BPV)의 작용으로 사마귀가 생긴다고 알려져 있다.

② 그러나 유취종이 발생하는 원인은 확실히 알려져 있지 않으나, 유취종에 걸린 소로부터 건강한 소에 유취종이 전염되는 경로는 주로 접촉을 통해 이루어진다.

③ 때로는 건강한 소의 피부에 생긴 상처를 치료할 때 유취종에 걸린 소에 사용하던 손, 끈, 코뚜레, 걸레, 주사침 등을 사용하거나 또는 목부의 손, 흡혈곤충 등에 의해서도 전염된다.

증상

① 유취종은 소의 연령과는 관계 없이 발생하지만, 특히 생후 1년 이하의 송아지에서 발생하는 율이 높다. 또한 유취종은 방목하는 시기보다 축사 내에서 사육하는 경우에 더 많이 발생한다.

② 소에서 사마귀가 잘 생기는 부분은 유방과 유두의 피부이며, 때로는 유두 내면의 점막에 발생하는 경우도 있다. 유두에 생긴 사마귀는 길고 딱딱하며, 껍질이 각화되어 착유에 지장을 준다.

③ 2세 이상의 유우나 육우에서는 주로 눈, 귀, 입 언저리의 피부, 목, 어깨 등에 발생되는데, 사지에 생기는 경우는 극히 드물다.
④ 사마귀는 콩알만한 크기로부터 작은 양배추만한 크기에 이르기까지 각양각색이다. 경우에 따라서는 방광, 식도, 제3위의 표면에 사마귀가 생겨서 배뇨장해, 소화불량 등을 일으키는 수도 있다.
⑤ 사마귀는 발생부위에서 영양분을 탈취할 뿐만 아니라 자체의 대사 및 붕괴 분해물질을 분비하여 신진대사에 장해를 일으켜 성장장애가 된다.

치료

① 자가면역시키는 방법이 있으나, 외국에서는 wart vaccine이 치료용으로 이용되고 있다.
② 백신요법을 하지 못하는 경우에는 사마귀를 외과적으로 제거한 후, 사마귀의 내부 조직을 분리 절제한 다음 이를 0.5% 석회산을 가하면서 유발(乳鉢)에서 마쇄하여 부유액을 만들어 이를 피하주사하면 재발을 막을 수 있다.

4. 일사병과 열사병

일사병(sun stroke)과 열사병(heat stroke)은 다 같이 서열(暑熱)의 작용으로 뇌장애를 일으키는 질병으로서 발병기전에 있어서 양자 간에 다소 차이가 있다. 즉 일사병은 두부(頭部)가 태양광선에 직접 노출됨으로써 반응이 일어나는 것이며, 열사병은 환기가 불량한 다두사육 우사와 고온다습으로 인해서 체온 발산의 장해 때문에 발생한다.

원인

① 일사병은 직사광선에 전신이 노출되어 일으키는 질병인 만큼 한더위에 소를 계류시켰을 때나 또는 울타리 안에 가두어 두었을 때 많이 발생하고, 직사광선에 습관이 되지 않은 사내(舍內) 사육우는 감수성이 높다. 두부의 직사광선은 두개강 내의 정맥성 충혈 및 정맥 확장을 일으키고, 동시에 파열로 인해 뇌의 생명중추에 마비를 일으켜 때로는 폐사를 일으킨다.
② 열사병은 고온다습할 때 체열의 방산이 방해되어 체내에 열이 축적되며, 이로

인해 뇌장애 및 전신의 기능장애를 일으킨다. 밀사(密舍)와 운동도 대기의 높은 온도 다음으로 열사병을 일으키는 주요 원인이다. 기타 산소부족(환기불량), 피로, 음수 및 식염 급여의 부족도 이 병 발생을 촉진시키는 요인이 된다.

증상

① 일반적으로 증상은 돌발하며, 증상의 경중은 장애의 정도 및 부위에 따라서 다르다.
② 처음에 나타나는 증상은 불안, 흥분, 강직운동 및 근육의 연을 일으키며, 돌연 폐사되거나 또는 서서히 진행성 호흡마비를 일으켜 폐사한다.
③ 증상이 심해지면 호흡수가 200회/분, 체온이 40～41℃로 상승하고, 심박동수가 증가하지만 미약하며, 가시점막이 충혈되고, 후지가 허약해진다.
④ 서열에 계속 노출되면 체온이 42.5℃로 상승하고 호흡수가 줄어들며, 심박동수가 더 증가되고 미약해진다.
⑤ 피부는 지각이 마비되고, 가시점막은 암청색으로 변하면서 항문이 개장되어 분변이 유출된다. 궁극적으로 호흡중추와 순환중추의 마비로 폐사한다.

예방

① 직사광선을 피할 수 있는 그늘을 마련해 주고, 또 온도가 가장 많이 올라가는 오전 10시부터 오후 3시 사이에는 방목을 삼간다. 축사의 통풍을 잘 해주고 무더운 날씨에는 우상에 건조한 자리깃을 깔아 준다.
② 또 축사에 태양의 직사광선이 들지 못하게 차양을 달고, 수목을 심어 석양을 차단하는 방법도 강구한다. 냉수와 소금을 마음껏 먹을 수 있도록 충분히 급여한다.

치료

환축(患畜)을 통풍이 잘 되고 서늘한 곳으로 옮긴 다음 냉수를 사지, 몸통, 머리 등에 끼얹는다. 이와 같이 냉수로 냉각시키는 치료방법이 가장 좋은 방법이며, 냉수의 관장, 사혈(瀉血), 5% 포도당액, 링게르액, 강심제 등을 주사한다.

제 11 장

중 독

중독의 원인으로는 유독식물, 미생물, 농약, 살충제, 쥐약 등과 광공업지대에서 유출되는 유독성 폐수, 매연 등에 의한 중독을 들 수 있다. 제2차 세계대전 이전에 외국에서 보고된 가축중독 원인으로는 주로 유독식물과 광물질의 독에 의한 중독이 많았다고 한다. 또한 농후사료에 번식하는 곰팡이류를 억제하기 위하여 첨가한 약품에 의한 중독, 사료에 기생하는 곰팡이류에 의한 중독 등이 있다.

최근에 문제가 되고 있는 산업공해인 불소(F), 비소(As), 납(鉛, Pb), 카드뮴(Cd) 등에 의한 중독도 있으며, 우리나라에서도 유기수은제, 유기염소, 비소, 청산, 고사리 등에 의한 소의 중독 예가 보고되어 있다. 가축에 발생하는 중독을 감별 진단하는 일은 몇 가지 예를 제외하고는 어렵다. 특히 장기간에 걸쳐 같은 종류의 사료를 계속 급여한 결과 발생하는 만성 중독증의 진단은 더 한층 힘들다. 중독증을 진단하는 데는 임상적·병리해부학적·화학적 검사방법을 거쳐 종합 판단해야 할 것이며, 특히 중독의 원인이 식물일 때에는 식물학과 약리학의 지식이 더욱 필요하게 된다.

1. 식물중독

가축은 본능적으로 유독식물을 먹지 않지만 겨울 동안 축사 내에서 건초만을 먹이다가 봄이 되어 초지에 방목하였을 때, 반기아 상태에 있을 때, 또는 풀을 베어다 먹일 때에는 동물은 유독식물을 가리지 않고 먹기 때문에 중독증을 일으키는 경우가 많다.

외국에서 발생한 중독증의 예를 참고로 하여 우리나라에서 발생할 수 있는 식물

중독증에 대하여 소개해 보면 다음과 같다.

1) 연초중독

소는 누런 빛깔의 담배 잎을 잘 먹는다. 소에 중독을 일으킬 수 있는 담뱃잎의 중독량은 300～500 g이므로 연초재배와 소 사육을 같이 하는 농가에서는 특히 주의해야 한다. 연초에 함유되어 있는 독성분은 nicotine이다. 또 장내 기생충의 구충제로 황산니코틴(nicotine sulfate)을 과량 먹였을 때에도 중독증상이 나타난다.

증상

① 담뱃잎을 먹은 후 소는 침을 흘리고 고창증이 발생하며, 복통증상을 나타내고, 마비증상으로 보행이 불확실해져서 비틀거리다가 땅에 쓰러져 경련을 일으킨다.

② 중독증상이 진행되면 동공이 확산되고 지각이 매우 둔해진다. 연초중독에 걸린 소의 위 내용물은 담배 냄새를 풍긴다.

치료

20%의 탄닌산 300～500 mℓ를 먹이면 니코틴 성분이 중화된다. 따라서 사하제를 먹여도 좋다.

2) 트리클로로에틸렌 처리 대두박중독

① 대두는 널리 이용되는 식용물로서 기름을 짜고 남은 찌꺼기인 대두박은 훌륭한 단백질 사료원으로서 소에 많이 이용하고 있다.

② 대두에서 기름을 추출하기 위해 trichloro-ethylene을 추출제로 사용할 시는 대두박에 잔류된 추출제가 독성이 있어 대두박을 많이 먹인 소는 중독을 일으키게 된다.

③ Trichloro-ethylene으로 처리한 대두박의 독성분은 처리한 조건에 따라 달라진다. 독성분을 많이 함유한 대두박은 총량 50～80 kg을 30～50일 간에 걸쳐서 급여할 때 중독증상이 나타나지만, 독성이 약한 것은 총량 1,200 kg을 1년 이상에 걸쳐서 계속 먹여야 비로소 중독증상이 나타난다.

④ 일반적으로 유량이 많은 고능력우에는 대두박을 많이 먹이기 때문에 중독을 일으킬 가능성이 높다.

증상

① 어린 소일수록 감수성이 높다. 급성중독에 걸린 소는 체온상승, 식욕폐절, 호흡촉박, 비유량 감소 등의 증상이 나타난다. 코・구강・결막・질・항문 등의 점막에 출혈반이 나타나고, 혈액이 섞인 콧물을 계속 흘리는데 심할 때에는 혈변, 혈뇨, 혈유(血乳) 등을 배출할 때도 있다.

② 만성중독에 걸린 소는 증상이 가볍게 나타나 서서히 발전해 나가는데, 후에는 운동실조 상태에 빠져 비틀거리면서 잘 걷지 못한다.

3) 질산염 중독(nitrate poisoning)

질산염 중독은 질산염(nitrate)의 함량이 많은 청예사료를 많이 먹어 중독을 일으켜서 폐사하는 경우가 있다. 풀은 식물성 단백질을 동화하기 위하여 뿌리에서 질소를 흡수하는데, 가장 잘 흡수되는 것이 질산염이라고 한다. 그런데 어떤 원인으로 식물체 내에서 단백질 합성과정이 원활히 이루어지지 않을 때에는 질산염이 식물체 내에 다량 축적된다. 이러한 풀을 많이 섭취할 때에 중독증을 일으킨다.

원인

① 풍건물 중 0.2% 이상의 질산태질소를 함유하고 있는 풀을 포식한 소는 중독으로 폐사한다. 또 133 ppm 이상의 질산태질소가 용해되어 있는 물을 마신 소는 급성중독에 걸린다고 한다.

② 가축의 분뇨를 다량 시비한 목야지에서 무성하게 자란 풀에는 다량의 질산염이 함유되어 있다고 한다. 미국에서는 가뭄이 계속된 지방에서 채취한 옥수수대・호밀・수수의 건초 등을 먹인 소에서, 일본에서는 호밀・갓의 잎 등을 먹인 소에서 질산염 중독이 일어났다는 보고가 있다.

③ 질산염은 섭취된 후 소화관내 미생물의 작용에 의하여 아질산으로 변하는데, 혈액에 함유되어 있는 Fe^{2+}를 Fe^{3+}로 산화하여 methemoglobin을 생성한다. Methemoglobin은 산소와 결합하는 능력이 없으므로 체내 각 조직에 공급되는 산소의 양이 감소되며, 결국 질식하여 폐사하게 된다.

④ 풀의 질산염 함량이 좌우되는 조건은 일조량의 부족, 토양 중에 미량원소의 부족, 많은 강우량, 한발, 고온 및 저온 등이다.

⑤ 질산염이 축적되기 쉬운 식물은 이탈리안 라이그래스, 옥수수, 라이맥, 연맥(燕麥), 갓, 무 등이다.

증상

① 중독에 걸린 소는 보행이 불안정하고, 유방과 유두가 창백해지며 잠시 후 누워 일어날 수 없게 된다.
② 식욕과 반추가 극히 약화되고, 침을 흘리며, 거품이 섞이고 이를 간다. 호흡은 50회/분 정도, 심장박동수는 160회/분이고, 결막・혀・입술・코・질 등의 가시점막이 청색으로 변하고, 혈액은 초콜릿색으로 변화된다.
③ 발생되기 쉬운 계절은 6~7월과 9~10월이며, 수일 간 같은 목초 또는 근채류를 먹은 후 2~3시간 내에 발생한다. 중증일 경우에는 폐사하지만 수시간 후에 완쾌되는 경우도 많다.

치료

2% methylene blue 200~250 ㎖를 정맥주사한다.

4) 청산중독(cyanide poisoning)

① 청산(靑酸, 시안산) 중독은 시안산 생성 배당체를 많이 함유하고 있는 수단그래스, 수수 등의 수수속 식물과 화이트클로버 및 레드클로버를 다량 섭취함으로써 체내에서 분해된 시안산이 중독을 일으킨다.
② 청산의 치사량을 먹거나 흡인하였을 때에는 청산이 체내 세포의 산화작용에 관여하는 효소의 작용을 억제하기 때문에 산소부족증에 걸려 폐사한다.
③ 청산은 훈증소독, 토양소독, 쥐약 등에 이용되어 오다가 근래에 그 이용이 금지되었지만, 농가에서는 아직도 가끔 청산가리를 구입하여 농약으로 이용하는 사례가 있어서 가축중독의 위험성이 있다.
④ 미국에서는 청산을 생성하는 중독성 식물이 8종 이상이라고 보고되어 있고, 이러한 유독식물은 청산(靑酸) 생성 배당체를 함유하고 있는데, 소화과정에서 소화효소에 의해 가수분해될 때 청산을 생성한다. 이러한 유독성 배당체는 질산염을 과다하게 시비한 목야지에서 자란 목초나 풀이 시들었을 때, 짓밟혔을 때 또는 병에 걸렸을 때에는 그 양이 증가하며, 또 풀이 무성하게 자라는 계절에는 식물체내의 양이 증가한다.
⑤ 청산 생성 식물에 호르몬 제초제인 2,4-D・2,4,5-T・MCP 등을 살포하면 독성이 더 강해진다고 한다.

증상

① 청산중독은 혈액이 함유하고 있는 산소를 조직으로 운반하는 데 작용하는 효소의 역할을 청산이 억제하기 때문에 발생하므로 체내조직에 공급되는 산소의 양이 적어져서 저산소증에 걸린다.
② 중증에서는 고통, 구토, 심장박동의 항진, 사지의 경련, 땀 흘림 등의 증상을 나타내고, 호흡중추가 마비되어 폐사한다. 증상은 대개 돌발적으로 나타나고 질병의 경과가 짧다.
③ 중독에 걸린 소의 혈액은 선홍색을 띠지만, 보통 건강한 소의 혈액과 같은 빛깔일 경우가 많다. 위 내용물에서 쓴 살구씨 냄새를 풍긴다.
④ 사체는 시간이 경과하더라도 신선하게 보이며, 혈액응고가 잘 안 된다.

치료

2～4% methylene blue 용액을 체중 1 kg당 4 mℓ 정맥주사 한다. 또 20% 아질산소다액 10 mℓ나 20% 차아황소산소다액 40～50 mℓ를 정맥주사 한다. 중독현상은 급성적으로 진전되기 때문에 치료할 시간적 여유가 없다.

5) 감자중독(potato poisoning)

감자중독을 일으킬 수 있는 독소는 새싹에 함유되어 있는 solanine이라고도 하고, 또 감자가 부패될 때 생기는 sepsin이라고도 한다. 감자에 기생하는 곰팡이도 중독을 일으킨다. 일본에서는 알이 적은 감자에 길게 돋아난 새싹을 먹고 중독에 걸린 예가 많았다는 보고가 있다. 감자중독이 잘 발생하는 계절은 3～4월이다.

증상

① 식욕이 부진하고, 안충혈(眼充血)・하리・변비 등이 있고, 때로는 고창증도 병발한다.
② 구강점막에 염증이 생기고, 점막이 벗겨져서 점막하직(粘膜下織)이 노출되면 통증이 심하여 침을 많이 흘린다.
③ 중증에서는 신경이 마비되므로 운동을 할 수 없고, 혼수상태에 빠져 있다가 폐사한다.

치료

하제, 정장제, 진정제 등이 이용되며, 제1위 절개술로 위 내용물을 제거하는 외과적 치료법도 있다.

6) 고사리 중독(bracken fern poisoning)

① 구미 등지에서는 옛부터 고사리 중독이 보고되어 있고, 우리나라에서도 고사리가 많은 남부지방의 산간지에서 방목한 소에서 고사리 중독이 발생되었다고 보고된 일이 있다.

② 소의 고사리 중독은 장기간 고사리를 계속 섭취한 결과 발생하는 것이 보통이지만, 한번에 많은 양을 먹었을 때에도 발생한다. 섭식실험 예를 보면 26～80일 간에 걸쳐 총 120～190 kg의 푸른 고사리를 먹였을 때 전형적인 중독증상이 나타난다고 한다.

③ 푸른 고사리나 건조된 고사리는 다 같이 유독하며, 특히 땅속의 줄기는 잎에 비해서 약 5배 정도로 독성이 강하다고 한다.

④ 고사리 중독은 조혈기관에 작용하여 재생 불량성 빈혈증을 일으키는 것이 특징이다.

⑤ 말(馬)의 고사리 중독증의 원인은 소의 경우와는 다른 것 같다. 즉 말에서는 고사리에 함유되어 있는 일종의 효소와 비슷한 인자, 즉 thiaminase에 기인되어 비타민 B_1 결핍증을 일으킨다. 또한 말의 고사리 중독증의 증상 및 병소는 소의 경우와는 달리 비타민 B_1을 적용하면 치료되지만, 소에서는 전연 효과가 없다.

⑥ 최근에 소의 중독을 일으키는 고사리의 유독성분은 iso-thiocyanate라고 보고되고 있다.

증상

① 피모조송, 침울, 점액양 비루(鼻漏) 유출, 체온 상승(41～42℃) 등의 증상과 안(眼), 비경(鼻脛), 구강 및 외음의 점막에 점상 또는 반상의 출혈소를 볼 수 없으며, 모우(牡牛)에서는 음낭에 출혈소가 나타나기도 한다.

② 때로는 비공(鼻孔)에서 피가 섞인 장액성 비루(鼻漏)가 유출되기도 한다. 고열현상은 백혈구 감소증에 이어서 일어나는 세균의 감염 때문이라 생각할 수 있다.

③ 혈변·혈뇨 등을 배출하고, 어린 소에서는 급성 후두부종이 나타난다.
④ 대개 급성중독의 경우에는 1~3일에 폐사되고, 만성중독의 경우에는 4~14일 경에 폐사한다. 만성 증례에서는 비강, 구강 및 외음 점막에서 출혈성 궤양을 볼 수 있으며, 내장 장기에서도 종종 괴사병소가 나타난다.
⑤ 혈액 소견은 호중구의 감소를 수반한 백혈구 감소증 및 혈소판 감소증이 있으며, 후에는 재생 불량성 빈혈증이 나타난다.

치료

① 말의 고사리 중독증에서는 비타민 B_1 주사가 효과가 있으나, 소에서는 효과가 없다.
② 급성중독의 경우에는 치료효과가 없으나, 만성중독의 경우에 수혈을 반복하면 어느 정도 구제할 수 있다. 수혈량은 1일 최소 4ℓ는 되어야 한다.
③ 골수 자극제인 DL-batyl alcohol(D-a-octadecyl-glycerol-ether) 1 g를 olive oil 10 mℓ에 녹여 10% 용액으로 하여 매일 10 mℓ씩 5일 간 피하주사 한다. 주사와 병행해서 항생제를 이용하기도 한다.
④ 수혈 이외에도 수액, 지혈제, 철분주사 등으로 치료한다.

7) 스위트클로버 중독(sweet clover poisoning)

이 중독증은 스위트클로버를 만들거나 또는 엔실리지(ensilage)로 저장하는 도중 풀이 변질되면서 원래는 무해하던 coumarin이라는 물질이 dicoumarol이라는 유독성 물질로 전화되는데, 이렇게 변질된 건초 또는 엔실리지를 장기간 먹을 때에는 중독을 일으킨다.

원인

① 스위트클로버에는 정상성분으로서 coumarin이라는 비독성 물질이 함유되어 있는데, 이 성분이 곰팡이에 의해서 유독성인 dicoumarol로 전환되어 중독을 일으킨다. 쌓아 올린 스위트클로버 건초에서 내부 온도가 50℃쯤 되면 유독하게 되고, 건초 내의 독성은 3~4년 이상 잔존한다.
② 이 병은 소에 다발하지만 면양과 말에서 발생하여 폐사되는 경우가 있다.
③ 중독성 스위트클로버 건초의 급여실험에 의하면 2년생 우(牛)에서는 평균 47

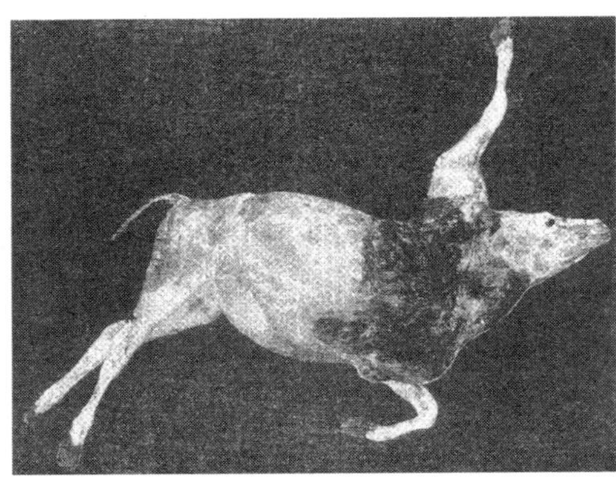

그림 2-48. 송아지의 sweet clover 중독(심한 출혈증상)

일 간, 그리고 1년생 우(牛)에서는 평균 15일 간 섭식시킴으로써 본 증이 유발된다. 가토(家兎)에 중독성 건초를 급여하면 11～13일 이내에 폐사한다.

④ 중독의 원인물질인 dicoumarol은 prothrombin 생성의 중간과정에 관여하므로 비타민 K의 작용을 저지하여 prothrombin 생성을 방해함으로써 결과적으로 혈액응고 장애를 일으켜 출혈성 빈혈을 일으키게 하는 것이다.

증상

① 노우(老牛)보다 젊은 소에 더욱 감수성이 높으며, 또한 전연 중독증이 없었던 모우(牡牛)에서 출산된 새끼에서 전형적으로 증상 및 병소가 나타났다는 보고도 있다.

② 우둔, 원기 소실, 강경보행 등의 증상을 나타내다 돌연 폐사하는 경우도 있다.

③ 일반적인 증상은 빈혈, 출혈, 가시점막은 창백하고, 맥박 및 심박동은 빠르고 약해진다.

④ 가끔 비출혈(鼻出血)이 일어나며, 비유 중인 소에서는 피가 섞인 우유를 비유하기도 한다. 한국성(限局性) 혈종(血腫)이 체내 여러 곳에 나타나며, 특히 무릎, 엉덩이, 목부, 흉골부 등에 자주 발생한다.

⑤ 이 증상의 중증도는 출혈량에 따라 좌우된다. 출혈이 광범위하게 나타나면 수시간 내에 폐사된다.

⑥ 이 독증에 있어서의 빈혈증은 prothrombin 형성부전에서 오는 혈액응고 장애에 의해서 야기되는 급성출혈성 빈혈이다.

치료

① 중독의 원인이 되는 스위트클로버의 건초 또는 엔실리지(ensilage)의 급여를 즉시 중단한다.
② 비타민 K를 다량 투여한다.
③ 가장 효과적인 방법은 탈섬유(脫纖維) 혈액 또는 전혈(全血)을 수혈한다. 수혈의 효과는 매우 놀라우며, 500～1,000 mℓ의 혈액을 정맥 주입하면 15～30분 이내에 혈액응고 시간이 정상으로 회복된다. 대개 1회의 수혈로 심한 증례라 할지라도 치료목적을 달성할 수 있으나, 출혈이 심한 예에 있어서는 1일 1회 연일 계속해서 수혈하면 2～7일 이내에 완치된다.

8) 진균독소 중독(mycotoxicoses)

진균독소 중독에는 원발성과 이차적이 있을 것이라 생각되며, 각 진균독소에는 급성중독을 일으키는 것과 발육지연, 비유량 감소, 설사 등 특이한 증상을 나타내지 않으면서도 생산성을 저하시키는 만성중독을 들 수 있다. 또 2차성으로는 신체의 저항력을 저하시킴으로써 다른 감염증 또는 합병증을 쉽게 일으킬 수도 있다. 진균독에는 *Fusarium*속 균이 생산하는 독소, *Aspergillus flavus*가 생산하는 aflatoxin, *Penicillium rubrum*이 생산하는 독소 등 그 종류가 다양하다. 진균독소 중독으로 최근 문제되고 있는 것은 아플라독소 중독이지만, 소의 경우에는 중독의 예가 많이 보고되어 있지 않다.

(1) 아플라톡신 중독

아플라독소 중독(alflatoxicosis)은 진균 중 *Apergillus flavus*가 생산하는 아플라독소에 의한 중독이다. Aflatoxin은 간장독소로서 간에 섬유조직을 증식시키고, 담관(膽管)을 증식 비후시키며, 또 신장에도 유사한 변화를 일으키는데, 사료 중 아플라독소의 함량이 2.0 ppm 이상이면 동물에 장해를 일으킨다. 또한 발암성 물질이기도 하다.

원인

곰팡이가 생긴 땅콩, 면실박, 옥수수 등을 섭취함으로써 중독증상을 일으키는 원인이 된다.

증상

① 근육, 심장, 제4위, 장, 기관, 신장 등에 출혈이 있고, 흉강 및 복강 내에 혈액성 삼출액이 누출된다.

② 일반적으로 중독된 소는 식욕부진, 성장 지체, 마비, 경련, 유량 감소, 쇠약, 선회운동, 위의 경련, 보행실조, 복통, 직장탈 등의 증상을 보인다. 아플라독소가 함유되어 있는 사료를 비교적 장기간 섭취할 때 중독증상이 일어난다고 한다.

(2) 기타 진균독소 중독증

기타 진균에 의한 중독증에는 여러 종류가 있는데, 중요한 몇 가지를 들어보면 다음과 같다.

① **옥수수 곰팡이 중독**(mouldy corn toxicosis) : 심한 설사, 쇠약, 마비증상, 전신쇠약 등의 증상을 나타낸 후 폐사한다. 부검소견에서는 출혈성 장염 및 장간막 림프절에 출혈 등이 나타나고, 맹장이 비후되며, 부종성이고 괴저되어 있다. 제3위경색이 있고, 또한 염증도 발생한다.

② **오크라톡소 A**(ochratoxin A) : 간장에 손상을 주고 유산의 원인이 된다.

③ Penicillium politans를 생성하는 진균독소는 곰팡이가 슬은 귀리건초(mouldy oaten hay)에서 생산되는데, 중독이면 근진전(筋振顫, 떨림), 비틀거림, 창백증 등의 증상을 보인 후 폐사한다.

④ **에르고드 중독**(ergotism) : 맥각중독으로서 라이보리(common rye)의 이삭에 발생한 기생성 균류식물인 *Ciaviceps purpurea*(맥각균)에 의해 발생되며, 맥각의 유해성분은 ergotoxine, ergotamine, ergosine, ergocristine 및 ergonovine 등의 alkaloids와 acetylcholine, choline, histamine 및 tyramine 등의 amine류가 있다. 이들의 유독물질에 의하여 발생되는 맥각중독증은 급성 맥각중독, 만성 맥각중독, 괴저성 맥각중독 및 신경형 맥각중독 등으로 구분한다.

⑤ **레드클로버에 낀 곰팡이 중독** : 레드클로바에 낀 black-patch fungus에 의한 중독으로서 설사, 고창증, 관절경직, 심한 유연 등의 증상이 나타난다.

⑥ **자주개자리**(lucerne) **중독** : 곰팡이가 낀 자주개자리 잎은 에스트로겐을 함유하고 있으며, 이것은 불임증의 원인이 된다.

⑦ **Histoplasmosis** : 본 증은 histoplasma capsulatum에 기인한 전신성 진균감염증으로서 가축, 야생동물, 사람이 감염되고, 임상적으로는 사람에 있어 더욱 중요하다. 이 병은 1905년 파나마에서 Darling에 의해서 폐의 결절형성 및 비

(脾), 간, 림프절의 괴사병소를 갖은 환자에서 최초로 관찰되었으며, 그 후 사람, 가축 및 야생동물에서 자연숙주로 보균되어 있거나 또는 소수에서 임상적으로 발병하였다는 사실이 밝혀진 진균성 질병이다.

⑧ **Candidiasis 또는 Moniliasis** : 이 병은 효모성 진균의 일종인 Candida속의 여러 진균에 의한 사람, 가금 및 기타 동물의 감염증이며, 가장 병원성이 있는 것은 candida(monila) albicans이다. 이 병은 일명 아구창(鵞口瘡, thrush)이라고 하는데, 사람의 유아, 병아리 및 돼지새끼의 구강 주변에 병소를 일으킨다. 소에 있어서는 candida가 임파선염, 간염, 유산 및 유방염을 일으키는 것으로 알려져 있고, 송아지에서는 구강감염증(鵞口瘡)을 일으키는지는 불명하다.

⑨ **Cryptococcosis**(European Blastonycosis) : 이 병은 *Cryptococcus neoformans* (*Torula histolytica*)에 의한 동물 및 사람의 만성 진균감염증으로서, 사람에 있어서는 뇌막염형으로 또는 전신성 감염증으로 발병한다. 소, 말, 개, 고양이 및 야생동물에서도 이 병이 보고되어 있으며, 소에 있어서는 폐감염증, 림프절의 화농증, 비강의 점액종양의 종창증 및 국소 림프절 병소를 수반하는 유방염 등의 다양한 cryptococcosis증이 알려져 있다.

치료

진균독소 중독증의 치료법으로는 특효적인 것이 없으므로 글루콘산칼슘(calcium gluconate)액 정맥주사, 아드레날린 주사, 요오드화나트륨의 정맥주사 등으로 치료한다. 항생제를 이용하는 것도 도움이 된다.

2. 농약 및 화학약품 중독(구충제)

농약과 화학약품은 그 종류가 매우 많은데, 이들 약품은 가축이 먹는 약이 아니지만, 가축이 먹는 농작물이나 사료작물에 살포됨으로써 약이 식물체에 부착하거나 식물체 내에 잔류해 있는 것을 가축이 먹음으로써 중독을 일으킨다. 근래의 농약중독(chemical poisoning)은 가축 사육상 큰 문제로 등장하고 있는데, 특히 볏짚을 많이 먹이는 농장에서는 농약중독의 가능성이 있음을 염두에 두어야 한다. 시판되고 있는 농약과 구충제의 종류는 다양하고, 같은 작용을 하는 약품인데도 제조회사에 따라 상품명이 다르기 때문에 이용 시 혼돈을 일으킬 경우가 많다. 농약은 사람에게도 유해하기 때문에 사용 시 주의해야 한다.

1) 요소중독(urea poisoning)

요소는 비료로 이용되는 화학물질이지만 반추류의 단백질원으로 이용되고 있다. 소에 급여할 수 있는 요소의 양은 농후사료의 3% 정도이다. 요소를 급여하면 제1위내의 미생물은 요소의 분해산물을 자신의 체단백질로 합성하여 숙주에 이용된다. 그러나 제1위 미생물이 감당할 수 없는 많은 양의 요소를 급여했을 때는 중독을 일으킨다. 요소중독(尿素中毒)은 요소를 사료와 잘 혼합하여 먹일 때에는 거의 일어나지 않지만, 요소만을 급여할 때에는 20～30 g을 먹여도 쉽게 중독을 일으킬 수 있다.

증상

① 요소중독은 거의 다 급성으로 나타나며, 요소를 과량 먹은 후 30～60분 내에 나타난다.
② 중독을 일으킨 소는 거동이 불안해지고 비틀거리며, 근육에 경련을 일으키고, 때로는 전지가 마비되어 앞무릎을 꿇고 있다가 쓰러지며 고창증이 발생한다.
③ 또한 심한 강직성 경련을 일으키고, 거품이 섞인 침을 많이 흘리면서 이를 간다. 호흡은 깊고 느리며 곤란해진다.
④ 중독상태가 심할 때에는 일어설 기력이 없어서 계속 누워 있다가 2～3시간 후에 질식 폐사한다. 그러나 중독을 일으킨 소가 3시간 이상 중독을 견디면 회복될 가망이 많고, 예후는 비교적 좋다.
⑤ 우리나라에서도 한때는 요소를 잘못 급여하여 많은 소가 요소중독을 일으킨 일이 있었다.
⑥ 침을 많이 흘리거나 앞다리에 마비증상이 나타나면 요소중독을 염두에 두어야 하고, 납중독 및 수은중독 때도 침을 흘리나 요소중독 때처럼 심하지 않다. 납중독 때는 안면과 귀의 간대성 경련 및 맹목(盲目)이 간혹 나타나지만, 요소중독 때는 이러한 증상은 없다.

치료

① 중독 원인이 되는 사료급여를 중단하고 글루타민산(glutamic acid)을 투여하면 효과가 있다고 한다.

② 치료실험 예에서는 calcium chloride 25 g, magnesium chloride 25 g 및 dextrose 25 g의 합제(75 g)의 용액을 정맥주사했을 때 15분 내에 강직증상은 소실되었으나 90분 만에 폐사하였다고 한다.
③ 10 ℓ 정도의 냉수를 먹이거나 6% 식초 또는 6% 초산 10 ℓ를 먹인다.
④ 포도당액・링게르액 등을 주사하거나 강심제・비타민 B_1 등을 근육주사하고, 약 14시간 관찰한다.

2) 수은제 중독(mercurial poisoning)

① 수은제 중독은 일반적으로 장기간에 걸쳐서 소량씩 섭취한 것이 체내 조직에 점차 축적되다가 중독량에 도달하면 비로소 중독증상을 나타내는 일이 많다. 이러한 경우를 축적성 중독이라고 한다.
② 수은제는 체내에 잔류하는 축적성 있는 약품이기 때문에 만성중독을 일으킬 수도 있고, 일시에 다량을 섭취하면 급성중독을 일으킬 수도 있다.
③ 모든 수은화합물은 중독을 일으킬 위험성이 있는데, 염화제2수은(昇汞), 염화제1수은(甘汞), 유기수은 소독제, 살균제 등은 모두 공통적으로 중독성이 있는 약품들이다.
④ 수은제 중독은 가축 중에서도 소와 개에 더 많이 발생하는데, 소에 발생하는 수은제 중독은 주로 수은제를 살포한 볏짚・풀 등을 먹음으로써 발생한다.
⑤ 우리나라에서 농약으로 이용해온 유기수은제로는 PTA-B, PTH-r, Mercron, C-eresam, 디타엘(Dita-L) 등이 있는데, 이들 농약은 도열병의 예방과 치료에 이용되고 있다.
⑥ 수은제는 식물의 잎과 줄기에 밀착하는 한편 식물조직 내에까지 깊숙이 침투하여 축적되고, 흙에 뿌려진 수은제는 식물의 뿌리를 통해 흡수되어 축적된다. 이러한 식물들을 사료로 이용했을 때 중독을 일으킨다.

증상

(1) 급성중독

① 갑자기 발병하여 구강점막이 회색으로 변하는데, 이는 수은제의 부식작용으로 구강점막이 부식되었음을 나타낸다. 식도와 위점막에도 같은 변화가 일어나며, 장점막이 손상되고 자극이 가해지므로 피가 섞인 설사를 한다.
② 유기수은제와 무기수은제를 직접 섭취하였을 때에는 심급성 중독을 일으켜서

급사한다.

③ 급성중독에 걸린 소는 갑자기 허약해지고 맥박과 호흡이 빨라진다.

④ 환축(患畜)은 초기에 오줌을 자주 누는데, 환축이 24시간 이상 살아남았다면 신장의 사구체가 파괴되어서 무뇨증이 되어 오줌을 전혀 누지 못한다. 이러한 증상은 특히 무기수은제의 중독에서 한층 더 뚜렷이 나타난다.

(2) 만성중독

① 식욕감퇴, 체중 감소, 많은 침을 흘리고, 위장염, 신장염 및 근위축 등 증상이 나타난다.

② 때로는 후구마비를 일으켜 비틀거리고, 시력이 매우 나빠져서 보지 못하며, 근육경련도 일으킨다.

③ 폐사할 무렵에 이르면 사지를 앞뒤로 뻣뻣하게 뻗는 강축성 경련이 일어나는데, 체온은 약간 상승하고 맥박과 호흡은 빨라지지만 매우 허약하다.

치료

① 독물을 먹은 지 30분 이내에 치료할 수 있다면 난백(卵白), 다량의 우유, 유화칼슘(calcium sulfide), 티오황산나트륨(sodium thiosulfate) 또는 차아화인산나트륨(sodium hypophosphate)을 경구투여 하여 위장 내에 있는 수은제를 침강시켜 더 이상의 흡수를 저지시킴으로써 장벽을 보호한다.

② 특수 해독제인 BAL(Dimercaprol) 20～30 mg/50 kg을 근육주사 하거나 차아황산소다(sodium thiosulfate) 40～50 mℓ를 정맥주사 한다.

③ 설사가 심할 때에는 수액을 주사하고, 비타민 B 복합체, 비타민 C, 비타민 K 등을 주사한다.

3) 유기인제 중독(organic phosphate poisoning)

① 유기인제(有機隣劑)에는 파라티온(parathion), 다이아지논(diazinon), 말라티온(malathion), EPN, 리바시이드(lebaycid), 디메크론(dimecron), 수미티온(sumithion), 폴리티온(folithion), 키타진(kitazin), 히노산(hinosan), L-산, 네구본 등 여러 가지가 있다.

② 이들 약품은 동・식물의 외부 기생충 구제에 이용되는데, 이들 약품이 지니고 있는 독성은 제품에 따라 차이가 있고, 체조직 내에 축적되거나 우유를 통해

배설되는 등 제각기 다른 특성을 지니고 있다. 그러나 일반적으로 조직 내 잔류 독성은 거의 없다. 독성이 가장 강한 약의 치사량은 2~3 mg/kg이고, 가장 약한 약의 치사량은 20~30 mg/kg이다.

증상

① 유기인제의 중독량은 cholinesterase의 작용을 억제한다. 임상증상으로서는 침을 많이 흘리고, 호흡곤란, 복부통증, 운동실조, 설사, 전신경련 등의 증상을 나타낸다.

② 중독증의 임상증상도 약제의 종류 및 중독 양에 따라 다르다. 즉 malathion, diazinon trichlorfon, parathion 및 TEPP 등에 의한 중독증에 있어서는 임상경과가 매우 짧으며, 보통 증상 발현 후 24시간 이내에 폐사되거나 또는 회복된다. 이들과는 달리 ronnel 및 coumaphos에 의한 중독증에 있어서는 임상경과가 매우 길며, 중독증상이 30일 이상 지속되기도 한다.

치료

① 피부 또는 위 내용물에 있는 독물의 제거법은 유기염소제 중독증 치료의 경우와 같다.

② Atropine을 조기에 사용하면 유기인제 작용을 저지할 수 있다. 이 때 atrophine은 일반적인 약 용량보다 많은 양이 필요하며, 최소한 12~24시간 동안 체내 atrophine 농도를 유지시켜 주어야 한다. Atrophine은 20~30 mg/450 kg을 주사한다.

4) 유기염소제 중독(chlorinated hydrocarbon poisoning)

① 유기염소제(organochlorines)에는 DDT(dichloro diphenyl trichloroethane), BHC(benzene hexachloride), 클로르덴(chlordane), 엔디린(endrin), 톡사펜(toxaphene), 헵타클로르(heptachlor) 등이 있다.

② 소는 피부에 8% DDT를 살포하더라도 중독되지 않지만, DDT가 일단 지방조직과 결합하였을 때에는 오랫동안 체내에 잔류해 있으면서 우유를 통해 배설되기 때문에 공중위생상 문제가 된다.

③ BHC도 역시 좋은 살충효과가 있지만, 지방조직에 축적되어 있다가 우유를 통해 배설되기 때문에 문제가 된다.

증상

① 유기염소제는 일반적으로 중추신경계통을 자극한다. 그러므로 중독된 동물은 근육 경련을 일으키는데, 이 경련은 안면에서 시작하여 목・등・후구 등으로 번져 결국에는 전신성 경련을 일으키게 된다.
② 중독된 소는 가슴을 땅에 대고 후지를 버티며, 둔부를 높게 들어 올리고 있는 기이한 자세를 취하고 있는 경우도 있고, 또 머리를 전지 사이에 넣고 있는 등 이상한 자세를 취한다. 또 머리를 벽에 밀어대고 서 있는 소도 있다.
③ 하악의 간대성 경련에 의한 저작운동 때문에 포말성 유진을 하고, 경우에 따라서는 흥분하여 다른 동물을 공격하거나 움직이는 물체를 들이받기도 한다. 오줌을 제대로 조절하지 못하고 질금질금 자주 눈다.
④ 유기염소제에 중독된 소는 전반적으로 기력이 없고 몽롱한 상태로 서 있으며, 사료와 물을 먹지 않는다. 어떤 환축(患畜)은 침울한 상태가 반복되기도 하고, 단시간 경련을 일으키다 급사하는가 하면, 어떤 환축은 여러 번 경련을 되풀이하면서도 죽지 않고 회복되기도 한다.

치료

① 유기염소제 중독의 치료는 유기인제 중독증의 치료와 비슷하다.
② 유기염소제 중독증의 치료는 대증요법 및 독물의 제거에 있다. 전신경련이 심할 때에는 바비탈제(barbiturates) 또는 포수(抱水) 클로랄(chloral hydrate)과 같은 진경제(鎭痙劑)를 사용한다. 포수(抱水) 클로랄은 30%를 먹이거나 용액 250~300 ㎖을 정맥주사 한다.
③ 약품이 피부에 잔류해 있으면 비눗물로 씻어 내고, 먹었을 때에는 설사제를 먹여 설사하게 하며 링게르액, 포도당액 등을 수액한다.
④ 많은 예에 있어서는 2차적인 호흡기 감염이 생기므로 이를 예방하기 위해서 광범위 항생제를 적당히 주사한다.

5) 비소제 중독(arsenic poisoning)

① 비소는 살충제로서 이산화비소, 삼산화비소, 산화비소, 비산, 비산동, 비산연, 비산소오다, 아비산가리(쥐약), 비산석회, 비산화연, 아비산아연, 비산마그네슘, 천연유화물(석황, 계관석 등), 그리고 알사닐산(arsanilic acid), atoxyl 및 slvarsorn 등과 같은 것이 있으나, 우리나라에서 판매되고 있는 비소제로서는

네오아소진(neoasozin), 폴리옥신(polyoxin) 등이 있다.

② 비소제는 건전한 피부와 장점막을 통해 흡수되어 체조직 내에 축적되고, 젖을 통해서는 아주 적은 양이 배설된다. 비산의 치사량은 0.2～2 g/50 kg이며, 아비산의 치사량은 0.1～0.2 g/kg이다.

증상

(1) 급성중독

① 비소제를 먹은 후 수시간에서 수일 사이에 나타나는데, 첫 증상으로서는 근우경련을 일으키고 걸음걸이가 부자연스러우며, 맥박이 약해진다.

② 비소제는 신경 억제작용을 하므로 중독된 소는 원기가 쇠퇴하고 침울해지며 무감각한 상태를 보인다.

③ 환축은 계속 설사하고 똥에는 피와 흐늘흐늘한 장점막이 섞여 나오는데, 계속되는 설사로 인해 곧 심한 탈수증에 빠지며, 복통이 매우 심하기 때문에 단시간 내에 쇠약해진다.

④ 비소제가 피부에 묻으면 자극이 매우 심하여 털이 빠지고 피부가 건조해져서 뻣뻣한 가죽처럼 변하며, 시간이 지나면 금이 가고 피부가 벗겨져 붉은 살이 노출되는데, 세균이 감염하여 누르스름한 농이 덮여 있다.

(2) 만성중독

침울, 무감각, 식욕감퇴, 허약, 운동실조, 근진전, 간혹 강경보행 등을 볼 수 있으며, 가끔 전신경련이 나타난다.

치료

① 비소 잔유량의 흡수를 막고 장벽을 보호하기 위해서 광유(鑛油, 유동 파라핀), 우유 및 달걀을 대량 경구투여 한다.

② 유기비소제에 의한 중독에 있어서는 BAL(British anti-lewisite)를 체중 매 kg당 0.025 mg의 비율(또는 체중 100 Lb당 1.1 mℓ)로 근육주사하고, 이를 4시간 간격으로 반복하여 첫 3일간 총 4～6회 주사한다.

③ 또한 20% 차아황산소다(sodium thiosulfate) 40～50 mℓ를 정맥주사하거나 또는 강심제, 링게르액, 비타민 K, 비타민 C, 비타민 B 복합체 등을 주사한다.

6) 불소제 중독(fluorides poisoning)

불소(弗素)는 불화물(fluoride)의 형태로 자연에 널리 분포하고 있다. 가축에서는 불화물로 구성된 살서제, 살충제 또는 기생충 구충제 등으로 사용되는데, 독성이 강하고, 식물체 내에 흡수되면 잔류성이 강하여 약 2개월 간 잔류한다. 과수원 등에 살포할 때 풀에 부착된 것을 소가 먹으면 중독을 일으키는 경우가 있다.

증상

(1) 급성형

① 불화물이 과량 섭취될 때 섭취 후 30분 이내에 증상이 나타나는 경우가 많다.
② 급성형의 증상으로서는 보통 흥분, 식욕감퇴, 비유 감소, 유연, 구토, 보행창랑, 허약, 배뇨실금, 간대성 강련, 그리고 말기의 심한 침울 및 심기능부전 등이 나타난다.
③ 급성폐사 예의 부검에 있어서는 일반적으로 시아노제(cyanosis), 혈액의 암색 변화, 출혈성 위장염과 광범위한 혈관병소 등을 인정할 수 있다.
④ 급성형의 경과 중에 혈액 및 요(尿) 중에서 불소농도의 증가를 볼 수 있다.

(2) 만성형

① 만성형의 불소중독은 증상이 뚜렷하지 않은 채 진행되기 때문에 확실한 진단이 내려지기 전에 처리되는 경우가 많다. 엄밀하게 검사를 하면 급성형보다 만성형이 훨씬 많음을 알 수 있다. 만성형 불소중독증은 관절염과 같은 질병과 혼동하기 쉽다.
② 만성형 불소중독증의 총체적 증상으로는 ㉠ 치아의 반문(斑紋)과 마손(磨損), ㉡ 골불소 침착증의 정도, ㉢ 간헐적인 파행, ㉣ 골에 잔류한 불소의 양, ㉤ 요(尿) 중 불소의 양 등을 확인해야 한다.

치료

① 불소의 독성을 해독하는 물질은 확실하게 알려져 있지 않으나, 독성을 완화시키는 물질로서는 황산알미늄, 알루민산칼슘, 탄산칼슘 및 탈불소청산염 등이 알려져 있다.
② 구서제, 살충제 또는 구충제 등의 과량 섭취에 의한 급성 불소중독증의 치료는 다른 살충제 중독요법을 참고하여 대증요법을 실시한다.

7) 연중독(납중독, lead poisoning)

납중독을 일으키는 물질은 납(鉛)이 함유되어 있는 페인트(白鉛, $PbCO_3$) 바니스, 폐품화된 축전지, 여러 종류의 연고(赤鉛, Pb_3O_4), 연장식품(赤鉛 또는 白鉛), 끓인 아마인유(一酸化鉛, PbO를 함유), 농약으로는 비산연(砒酸鉛), 연제련소의 물 또는 가스, 그리고 연분(鉛粉)가루에 오염된 식물 등이 납중독의 원인이 되고, 치사량은 150mg/kg 이하, 중독증상은 장기간에 걸쳐서 섭취한 결과 납 성분이 체내에 축적되었거나 일시에 다량을 섭취함으로써 발생한다.

증상

① 초기에 있어서는 소리를 지르며, 근 진전 및 요(尿)의 빈수를 일으키며, 마치 소의 광견병의 증상과 비슷하다.
② 급성중독중 예에 있어서는 중추신경계의 증상으로서 운동기항진(경련과 강박운동)의 증상이 현저하다. 즉 전근육의 진전, 하악의 저작운동, 귀 및 비경의 긴축, 선회성 보행, 돌진운동, 맹목(盲目) 등을 볼 수 있다. 동시에 심한 유연, 식욕폐절, 비유 감소, 변비, 때로는 하리 등의 증상이 나타난다.
③ 만성연중독일 경우에는 진행성 근수축, 전신허약, 관절운동의 강구(强拘) 등이 특히 눈에 띄며, 간헐성 산통, 보행창랑, 평행실조 및 전신경력 등이 나타난다. 경우에 따라 피부의 농포성 발진, 유산 및 불임, 그리고 구강점막의 궤양 등을 볼 수 있다.

치료

① 유산(硫酸)나트륨, 또는 유산(硫酸)마그네슘을 경구투여한다.
② 흡수된 연(鉛)을 체조직으로부터 제거하기 위해 Ca EDTA액(calcium disodium ethylenedia minetetraacetate)을 5% 포도당액에 녹여 1~2%액으로 만든 후 체중 100 kg당 100 mℓ를 정맥 또는 피하주사 한다. 만성일 경우의 치료에 있어서는 EDTA를 과용하지 않도록 주의해야 한다.
③ 체온 상승과 중추신경 증상이 있을 때에는 세균의 2차 감염에 의한 경우가 있기 때문에 항생제, gamma globulin 또는 면역혈청 등을 주사한다.
④ 운동기항진(경련 또는 강박운동)의 증상이 심할 때는 적절한 진정제를 적용한다.

8) 제초제 중독(herbicide poisoning)

원인

① 제초제를 뿌린 곳의 물 또는 풀을 먹음으로써 중독증을 일으키는 경우가 많다.

② 제초제로서 사용되는 비소화합물은 거의 대부분 위험하고, 비소화합물보다는 덜하지만 pentachlorophenol 및 dinitrophenol도 위험하다. 널리 사용되고 있는 2.4-D를 비롯하여 그 후 새로 개발된 많은 제초제들은 비교적 동물에 대한 독성이 적은 편이며, 과량 섭취되지 않는 한 중독증은 잘 일어나지 않는다.

증상

① 제초제 중독증에 걸리면 대부분의 예에서 식욕감퇴, 침울 및 원기소실을 나타낸다.

② 근운동 실조는 대개 2.4-D, diphenamid, monuron, fenuron, diuron, diallate, triazines, bromacil, isocil 및 propanil 등의 중독증에서 볼 수 있다.

③ 고창증은 가끔 MCPA, monuron, fenuron, dicamba, bromacil, isocil 등의 중독증에서 일어나고, 유연증(流延症)은 CDAA, Linuron, prometon 및 dichlobenil 등의 중독증에서 볼 수 있다.

④ 현저한 허약증상은 diallate, atragine, simagine 및 bandane 등의 중독증에서 볼 수 있다.

⑤ 전신경련 증상은 dicamba에 의한 중독증에서, 그리고 강경보행의 증상은 atrazine 및 propazine 등의 중독증에서 나타난다.

치료

제초제로 사용되는 비소화합물에 의한 중독증의 치료는 비소중독의 치료와 같다. 기타의 제초제에 의한 치료는 섭식된 제초제의 제거 및 대증요법에 의한다.

9) 식염중독(salt poisoning)

원인

① 소금은 농후사료에 가미되어 있거나 자유로이 섭취하도록 하고 있으므로 소가

한 번에 중독량을 섭취하는 경우는 거의 없다. 그러나 물을 자유로이 먹지 못하게 제한된 상태에서 사료에 소금을 혼합하지 않아 소금부족을 느꼈을 때에는 한 번에 많은 양의 소금 또는 소금물을 먹는데, 그 결과 중독에 걸릴 수 있다.

② 소금은 결정형의 소금보다 소금물이 더 독성이 강하다고 한다. 우리나라에서는 김장철에 무, 배추 등을 절였던 소금물을 먹어 식염중독에 걸린 예가 있다 한다.

증상

① 식염중독에 걸린 소는 복통과 하리의 증상이 있으며, 구강점막은 건조하고 충혈되어 있다.
② 대개 음수급여의 부족이 식염중독 발생의 주요인이기 때문에 갈증이 심하고 또한 탈수증도 나타난다.
③ 오줌을 자주 누며 후구가 마비되어 주저앉는데, 얼마 후에는 전신이 마비되어 누워 버린다.
④ 심한 염중독을 일으킨 소는 소금중독을 일으킨 후 6～24시간 내에 폐사하는데, 때로는 이를 갈고 턱 부분에 경련을 일으키며, 전간양(癲癎樣) 발작을 하는 등 신경증상을 나타낸다. 소의 소금 중독량은 2～2.5 kg이라고 한다.

치료

① 다량의 물을 위(胃) 카테터를 이용해서 먹이고, 식물성 기름(콩기름・들기름 등)을 500～1,000 ㎖을 먹이며 강심제를 주사한다.
② 대증요법을 적절히 이용한다.

제 12 장

기생충병

어떤 생물이 자신보다도 기능이 발달한 고등동물에 기숙하면서 생활을 해 나아가는 현상을 기생생활이라 하고, 기생하고 있는 생물을 기생물, 기생당하고 있는 생물을 숙주(宿住, host)라고 한다. 기생물 중에서 동물성 기생물을 기생충(parasite) 또는 고등동물이라고 하는데, 이들을 편형동물(扁形動物, platyhelminthes), 원형동물(原形動物, nemathelminthes), 환형동물(環形動物, annelida), 원충(原蟲) 또는 원생동물(原生動物, protozoa) 및 절족동물(節足動物, arthropoda)의 5문으로 크게 나눌 수 있다.

그런데 이들 5문의 동물성 기생물 중에서 환형동물에 속하는 것은 거머리류로서 가축 기생충병학상 별로 중요하다고는 할 수 없고, 원생동물은 주로 전염병의 병원체로 취급되고 있으며, 절족동물에 속하는 것들은 파리・모기・진드기・개선충(疥癬蟲, 옴벌레) 등 동물의 외부에 기생하는 외부 기생충이 그 대부분을 차지하고 있다.

일반적으로 기생충이라고 불리는 동물은 편형동물과 원형동물에 속하는 것들이 대부분이고, 이 두 문 속에 속해 있는 벌레들이 내장 기생충의 대부분을 차지하고 있다. 편형동물은 흡충류(吸蟲類)와 조충류(條蟲類)로 나눌 수 있고, 원형동물은 선충류(線蟲類), 구두충류(鉤頭蟲類) 및 철선충류(鐵船蟲類)의 3강(綱)으로 나눌 수 있지만, 내장 기생충으로서 가장 중요시 되는 것들은 흡충류, 조충류 및 선충류이다.

기생충이 기생하기 때문에 일어나는 병을 기생충병(parasitic disease)이라고 한다. 기생충 중에는 그 일생을 통해 1개의 숙주에만 기생하는 기생충도 있지만, 어떤 기생충은 성충으로 성장하기 전인 유충시대에 종숙주(終宿住, final host)와는 다른 숙주를 거쳐야 할 경우도 생기는데, 기생충의 이런 유자충을 일시적으로 기생시켰다가 다시 내보내 주는 동물을 중간숙주(中間宿主, inter mediate host)라고 한다. 중간숙주를 필요로 하는 기생충들은 1개의 중간숙주만으로 족할 때도 있지만, 때로는 2개의 중간숙주를 거칠 경우도 있는데, 명칭상 중간숙주와 구별하기 위하여 기생충이 최종적으로 기생하는 숙주를 종숙주(終宿住, final host)라고 한다.

1. 기생충의 특성

① 기생충은 자신이 기생하고 있는 숙주로부터 자기가 생존하고 번식하는 데 필요한 영양성분을 섭취하여 살아가기 때문에 몸의 생김새는 적극적인 자유생활을 해 나아가는 동물과 크게 다르다.

② 기생충의 기능성 특징은 감각기관과 소화기관이 매우 위축되어 있고, 자신이 할 수 있는 소화기능도 매우 둔화되어 있다.

③ 그러나 흡착기와 생식기의 기능은 발달해 있어서 숙주의 내장벽에 단단히 붙어 있을 수 있으며, 충란을 많이 생산한다. 또 충란과 유충은 저항력이 강하여 추위, 건조한 기후 등 외계의 환경조건이 나쁘더라도 오래 견디어 낼 수 있다.

2. 기생충병의 일반 증상

기생충병에 걸린 동물이 나타내는 증상은 일반적으로 비슷한 점이 많은데, 증상의 경중은 기생충의 종류와 크기, 기생하는 기생충의 수, 기생 부위, 기생충이 취하는 영양과 운동성, 숙주의 연령, 환경조건 등에 따라 달라질 수 있다. 기생충병에 걸린 가축에서 볼 수 있는 공통적 증상을 들어보면 대략 다음과 같다.

1) 영양장해와 빈혈

① 기생충은 숙주가 잘 소화시켜 놓은 영양분을 취해서 섭취하기 때문에 기생하는 기생충 수가 많을수록 탈취되는 영양분도 많아지므로 숙주는 영양불량 상태에 빠진다.

② 영양장해 증상은 발육이 왕성하고 저항력이 약한 어린 가축에서 더욱 두드러지게 나타난다. 또 흡혈충이 다수 기생하고 있을 때에는 골수의 조혈기능이 저해되어서 빈혈증이 더욱 심해진다.

2) 기계적 자극

숙주의 체내를 이동하는 큰 기생충은 숙주의 장기들을 여기저기 유주하는 동안 장기에 구멍을 뚫는 등 기계적 손상을 입힌다. 장에 기생하는 회충, 십이지장충 등은 장점막에 상처를 입혀 염증을 일으킨다.

3) 장기의 압박

조충(條蟲)과 같은 큰 기생충은 여러 장기에 압박을 가하여 기능상 장애를 일으킬 수 있다. 즉 조충과 큰 기생충이 장내에 많이 기생하고 있으면 장관이 좁아져서 식괴(食塊)가 통과할 수 없고, 때로는 기생충이 장관을 완전 폐쇄시켜 결과적으로 숙주를 죽음에 이르게 한다. 기생충이 담낭 및 총수담관(總輸膽管)을 폐쇄시켰을 때에는 담즙이 장관 내로 배설될 수 없으므로 자연히 혈류를 통해 전신에 퍼져서 황달증상을 일으킨다.

3. 내부 기생충병

1) 흡충류에 의한 병

소에 기생하는 주요한 흡충류(Trematoda)에는 간질, 쌍구흡충(雙口吸蟲), 췌질(膵蛭) 등이 있다.

(1) 간질증(liver fluke disease, fascioliasis)

간질(肝蛭)은 우리나라의 소에 많이 기생하고 있으며, 이에 의한 직접적인 폐사는 드물지라도 만성 영양장애, 증체량의 감소, 유량 감소 등과 같은 현저한 피해가

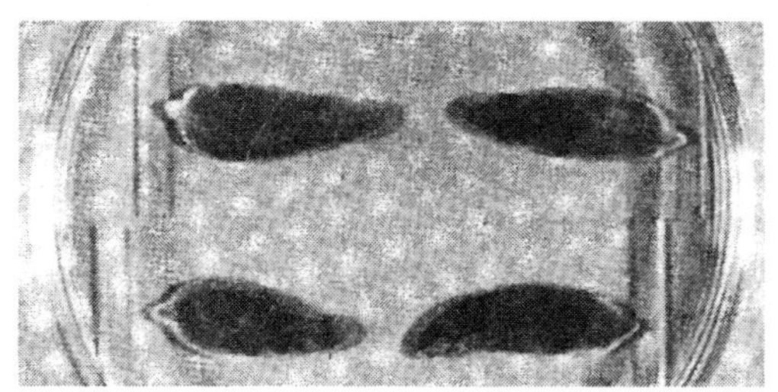

그림 2-49. 간질충

클 뿐만 아니라 번식장해, 제감염에 대한 저항력의 약화, 감염균의 침입문호의 개방 등 눈에 보이지 않는 피해를 무시할 수 없다. 특히 방목을 위주로 한 집단사육 우군(牛群)에 많은 관심을 가져야 할 기생충이다. 소의 간에 기생하는 흡충은 다음의 4종이 있다.

① **간질**(肝蛭, fasciola hepatica) : 간질은 우리나라를 위시해서 전 세계적으로 널리 분포되고 있으며, 소를 기르고 있는 거의 모든 지역에 있어서 유행적으로 감염 기생되고 있다. 이는 소, 면양, 산양 및 사슴에 가장 많이 기생하나 토끼, 말, 야생 반추동물, 돼지, 그리고 사람의 간기생충에서도 발견되고 있다. 이 기생충은 주로 담관에 기생하며, 크기는 길이 20～40 ㎜, 너비 8～12 ㎜ 정도이다.

② **대흡충**(大吸蟲, fascioloides magna) : 대흡충의 자연감염은 꽃사슴, 엘크, 무스사슴 등에 주로 인정되었으며, 이는 야생사슴과 접촉이 있는 지역의 면양, 산양 및 소와 같은 비자연 숙주에로 감염 기생한다. 미국에서도 야생사슴과 접촉이 있는 방목장에서 사육한 소, 면양 및 산양에 있어서 감염 기생률이 많다고 한다. 대흡충은 간, 폐 및 기타 조직에 광범위하게 이행하기 때문에 이행경로에 따라 흑색의 색소침착을 인정할 수 있다고 한다. 우리나라에서는 대흡충 감염예의 보고는 없다. 대흡충의 크기는 길이 23～100 ㎜, 너비 11～26 ㎜ 정도이다.

③ **거대간질**(巨大肝蛭, fasciola gigantica) : 거대간질은 간질과 비슷하나 크기 때문에 쉽게 구별되는데 길이 25～75 ㎜, 너비 8～12 ㎜이다. 거대간질은 아프리카, 인도, 대만, 필리핀, 하와이 등지에 분포되고 있으며, 우리나라에서도 간질과 더불어 널리 분포되고 있다. 소·면양·산양에 기생하며, 중간숙주는 민물패류이다. 거대간질의 생활사는 간질의 생활사와 비슷하다.

④ **창형흡충**(槍型吸蟲, dicrocoelium dendriticum) : 창형흡충은 4가지 흡충 중 가장 작은 충으로서 크기는 길이 6～10 ㎜, 너비 1.5～2.5 ㎜ 정도이며, 소, 면양, 산양, 사슴, 돼지, 개, 당나귀, 토끼, 때로는 사람의 담관에 기생한다. 우리나라에는 아직 발생보고가 없다.

감염경로

똥과 함께 배설된 충란은 외계에서 부화하여 유모유충(有毛有蟲)으로 되며, 중간숙주인 달팽이류의 몸 안에 침입하여 유미유충(有尾幼蟲)으로 변한 다음 달팽이

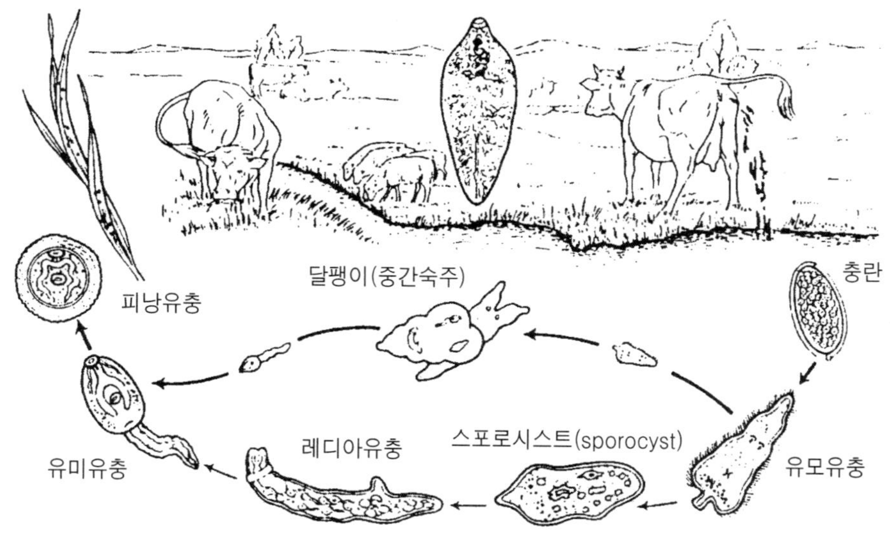

그림 2-50. 간질의 생활환(生活環)

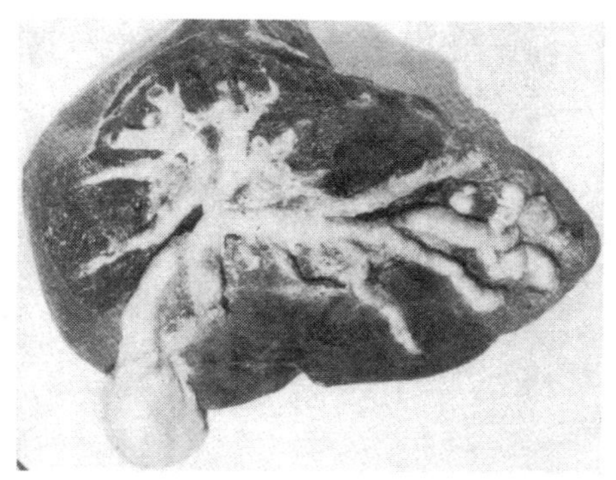

그림 2-51. 간질증 감염에 의한 만성 담관염과 담낭염(소의 간)

의 몸 밖으로 탈출하여 늪 또는 물구덩이의 풀에 붙어살면서 피낭유충(被囊幼蟲)으로 변하는데, 이 유충이 풀과 함께 소에 섭취되면 간에 기생하게 된다. 간질의 평균 수명은 3개월 정도이다.

증상

① 감염된 간질의 수가 많을 경우 환축(患畜)은 점차 영양이 나빠지고 유량이 감소되며, 젖 성분에 이상이 생겨서 2등유로 판정받을 때도 있다. 또 간에 손상을 입음으로써 번식에 장해가 일어나는 수도 있고, 소화장해도 일어나며, 결

과적으로 ketosis의 발생 원인이 되기도 한다.

② 간질이 다수 감염한 소는 감염된 후 2개월령부터 미열이 나고, 식욕이 없어지면서 차차 영양이 나빠져 피부가 건조해지며, 털이 광택을 잃고 거칠어진다. 또한 빈혈증이 생겨서 허약해지고, 턱 밑에 부종이 생겨서 주머니처럼 늘어진다. 송아지의 경우에는 발육이 늦어진다.

진단

① 집단사육의 경우에는 도축할 때에 간의 소견에서 간질 감염을 쉽게 파악할 수 있다.

② 생전 진단은 특징적인 증상이 없으므로 간질항원 피내반응검사법과 분변의 충란검사에 의한다.

예방 및 치료

① 간질의 감염지인 늪, 물구덩이 등에는 1/100,000의 황산동액을 뿌리고 저습지대의 물을 먹지 못하게 한다. 황산동액 1/100,000은 달팽이류를 8분 만에 죽일 수 있다.

② 간질의 구충제로는 hetol, bithionol, diaphene, hexachlorophene, bilevon-R 등 경구용이 있고, 주사용도 있다. 간질을 구제하기 위해서는 우선 충란을 검사하거나 간질 진단액을 피내주사하여 그 반응을 보아 양성일 때에는 구충제를 이용한다.

(2) 췌질증(eurytremiasis)

췌질(膵蛭, eurytrema pancreticum)은 소의 췌장관에 기생하는 기생충으로서 그 형태는 편평하고, 크기는 길이 8∼16 ㎜, 너비 5∼9 ㎜ 정도이다. 우리나라 소에도 기생하고 있다.

감염경로

똥과 함께 배설된 충란은 지상에서 부화하여 제1 중간숙주인 달팽이에 붙어살다가 다시 제2 중간숙주인 메뚜기류의 체내에 옮겨 살다가 탈출하여 풀에 붙어 있다가 풀과 함께 섭취됨으로써 췌장에 감염된다.

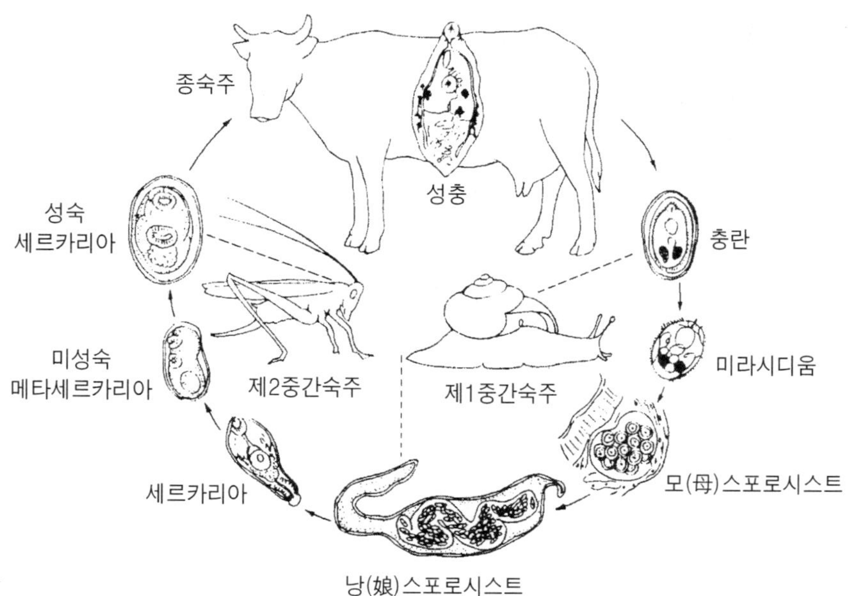

그림 2-52. 췌질의 생활환(生活環)

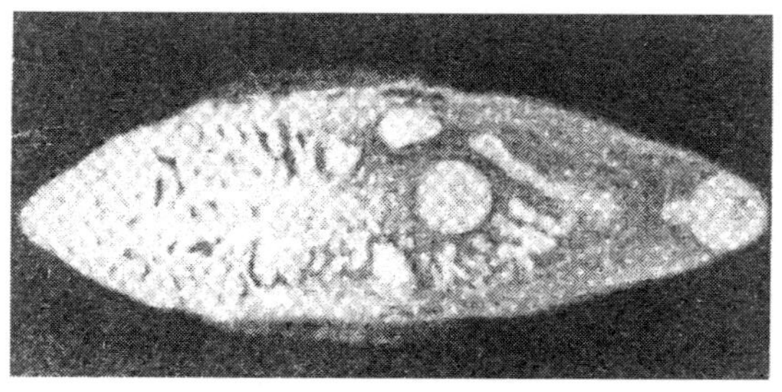

그림 2-53. 췌질(膵蛭)

증상

기생하고 있는 췌질의 수가 많지 않을 경우에는 외견상 임상증상이 나타나지 않지만 많을 경우에는 영양장해, 쇠약, 빈혈 등의 증상을 나타낸다. 기생도가 매우 높을 때에는 극도로 여위고 변비증이 생긴다.

치료

구충제로는 fouadin, nilzan, valbaz, praziquantel 등이 있다.

(3) 쌍구흡충증(paramphistomiasis)

쌍구흡충(雙口吸蟲, paramphistomidae)은 소의 제1위벽과 제2위벽에 부착하여 사는 원추형의 잦과 같이 생긴 기생충으로서 길이가 3~11 mm이다. 쌍구흡충이 성충이 되어 제1, 2위에 자리잡고 살 때에는 숙주에게 별다른 해를 입히지 않는다. 그러나 유충시기에는 체내를 유주하면서 소장점막에 상처를 주어 출혈을 일으키므로 빈혈증에 걸려 허약해진다. 유충이 장점막을 유주하는 시기에 소는 설사를 계속하는 경우가 있다.

감염경로

① 충란에서 피낭유충(被囊幼蟲)까지의 발육은 그 기간을 제외하고는 모두 간질과 비슷하며, 중간숙주는 또아리물달팽이, Gyraulus hiemantium(P. cervi, P. gotoi), Balinus tropicus 및 B. schakoi(P. explanatum), Lymnaea luteola(G. elongatus) 등이다.

② 종숙주(終宿住)에의 감염도 목초와 같이 피낭유충을 먹음으로써 이루어진다. 장에서 탈낭된 유약충(幼若蟲)은 장점막에 부착하며, 6~8주 후에 전방으로 이행하여 제2위를 거쳐 제1위까지 이르며, 대개 식도구(食道溝)를 따라 부착한다.

치료

쌍구흡충의 구충에는 사염화탄소(5~10 mℓ)의 경구투약이 유효하다는 보고가 있으나, 기타 간질구충에 이용되는 hexachlorethan(0.2~0.3 g/kg), bitin(0.07 g/kg),

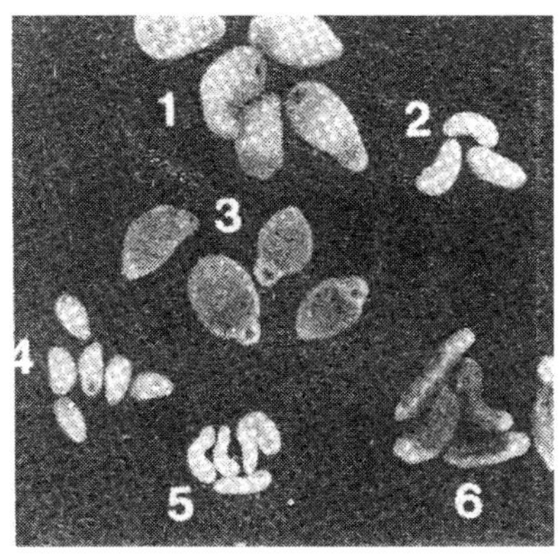

그림 2-54. 제1위 및 제2위에 기생한 각종 쌍구흡충(雙口吸蟲)

chlorophos(trichlorophon)도 80~100%의 효과가 있다고 알려져 있다. 그러나 대개 구충할 필요를 느끼지 않는다. 이 충감염의 예방법은 간질증의 예방법과 비슷하다.

2) 선충류에 의한 병

소에 기생하는 선충류(線蟲類, nematoda)는 편의상 이 충들이 기생하는 부위에 따라 다음과 같이 구분하여 설명할 수 있다.

(1) 제4위에 기생하는 선충류

① 소의 제4위에 기생하는 흡혈위충(吸血胃蟲)은 염전위충(捻轉胃蟲), ostertagia ostertagi 위충, 모상모양선충(毛狀毛樣線蟲), mecistocirrus digitatus의 4종으로 알려져 있다.

② 이들 위충(胃蟲)의 길이는 염전위충이 19~38 ㎜, ostertagia ostertagi 위충이 6~9 ㎜, 모상모양선충이 4~7 ㎜, mecistocirrus digitatus 위충이 30~45 ㎜ 정도이다. 이들은 모두 제4위에 기생하고 있어서 보통 위충으로 불린다.

감염경로

① 제4위 내에 기생하는 위충(胃蟲)들의 생활사와 감염경로는 거의 비슷하다. 분변과 함께 배설된 충란은 곧 부화하여 제1기 유충으로 변하며, 그 후 환경조건이 알맞을 때에는 약 5일 이내에 두 번 탈피한 다음 감염유충으로 발육하게 된다.

② 감염유충은 외계의 조건에 대하여 상당한 저항력을 지니고 있으므로 외계에서 오랫동안 살아남아 있다. 감염유충은 풀에 붙어사는데, 소가 유충이 붙어 있는 풀을 먹으면 체내감염이 이루어진다.

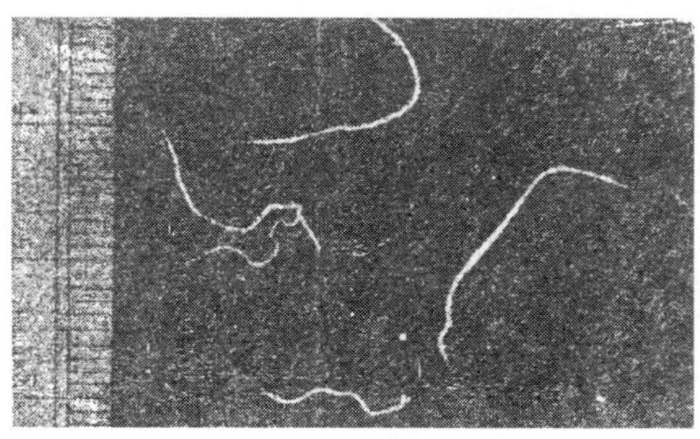

그림 2-55. 염전위충(捻轉胃蟲)

③ 감염유충은 소에 섭취된 후 25일 정도 지나서야 성충이 되어 위내에서 활동을 시작한다. 감염유충은 소에 섭취된 직후 제4위에 들어가서 제4위의 점막을 뚫고 점막하직으로 들어가 그 곳에서 성충으로 성장할 때까지 오랜 기간 살고 있는데, 성충이 되기 전인 이 시기에 이미 위벽에 손상을 입히고 있다.

증상

① 제4위에 기생하는 선충 때문에 입는 피해는 성우보다 어린 송아지에서 더 심하다. 제4위에 기생하고 있는 선충류의 영향으로 소는 빈혈・허약 등 병적증상을 나타내며, 때로는 폐사하는 수도 있는데 기생충 감염우에 따라서 달라질 수도 있다.

② 빈혈증 이외에도 기생충의 기계적 자극 때문에 위점막이 손상되어 점막에 비후, 괴사, 궤양 등이 일어나 소화장해를 일으킨다.

③ 위충증(胃蟲症)으로 나타나는 소화장해의 양상은 감염되어 있는 위충의 종류에 따라 다르다. Ostertagia와 trichostrongylus의 감염이 심할 경우에는 설사가 계속되는데 지사제를 먹여도 효과가 없다. 그러나 염전위충이 감염되어 있을 경우에는 오히려 가끔 변비증이 나타난다. Ostertagia 또는 trichostrongylus의 경우 4～6마리만 감염되어 있어도 증상이 매우 심하게 나타나며, 유우에서는 유량 감소, 번식장해 등 증상이 뚜렷하다.

치료

위충(胃蟲)의 구충제로는 다음과 같은 여러 종류가 있다.

① **시타린**(citarin) **주사액**: 장기내 기생충, 폐충 등에 효과가 있으며, 용량은 체중 50 kg당 2.5 mℓ를 근육 또는 피하주사 한다.

② **다이아 벤다졸**(thiabendazole): 모든 위충에 고루 효과가 있으며, 용량은 체중 1 kg당 90～100 mg씩 먹인다.

③ **라이퍼콜 엘**(ripercol-L) **주사액**: 모든 위충에 고루 유효하며, 피하주사 하기 때문에 투약이 편리하다. 허약한 동물에는 양질의 건초, 농후사료 등 영양분이 많은 사료, 비타민, 광물질 첨가제 등을 급식시켜 체력이 회복된 다음에 구충제를 투여하는 방법을 택하며, 구충 후에는 영양이 속히 개선되도록 관리에 힘써야 한다.

(2) 소장에 기생하는 선충류

소장에 기생하는 선충류에는 십이지장충 또는 우구충(牛鉤蟲), 점상모양선충(點狀毛樣線蟲), 유두간충(乳頭桿蟲), 세경모양선충(細頸毛樣線蟲), 우회충(牛蛔蟲) 등이 있다.

① **십이지장충**(牛鉤蟲, Banostomum phlebotomum) : 십이지장충(우구충)은 길이가 수컷 2 cm, 암컷 1 cm 정도이고, 상부 십이지장점막에 달라붙어 흡혈한다. 분변에 섞여 배설된 충란은 더운 계절에는 1～2일 만에 부화하여 유충이 되며, 유충은 2주에 걸쳐 탈피한 후 성숙유충, 즉 감염유충으로 변하는데, 감염유충은 저항력이 강하여 똥을 떠나 물구덩이 또는 흙에서 산다. 감염은 섭식을 통한 경구감염과 동물의 피부를 뚫고 들어가는 피부천공감염 두 가지로 구분할 수 있다. 피부를 뚫고 침입한 십이지장충은 점맥, 심장, 폐, 기관지를 거쳐 인후두부를 통해 식도로 들어가서 십이지장에 도달한다.

② **점상모양선충**(點狀毛樣線蟲, Cooperia, punctata) : 길이가 5～8 mm이고, 주로 소장의 앞부분에 기생한다. 생활사는 제4위에 기생하는 원충의 생활사와 같다.

③ **세경모양선충**(細頸毛樣線蟲, Nematodirus filicollis) : 이 위충류는 소 뿐만 아니라 면양과 산양의 소장에도 기생하며, 길이가 13～35 mm 정도이고, 주로 소장의 상부에 밀집 기생한다. 똥과 함께 배설된 후 유충이 되고, 유충은 난각(卵殼) 내에서 감염자충으로 성장한 다음 난각을 벗어난다. 감염경로는 감염유충이 붙어 있는 풀을 먹음으로써 감염되고, 섭취한 후 29일 만에 성숙한 세경모양선충으로 된다. 이 기생충도 흡혈성인 것으로 알려져 있지만 확실하지는 않다.

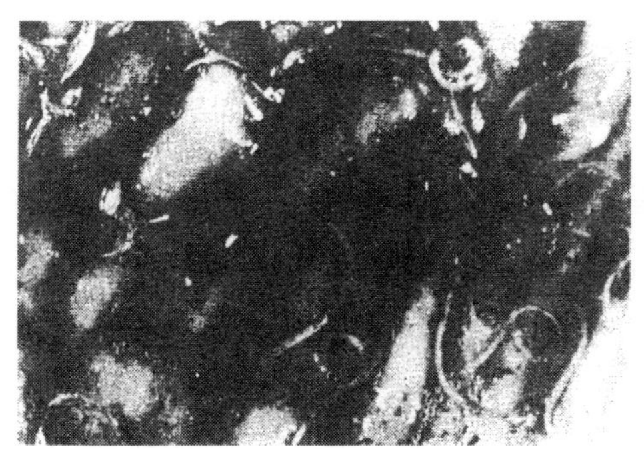

그림 2-56. 십이지장충(우구충)

④ **유두간충**(乳頭桿蟲, Strongyloides papillosus) : 길이가 1~2 mm이고, 십이지장에 기생하는데 송아지에 기생하는 율이 높다. 똥과 함께 배출된 충란은 부화하여 유충이 되고, 수일 내에 감염이 가능한 감염기 유충으로 발육할 뿐만 아니라 자유생활을 하는 암수의 성충으로 발육한다. 자유생활을 하는 성충의 암수는 교미에 의하여 알을 생산하는데, 이 알은 부화하여 유충이 되고, 이 유충은 다시 감염기 유충으로 발육한다. 따라서 이 기생충은 이중생활환을 가졌다고 할 수 있다. 감염은 경구와 피부의 두 경로를 통하여 이루어지는데 경피감염이 더 많은 것으로 알려져 있다. 경피감염 후 자충은 혈관, 심장, 폐, 기관, 인후두부, 식도, 위의 경로를 거쳐 최종적으로 소장에 도달하는데 약 10일이 걸린다.

⑤ **사상모양선충**(絲狀毛様線蟲, Trichostrongylus colubriformis) : 길이가 5~8 mm 정도이고 생활사, 감염경로 등은 제4위의 말모양 선충의 경우와 같다.

⑥ **우회충**(牛蛔蟲, Neoascaris vitulorum) : 길이가 25~30 cm 정도로서 그 형태는 다른 동물의 것과 유사하며, 다른 동물보다 오히려 충체가 부드러운 편이다. 주로 소장에 기생하고 흡혈을 하지 않는다. 일반적 감염경로는 경구감염으로 알려져 있고, 때로는 태반을 통하여 태아에 감염되는 태반감염의 경우도 있다.

(3) 대장에 기생하는 선충류

① **우장결절충**(牛腸結節蟲, Oseophagostomum radiatum) : 성충의 길이는 14~20 mm 정도이고, 맹장과 결장에 기생한다. 외부에서 부화한 유충은 풀에 붙어 있다가 섭식되어 감염되는 경구감염과 유충이 피부를 뚫고 들어가는 경피감염의 두 가지 감염경로가 있다. 경구적으로 섭식된 유충은 대장에 이르러 장벽을 뚫고 그 안에 5~10일 머물러 있다가 맹장 또는 결장에 되돌아와 발육하여 성충이 된다. 유충이 성충으로 발육되기까지는 약 40일이 걸린다. 일부 유충은 장벽 내에 머무는 동안 섬유조직으로 감싸여 죽어서 장벽에 단단한 결절로 남는다. 우장결절충의 성충은 동물에 큰 피해를 주지 않지만, 유충이 장벽에 침입할 때 세균과의 혼합감염을 일으켜 여러 가지 크기의 결절을 형성한다. 장결절충이 다수 기생하면 영양장해를 일으키는데, 이 증상은 소보다 양에서 더 심하다.

② **대구장선충**(大口腸線蟲, Chabertia ovina) : 대구장선충은 소와 기타 반추동물에 기생하며, 성충의 길이는 12~20 mm 정도이고, 주로 경구적으로 감염된

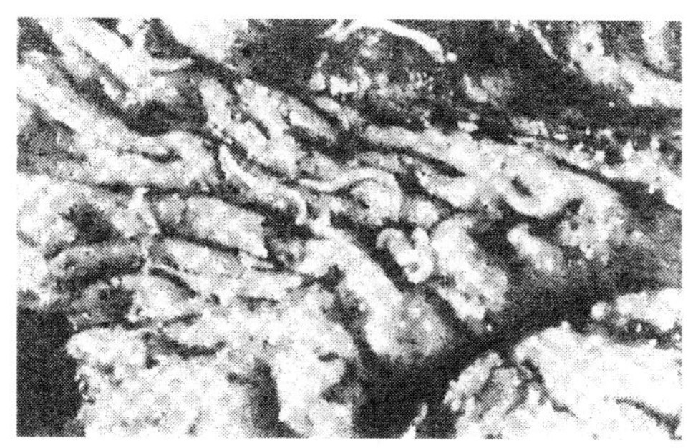

그림 2-57. 장결절충

다. 똥과 함께 배설된 충란은 외계에서 발육하여 감염유충이 되었다가 소에 섭취된 후 4일 만에 장점막 내로 들어가 살다가 결장에 나와 성충으로 발육한다.

③ **편충**(鞭蟲, Trichuris spp) : 소의 맹장에서 발견되지만 비병원성인 것으로 생각하고 있다. 그 생활사는 개편충의 생활사와 같다고 한다.

증상

① 장에 기생하는 흡혈성 기생충은 흡혈하기 위하여 장점막에 상처를 입히며, 조직간 이행을 할 때에는 장벽에 구멍을 뚫는 등 장관에 많은 상처를 내므로 장벽이 충혈되고 카타르성 염증이 생기는 등 기생충성 장염이 발생한다.

② 기생충성 장염이 있으면 소는 소화가 잘 안 되고 설사를 하며, 식욕감퇴로 허약해지고, 체중 감소, 유량 감소, 불규칙한 발정 등의 증상을 보인다.

③ 세경모양선충, 장결절충, 대구장선충 등의 감염에 있어서는 성충이 입히는 피해보다도 유충이 조직 내로 이행할 때 조직에 나타나는 피해가 더 크다.

④ 십이지장충의 수가 많아서 흡혈량이 많아지면 환축(患畜)은 빈혈증에 걸려서 쇠약해지고, 결막·비강·질 등 가시점막이 창백해지며, 턱 밑에 수종이 생겨 주머니 모양으로 늘어진다.

⑤ 점상모양선충의 감염에서도 빈혈증이 나타나지만 뚜렷한 정도는 아니다.

⑥ 우간충, 대구장선충 등이 감염하였을 때에는 물처럼 묽은 수양성 설사를 하며, 혈액과 점액이 섞여 나오기도 한다.

⑦ 우회충은 어린 송아지에서 가끔 발견되는데, 설사가 유일한 증상이다.

⑧ 편충감염에 있어서는 특기할 만한 증상이 나타나지 않는다.

치료

① 성충이 장내에서 산란하기 전에 임상증상을 나타낼 경우는 똥에서 충란이 검출되지 않으므로 정확한 진단은 내릴 수 없고, 충란이 검출되었을 때에는 구충제를 투여하고, 쇠약한 동물은 구충제를 먹이기 전에 당분간 영양사료를 먹여서 체력을 회복시켜야 한다.

② 소장과 대장에 기생하는 선충류에는 thiabentazole을 체중 1 kg당 90～100 g씩을 먹이는데, 이 구충제는 제4위에 기생하는 위충에도 잘 듣는다.

③ 구충제에는 경구투약용으로 파르벤다졸(parbendazole : 50～60 mg/kg), 시타린(citarin : 3 mg/50 kg) 등이 있고, 주사용 구충제로는 라이퍼콜 엘(ripercol-L) 등이 있다.

④ 우회충 구충제로는 염화피페라진(piperazine hydrochloride : 250～400 mg/kg), 유빌론(uvilon) 등이 있다.

(4) 기관지에 기생하는 선충

우폐충(牛肺蟲, Dictyocaulus viviparus)은 기관지 내에 기생하여 다양한 호흡기의 병소 및 증상을 나타내는 기생충으로서 많은 피해를 주고 있다. 우폐충은 길이가 5～8 cm이고, 대기관지와 모세기관지 내에 기생하면서 기생충성 기관지염 내지는 폐렴을 일으킨다. 특히 돼지에서는 돈폐충(豚肺蟲)에 대한 피해가 크다.

감염경로

① 대기관지와 모세기관지에 기생하는 폐충은 기관지 내에서 산란하는데, 충란은 대기관지 또는 소화관 내에서 부화하여 제1기 유충이 되어 분변과 함께 밖으

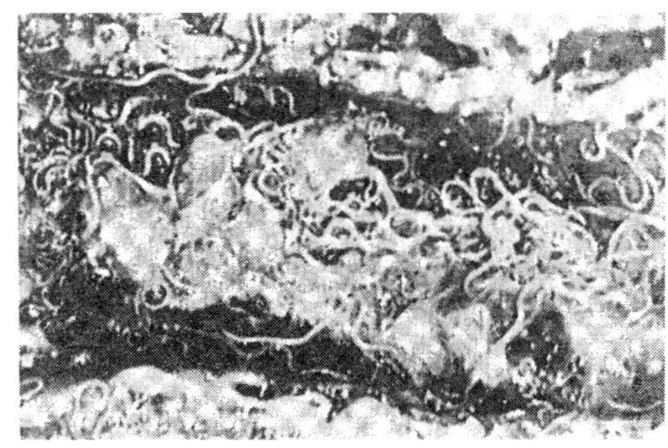

그림 2-58. 송아지의 기관 내에 기생하는 우폐충(牛肺蟲)

로 배출된다. 이 유충은 환경조건이 좋을 때에는 5일 내에 2회 탈피하여 감염유충으로 발육하며, 소가 이 유충을 섭취함으로써 감염된다.

② 소에 먹힌 감염유충은 장에 들어간 후 장점막을 뚫고 장 밖으로 나와 림프관으로 들어가 림프의 흐름을 타고 혈관으로 들어가서 혈류를 따라 폐에 도달한다. 폐에 도달한 유충은 폐의 모세혈관을 뚫고 나온 후 다시 폐포를 뚫고 모세기관지에 정착하여 성충이 되는데, 체내 이행중 각 장기에 주는 상처도 크다.

③ 감염 후 25～28일 내에 분변 내에서 유충이 발견된다.

증상

① 우폐충(牛肺蟲)의 주증상은 기침을 하고 호흡수가 증가하며, 폐에서 잡음이 나고, 콧물과 침을 흘리며, 식욕이 없어지고 여위며, 설사를 하는 등 여러 가지로 나타나는데, 환축(患畜)이 목을 앞으로 쭉 뻗고 기침을 계속하는 것이 특징이다.

② 유충은 모세기관 내에 들어 박혀 성충이 되는 날까지 살기 때문에 유충이 발육하면 충체가 커져서 모세기관지가 자연히 성충으로 메꾸어지기 때문에 호흡이 곤란하여 헐떡이며 기침을 자주 한다. 호흡 횟수는 감염해 있는 유충의 수가 많을수록 더 증가한다. 이러한 증상은 우폐충이 감염 후부터 12～14일이 지날 무렵에 나타나기 시작하여 7～8일 계속되는데, 재감염하지 않으면 호흡곤란이 점차 회복된다.

③ 모세기관 내에서 성충으로 발육한 폐충은 기관지와 기관내로 탈출하여 기관지 점막을 자극하므로 환축은 삼출물이 많이 생겨서 가래가 끓고, 기침 횟수도 많아지며, 호흡수가 증가하여 헐떡인다. 이 무렵 환축은 식욕이 없어서 잘 먹지 않고 수척해지며, 송아지는 발육이 정지된다.

④ 폐충의 성충은 호흡기계통을 통해 서서히 배설되기 시작한다. 따라서 감염 후 5일 정도 지나면 헐떡이던 환축의 호흡수가 줄어들고, 기침의 빈도수도 적어지면서 차차 건강을 되찾게 된다.

⑤ 그러나 어떤 소는 급성폐기종을 일으켜서 급사하는 수도 있다. 재감염이 없을 경우 감염 후 90일이 지날 무렵에는 기관지 내에서 폐충을 거의 찾아 볼 수 없다. 우폐충증은 여름철에서 가을철에 걸쳐 발생하며, 집단 사육하는 목장에서 피해가 더 크다.

⑥ 우폐충증의 증상은 다른 호흡기계 질병의 증상과 감별될 만한 특징이 없으므로 분변 중의 유충검사 및 부검에 의한 병소소견을 종합하여 진단을 확정해야 한다.

치료

① 시안아세토하이드라지드(cyanacethydrazide certuna) 17.5 mg/kg을 먹이거나 15 mg/kg을 주사한다. 폐충감염이 심한 지역에서는 예방책으로서 1개월에 1회씩 먹인다.
② Diethylcarbamazepine(piperazine)을 감염 후 14～18일째에 5일간 매일 22mg/kg의 비율로 투약하면 유충을 구충할 수 있다고 한다. 성충에 대해서는 효과가 없다.
③ L-Tetramisole(levamisole)은 소와 양에 있어서 8～15 mg/kg 경구투여 또는 피하주사하면 유효하며, 위장의 선충류에 대해서도 효과가 있다.
④ Cambendozole도 우폐충의 성충 구충에도 효과가 있다. 40 mg/kg 경구투여하면 95%의 구충효과가 있다.
⑤ Methyridine을 200 mg/kg의 비율로 피하주사하면 효과가 있다.
⑥ Ripercol-T, citarin 등을 피하주사 한다.

(5) 눈에 기생하는 선충

Rhodesia 안충(기생성 각막결막염, parasitic keratocongunctivitis eye worm disease) : 소의 눈에 기생하는 선충(線蟲)은 Spirurida目의 안충과(眼蟲科, family, telaziidae), Thelazia종에 속하는 Thelezia rhodesii(로데지아 안충-유럽, 아시아 및 아프리카의 소, 양, 산양 및 물소에 기생)은 소 눈의 결막낭에 기생하는 선충으로서 길이가 암컷은 14～21 mm, 수컷은 11～16 mm 정도이다. 한우의 감염률은 18.4%이라고 한다.

이 안충(眼蟲)의 중간숙주는 꽃파리科(Family, Anthomyidae), Musca속의 여러 종류이며, 제1기 유충은 종숙주인 소의 눈물에서 파리의 장관으로 들어가 난포에 침입하여 여기서 제2기 유충을 거쳐 제3기 유충(감염유충)으로 된다. 감염유충은 난포를 떠나 파리의 입으로 이행하여 여기에서 소로 옮겨진다. 감염유충은 소의 결막 속에서는 신속히 운동하며, 주로 순막(瞬膜) 뒤의 결막낭 또는 누선관(淚腺管)에서 발견된다.

증상

① Rhodesia 안충은 소의 누관과 결막낭에 기생하면서 결막과 각막을 자극하기 때문에 결막염과 각막염이 생겨서 결막이 충혈되고 눈곱이 끼며 항상 눈물을 흘린다.

② 기생하고 있는 안충의 수가 많을 때에는 결막과 각막이 더 심하게 자극되고, 눈 주위의 조직과 안와(眼窩) 내에까지 염증이 파급되어 전안구염을 일으켜서 시력을 잃게 되며, 때로는 안구 전체가 괴사되는 경우가 있다.

③ 눈으로부터 안충을 분리하여 동정하고자 할 때에는 먼저 국소 마취액을 몇 방울 결막낭 내에 넣어 안충의 운동성을 마비시킨 다음 결막액을 흡인하여 이를 5% 포르말린액 또는 70% 알코올액에 놓는다.

치료

① 국소 마취액을 점안하여 가는 감자(紺子)로 성충을 적출한다.

② Halpin과 Kirkly(1962)에 의하면 methyridine 20 mℓ을 피하주사하면 안충(Thelazia) 감염이 신속히 완화된다고 한다.

③ 1～2% 크레올린액을 결막낭에 주입하는데, 크레올린액을 주입하면 안충은 곧 죽지만 결막에 심한 자극을 주기 때문에 약을 점안한 후 충체가 떠오르는 것이 확인되면 즉시 생리식염수로 결막낭을 세척해 주어야 한다.

④ 국소요법으로서 2～3%의 붕산수, 0.05%의 승홍수(昇汞水), 0.05%의 옥도액, 0.5%의 크레졸 비누액 또는 0.5%의 diethlcarbamazine(piperazine)액 등이 유효하다.

⑤ 예방을 위해서는 파리의 구제에 힘써야 한다.

3) 조충에 의한 병

소에 보편적으로 기생하는 우조충(牛條蟲, Moniegia spp)은 과두조충과(稞頭條蟲科, Family, Anoplocephalidae)에 속하는 Moniezia expansa(확장조충)와 Moniezia benedeni(베네던 조충)으로 알려져 있는데, 이들 조충(條蟲)은 소장에 기생하고, 이들 중 확장조충이 더 많이 소에 기생한다. 충체는 많은 체절로 연결되어 있으며, 체절은 길이보다 너비가 더 넓다. 확장조충은 길이가 1～6 m 정도이고, 너비가 가장 넓은 부분은 1.6 cm나 된다. 베네던 조충은 길이가 1～4 m 정도이고, 너비가 가장 넓은 부분이 2.6 cm나 된다.

감염경로

감염우에서 배설된 충란은 삼각형 또는 사각형의 모양으로서 풀밭에서 중간숙주인 Orbita minuta라는 벌레(응에)에 먹히는데, 유충은 이 벌레의 체내에서 발육하여 2～5개월에 감염성이 있는 의낭미충(擬囊尾蟲)으로 성장한다. 이러한 의낭미충이 체내에 들어 있는 벌레를 소가 먹음으로써 감염된다. 감염 후 성충으로 되기까지는 약 5주일이 소요된다.

증상

① 백색의 물오징어 조각 같은 체절이 똥에 섞여 배출된 것이 발견되는데, 성우에서는 피해가 뚜렷하지 않지만, 어린 송아지에 다수 감염하면 영양상태가 나빠지고 발육이 지체되며, 설사를 하고 털이 거칠어진다.
② 조충이 최종 숙주의 체내에서 기생하는 기간은 보통 3개월 정도라 한다.

치료

① 비산연(砒酸鉛)을 송아지에는 1 g, 성우에는 2 g을 먹인다.
② Niclosamide(yomesam)을 44 mg/kg의 비율로 경구투약 한다.
③ 비산연과 phenothiazine을 혼합 투약하여도 효과가 있다.
④ 구충제를 먹은 후 8～48시간에 똥과 함께 많은 체절이 배출된다.

4) 원충에 의한 질병(protozoa diseases)

원충(protozoa)에 의한 감염병으로는 바베시아병(babesiosis, 대형 Piroplasma), 타일레리아병(theileriosis, 소형 Piroplasma), 콕시듐병(coccidiosis), 트리코모나스병(trichomoniasis), 베스노이티아병(besnoitosis) 등을 들 수 있다. 파이로플라스마병은 전염병 편에서, 트리코모나스병은 생식기 질환 편에서 기술되어 있다.

(1) 콕시듐병(coccidiosis)

콕시듐병은 포자충류(sporazoa)에 속하는 Coccidia 원충에 의한 장관전염병이며, 장관점막 상피세포의 파괴로 인한 급성 출혈성 하리를 주증으로 하는 원충성 질병으로서 닭에서 크게 문제가 되고 있으며, 소에서는 비위생적인 환경 하에서 밀집사육 할 때 발생할 수 있는 질병으로서 성우보다 송아지에 감염하는 율이 더 높다.

감염경로

① 소에 감염되는 Coccidia는 Eimeria(genus)에 속하는 10여 종의 병원충이 있다. 즉 *E. zurnii, E. bovis, E. ellipsoidalis, E. subspherica, E. alabamensis* 및 *E. cylindrica, E. canadensis, E. bukidnonensis, E. auburnensis, E. brasiliensis* 등이며, 이들 중 특히 소에 감염하는 것은 *E. zurnil*와 *E. bovis*이고, 다른 것들은 특수한 환경에서만 감염한다. 이들 원충은 특이한 숙주성을 지니고 있어서 소에 감염하는 콕시듐병이 닭에 감염되는 일이 없고, 또 닭의 것이 소에 감염하는 일도 없다.

② 감염형 낭포체(oocyst)가 입을 통해 섭식되면 1개의 낭포체로부터 8개 포자(spoorozite)가 나오는데, 이들 포자는 장점막의 상피세포를 뚫고 들어가서 구상체(球狀, schizont)를 형성하며, 그 속에서는 수많은 낭충(娘蟲)이 분열증식해 있다가 장점막의 상피세포를 파괴시키면서 구상체가 터져 낭충이 유출된다.

③ 이들 낭충은 다시 다른 장점막의 상피세포를 뚫고 들어가서 다시 구상체를 형성하고, 그 속에서는 새로운 낭충이 분열증식하게 된다. 이러한 증식방법을 무성생식(無性生殖) 과정이라고 하는데, 이 때 1개의 구상체로부터 터져 나오는 낭충수는 약 12만 개나 된다고 한다.

④ 무성생식 과정이 끝나면 이들은 장점막의 상피세포 내에서 암수 배우체가 출현하여 수정되므로 낭포체를 형성한다.

⑤ 이와 같이 하여 생긴 낭포체는 똥에 섞여 체외로 배출된 후 포자분열을 하여 감염성이 있는 낭포체로 변하는데, 이것을 송아지가 먹으면 감염된다.

증상

① 생후 3주에서 6개월 사이의 송아지에 감염률이 높으며, 병원충이 송아지에 감염하면 장점막의 상피세포를 계속 파괴하기 때문에 설사를 하는데, 설사에는 혈액과 흐늘흐늘한 장점막이 섞여 있다.

② 환축은 허리를 구부리고 계속 배변 노력을 반복하는 이급후중(裏急後重)의 증상도 나타난다. 혈액과 점액이 혼합된 설사는 *Eimerii zurnil, E. bovis* 등에 감염되었을 때 특히 심하다.

③ 콕시듐병에 걸린 송아지는 계속 설사를 하기 때문에 탈수상태에 빠져서 눈이 오목 들어가 있고, 피부가 건조하며, 피모에 광택을 잃고 거칠어지며, 쇠약해

져서 기력이 없어 비틀거린다. 또, 저항력이 약해져서 폐렴이 병발하는 수가 많은데, 이와 같이 되면 환축은 4~5일 내에 폐사한다.

④ 콕시듐병에 걸린 소가 별다른 합병증이 없이 2주일 정도 경과하면 회복될 수 있다. 분변 중에서 낭포체가 검출되어야만 콕시듐병으로 확진할 수 있다.

치료

① Sulfamethazine과 Sulfaquinoxaline 등은 치료와 예방에 효과가 있는데, 이들 약품은 투약 1일에는 0.13 g/kg, 제2일째부터는 0.07 g/kg을 3일 간 경구투여 한다.

② 설사를 시작할 때 바로 치료하면 효과가 좋지만, 설사를 시작한 후 3~4일이 지나서 치료하면 이미 장점막이 많이 손상되어 있기 때문에 약효가 떨어진다.

③ 콕시듐병의 치료는 설파제를 4일간 계속 먹인 후 3일간 쉬었다가 다시 4일간 먹이다가 3일간 쉬는 방법으로 반복 투약하면서 투약하지 않는 중간기에 낭포체를 검사하여 완치 여부를 진단한다. Sulfadimethoxine, Amprolium 등도 치료제로 이용된다.

④ Sulfadimedoxin을 초회 100 mg/kg, 다음부터는 1일 1회 계속 3~7일 간 정맥주사하면 큰 효과가 있다.

⑤ 감염성 낭포자는 흙속에서 수개월 간 감염능력을 지닌 채 남아 있으므로 환축의 똥으로 더럽혀진 우상(牛床)과 운동장은 최소한 6개월 간 사용하지 말아야 한다.

(2) 베스노이티아병(besnoitiosis, globidiosis)

이 병은 *Besnoitia besnoiti*에 의해 야기되는 소의 원충성 만성피부병으로서, 주로 피하조직에 원충성 포낭을 형성함으로써 특이한 피부병변을 일으킨다. 이 병의 전염방법은 잘 알려져 있지 않지만 병원체는 오염된 음료수나 사료 또는 침파리, 등에 등과 같은 흡혈곤충의 매개에 의하여 전염된다고 생각된다. 이 병은 우리나라 남부지방에서 발생하며, 외국에서는 남아프리카 지방과 유럽의 남부지방에서 발생한다.

증상

잠복기는 6~10일간이고, 병변은 주로 피부와 점막에서 볼 수 있으며, 질병 초기

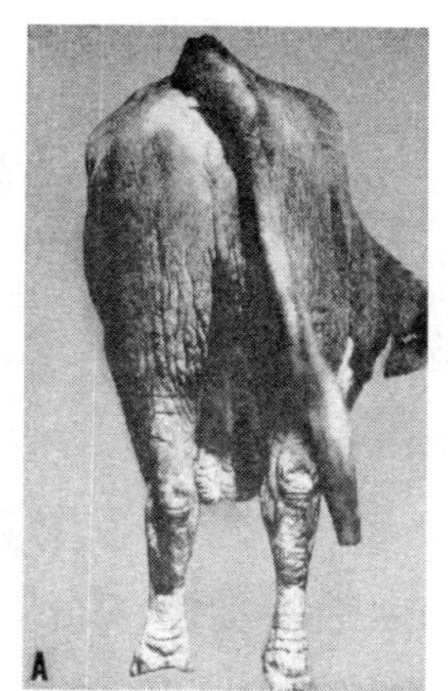

그림 2-59. Besnoitiosis

[감염우의 후지 및 음낭피부의 병소부]

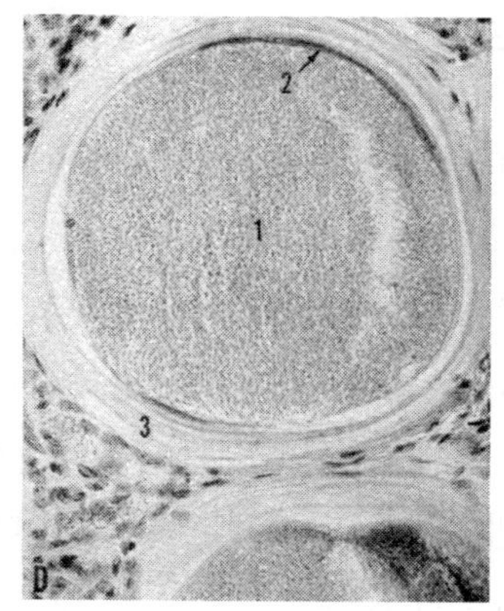

그림 2-60. *Besnoitia* 원충의 포낭

1. 아포로 충진된 낭
2. 낭벽에 의해서 편평하게 된 큰 핵
3. 섬유소성벽

에는 급성기 증상을 나타내고, 아급성기, 만성기의 증상으로 차차 옮겨진다.

① **급성기**: 40~41℃의 발열(2~10일 간), 결막염, 비염과 더불어 구진, 비경(鼻鏡), 안면을 비롯한 구간 또는 사지천부에 걸쳐 전신부종이 나타나고, 때로는 호흡촉박도 있다.

② **아급성기**: 급성기가 지나면 전신부종은 점차적으로 소실되고, 피부의 비후, 경화, 구열 및 가피형성(痂皮形成)이 일어난다.

③ **만성기**: 앞서 있었던 피부병변은 더욱 심해지며 탈모와 더불어 장액성 또는 혈액성 액체가 삼출되어 지저분한 외관을 정한다. 이러한 피부의 병변은 턱밑, 안검(眼瞼), 목, 어깨, 허벅지, 꼬리 등에 현저하다. 상하 안검점막은 밖으로 뒤집혀 나올 정도로 부어 오르며, 결막에 분포되어 있는 혈관들은 굵고 붉게 두드러져 올라와 있으며, 눈꼽이 끼고 계속 눈물을 흘린다. 이러한 병적상태가 6개월 이상 지속되면 환축은 쇠약해지고 여위며, 무력해져서 폐사되거나 도태하지 않으면 안될 지경에 이른다.

치료

이 병에는 효력이 있는 약도 개발되어 있지 않고 전염로가 분명하지 않아 예방법도 없는 실정이다. 우리나라 남부지방에서 발생 만연하고 있는 현 시점에서 이의 근절책과 더불어 이 병에 대한 연구가 시급한 과제라고 할 수 있다.

4. 외부 기생충병

외부 기생충(ectoparasitism)이란 숙주의 체표 또는 체외에 기생하는 절족동물(節足動物, arsropoda)을 말하는데, 이들 중에는 모기와 벼룩처럼 일시적으로 체표에 영향을 주는 것이 있고, 이와는 달리 옴벌레처럼 일생 동안 숙주의 몸에 기생하는 것, 그리고 이들의 중간형을 나타내는 진드기 등 여러 종류가 있다. 가축은 개방된 자연환경 속에서 살기 때문에 외부 기생충의 공격으로 입는 피해는 흡혈곤충에 시달리고, 밤에는 모기에게 피를 빨린다. 가축에 피해를 주는 외부 기생충은 6,000여 종으로 밝혀져 있다.

1) 진드기(tick)

① 진드기는 분류학상으로 절족동물(節足動物, Phylum : Arthropoda), 주형강(蛛形綱, Class : Arachnida), 진드기目(Order : Acarina), 진드기亞目(Suborder : Ixodoidae)에 속하며, 진드기亞目은 다시 연(軟)진드기인 공주진드기科(Family : Argasidae)와 경(硬)진드기인 진드기과(Family : Ixodiae)로 나눈다.

② 진드기는 숙주의 피부에 달라붙어 피를 빠는 흡혈기생충이며, 그 종류가 많고 지방에 따라 서식하는 종류도 다르다. 우리나라 중부 이남지방에는 소참진드기(Boophilus microplus), 가시피참진드기(Haemophisalis bispinosa) 등이 보편적으로 기생하고 있으며, 아주까리참진드기(Ixodes ricinus), 꼬리소참진드기(Boophilus caudatus) 등도 기생하고 있어서 피해를 주고 있다.

생활사

① 산란한 알은 부화 후와 발육 도중 두 번 탈피하여 유(幼)진드기, 약(若)진드기, 성(成)진드기로 발육 성장한다.

② 이와 같이 유진드기가 성진드기로 발육해 가는 도중 계속 같은 숙주에 붙어서 흡혈하는 일숙주성(一宿主性) 진드기, 유진드기에서 약진드기까지의 발육기간 동안은 단일숙주에 기생하면서 흡혈하다가 그 후에는 땅에 떨어져서 탈피하고 성충이 되면서 다른 제2숙주에 기생하여 흡혈하는 이숙주성(二宿主性) 진드기, 유진드기・약진드기・성진드기의 세 발육기를 각각 다른 품종의 숙주에 옮겨 붙어 가면서 흡혈하다가 탈피할 시기에는 땅에 떨어지는 삼숙주성(三宿主性) 진드기 등 세 종류가 있다.

③ 진드기는 보통 돌 밑이나 그늘진 곳에 알을 낳고, 생존기간이 1~2년으로 알려져 있다. 우리나라 중부 이남지방에는 보편적으로 가시피참진드기와 소참드기가 분포해 있는데, 이 두 종류의 진드기는 계절적으로 분포상황을 달리하고 있다.

④ 가시피참진드기는 봄철에 나타나기 시작하여 8월 중에 전성기를 이루는데, 이 시기에 소의 피를 가장 많이 흡혈한다. 진드기는 하복부와 후구부에 밀집하여 흡혈하면서 Babesia 원충이나 Theileria 원충을 소에 옮긴다.

⑤ 소참진드기의 기생밀도는 여름은 물론 봄과 가을에도 높은데, 이 진드기는 겨울에도 소에 기생하여 흡혈하면서 월동한다.

⑥ 아주까리참진드기의 기생밀도는 극히 낮지만 한두 마리가 기생해도 전신증상을 일으키는 독소를 지니고 있으며, 중부 영남지방에서 발견되었다는 보고가 있다.

증상

① 진드기 기생으로 인해 가축이 입는 피해는 흡혈로 인한 빈혈증, 진드기가 흡혈할 때 주입하는 독물로 인해 발생하는 증상(진드기마비증), 진드기를 거쳐서 이루어지는 각종 병원체의 매개 등이다. 후자의 경우 우리나라에서는 소에게 심한 빈혈증을 일으키게 하는 theileriosis의 병원체인 원충을 매개한다.

② 기생하는 진드기의 수가 많을 때에는 흡혈할 때 주둥이로 피부를 찌르는 통감 때문에 소는 불안해하며 몸을 말뚝・벽 등에 마찰하는데, 마찰이 심하여 피부에 상처가 생기고 화농되는 경우도 있다. 또 진드기 수가 많을 때에는 흡혈량도 많아서 빈혈을 일으킨다.

③ 진드기의 침에 섞여 있는 독물이 체내에 주입되면 독작용을 나타내어 식욕이 격감되며, 육성우는 발육이 중단되고 체중이 감소되며, 비유 중인 소는 유량이 감소되고 기력이 없어지는 등 중독증상을 나타내는데, 어떤 종류의 진드기독은 환축(患畜)을 마비시킨다고 한다.

④ 진드기가 귓속에서도 생존하므로 수가 적을 때에는 주의 깊게 검사하지 않으면 발견하기 어렵다. 귓속에서 진드기가 커짐에 다라 진드기 자체와 그 배설물 그리고 귀 에지가 함께 덩이로 되어 외이도(外耳道)를 폐색하게 된다. 이러한 증례에서는 머리를 흔들거나 머리를 한쪽으로 기울이고 있음을 볼 수 있다. 때로는 귀속에 파리의 구더기가 생길 때도 있다.

예방 및 치료

① 외이도 내에 감염된 진드기를 구재하는 합제의 처방은 다음과 같다.

• 33% gammer isomer의 hexachlorocyclohexane	3～5%
• Benol(또는 Xylol)	5%
• Pure pine oil(순수 탈지유)	90～92%
	계 100%

② Lindane, Aldrin, 독성이 약한 유기인제 등의 구제약품이 있으며, 이것을 목야지와 축사에 살포한다.

③ 몸에 붙어 있는 진드기를 구제하려면 0.5% chlordane, 0.5% toxaphene, 0.5% DDT, malathion, diphterex 0.1% asuntol. 0.025% 린덴, neguvon 등을 이용하는데, 비유 중인 소에는 이용할 수 없다.

④ 그 밖에 목야지를 불 지르고, 땅을 깊게 경운하며, 진드기가 서식하는 목야지나 운동장을 구획 설정하여 1～2년 간격을 두어 휴식하는 방법도 있다. 진드기가 소의 몸에 달라붙어 있을 때 약물에 목욕시키면 살충효과가 크다.

2) 소옴(sarcoptes scabiei)

소의 옴은 천공개선충(穿孔疥癬蟲), 흡연개선충(吸吮疥癬蟲), 식피개선충(食皮疥癬蟲) 등에 야기되는 피부병으로, 이 중에서 식피개선충이 가장 흔한 원인체이다. 이들 기생충에 의해서 생기는 피부병을 옴이라고 하며, 보통 응에(mites)라고

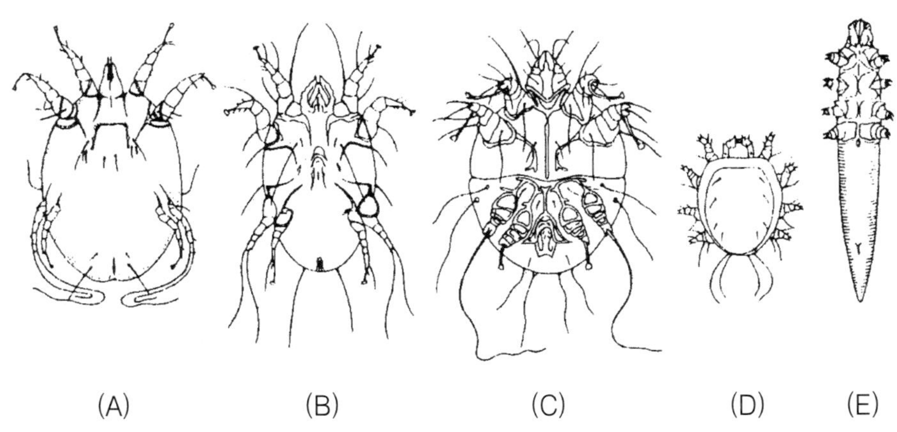

(A) (B) (C) (D) (E)

그림 2-61. 소옴(A～D)과 소도랑이(E)

부르기도 한다. 이들 소옴은 숙주의 조직에서 영양분을 섭취하면서 피부에 손상을 일으키며, 종류에 따라 병소의 부위에 따라 특징적인 소견을 나타낸다.

(1) 흡연개선충증(psoroptic mange or commoen scab)

소의 흡연개선충증(吸吮疥癬蟲症)은 접촉감염(동거감염)성이 높은 질병의 하나로 감염 후 15~45일 이내에 병소가 나타나며, 우체(牛體)에서만이 번식이 가능하다. 외계에서는 2~3주간 생존할 수 있으며, 이 충의 학명은 *Psoroptes communis bovis*이다.

예방 및 생활사

① 체형은 난단형(卵丹型)이고, 다리는 길어서 몸체의 밖으로 나와 있고, 구순(口脣)은 끝이 가늘며 길다.
② 일생을 우체(牛體)에서 지내며, 암컷은 15~24개의 알을 낳으며, 3~4일 만에 부화된다. 유충이 성장하며, 10~12일 만에 산란을 시작한다.

증상 및 진단

① 기생부위는 주로 견부, 상경부 또는 미근부 주위로서 병소를 형성한다.
② 흡혈시의 천자(穿刺)로 인한 한국성(限局性) 염증을 일으키며, 개선충의 증식 때문에 소양증, 농포형성 및 삼출을 일으키고, 이어 가피(痂皮)를 형성한다.
③ 발병 초기는 피모 때문에 병소 확인이 어려우나 주의 깊게 관찰하면 소의 병소가 인정된다.
④ 정확한 진단은 병소부에서 충체를 검경에 의해 확인함으로써 이루어진다.

(2) 천공개선충증(sarcoptic mange or scabies)

형태 및 생활사

① 우천공개선충(牛穿孔疥癬蟲, sarcoptes scabiei bovis)은 우흡연개선충(牛吸吮疥癬蟲)에 비해서 몸체가 작고 원형이며, 다리가 짧다. 그러나 후부의 두 쌍의 다리만이 몸체 밖으로 돌출할 때가 있고, 그 끝에는 긴 강모(剛毛)가 달려 있다.

② 흡연개선충과는 달리 피부 표층에 굴을 뚫고 그 속에서 교배, 산란하며 10~15일 간에 10~25개의 알을 생산하고 죽는다. 알은 3~10일 사이에 부화되고, 12~14일 만에 성충이 된다. 이 개선충은 어느 기간 동안 피부 표면에 기생하다 다른 동물로 접촉 전파된다. 다른 종류의 숙주에서는 잠시 동안 생존할 수 있다.

증상 및 진단

① 천공개선충(穿孔疥癬蟲)은 피부에 상처를 입혀 염증을 일으키고, 타액의 자극성과 2차 감염에 의해 심한 소양증(瘙痒症)이 나타나며, 병소부를 핥거나 마찰됨으로써 피부가 벗겨지기도 한다. 소 병소들이 융합되어 큰 가피를 형성하고, 시간이 경과되면 피부는 심히 비후되고 추벽이 형성된다.
② 병소부에서 가검물을 채취 검경하면 충체를 확인할 수 있는데, 보다 심부에 위치한 병소조직을 검사해야 더 정확하게 확인될 수 있다.

(3) 식피개선충증(chorioptic mange, symbiotic scab tail mange)

형태 및 생활사

우식피개선충(牛食皮疥癬蟲, chorioptes symbiotes bovis)의 형태는 흡연개선충과 비슷하나 구기(口器)가 둔하여 원형에 가깝고, 전지(前肢)는 흡연개선충보다 두껍지 않다. 피부 표면에서 표피를 섭식하지만 혈액을 흡연하거나 피부에 터널을 형성하는 일은 없다.

증상 및 진단

① 소에만 감염되며 그 증상은 매우 경하고, 대개 꼬리부분과 사지에 감염 기생하며, 간혹 한국성(限局性)인 소가피(小痂皮)가 형성될 뿐이다. 소양증은 천공개선충증(穿孔疥癬蟲症)이나 흡연개선충증(吸吮疥癬蟲症)보다 훨씬 경하다.
② 진단은 흡연개선충증과 같은 방법으로 검경에 의한다.

치료

① 석회류황 약욕법(藥浴法, Lime-Sulfer dip) : 생석회 950 g과 유황분 또는 황

화 1.08 kg을 40℃의 온수 400 ℓ에 넣어서 목욕시킨다.

② Nicotine 약욕법 : 1% 니코틴 원액이 0.05%가 되도록 40℃의 온수에 희석시킨 다음 약목시킨다.

③ Toxaphene 약욕법 : Toxaphene을 0.5% 농도의 유제로 만들어 사용하며, 그 온도는 4.5~27℃가 적합하다. 이 약제로 약욕한 소는 인체에 유해하기 때문에 일정 기간동안 식용목적으로 도살할 수 없다.

3) 소도랑이(demodectic mange)

우모낭충(牛毛囊蟲, demodex folliculorum bovis)은 길이가 약 0.25 ㎜이며, 두부, 흉부 및 복부로 구분되며, 흉부에는 4쌍의 짧은 다리가 있다. 복부는 길며, 횡으로 된 무늬가 있다. 접촉에 의해 감염이 이루어진다.

증상 및 진단

① 소도랑이는 개나 다른 동물에 감염하는 도랑이와는 좀 다르다. 즉 소도랑이는 체표의 어느 곳이든지 감염하여 증상을 나타낼 수 있으나 주로 목, 어깨 및 체간부에 감염하여 피부에 소결절을 형성한다.

② 피부의 결절은 전신의 피부를 덮을 정도로 생기는 경우가 있고, 결절의 크기와 수에 있어서 변하지 않은 채 수년 간 지속되는 예도 있다.

③ 피부에 두드러진 결절 내에는 양초 같은 희고 짙은 물질이 들어 있는데, 이 안에는 모낭충이 많이 들어 있다. 때로는 결절 속에 농이 차 있고, 여러 개의 농포가 함께 뭉쳐 농양이 되는 경우도 있으며, 또 어떤 경우에는 피부가 두꺼워지고 굵은 주름이 잡히기도 한다.

④ 소도랑이는 다른 동물의 모낭충증(毛囊蟲症)과는 달리 감염경로와 변화 정도가 가벼워서 수개월이 지나면 자연히 치료되는 경우도 있다. 피혁의 가치를 손상시키는 피부감염증이다.

⑤ 진단은 피부 병소부에서 모낭충을 발견함으로써 확진된다.

치료

외용약은 별로 효과가 없으므로 결절을 절개하고 내용물을 짜낸 다음 요오도팅크를 발라 준다.

4) 이병(罹病, pediculosis)

① 이(罹)는 절족동물(Phylum : Arthropoda), 곤충강(昆蟲綱, Class : Insecta)의 이(罹) 目(Order : Phthiraptera)에 속한다. 소에 기생하는 이는 짐승이科(Family : Haematopimdae)에 속하는 Hamatopinus quadripertusus(tail louse ; 쇠꼬리 이)와 H. eurysternus(short nose louse ; 작은코 소 이), 짐승 홑죽이科(Family : Linggnathidae)에 속하는 Linognathus(long nosed or blue ox louse ; 긴코 소 이 또는 푸른 황소 이)와 Sobenopotes capillatus(hair cattle louse ; 소털 이), 그리고 세각 우슬상科(Super family : Isochnocera)에 속하는 Damalinia(Bovicola) bovis(biting louse ; 무는 소 이) 등 5종이 있는데, 이 중에서 4종은 빠는 이(sucking louse)이고, 1종은 무는 이(biting louse)이다.

② 이는 대개 여름에는 잘 기생되지 않고 주로 겨울에만 소 몸에 기생한다. 그 이유는 높은 온도에서는 이가 생존 번식할 수 없기 때문이다. 여름철에는 피부에 태양광선이 직사되면 피부온도가 52℃ 정도로 상승하므로 1시간 이상을 견디지 못하고 죽는다. 따라서 여름에는 직사광선을 피해 귀의 내부, 다리 사이, 꼬리의 근부(根部) 등과 같은 일광에 노출되지 않는 부위에서만 살기 때문에 눈에 띄지 않는다.

③ 소 이는 피모에 산란하는데, 알은 산란 후 1~2주 만에 부화하고, 3단계의 유약충기(幼若蟲期)를 거쳐 부화 후 2~3주에 성충이 된다. 소 이가 몸에서 이탈되면 7일 이내에 죽는다.

④ Bovicola bovis(무는 이)는 처녀생식(무수정 생식, parthenogenesis)으로, 그리고 나머지 종류의 이는 수정에 의해서 번식되는 것으로 알려져 있다.

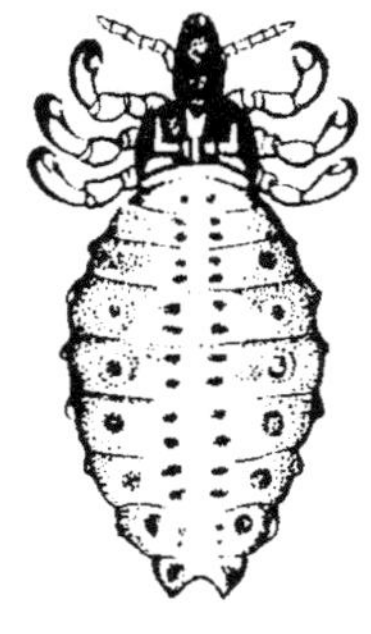

그림 2-62. 소 이

증상 및 진단

① 주로 송아지와 허약하고 영양상태가 나쁜 성우에 많이 기생한다.
② 이가 많은 소는 가려움증이 심하여 말뚝·벽·나무 등에 비벼대기 때문에 털이 빠지고 거칠어지며, 피부가 벗겨져 상처를 입고, 비유량도 감소되며, 흡혈량이 많아져 빈혈증이 생기는 경우도 있다.
③ 이는 육안적으로 식별할 수 있어 그 형태와 기생상태를 참작해서 종류를 감별한다. 작은코 소 이는 보통 성우에서 발견되지만 송아지에서도 감염될 수 있다. 긴코 소 이는 송아지와 약우(弱牛)에서 많이 발견된다. 소털 이(Sobenopotes capillatus)는 모든 나이의 소에 다 걸린다.

치료

0.1% asuntol액, 1% rotenone, neguvon 분말, bolfo, tiguvon 등이 살충제로 이용되고 있으나 착유중인 소에는 이용을 제한한다.

5) 쇠가죽파리 구더기병(myiasis)

절족동물(Phylum : Arthropoda), 곤충강(昆蟲綱, Class : Insecta), 유시아綱(有翅亞, Subclass : Pterygota), 내시류(內翅類, Division : Endpterygota), 파리目(Oder : Diptera)에 속하는 파리의 유충(파리구더기, dipterous larvae)이 인축(人畜)에 감염하여 피해를 주는 피부병을 승저병(蠅蛆病)이라고 한다.

(1) 나사구더기(screw worms)

나사구더기란 명칭은 남북 아메리카에 있는 나사구더기파리(Callitroga hominovorax와 C. macellaria)의 유충과 아프리카 및 남부 아시아에 있는 나사구더기파리(Chrysomyia bezziana)의 유충을 총칭한 것이다. 이 종류의 파리는 기생파리과(Family : Tachinidae)에 속한다.

생활사

① 암파리는 200~300개의 알을 숙주의 상처 주변에 산란시킨다. 알은 21시간 내에 부화되어 유충(구더기)이 된 후 상처 속으로 침입하여 약 4~7일 간 생존하다가 땅으로 떨어져 번데기로 된다. 번데기는 60일 이내에 성충으로 되어 나오는데, 이 때의 외계온도는 12℃ 이상이 되어야 한다.

② 번데기에서 나온 성충은 3주일 이내에 완전히 성숙하여 4개월 이상 생존하지 못한다.
③ 나사구더기는 생존한 동물의 상처에서만 발육하는 특성을 지니고 있다(원발성 감염).
④ 상처부에 구더기가 있는 숙주는 출혈, 독소의 형성 또는 2차 감염 등에 의하여 폐사될 수도 있다.

진단

숙주의 상처부에서 나사구더기를 직접 확인함으로써 진단할 수 있다.

예방 및 치료

① 나사구더기파리는 소의 상처 부위에 한정되어 산란하여 발생하므로 상처를 속히 발견하여 Smear 62 또는 EQ 335 등의 약제로 치료해야 한다.
② 육우에 있어서는 주기적으로 ronnel 또는 coumaphos 등의 약액을 분무하면 나사구더기의 침해를 막을 수 있을 뿐만 아니라 기타 파리 그리고 진드기 등의 피해를 막을 수 있다.

(2) 쇠가죽파리구더기(牛蠅蛆, cattle warbles)

쇠가죽파리는 양파리科(Family : Oestridae)에 속하며, Hypoderma lineatum(warble flies, heel flies) 및 Hypoderma bovis(bombflies, nothern, cattle flies) 2종이 있다. 이 파리의 유충은 소의 피부를 뚫고 소 체내에서 성장하며 천공(穿孔)에 의한 피부의 손상뿐만 아니라 체내 이행 중의 독소생산, 조직파괴 등에 의한 손상을 줌은 물론 피혁의 가치를 떨어뜨리는 피해를 준다. 우리나라 소에 많이 발생한다.

생활사

① 이 파리는 여름철의 다리부위의 털, 드물게는 몸체의 털에 산란한다. H. bovis는 알은 1개씩 낳으나 H. lineatum은 6개 이상의 알을 1개의 털에 일렬로 부착시킨다. 한 마리의 암파리가 한 마리의 소에 100개 이상의 알을 낳는다. 유충은 1주일 이내에 알에서 나와 피부를 뚫고 체내 이행경로를 밟는다.
② 피부를 뚫은 H. lineatum의 유충은 복강, 흉강을 경유하여 식도에 도달한다. 식도까지 도달하는 데는 약 2.5개월이 소요되고, 다시 2.5개월 간 정체한 다음

등으로 이동하여 등의 피하에 기생한다. 식도에서 등까지 도달하기까지는 약 30일이 소요된다. 등의 피부에 통기공를 만들어 신속히 자라 40~85일 후에 땅으로 떨어져 번데기로 된다. 4~10주일 간의 번데기 기간을 지나면 성충이 되어 교배 후 산란한다.

③ H. bovis의 유충은 피부를 뚫고 체내로 들어간 다음 대개 식도를 통과하지 않고 척추관을 통과한 후 등의 피하에 도달한다. 따라서 중추신경계의 손상은 대부분 H. bovis에 의해서 일어난다. H. lineatum도 극소수는 척추관을 통과한다.

증상

① 외부적으로 눈에 띈 특징적인 증상은 없으나, 다만 성숙유충이 등의 피하에 기생하고 있을 때는 그 부위의 피부는 약간 융기(직경 약 3 cm)되어 그 중앙에는 소통기공이 있으므로 쉽게 눈에 띈다. 이 곳에서 유충을 발견할 수 있다. H. bovis에 의한 척수 압박성 신경증상을 나타낼 때가 가끔 있다.

② 이 병은 방목되고 있는 유우에 많이 발생한다.

치료

① 유우에 대해서는 1.5% rotenone 분말의 살포 또는 5% rotenone액 분무가 이용된다.

② 육우에 대해서는 5.5% ronnel 분제 1 kg을 사료 20 kg에 혼합하여(사료 내에 ronnel이 0.26% 함유됨) 우(牛) 체중 100 kg당 1일 0.3 kg의 비율로 급여한다. 이 방법은 체내에 이행 중인 유충을 멸살시킬 수 있다.

(3) 뿔파리(horn fly)

뿔파리(Haematobobia irritans)는 꽃파리科(Family : Anthomyidae)에 속하며, 집파리의 반 정도 크기이나 날카로운 구기(口器)로 피부를 천자하여 흡혈하기 때문에 혈액 손실의 결과로 비유 감소와 체중 감소를 일으킨다. 뿔파리는 쇠꼬리가 닿지 않는 곳, 즉 어깨·목·등선에서 흡혈하며, 더운 날 또는 비가 오는 때에는 하복부에 서식하고, 21℃ 이하의 기온일 때는 각근부(角根部) 주위에 운집하여 심한 자극을 주기 때문에 뿔파리란 이름이 주어진 것이다. 이 파리는 성충기의 전 기간을 숙주에 붙어서 산다.

생활사

뿔파리의 암컷은 배설된 지 15분이 채 안된 신선한 분변에 산란하며, 약 16시간 만에 부화되어 유충이 나온다. 유충은 분변 속으로 들어가 약 5일 만에 성숙 유충으로 되어 분변의 아랫면 또는 토양으로 이동하여 약 7일 간의 번데기를 거쳐 성충으로 된다. 산란 후 2주일 이내에 성충으로 된다.

치료

① 유우에 대한 뿔파리의 살충제로서는 malation, coumaphos, dichlorvos, methoxychlor, ciodrin, pyrethrins와 synergist의 합제, Lethaone 384 또는 thamite 등이 유효하게 이용된다.
② 육우에 대해서는 carbaryl, dioxathion, methoxychlor, DDT, toxaphene, ronnel, coumaphos, malathion 등이 유효하게 이용된다. 이들 약제는 인체에 유해하므로 도살 전의 가용한계 일수에 대해서 유의해야 한다.

(4) 쇠파리(stable fly)

쇠파리(Stomoxys calcitrans)는 꽃파리科(Family : Anthomyidae)에 속하며, 전 세계적으로 퍼져 있다. 집파리만한 크기의 흡혈파리로서 흡혈로 인한 혈액 손실로 소가 허약하게 될 뿐만 아니라 파리가 활동하는 주간에는 사료 채식이 방해되어 성장부진 및 비유량 감소 등이 나타날 수 있다.

생활사

짚·똥과 섞여 있는 외양깃, 베어 놓은 풀 또는 사일리지의 찌꺼기 등과 같은 습한 곳에 산란하며 1~3일 만에 부화되어 유충이 된다. 이 유충은 습한 유기물을 먹고 2~4주일 내에 성숙유충이 된다. 그 후 6~9일 간의 번데기기를 지나 성충이 되며, 유충은 4~6주간 생존한다.

치료

① 축축하게 젖은 외양깃 등을 신속히 일광 건조시키면 파리의 발생을 크게 감소시킬 수 있다.
② 성충의 살충제는 뿔파리의 경우와 같다. 쇠파리는 흡혈하는 동안만 우체(牛體)에 잠깐 붙어 있으므로 우체뿐만 아니라 축사 내외의 전면에 약액분무가

필요하다.

(5) 얼굴파리(face fly)

얼굴파리(Musca autumnalis)는 꽃파리科(Family : Anthomyidae)에 속하며, 눈물, 점액 및 타액 등을 먹기 위해서 얼굴 특히 눈 밑, 코와 입의 주위에 기생하기 때문에 얼굴파리라고 부른다. 얼굴파리는 소의 전염성 각막결막염(Infectious bovine keratoconjunctivitis)의 병원체를 매개 전파하는 것으로 의심되고 있다.

생활사

성충은 신선한 쇠똥 표층부에 산란하며 16～18시간 만에 부화된다. 부화된 유충은 우분을 먹고 자라서 3～5일 만에 번데기로 되어 8～10일 만에 성충이 된다. 이와 같은 과정을 거쳐 얼굴파리는 3주 간격으로 새 세대를 생산할 수 있다.

치료

① 얼굴파리의 효과적인 구충은 기대할 수 없다.
② 유우에 있어서는 0.5% dichlorvos액을 솔을 이용해 얼굴에 발라 주면 어느 정도 효과가 있다.
③ 기타 ciodrin액, pyrethrins와 synergist의 혼합액 또는 coumaphos액 등의 분무도 많이 이용되고 있다.

제 1 편

돼지의 전염병

제 1 장

바이러스성 전염병

1. 돼지콜레라

돼지콜레라(hog cholera, classical swine fever)는 Hog cholera virus의 감염에 의하여 발병되는 급성 열성전염병으로서 전염성이 매우 높고 패혈증을 일으키는 것이 특징이며, 이병률과 치사율이 매우 높은 질병이다. 돼지만이 자연감염되고, 19세기 중엽부터 미국, 유럽을 비롯해서 전 세계에 만연되었다. 근래에는 진단 및 예방법이 확립되어 영국, 캐나다, 오스트레일리아, 뉴질랜드, 덴마크, 스웨덴, 노르웨이, 핀란드 등 많은 나라에서 근절상태에 있고, 아시아권에서는 일본만이 청정지역으로 선포하고 있다. 우리나라에서는 아직도 발생되고 있다.

원인

① 병원체는 Togaviridae과에 Pestivirus속에 속하는 RNA바이러스로서 크기가 40～50 ㎛이고, 지질막과 대칭성의 캡시드(capsid)를 지니며 구형이다. pH 3.0에서 불안정하고, 비혈구응집성이다.

② 단일 항원성이지만 병원성과 항원성이 다른 많은 바이러스주(株)가 있다. 혈액 중의 바이러스는 65℃ 시간 가열하면 불활화된다. 실온에서는 2～5개월, 37℃에서는 10일간 생존한다.

③ 자연감염은 돼지 및 멧돼지 뿐이며, 바이러스는 돼지의 비장, 신장, 고환 등의 배양세포에서 증식한다.

④ 이 바이러스는 5% 크레졸액, 3% 수산화타트륨액, 태양광선 등에 의하여 불활화되지만 냉동육, 소금에 절인 것 등에서는 4년 이상 생존하는 경우가 있다.

⑤ 부패장기 내에서는 3～4일 간, 혈액이나 골수에서는 약 15일 간 생존한다.

⑥ 이 바이러스는 소의 바이러스성 설사증 및 점막병군의 바이러스와 공통항원을 가지고 있다.

역학

① 일반적으로 돼지콜레라는 품종, 성별, 연령 등에 관계 없이 발생하고, 이병률과 폐사율이 100%에 가깝다. 때로는 가벼운 증상으로 만성경과를 취하는 경우도 있다.
② 이 바이러스의 감염원은 앓고 있는 돼지의 배설물, 분비물, 도살육 등에 함유되어 있는 바이러스에 접촉하거나 경구감염 또는 흡입감염으로 전파된다. 실험적으로는 피하, 근육내, 정맥내, 뇌내, 경구, 경비접종으로 용이하게 감염된다.
③ 병원성이 약한 바이러스에 감염되었을 경우에는 증상 없이 경과되는 돼지로부터 감수성이 있는 임신한 돼지에 감염되면 그 태아는 자궁 내에서 감염된 상태로 분만된다.
④ 병원성이 강한 바이러스에 감염되었을 경우에도 모돈의 면역이 불완전하여 완전방어를 하지 못한 상태에서 체내에 바이러스를 보유하고 있으면 자궁 내에서 태아가 감염된다. 이와 같이 자궁 내에서 감염된 자돈은 바이러스를 감수성의 돼지군에 전파하여 돈콜레라를 유행시키는 경우가 있다.

증상

① 돼지콜레라 바이러스에 감염된 돼지는 대개 5~7일, 빠를 때에는 2일, 늦을 때에는 21일 정도의 잠복기를 거쳐 식욕의 감퇴와 41~42℃의 발열을 나타낸다.
② 감염 초기에는 임상증상을 나타내지 않고 심급성으로 폐사하는 경우가 있다. 그러나 급성의 경우가 가장 많으며, 고열에 이어 변비, 설사, 구토증, 보행창랑, 기립불능 등의 후구마비, 사지 등의 경연증상 등의 신경증상이 나타난다. 하리변은 황색, 황녹색이 많고 심한 악취를 낸다. 요(尿)는 현저하게 양이 감소되고 혈액색을 띠는 수도 있다.
③ 말기에는 체표, 특히 귀・경부・하복부・둔부・하지 등에 한국성(限局性) 또는 미만성의 적자색 또는 암적색의 울혈 및 출혈반 혹은 괴저를 일으킨다. 결막염을 일으켜 화농성의 고름이 배설되는데, 건조하면 상하의 안검(眼瞼)이 달라붙는다. 임신한 돼지에서는 유산을 일으키는 경우도 있다.

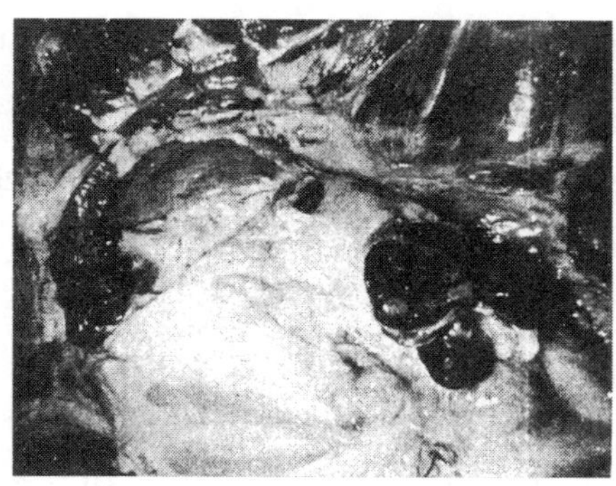

그림 1-1. 돼지콜레라에 걸린 돼지의 하악림프절의 출혈

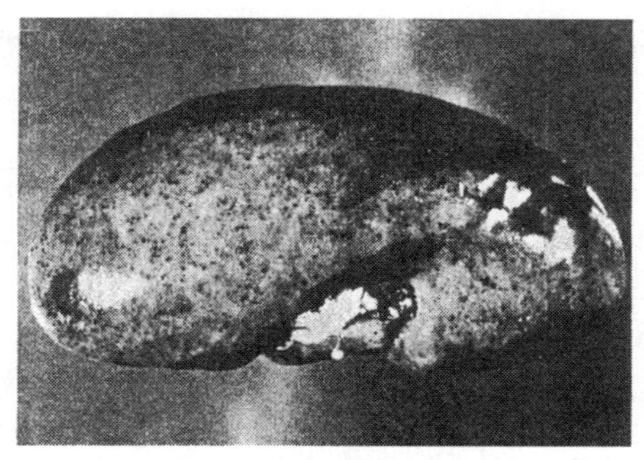

그림 1-2. 돼지콜레라에 걸린 돼지 신장의 점상출혈

④ 일반적으로 발병 후 5~7일 내에 폐사되고, *Salmonella choleraesuis*와 같은 2차 세균의 감염은 증세를 더욱 악화시킨다.

⑤ 경과가 오래 되면 세균성의 폐렴이 병발되어 기침, 비루(鼻漏), 호흡곤란 등의 증상이 추가된다. 병의 진행이 때로는 3주 이상 되는 경우도 있다.

⑥ 신경증상은 변이된 바이러스주의 감염인 경우에 많이 나타나고 경련, 비명을 반복하다가 혼수상태에 빠져 죽는다.

⑦ 병원성이 약한 바이러스에 감염된 경우에는 심한 증상이 거의 나타나지 않으며, 잠복기도 길고, 만성경과를 취하는 경우가 많으며, 귀의 탈모, 피부염, 말기에 복부피부의 자색화, 수척 등의 증상이 나타난다.

⑧ 돼지콜레라의 혈액학적 변화에 대하여는 옛날부터 많은 보고가 있어 임상 진단 시 응용가치를 매우 높여 주고 있다. 즉 돼지콜레라 바이러스에 감염된 돼지에는 백혈구 감소증이 현저하게 나타나고, 백혈구 핵의 좌방 이동, 골수세포·후골수세포의 출현, 간상 핵세포의 증가 등이 인정된다. 상대적으로 호중구의 증가가 있고, 임파구의 감소가 있다. 적혈구 수도 발병과 동시에 감소된다.

⑨ 부검소견: 외경소견으로 주목할 만한 병변은 하복부나 귀 등에 자반 안결막의 충혈이나 삼출물의 증가가 있고, 피하 및 장기부속 림프선의 종대, 수종성 종창과 출혈소가 있다. 폐의 울혈, 기관지폐렴, 심근의 울혈과 경색, 심외막의 점상출혈, 신장의 점상출혈, 간 및 비장의 울혈종창 등이 주요 병변이다.

진단

① 돼지콜레라의 진단은 역학적인 고찰과 아울러 임상증상, 혈액학적 변화, 병리해부소견, 병리조직학적 진단, 혈청학적 진단, 동물실험 및 병인학적 진단 등을 통하여 종합적으로 검토한 후 진단해야 한다.
② 역학적으로 고도의 전염력과 폐사율이 높은 질병이 돼지콜레라의 예방접종을 하지 않은 돼지군에서 발생하여 5~8일이 경과하면 이 병을 의심해야 한다.
③ 임상증상과 병리소견은 돼지콜레라 이외의 전염병, 특히 출혈성 패혈증을 일으키는 질병과 감별해야 한다. 즉 돈단독, 패혈성 살모넬라병, 출혈성 패혈증, 연쇄상구균 등이 유사한 증상으로 나타난다.

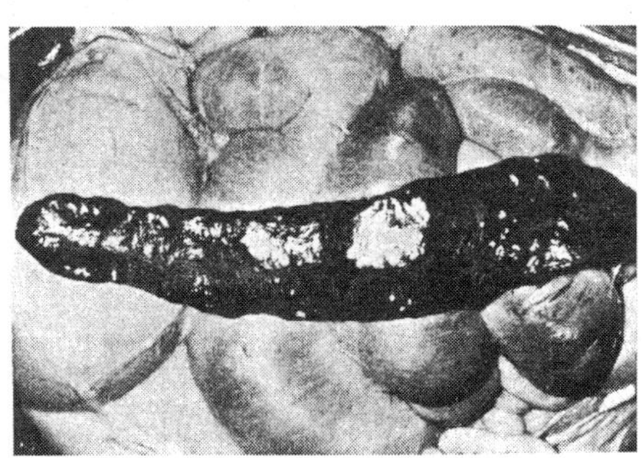

그림 1-3. 돼지콜레라에 걸린 돼지 비장의 경색병변

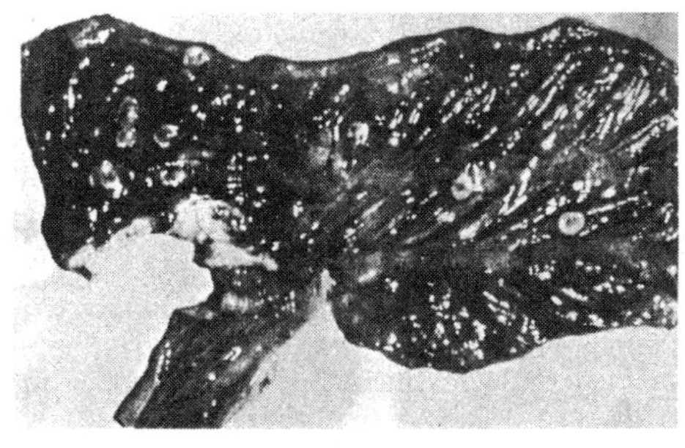

그림 1-4. 돼지콜레라에 걸린 돼지의 맹장과 결장의 버턴양 궤양

④ 혈청학적 진단법으로는 형광항체 중화시험, 세포배양 중화시험, 한천 겔 중화시험, 보체결합 반응시험 등이 있다.

예방 및 치료

① 돼지콜레라의 예방에는 예방접종이 행해져야 하지만, 발병돈의 조기 발견과 정확하고 신속한 진단을 하여 방역조치를 취해야 한다.
② 병든 돼지는 도살처분하고, 사체는 소각 또는 매각해야 하며, 오염 돈사, 기구류, 분뇨 등은 철저히 소독해야 한다. 오염된 돈사 내의 자리깃이나 먹다 남은 사료도 소각해야 하며, 돼지의 이동을 금지시키고 예방접종을 보강한다. 관리인은 손과 발, 신발, 작업복 등을 소독하고, 돈사 내의 사람 출입도 제한한다.
③ 예방접종에는 여러 가지가 있지만, 현재 우리나라에서는 약독화 변이 바이러스를 주로 하여 만든 백신, 즉 가토화바이러스 백신, 조직배양 백신 등이 사용되고 있다.
④ 면역혈청은 대개 긴급예방을 위해서 이용되고 있다. 발병 초기에 대량으로 투여될 경우에는 치료에도 응용된다.
⑤ 공동접종법은 약독바이러스와 면역혈청을 동시에 다른 부위에 접종하는 예방법으로 오랫동안 구미에서 사용되어 왔다. 그러나 우리나라에서는 실시되고 있지 않다.

2. 전염성 위장염

전염성 위장염(transmissible gastro enteritis, TGE)은 전염성이 매우 높다. 생후 2주 이내의 자돈이 발병하면 구토 및 설사를 일으키며, 치사율(100%)이 매우 높다. 비육돈이나 성돈에서 감수성이 높다고 하더라도 5주 이상 되는 돼지에서 치사율은 매우 낮으며, 불현성 또는 가벼운 설사만을 일으킨다. 이 병은 법정전염병에 해당된다.

원인

① TGEV(원인체)는 Coronaviridae과에 속하는 Coronavirus속의 RNA 바이러스로서 ether 또는 chloroform에 저항성이 없고, 56℃에서 45분 간 처리하면 불활화한다.

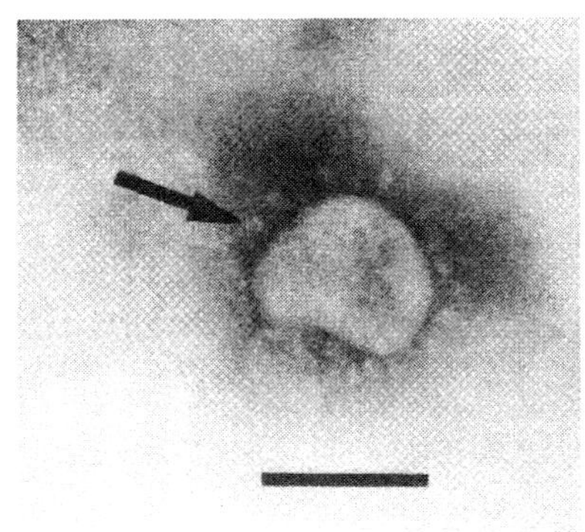

그림 1-5. 돼지전염성 위장염 바이러스 미립자의 전자현미경 소견
(검은 선은 100 nm)

② TGEV 항원은 감염 후 4～5시간이면 면역형광법(IF)에 의해서 신장세포의 세포질 내에서 증명할 수 있는데, 바이러스의 성숙은 세포질내 내형질세망에 의하여 이루어지고, 바이러스 미립자(직경이 65～90 nm)가 흔히 세포질 공포 내에서 관찰될 수 있다.

③ 바이러스의 배양방법으로는 동물접종법과 조직배양법이 이용되고 있다. 즉 감염된 자돈의 소장에서 채취한 재료를 건강한 자돈의 십이지장이나 공장에 접종하면 잘 증식되지만 위 및 결장에서는 바이러스의 증식이 잘 안 된다.

④ 감염된 돼지에서는 비점막, 폐, 신장 등에서 비교적 높은 농도로 바이러스가 검출된다.

⑤ 조직배양 세포로는 돼지의 신장세포, 돼지의 고환세포, 갑상선 및 타액선 세포 등이 이용되고 있으며, 갑상선 세포의 변화가 가장 현저하다.

⑥ 혈청형은 한 가지 밖에 없고, 돼지만이 자연감염된다.

역학

① 우리나라를 위시해서 세계적으로 발생한다.

② 전염성 위장염 바이러스는 동물체 밖에서는 오랫동안 생존하지 못한다.

③ 이 병은 기온이 낮은 늦가을에서 초봄에 걸쳐 많이 발생하나 겨울철에 가장 흔하게 발생된다.

④ 감염원: 병돈의 분변에는 다수의 바이러스가 배설된다. 분변을 통하여 배설된 바이러스가 돈사 출입자의 신발, 사료 운반차 등에 오염되어 옮기기도 한다. 또한 야생동물 또는 조류에 의하여 전파된다.

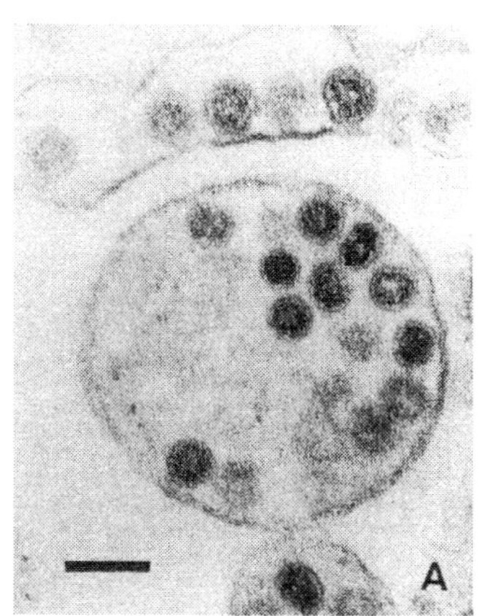

그림 1-6. 돼지 신장세포 내의 TGEV의 소견(검은 선은 100 nm)

⑤ 회복된 돼지는 약 8주 동안 분변을 통하여 바이러스를 배출한다.

⑥ 모돈으로부터의 이행 항체는 6~8주간 자돈의 혈액 중에 지속되고, 회복된 돼지의 능동면역도 비교적 짧은 기간 지속되어 전염성 위장염 바이러스에 감수성을 지니게 된다.

증상

① 잠복기는 1~8일로서 2~4일이 가장 많고, 잠복기를 거쳐 임상증상이 나타나기 시작하는데, 병의 전파는 매우 빨라 2~3일 만에 전체의 돼지군이 발병한다.

② 특징적 증상은 갑작스러운 구토에 이어 심한 수양성 설사를 하고, 체중의 감소가 두드러진다. 높은 이환율을 보이며 병이 전파되지만, 특히 2주령 이내의 포유자돈에서 높은 폐사율을 나타낸다.

③ 설사변은 수분이 많고 악취를 풍기며, 처음에는 회백색이었다가 점차 황색 또는 녹색을 띠고 2~7일 간 지속된다.

④ 발열증상은 설사가 시작되기 전에 비교적 짧은 기간 동안 나타나므로 확인하기 어렵고, 설사를 하는 동안에는 체온 상승이 되지 않는다. 설사의 정도, 발증기간 및 돼지의 폐사율은 돼지의 일령과 밀접한 관계가 있다.

⑤ 1주일 이내 포유돈은 발증 후 거의 100% 폐사되고, 3~4주령에 자돈의 발정은 40~60%의 폐사율이 있고, 모돈은 식욕부진과 설사가 있지만 거의 폐사되지 않고 회복된다.

⑥ 부검소견으로 위내에는 응유가 차 있고, 위점막은 충혈되어 있다. 소장벽은 얇

아져서 투명하게 보이며, 내강에는 거품이 섞인 액체가 차 있다.

진단

① 한 양돈장의 대부분의 돼지가 2～3일 사이에 심한 수양성 설사 및 구토를 일으키고, 1주령 이내의 새끼돼지에 높은 폐사율이 나타나는 것은 TGE로 의심할 수 있다.

② 역학조사, 임상소견과 병리조직학적 검사의 종합진단에 의하여 행하고, 가능하면 감염시험을 행한다.

③ 증상이 비슷한 대장균증, 장독혈증, 돼지적리, 돼지콜레라 등과 감별진단이 필요하다.

④ 실험실 진단법으로는 형광항체법 또는 바이러스의 분리동정법이 많이 이용되고 있다.

예방 및 치료

① 위생적 관리 및 보균돈의 도입금지 등이 중요하다.

② 질병에서 회복된 돼지는 재감염을 방지할 수 있는 항체를 생산하지만, 어린 돼지에 감염될 경우에는 감염을 예방할 수 있는 항체를 생산하지 못한다.

③ 능동면역이나 피동면역에 관계 없이 체액성 순환항체는 매우 적은 편이지만, 약독화 바이러스를 근육 내로 접종하면 중화항체가 증가한다.

④ 모체면역은 포유자돈에 이행되어 포유 중에는 감염을 예방할 수 있으므로 약독화된 생바이러스 백신은 분만 6주 전에 근육 내로 접종하고, 다시 2주 후에 추가 접종한다.

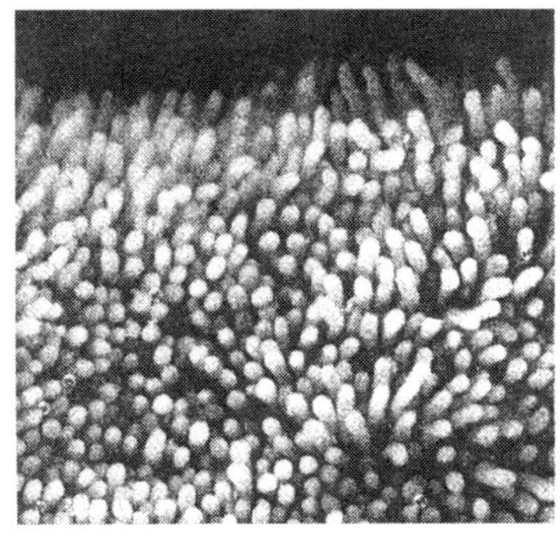

그림 1-7. 정상자돈의 공장융모

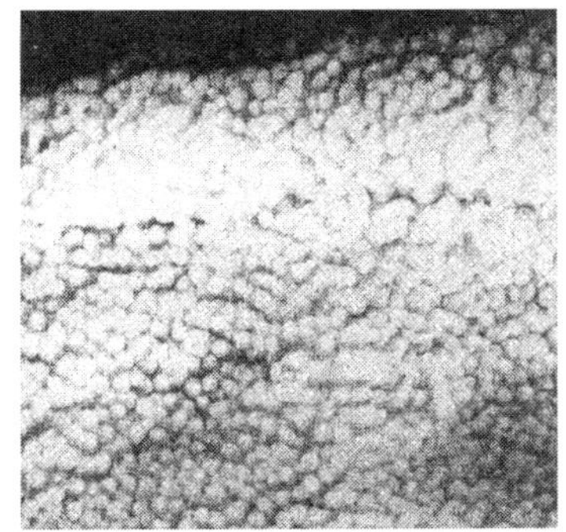

그림 1-8. TGEV에 감염된 자돈의 공장융모

⑤ 감염된 돼지의 치료는 매우 어려우며, 특히 10일령 이내의 어린 자돈이 발병하면 더욱 치료하기 힘들다.

⑥ 이 병이 발생했던 경험이 있는 양돈장에서는 차기 분만되는 자돈의 감염을 방지하기 위하여 분만 2～3주 전에 감염자돈의 소장 내용물에 포함된 바이러스를 먹여 감염시킴으로써 분만시기에 면역이 되도록 한다.

3. 일본뇌염

돼지는 일본뇌염(Japanese encephalitis) 바이러스에 대한 감수성이 높아 감염률도 매우 높다. 그러나 대부분 임신한 돼지는 유산 및 사산, 수퇘지는 정충생산 기능장애를 일으킨다. 돼지에 감염하는 일본뇌염 바이러스는 사람과 말에 감염하는 일본뇌염 바이러스와 같은 병원체로서 인수(人獸) 공통 전염병이면서 법정전염병이다.

원인

① 이 병은 사람이나 말의 일본뇌염과 동일한 바이러스에 의해서 일어난다. 일본뇌염 바이러스는 Togavirus과에 Flavivirus속에 속하는 RNA virus로서 절족동물 매개바이러스 B군에 속한다고 한다.

② 이 바이러스는 산과 열에 약하고, ether와 chloroform에서는 활성을 잃는다.

③ 대부분의 포유동물 및 조류는 감수성이 있지만 불현성 감염을 한다.

④ 돈신, 햄스터신(腎), 계태아 등의 조직세포에서 배양되고, 배양액 중에서는 혈구응집소가 생산한다.

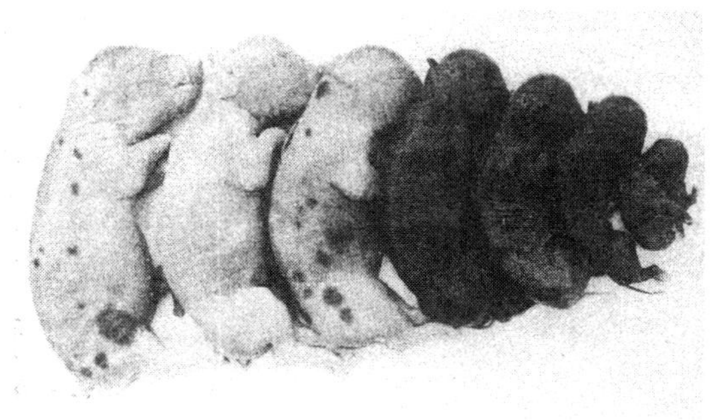

그림 1-9. 일본돼지뇌염에 감염된 모돈으로부터 분만된 사산 및 미라 변성을 일으킨 태아

역학

① 이 병은 우리나라, 일본을 비롯해 동남아에서 주로 발생하고 있다.

② 일본뇌염 바이러스는 주로 큐렉스모기(culex trytaeniorhynchues)가 매개하여 전파한다. 감염동물의 혈액 내에 있는 바이러스는 모기가 흡혈함으로써 모기 체내로 들어가게 되고, 모기 체내에서 증식한다. 이 바이러스를 보유하고 있는 모기에 물림으로써 감염된다.

③ 임신한 돼지가 감염되면 태아감염을 일으켜 태아가 죽게 된다.

④ 이 병은 8～11월 사이에 발생률이 가장 높고, 경산돈보다 초산돈에 많이 발생하며, 유산 및 사산의 발생률은 지역과 계절에 따라 차이가 있다. 사망 태아는 곧 만출되지 않고 분만 예정일까지 자궁 내에 머무는 예가 많다.

⑤ 웅돈(雄豚)의 경우에는 혈류 중에 바이러스가 생식기에 도달하여 정소와 정소상체에 감염을 일으킨다.

증상

① 뇌염바이러스에 감염되더라도 비임신돈은 증상 없이 경과하는 경우가 많으므로 항체 조사로 감염을 알 수 있다. 임신중인 모돈이 감염되면 90일 이내에 사망태아를 유산하는 경우와 예정일이 지나도 만출되지 않는 장기재태(長期在胎)의 경과를 취하는 경우도 있지만, 분만 예정일을 전후해서 이상태아를 만출하는 예가 압도적으로 많다.

② 태아의 상태는 여러 가지 소견으로 나타나고, 임신 초기에 감염사 한 것은 미라화되며, 임신 말기에 죽은 태아는 백색 또는 암갈색으로 변하는 것도 있고, 또 뇌수종을 일으켜 두개골 내에 장액이 고여 있는 것, 피하출혈이 있는 것 등이 있다.

③ 임신중에 감염되어 죽지 않고 출산되는 자돈 중에 살아남는 것도 있지만, 출산 후에 자돈이 경련, 마비 등의 신경증상을 나타내는 것도 있다.

④ 임신 초기에 감염되면 태아가 조기에 사멸 흡수되어 산자수가 감소되는 경우가 있다.

⑤ 웅돈(雄豚)의 경우 감염되면 교미욕이 감퇴되고, 음낭의 출혈이나 수종, 정소상체의 경결 등이 인정되며, 정자수가 감소하는 등 조정기능 장해를 일으킨다.

진단

① 돼지의 일본뇌염 진단은 모돈의 혈청에 대하여 적혈구응집억제(Hemoagglutination inhibition, HI) 시험을 행하고, 임신 기간중 유산 및 사산의 유무를 확인한다. 적혈구응집억제 시험은 종부 전, 임신중 및 분만 후에 채혈, HI시험을 행하여 항체 유무를 조사한다.
② 가장 확실한 진단은 유산 또는 사산된 새끼돼지로부터 원인 바이러스를 분리하는 것이다. 또한 이러한 새끼돼지의 뇌, 내장 또는 태반조직을 유제로 만들어 마우스 뇌에 접종하거나 조직배양에 의한 바이러스 분리배양 시험을 한다.
③ 이상태아의 뇌의 병리조직학적 검사로 진단에 이용할 수 있다. 신경세포의 병성, Glia세포(膠細胞)의 증식과 결절형성, 혈관 주위성 세포침윤 등 전형적인 비화농성 뇌염이 인정된다.
④ 유증감별상 가장 중요한 질병은 돼지 파르보바이러스 감염증으로서 이 때에도 유산 및 사산이 나타나는데, 양자는 발생시기, 병상 등으로서는 구별이 되지 않으므로 실험실 진단을 실시하여 바이러스를 분리할 필요가 있다.

예방 및 치료

① 예방으로는 대개 생바이러스 백신(living virus vaccine)이 사용되고 있다. 1회 접종으로는 유효하지만 3~4주 간격으로 2회 접종하는 것이 효과가 더 증진된다. 예방접종 시기는 봄부터 여름에 걸쳐 종부시킬 돼지에 접종한다. 때로는 경산돈에도 예방접종을 해 주면 좋다.
② 감염매체인 모기를 구제한다. 돈사에 방충망을 설치하는 것도 매개체를 차단시킬 수 있는 방법이 될 수 있다.
③ 일단 발병된 돼지에 대한 치료법은 없다.

4. 돼지 파르보바이러스 감염증

대부분의 돼지에 있어서 파르보바이러스(parvovirus)의 감염률은 대단히 높지만 대개 일반 돼지가 감염되어 임상증상 없이 경과되어 피해가 없다. 그러나 임신돈이 감염되면 돼지뇌염 감염증과 같이 불임증, 산자수 감소, 또는 사유산(死流産)과 같은 번식장애를 일으키는 질병으로서 돼지 일본뇌염과 비슷하지만 모기에 의하여 전염되지 않으며, 연중 어느 때고 발생하는 것이 다른 점이다.

원인

① 이 병은 돼지 파르보바이러스(porcine parvovirus)에 의하여 야기된다. 이 바이러스는 파르보바이러스과, 파르보바이러스속에 속하고, 직경이 약 20nm의 소형 DNA 바이러스이다.
② 이 바이러스는 에텔, 클로로포름, 산, 열에 대해서 저항성이 있다.
③ 돼지 신장세포에서 조직배양이 되고, 감염세포의 핵내에서는 호산성의 봉입체가 관찰된다.
④ 또 배양액 중에는 모르모트나 초생추의 혈구에 대한 응집소가 산생된다. 이 바이러스는 돼지 이외의 동물에는 감염되지 않는다.

역학

① 우리나라와 일본을 위시해서 세계적으로 발생하며, 여름철에 많이 발생하는 경향이지만 연중 어느 때나 발생된다.
② 감염돈은 증상을 나타내지 않지만 분비물(특히, 정액) 및 배설물(분뇨)에는 바이러스가 들어 있다. 바이러스는 거의 모든 장기에 증식하여 구강, 비강, 항문을 통해서 배출된다. 배출된 바이러스는 돼지와 돼지와의 직접 접촉 혹은 오염된 사람이나 기구 등을 통해서 건강돈의 입이나 비강으로 침입한다.
③ 대다수의 돼지는 번식연령에 이르기 전에 자연 감염되어 면역이 형성되므로 감수성을 가지지 않는다. 그러나 특히 밀폐 양돈장에서 개별 사육된 처녀돈은 자연감염의 기회가 없기 때문에 감수성을 가진다.
④ 이 바이러스에 의한 사유산(死流產)은 봄부터 여름에 걸쳐 종부된 초산돈에 주로 발생한다. 이들 돼지가 임신중에 면역되지 않은 상태에서 7～9월의 유행기를 맞이하는 확률이 높게 된다.

증상

① 임신중인 모돈은 발열이나 기타 증상을 나타내지 않지만 혈액상에 있어 림프구 수가 감소되는 경향이 있다.
② 임신중에 감염된 돼지는 산자수 감소, 사유산(死流產)의 증상이 있다.
③ 태아가 모체 자궁 내에서 폐사되어도 즉시 만출되지 않고 있다가 대개 분만

예정일을 전후해서 만출되며, 유산의 경과를 취하는 것은 드물다.

④ 이상태아와 정상태아를 동시에 분만하는 예가 많고, 이상태아에는 미라화 태아, 흑자, 백자 등 다양한 형태를 취한다.

⑤ 임신 초기에 감염이 일어나면 태아가 조기에 폐사되어 흡수되어지기 때문에 총 산자수가 감소되고, 때로는 불임증의 원인으로 된다.

⑥ 파르보바이러스에 의한 사유산의 특이적인 병리소견은 사산태아(死產胎兒)에서 인정할 수 있다. 즉 뇌실질 및 연막에 분포하는 혈관의 주위에 원형세포 침윤과 신경교세포(Glia cells)의 증식과 신경세포의 퇴행성 변성은 매우 가볍게 나타난다.

⑦ 파르보바이러스에 감염된 수퇘지가 조정기능 장해를 일으키는지의 여부는 불명하지만 실험 감염돈의 병리조직학적 검사의 결과 정소에 있어서 경도의 조정장해, 정소상체, 정낭선, 정색 등에 있어서 가벼운 염증성 변화가 인정되었다 한다.

진단

① 종부 전, 임신중 및 분만 후에 채혈하여 적혈구 응집억제(HI) 시험을 행한다. 모돈이 임신중에 이 바이러스에 감염이 되면 사유산(死流產)이 일어나므로 이에 증명이 중요하다.

② 가장 확실한 진단법으로는 이상태아에서의 바이러스 분리이다. 이상태아의 뇌나 내장 혹은 태반의 유제를 초대돈 신세포 또는 돈신(豚腎) 유래 계대세포에 접종한다. 사산된 태아의 조직에서 형광항체법으로 바이러스를 검출한다.

③ 파르보바이러스를 감염시킨 배양세포를 Hematoxylin-Eosin 염색을 하면 핵농축을 일으킨 세포가 관찰된다.

④ 유증감별상 가장 중요한 것은 일본뇌염에 의한 사유산(死流產)이다. 일본뇌염의 경우에는 태아가 명확한 신경증상을 나타내어 출산 후 사망되는 이상태아가 종종 인정되지만, 파르보바이러스의 경우에는 이와 같은 이상태아가 나타나지 않는다.

예방 및 치료

① 미산돈은 교배시키기 전에 확실하게 항체를 지니고 있는 경산돈과 접촉시키면 자연감염을 일으켜 면역력이 형성될 수 있다.

② 백신에는 불활화 Formalin vaccine과 생독백신이 이용되고 있다. 종부 2주 전에 접종하는 것이 좋다. 경산돈과 종모돈에도 백신접종을 해 두는 것이 안전하다.
③ PPV(porcine parvovirus)에 의해서 야기된 번식장해의 치료법은 없다.

5. 가성광견병

가성광견병(假性狂犬病, pseudorabies or Aujeszkey's disease)은 일종의 헤르페스바이러스에 의해서 일어나는 급성전염병으로서 중추신경계에 장해를 일으키며, 돼지・소・양・개・고양이 등에 발병된다. 돼지 이외의 동물은 심한 국소성의 소양증을 나타내면서 단시일에 폐사된다. 어린 돼지는 높은 폐사율을 일으키지만, 성돈은 경증으로 내과되거나 혹은 무증상으로 경과하는 경우가 많다. 상재지에 있어서 이 병에 의한 돼지의 피해는 심하고, 임신한 돼지는 유산을 한다. 법정전염병으로 분류되어 있다.

원인

① 가성광견병 바이러스는 Herpes virus 科, Alpha herpes virus 亞科의 단순 Herpes virus속에 속하는 DNA 바이러스로서 호산성 핵내 봉입체를 형성하는 것이 특징이다.
② 이 바이러스는 돈신 및 계태아 등에서 조직배양으로 잘 증식하고, 감염세포에서는 세포 병변효과(cytopathic effect, CPE)가 나타난다.
③ 돼지에 있어서 자연감염은 호흡기감염, 소화기감염에 의해서 침입되면 비강, 구강, 인두의 점막에서 증식된 바이러스는 삼차신경, 후각신경, 설인신경을 거쳐 중추신경에 침입하여 발병한다.

역학

① 감수성이 있는 숙주의 종류가 비교적 적은 것이 헤르페스 바이러스(herpes virus) 그룹의 특징이지만, 가성광견병 바이러스는 감수성 숙주가 매우 다양하여 포유동물은 물론 조류에도 감염된다.
② 가성광견병의 중증도는 침입바이러스의 병원성 정도, 연령, 침입한 바이러스

의 양 등에 따라 좌우되며, 전파는 수평전파 및 태반을 통한 수직전파로 가능하다.

③ 만성적으로 감염되면 오랫동안 바이러스를 배설하므로 지속적인 감염형태를 취하기도 하고, 감염 후 바이러스를 배출하지 않고 보균동물로서 동물체내에 비활동 상태로 머물러 있는 바이러스가 개체의 방어기전이 낮아질 경우 활발히 증식함으로써 새로운 감염원이 되기도 한다.

④ 세계적으로 발생되며, 우리나라도 근년에 발생하기 시작했다.

증상

① 감염돈이 나타내는 증상은 돼지의 연령, 사육조건 및 바이러스주(株)의 독력에 따라 매우 다르다.

② 발병한 돼지가 폐사하지 않게 되면 발병 6일경부터 회복하게 되는데, 이러한 현상은 바이러스가 중추신경계로 침입하지 않고 다른 장기조직에만 침범했기 때문이며, 중추신경계가 침입을 받으면 침울, 근육경련, 후구마비 등에 이어 전신적인 경련을 일으켜 폐사한다.

③ 잠복기는 감염 후 5~7일 만에 발병한다.

④ 이 병의 증상을 연령에 따라 살펴보면 다음과 같다.

㉠ 포유자돈: 방어항체가 낮은 모돈으로부터 출생한 포유자돈은 감수성이 높아 쉽게 감염되어 치사율이 높지만, 초유를 통한 모체 이행항체를 공급받은 포유자돈은 감염되더라도 회복되는 율이 높고 자연면역도 획득하게 된다. 폐사하는 돼지는 구토, 설사에 이어 원기 소실, 전율, 강직성 경련 및 혼수상태 등의 증상을 보이다가 36시간 만에 폐사된다.

㉡ 이유자돈 및 비육돈: 3개월 이상의 돼지는 감염률이 높지만 유약돈에 비하여 발병률과 치사율이 낮다. 감염 후 보통 30시간 이내의 잠복기를 거친 후 재치기, 기침, 체온상승, 식욕부진, 변비, 타액분비 증가, 구토 등의 증상을 나타낸다. 외부 자극을 받으면 근육경련을 일으키고, 점차 몸의 균형을 잃게 되며, 사지강직으로 기립하지 못하고 혼수상태에 빠져 폐사하는데, 이와 같은 증상은 약 8일 간 경과한다. 신경증상 없이 회복되는 것은 4~6일 간의 경과를 취하고, 폐사하는 경우는 드물다.

㉢ 성돈: 치사율은 2% 정도이고, 증상은 비육돈에서의 경과와 유사하지만 심하지 않은 상태로 회복된다. 그러나 경련증상은 5~6주일이 지나 완전 회복된다.

㉣ 번식돈 : 성돈의 임상증상과 별 차이가 없지만, 감염시기에 따라 절반 이상은 유산 또는 사산하거나 쇠약한 태아를 분만한다.

⑤ 병리소견

㉠ 전형적인 병소는 없지만 뇌막의 충혈 및 뇌척수액의 증가, 림프선 및 신장의 출혈반점, 유산태아의 간, 비장, 폐에 괴사반점 등이 생기는 것이 특징이다.

㉡ 조직병소 소견으로는 비화농성피염 및 뇌척수막염과 편도선, 근육, 부신피질의 괴사조직에 핵내 봉입체가 형성되는 것이 특징이다.

진단

① **임상 및 병리학적 진단** : 전형적인 임상소견으로 진단이 가능하지만 병력, 부검소견 등을 참작하면 진단하는 데 도움이 된다. 가성광견병의 임상적인 특징으로서는 신경증상, 침 흘림, 폐사율, 임신돈의 유산, 병돈과 접촉한 가축(소, 개)의 심한 가려움증은 가성광견병의 특징이다. 조직학적으로는 핵내 봉입체를 형성하는 것이 특징이다.

② **병원학적 진단** : 병리조직학적 검사와 원인 바이러스의 분리 및 조직 또는 혈청에서 항체를 증명하는 것이다.

③ **혈청학적 진단** : 바이러스 중화시험, 형광항체법, 평판한천확산법, 보체결합반응 등이 있으며, 폐사한 돼지의 병소조직을 유제로 만들어 토끼에 접종한 후 반응을 보는 생물학적인 방법도 진단에 도움이 된다.

예방 및 치료

① 이 병 발생시에는 병든 돼지와 접촉한 돼지를 격리시켜 병원바이러스가 돼지군에 오염되지 않도록 유의하고, 가급적 사람이나 야생동물의 돈사 출입을 억제하며, 돈사의 철저한 위생관리가 중요하다.

② 새로 도입한 돼지는 최소한 2주간 격리 수용하거나 혈청학적 검사를 하여 이 병의 증거가 없을 때만 합사시킨다.

③ 예방접종은 가성광견병을 발생시키는 데 효과가 있지만, 예방접종한 돼지라도 병원성이 높은 바이러스에 감염되면 일정기간 바이러스를 배설하므로 보균돈이 되어 다른 개체에 감염원으로 된다.

④ 가성광견병은 일단 발병하면 치료법이 없다.

⑤ 이 병이 발생한 돼지와 항체검사에 의하여 양성돈 및 발병 내과돈으로 판정된 돼지는 모두 도태시키는 것이 예방에 효과적이다.

6. 엔테로바이러스 감염증

돼지 엔테로바이러스(enterovirus)는 거의 모든 양돈장에 분포되어 있는 흔한 바이러스이지만 중추신경에 감염되고, 대개는 감염되더라도 증상을 나타내지 않지만 뇌척수회백질염(테션병)을 일으키는 것이 특징이며, 폐사율이 높다. 암돼지의 번식장애, 소화기질병, 폐렴 등 다양한 임상증상을 나타내는 예도 있다. 중추신경계 감염으로 신경증상을 나타내는 병을 일명 테션병(Teschen's disease)이라고도 한다.

원인

① 엔테로바이러스는 Picornaviridae과에 속하는 Porcine enterovirus로 크기는 직경이 25～31 ㎚, 구형이며 알칼리, 열 및 보존에 대한 저항성이 강한 RNA 바이러스이다.

② 조직배양에는 돼지의 신장・폐・신장・난소・고환・태아 등의 세포가 이용된다.

③ 테션병 바이러스와 유사한 바이러스를 ECPO(enteric cytopathogenic porcine orphan) 바이러스와 함께 엔테로바이러스에 포함시키고 있다.

④ 돼지 엔테로바이러스는 돼지의 분변, 소화관의 내용물, 인후두 등으로부터 분리된다.

⑤ 대부분의 바이러스는 56℃에서 30분간 열처리하면 불활화되지만, 염화마그네슘을 첨가하면 열에 대한 저항성이 증가된다.

⑥ 세포 병변효과(cytopathic effect, CPE)는 상태에 따라 CPE형 I과 CPE형 II로 구분하고, CPE형 I은 조직배양 감염세포를 원형화(圓形化)하며, 광반사성 등이 비감염세포와 구분된다. CPE형 II는 세포의 변성과 확산탈락을 일으키며, CPE형 I보다 세포가 작고 불규칙적으로 변한다.

⑦ 이 중 뇌척수회백질염을 일으키는 것을 테션바이러스라 부르고, 번식장애를 일으키는 것을 SMEDI(stillbirth mummification embryonicdeath infertility) 바이러스라고 부른다.

역학

① 본 증을 일으키는 바이러스는 세계적으로 분포하고 있지만 뇌척수회백질염을 일으킬 수 있는 테션바이러스는 체코슬로바키아의 Teschen 지방, 중앙유럽, 아프리카, 서부유럽, 특히 영국의 Talfan 지방, 오스트렐리아에서 보고된 바 있다. 우리나라와 일본에서는 돼지 뇌척수회백질과 번식장애를 일으키는 것은 확인되지 않았지만 Teschen병 바이러스와 혈청형이 같은 바이러스나 기타 혈청형 바이러스는 분리되고 있다.

② 이유 직후 모체 이행항체가 소실된 무렵의 이유자돈에서 많이 발생하고, 한 번 발생하면 수주일 간 지속된다. 항체가가 높은 성돈은 거의 바이러스를 배출하지 않는다.

③ 모든 연령에서 감수성이 있지만, 특히 같은 혈청의 바이러스의 감염경험이 없었던 돼지군에서 감수성이 높다.

④ 이 바이러스는 돼지에만 자연감염을 일으키고, 대개 경구감염을 한다.

증상

① **뇌척수회백질염**(polioencephalomyelitis) : 병원성이 가장 높은 혈청형 I 바이러스 감염으로 발병하고, 이환율과 치사율이 높은 것이 특징이다. 발열(40~41℃), 신경증상(흥분, 운동실조, 경련, 마비)을 일으켜 발병 3~4일 후에 폐사하는데, 심급성은 발병 24시간 내에 폐사하는 것도 있다. 경증형으로서 이유 전후의 어린 돼지에 발생하며, 가벼운 신경증상을 나타내다가 회복되거나 영구적으로 마비성 후유증을 남기게 되는데, 이 형을 탈판병(Talfan's disease) 또는 양성 유행성 부전마비증(benign enzootic paresis)이라 부른다.

② **번식장애** : 사산, 태아의 미라 변성, 수정란의 사멸, 불임증의 증상이 나타나는데, 이러한 증후를 흔히 SMEDI이라 부른다.

③ **설사** : 엔테로바이러스를 실험적으로 감염시킨 결과 설사를 일으켰다는 보고는 있지만 자연감염에서 이러한 증상이 나타나지는 않았다고 한다.

④ **폐렴, 심낭염 및 심근염** : 엔테로바이러스의 호흡기나 심장에 대한 병원성은 불확실하다. 그러나 다른 세균이나 바이러스의 감염이 있는 경우에는 증상이 뚜렷하다.

진단

① **임상적 진단**: 엔테로바이러스의 급성감염증은 중추신경계의 장애로 인한 마비, 경련 등의 신경증상과 번식장애가 특징이지만 이들 증상만으로 진단하는 데는 문제가 있다.

② 병리조직학적으로 검사하면 뇌, 신경절, 척수하각 등의 혈관 주위에 세포침윤이 뚜렷하지만 이 소견으로서만 역시 확진할 수는 없다.

③ 돼지의 엔테로바이러스 감염증의 진단은 역학, 병원, 혈청학적, 병리학적 소견을 종합하여 판단하나 바이러스의 분리 및 형광항체검색법에 의한 항체검색이 가장 확실한 진단법이라 할 수 있다.

예방 및 치료

① Teschen병(뇌척수회백질염)이 발생하고 있는 나라에서는 생독백신 또는 불활화백신이 이용하고 있다.

② 본 증에 대한 특이적인 치료법은 없고 대증요법을 행하는 수밖에 없다.

7. 돼지 인플루엔자

돼지 인플루엔자(swine influenza)는 일명 swine flu, hog flu 혹은 pig flu로 알려져 있고, influenza virus A형의 감염에의 급성호흡기 전염병으로 기침, 호흡곤란, 발열, 기력상실 등의 증상을 나타내지만 일반적으로 회복이 빠르며, 폐사율은 매우 낮다. 이 병은 세계 각국에서 발병되고 있고, 미국에서는 사람이 감염돈과 접촉해서 발병하여 문제가 된 일이 있다.

원인

① 돼지 인플루엔자는 Orthomyxoviridae과에 속하는 influenza virus A형이 원인체이며, 피막(envelope)을 가지고 있으며, 직경이 80～120 ㎚이다.

② 바이러스 항원의 종류에 따라 A, B 및 C형의 3가지로 구분하는데, A형은 사람・돼지・말 등에서 볼 수 있고, B형과 C형은 사람에서만 볼 수 있다.

③ 이 바이러스는 -70℃에 보관하거나 진공건조 시 1년 이상 안전하고, 56℃에

서는 30분 만에 불활화된다.

④ 돼지 인플루엔자 바이러스는 자연숙주 내에서 잘 증식하고, 조직배양 세포로는 송아지의 신장세포, 돼지태아의 폐세포, 계태아의 섬유아세포 등이 이용되고 있다.

역학

① 본 증은 미국・유럽・일본 등을 위시해서 세계에 널리 분포하고 있고, 우리나라에서도 과거부터 발생하고 있는데, 근년에 와서 산발적으로 유행하고 있다.

② 돼지 인플루엔자는 늦가을부터 초겨울에 발생되며, 한랭・일기불순 등의 온도변화가 유발요인이 될 수 있고, 사양관리에 의한 문제, 스트레스 등이 발병 및 병의 경과에 영향을 미친다.

③ 지역에 따라 발생빈도가 다르고, 한 번 발생한 지역은 매년 발생하는 경우가 있다.

④ 돼지폐충, 돼지회충의 자충감염, 기도에 상재하고 있는 돼지 인플루엔자균(*Haemophilus influenza suis*) 등은 2차적으로 병을 악화시키는 데 중요한 역할을 한다.

증상

① 잠복기는 1～3일로서 집단적으로 동시에 발병되며, 또한 같은 시기에 회복된다.

② 호흡기 증상으로 시작하여 발열(41℃)과 함께 기침, 호흡곤란, 결막염을 일으키고, 식욕전폐, 침울, 원기부족 등의 증상이 있다가 발병 후 5～7일이 지나면 열이 떨어지면서 자연 치유된다.

③ 폐사율은 낮지만 심한 경우에는 호흡곤란과 합병증으로 폐사되는 경우가 있다.

④ 임신한 돼지가 감염되면 태아는 분만 후 2～5일에 발하여 만성경과를 취하고, 발육이 부진하여 포유기간 또는 이유 후에 폐사하게 된다.

⑤ 부검소견으로 기도점막, 심낭, 흉강 내에 섬유소를 가지는 삼출액이 나타날 수 있고, 폐의 병변으로 폐의 첨엽 및 심장엽에 암적색의 간경변 병소가 형성되는 것이 특징이다.

진단

① 임상 및 역학적 진단으로서 늦가을부터 겨울기간 동안에 돼지군 전체에 급성 호흡기 질환이 발생하면 돼지 인플루엔자를 의심할 수 있다. 전형적인 증상이 나타나지 않으면 지방유행성 폐렴(enzootic pneumonia) 및 급만성의 호흡기 질환과 감별해야 한다.

② 병리해부학적 소견으로서 폐의 심엽 및 첨엽에 경계가 뚜렷한 간경변 병소가 형성되는 특징이지만 지방유행성 폐렴과 구별이 곤란하다.

③ 바이러스의 분리 및 동정: 가검물을 부화계란(10~12일령)에 접종하여 72~96시간 배양 후 요막 및 양막강의 액체를 채취하여 혈구응집 억제반응을 이용하여 바이러스를 동정한다.

예방 및 치료

① 돼지 인플루엔자로부터 회복된 돼지는 혈구응집 저지항체, 바이러스 중화항체, 보체결합항체, neuraminidase 억제항체 등이 생성된다.

② 개체에 따라 생성되는 항체의 양과 지속기간이 다르지만 혈구응집 저지항체는 1~6개월 간 지속된다. 초유를 통한 모체 이행항체가 자돈의 경우에는 질병의 발생을 예방하지는 못하고 오히려 자돈에서의 항체생산을 저해한다.

③ 바이러스의 분리율과 임상증상의 정도는 체내 항체의 양과 반비례하며, 모체 이행항체가 소실될 경우에는 자돈이 다시 감염되어 바이러스를 배설하고, 특징적인 임상소견을 보이며, 항체의 생산이 뒤따른다.

④ 효과적인 원인치료법은 없고, 환축을 안정시키면서 환경조건을 개선해 준다.

⑤ 2차 감염을 예방할 목적으로 설파제나 항생물질을 투여하고 거담제를 투여한다. 돈회충·돈폐충 등의 구제는 질병의 예후를 좋게 하고, 폐사를 줄이는 데 효과가 있다.

8. 구제역

구제역(口蹄疫, foot-and-mouth disease, FMD)은 입과 주변, 제부, 유방의 점막이나 피부에 수포를 일으키는 급성바이러스병으로서 소·돼지·양 등의 우제류 동물에 발생한다. 폐사율은 5% 이하지만 유약동물은 폐사율이 매우 높다. 경제적 피

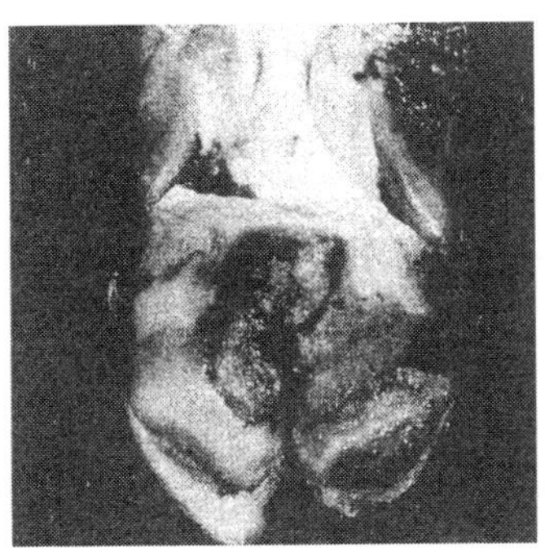
그림 1-10. 구제역에 걸린 돼지의 발굽
[표피가 벗겨진 모습]

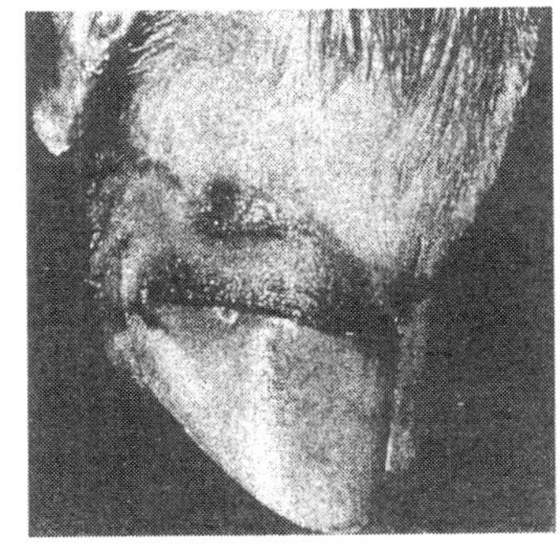
그림 1-11. 구제역에 걸린 돼지의 발굽
[위 포자가 벗겨진 형태]

해로는 비유, 운동, 발육, 번식장해에 의한 생산성의 저하와 수출입의 제한에 의한 것도 매우 손실이 크다. 대부분의 경우 집단적으로 발생하여 대유행을 일으키는 것이 적지 않아서 한 나라의 축산경제 전체에 큰 영향을 미치는 수가 있다. 1997년 3월에 대만에서 대유행을 일으켜 대만경제에 막대한 피해를 준 바 있다.

원인

① 구제역 바이러스는 Picronavirus과에 속하는 구제역 바이러스(FMD virus)이다. 동물바이러스 중에서 아주 작은 바이러스이다.

② 구제역 바이러스는 혈청형이 많이 있어 현재 O.A.C, SAT1, SAT2, SAT3, Asia 1형 등 7종의 면역형 바이러스가 알려져 있다. 이와 같은 각 형에 많은 아형이 있어서 그 합계는 60가지 형이나 된다.

역학

구제역은 과거에 유럽 각지, 아프리카, 동남아시아, 남아메리카, 미국, 중동, 인도, 중국, 멕시코, 캐나다 등지에서 발생하였다. 그러나 우리나라는 아직 발생하지 않는 지역으로 기록되고 있다.

증상

돼지뿐만 아니라 소, 면양 등 거의 모든 구제류 동물에 발생하는 급성이며, 전염력이 강한 질병으로 특히 제관부 및 드물게는 입술과 혀에 수포가 생기는 것이 특징이다. 이병률은 높지만 폐사율은 매우 낮다.

진단

① 혀와 발굽 주변부에 생긴 수포액과 상피에는 많은 바이러스가 존재하기 때문에 병원학적 및 혈청학적 진단의 가검재료로서 적합하다.
② 임상진단은 증상이 유사한 다른 질병과 감별진단이 필요하다. 즉 수포성 구내염, 돼지수포병, 돼지수포진 등과의 구별이 이루어져야 한다.
③ 보체결합반응: 표준 혈청으로 구제역바이러스 7형, 수포성 구염바이러스 2형, 돼지수포병 바이러스에 모르모트 혈청을 이용한다.
④ 조직배양과 마우스에 접종한다.
⑤ 돼지의 접종: 가장 감수성이 높은 곳은 제관부 피부이다. 이 곳에 피내 접종한다.

예방 및 치료

① 구제역은 치료법이 없기 때문에 예방이 중요하다.
② 외국으로부터 축산물이나 가축이 도입될 때 병원체의 침입을 방지하기 위한 철저한 검역이 필요하다.
③ 전파경로를 차단하기 위하여 구제역의 발생지역으로부터 감수동물과 그 동물로부터 유래되는 생산물의 수입금지 또는 제한을 한다.
④ 환축 또는 환축과 접촉한 동물은 빨리 도살처분하여 소각 또는 매각해야 하며, 오염이 의심되는 사료 및 분변은 소각처리한다.
⑤ 많은 백신이 개발되어 사용되고 있지만, 일반적으로 많이 사용되고 있는 백신은 불활화바이러스 백신이다.
※ 구제역에 대한 자세한 참고자료는 소의 구제역 편을 참조.

9. 돼지수포성 질병

돼지수포성 질병(swine vesicular disease)은 돼지의 급성 바이러스병이며, 발굽 주위나 코, 입 주변의 피부나 점막에 수포를 형성하는 질병이다. 증상은 구제역, 수포성 구내염, 수포진 등과 구별되지 않으며, 소・양・말은 발병하지 않는다. 사람에서는 실험실 내의 감염 예가 보고되고 있다. 돼지수포병은 비교적 새로운 병이며,

최초로 확인된 것은 1966년경 이탈리아 북부의 두 곳의 양돈장에서 구제역과 같은 증상을 나타내는 질병이 발생하여 이것이 enterovirus에 의한 새로운 질병으로 인정하게 되었다.

원인

① 이 병원체는 Picornaviridae과에 속하는 Enterovirus속에 속하는 돼지수포성 질병바이러스이다. RNA virus이며, 28 nm의 크기로 구상입자이다.
② 산, 알칼리에 강한 저항성을 갖고, pH 2.88～10.14의 범위에서 11일 간 바이러스가 감소되지 않았다.
③ 돼지 enterovirus에는 현재 11개의 혈청형이 확인되고 있지만 돼지수포병 바이러스와는 혈청학적으로 다르다.

역학

① 여러 나라에서의 이 병 발생상황을 보면 소수의 양돈장에서 산발적으로 발생하는 예가 많고, 드물게는 다수의 양돈장으로 속속 질병이 전파되었다.
② 전파의 최대 원인은 돼지의 이동에 의한 것으로, 잠복하고 있는 돼지의 도입 또는 가축시장을 거쳐 병이 전파되고, 동물을 운반할 때 차량에 의해서 전파되어질 수 있다.
③ 영국, 프랑스, 폴란드, 오스트리아, 이탈리아, 스위스, 독일, 일본, 홍콩 등에서 보고된 예가 있다.

증상

① 돼지수포병은 수포형성을 주증으로 하는 질병으로서 사지의 제관부, 지간부의 피부, 구순부(口脣部)의 내외면, 설상피(舌上皮), 비경, 비란의 점막이나 피부에 수포를 형성한다. 드물게는 족(足), 고(尻), 복부의 비부에도 수포가 형성된다.
② 감염에서 발병까지의 잠복기는 매우 짧아 제고나부 피부에 바이러스를 피내 접종하면 2일 전후해서 접종부위에 수포가 생기고, 다시 1～2일 후에는 다른 다리에도 수포가 형성된다.
③ 경구감염이 되면 3～4일 후에 비구순부(鼻口脣部)나 설(舌)에 수포가 생기고, 동시에 제부에도 수포가 발생된다.

④ 자연감염의 경우에는 잠복기가 4～5일, 혹은 다소 긴 경우도 있다.
⑤ 수포가 크게 되면 형성된 수포는 대개 1～2일경에 파괴되어 미란이나 괴양, 건조, 가리를 형성 치유된다.
⑥ 발열은 경도로서 수포발생과 동시에 40～41℃ 상승하여 수일 간 계속되고, 때로는 42℃ 이상 올라가는 경우도 있지만, 반대로 거의 발열이 없는 경우도 있다.
⑦ 병변부가 악화되면 파행(跛行)이 현저하게 된다.
⑧ 감염된 바이러스 양이 적으면 불현성 감염으로 끝나는 것으로 알려져 있다.

진단

① 돼지수포병의 증상은 구제역, 수포성 구염, 수포진과 매우 유사하므로 임상소견으로 이 증상과 감별은 어렵다. 돼지수포병과 수포진은 돼지만이 발병하지만 구제역은 돼지・소・면산양에서 발생하고, 돼지수포성 구염은 돼지・소・면산양 외에 말에도 발생한다.
② 여러 가지 실험실내 진단법 중 가장 신속한 진단법이 될 수 있는 것은 보체결합반응이다. 이 진단방법은 적어도 2～3일의 시간을 요한다.
③ 시간을 단축하기 위해 보다 신속한 진단방법은 형광항체법의 응용이다. 그 밖에 조직배양세포의 접종과 중화시험 등이 응용되고 있다.

예방 및 치료

① 예방접종으로서는 불활화백신이 이용되고 있고, 70～100%의 면역을 기대할 수 있다. 이 병의 성질이나 방역상의 관점에서 백신접종에는 많은 의문이 있어 백신을 사용하고 있는 나라는 거의 없다.
② 이 질병은 법정전염병으로 지정되어 있어 이 병이 발생되면 가축전염병 예방법에 따라서 조치를 취하지 않으면 안 된다.
③ 각종 진단결과 양성으로 판정되면 가축전염병 예방법에 따라 발병돈, 동거돈의 돈살처분과 양돈장의 소독이 행해져야 한다.
④ 무엇보다도 이 병이 발생되면 피해를 최소한으로 줄이기 위해 조기발견, 급속진단, 신속한 행정조치에 의한 질병의 박멸이 필요하다.
⑤ 돼지수포성 질병에 대한 특별한 치료법은 없다.

10. 돼지의 유행성 설사병

코로나바이러스(coronavirus)를 원인으로 하는 질병은 전염성 위장염(TGE)과 혈구응집성 뇌척수염(HE)이 알려져 있지만 외근, 야외에서 설사를 했던 돼지로부터 이들 바이러스와 항원성을 달리하는 coronavirus 미립자가 전자현미경에 의하여 확인되었다. 여기에서는 최근 확인된 coronavirus와 하리에 대하여 기술한다. 1972년, 병원체가 불명한 성돈의 전염성 하리로 'Epidemic diarrhea'라 명명하여 보고되고 있다.

원인

형태학적으로 코로나바이러스(coronavirus)와 매우 유사한 바이러스(coronavirus like virus)가 병원체이다.

증상

① 자연감염의 경우 성돈의 발병률은 일정치 않아 발병된 경우 3～4일에 회복되지만, 생우 1주령 이내의 자돈에 있어서 폐사율은 50%에 달한다.

② 실험 감염계에 있어서는 경구투여 후 2～3일에 발열, 식욕부진, 원기소실, 구토 및 수양성 할을 일으켜 13두 중 5두가 탈수증으로 폐사하였다 한다.

③ 병변으로는 공장융모의 위축이 인정되고, 형광항원은 공장 및 결장의 융모상피에서 인정하였다.

④ 현재까지는 코로나바이러스 미립자가 하리를 일으킨 돼지에서 분리된 보고는 이미 기술된 바와 같이 많지 않지만, 야외에서의 발생상황 및 감염실험의 결과로부터 새로 검출된 coronavirus 양립자가 새로 태어난 돼지에 설사를 일으키는 병원체라는 것이 확인되었다.

예방 및 치료

① PED(Porcine epidemic diarrhea)가 발생하였을 시 적당한 치료법은 없다. 항생제요법도 별 도움이 되지 않는다.

② 영국을 위시해서 유럽의 여러 나라에서 보고되고 있으나 우리나라에는 보고가 없다. 백신은 하지 않고 있으며, 임신돈은 병돈 새끼돼지가 접촉시키면 자연적으로 면역이 형성되는 것으로 간주하고 있다.

11. 혈구응집성 뇌척수염 바이러스 감염증

혈구응집성 뇌척수염 바이러스 감염증(hemagglutinating encephalomyeltis)은 coronavirus군에 속하는 적혈구의 집성 바이러스 감염에 의하여 야기되는 돼지의 급성전염병이다. 임상적으로는 뇌척수염 증상을 주증으로 하는 형과 구토, 쇠약을 주증으로 하는 2가지 형이 있다. 3주령까지의 포유자돈에 감염되면 피해가 심하고, 나이를 먹은 자돈 및 성돈에서는 거의 무증상으로 내과한다.

원인

① 혈구응집성 뇌척수염 바이러스의 성상이 밝혀진 것은 근래의 일이다. 발견 초기에는 이 바이러스가 myxovirus 또는 paramyxovirus에 가까운 것이라고 알고 있었으나, 최근 연구에서 입자 표면의 형태가 매우 특징적인 화병형을 정하므로서 coronavirus군에 분류되고 있다.

② 바이러스 입자의 크기는 120∼170 ㎚로 구상 또는 타원형의 바이러스이다. 표면에는 일정한 포막이 둘러싸고 있고, 길이가 약 15 ㎚의 다수의 돌기가 있다. 내부는 단쇄(單鎖)의 RNA로 이루어져 있다.

역학

① 1950년 이후 캐나다의 온타리오 지방에서 포유돈에 2개의 질병이 관찰되었다. 최초로 Roe와 Alexander(1958)가 구토, 쇠약의 특징적 증상이 있는 예를 Vomiting and wasting disease라 보고하였다. 후에 Alexander 등(1959)이 급성의 뇌척수염 증상을 주증으로 하는 유행 예를 Ontario encephalitis라 기술하였다. 최근 연구에서는 이 두 질병의 병원체는 면역적으로 교차하는 것이므로 동일 바이러스라 고려되어지고 있다.

② 유럽에서의 유행은 1969년경부터 영국, 벨기에, 스위스 등에서 보고되어 있다. 1971년에 미국에서, 1973년에는 일본에서, 이어 세계의 여러 나라에서 확인이 되었다.

③ 본 증의 자연감염 숙주의 범위는 매우 좁아 포유돈이 감염됨에 지나지 않는다. 감수성 있는 실험동물은 마우스이다.

증상

① 뇌척수염형의 최초의 증상은 생후 4～7일경에 40℃ 이상의 일과성의 발열에 이어 원기쇠약, 식욕부진이 있고, 가벼운 구토와 변비, 모퉁이에 웅크리고 있으며, 털이 거칠어지고, 재치기 및 기침을 한다. 1～3일 후에는 중추신경계의 증상이 보인다.

② 감각과민, 지각과민이 되어 보행이 불안정하고, 4지를 지면보다 높이 올리고, 전신성의 근육진전, 경련을 일으킨다.

③ 병세가 진전되면 호흡곤란, 안구진탕 등의 증상을 나타내고, 기립불능, 혼수상태가 되어 폐사한다.

④ 경과는 발증에서부터 10일 이내에 죽음에 이르게 되고, 치사율은 100%에 달한다.

⑤ 중증 예에 있어서는 인후두부 근육마비에 의해 음수곤란이 되고, 기아 및 탈수증에 빠진다.

⑥ 회복되어도 예후가 좋지 못하고 후유증을 남겨 경제적 손실을 입게 된다.

진단

① 비슷한 증상을 일으키는 것으로는 Teschen병과 돼지 전염성 위장염(TGE)을 들 수 있다. 뇌척수염형의 이 병은 임상적·병리학적으로 Teschen병과 거의 구별이 되지 않지만 발병일령과 치명률과의 관계가 중요한 역학적 관계가 된다.

② 최종적인 진단은 바이러스를 분리하여 동정하지 않으면 안 된다. 이 때 가검재료로서는 뇌, 척수, 수액 등을 이용한다.

③ 바이러스 성상(性狀)이 Teschen병 virus(picornavirus군)과 전혀 다르므로 바이러스학적으로는 용이하게 구별된다.

④ 혈청학적 진단법으로는 중화시험, HI반응, 겔내 침강반응, 형광항체법, 혈구흡착반응 등이 가능하다.

예방 및 치료

① 발병하여 회복된 포유돈 혹은 불현성 감염된 모돈 등에 있어서는 중화항체가 산생되어 면역이 성립된다.

② 이 모돈에서 태어난 포유돈은 유즙에 의해 항체가 이행됨으로써 발증 내지 발병된 경우 포유돈을 신속하게 처분할 것, 바이러스 보유돈을 외부로 이동시키지 말 것, 동일 돈사에서의 분만을 중지하여 격리시킬 것 등 일반적 주의가 필요하다.

③ 이 질병에 대한 치료법은 대증요법 외에는 없다.

④ 백신으로는 불활화백신, 생독백신, 면역혈청 등의 예방책은 아직 개발되지 않았다.

12. 돼지생식기 호흡기 증후군

돼지생식기 호흡기 증후군(Porcine Reproductive and Respiratory Syndrome, PRRS)은 1987년 미국의 Minnesota, Iowa, North carolina 등지의 양돈장에서 발생하여 임신 모돈에서 임신말기 유산, 조산, 사산, 미라화, 허약자돈 분만 등의 번식장애와 호흡기 증상을 주증으로 하는 질병으로서 원인 미상의 돼지괴질(mystery swine disease)이라 불려 왔다.

유럽에서는 1990년부터 독일, 네델란드, 영국, 스페인, 벨기에 등에서 미국의 경우와 유사한 번식장애와 호흡기 증상을 나타내는 질병이 발생하였으나 임상증상이 나라마다 다소 상이하여 new pig disease, blue ear disease, pig plague, swine infertility and respiratory syndrome(SIRS), porcine epidemic abortion and respiratory syndrome(PEARS) 등의 다양한 이름으로 불려지고 있다.

원인

1991년 네델란드에서 이 질병의 원인체가 기존의 병원체와는 전혀 다른 새로운 바이러스임이 밝혀져 Lelystad virus라고 명명하였고, 미국에서도 병원체의 분리에 성공하여 Swine Infertility and Respiratory Syndrome Virus(SIRS virus)라고 하였으나, 현재까지 많은 연구자에 의해 두 바이러스 간에 공통항원이 인정되어 동일한 바이러스임이 밝혀졌다. 지금까지 알려진 바에 의하면 PRRS virus는 Arterivirus에 속하고, 직경 50～100 ㎚의 RNA virus이며, envelope를 지니고, 내부의 핵은 25～30 ㎚ 크기의 정20면체로 구성되어 있음이 알려졌다.

역학

① PRRS/SIRS의 원인체가 최근에 규명되어졌기 때문에 이 증후군의 역학적인 정보가 매우 취약하다.

② 이 질병의 전파양식은 잘 알려져 있지 않으나 지역별 농장 간에 빠르게 전파하는 사실로 보아 공기전파의 가능성을 시사하고 있다. 자돈과 암퇘지가 쉽사리 감염되는 것을 볼 때 비강을 통한 감염이 가장 일반적인 것 같다.

③ 돼지의 이동도 질병 전파의 가능성을 시사하고 있다. 개인 농장에서 질병의 전파가 매우 빠르고, 2～4주간의 잠복기를 갖고 있다.

증상

① 이 질병은 급성형으로서 대부분의 돼지에서 급성 임상증상을 나타내지만, 성장지연과 산자수 감소 등의 만성형의 증상도 있다.

② 번식률, 수태율, 출산율의 감소가 있다.

③ 임신기간 동안 임상증상으로서 체온이 40～41℃, 혼수, 우울, 호흡곤란, 때로는 구토, 임신말기 유산, 미숙돼지 출산(103～113일에 출산), 때로는 폐사 등이 있다.

④ 감염된 암퇘지는 부분적으로 침지되어 사산된 태아, 약한 자돈, 미라화 된 태아 등을 출산한다. 어떤 모돈의 태아는 죽은 태아 없이 출산하나, 어떤 모돈은 80～100%의 사산 새끼돼지를 출산한다.

⑤ 포유자돈은 빠른 복식호흡 혼수, 우울, 포유가 불가능할 정도의 증상이 있다. 이유 전 평균 치사율은 30～50%이나, 어떤 출산군의 산자에서는 80～100%의 치사율이 있다. 살아남은 자돈 등도 2차 감염증을 일으킬 우려가 있다.

⑥ 포유자돈의 임상증상으로서 빠르고 부정확한 호흡, 재체기, 식욕감퇴, 피모조송, 기력쇠퇴, 때로는 폐사한다.

⑦ 귀, 음순, 복부의 피부 cyanosis가 흔한 것은 아니지만 SIRS에서 보다는 PRRS에 영향을 받은 암퇘지에서 흔히 나타난다.

⑧ 병리검사 소견으로서는 악하림프절, 폐문림프절 및 기관지 림프절은 담갈색조를 띠면서 종창되며, 기관과 기관지 내강에는 포말성 유백색의 거품이 함유되어 있다.

⑨ 자돈, 육성돈, 성숙돈에 있어서 자연발생 예나 실험예에 있어서 폐장은 PRRS/SIRS virus의 중요한 감염장기이다. 자연발생 예에 있어서 폐의 현미경 소견

은 소성 혹은 미만성 간질성 폐렴을 일으키고, 폐포중격에는 많은 대식세포가 집결된 소견을 인정할 수 있다. 또한 폐포내와 폐포중격에는 단백질성 물질, 변성세포 등이 함유되어 있다. PRRS/SIRS의 육안적 현미경적 폐병소는 증식성과 괴사성 폐렴과 구별을 해야 한다.

진단

① 병돈의 폐장 병변부위를 무균적으로 채취하여 혈액배지, MacConkey 배지 및 Chocolate agar 등을 이용하여 세균검사를 실시한다.
② 면역조직학적 염색법을 이용하여 폐장조직 내에서 PRRS 바이러스 항원을 검출한다.
③ 병리검사 및 면역조직학적 염색을 진단에 사용한다.
④ PRRS/SIRS의 진단을 위한 방법이 아직 개발되지 않았어도 조직병리, 바이러스 분리, 중화항체의 발견이 될 수 있도록 노력해야 한다. PRRS/SIRS의 분리를 위한 가장 좋은 재료는 죽은 새끼돼지나 생존 새끼돼지의 뇌, 심신, 심내 및 폐장조직을 유제화해서 이용한다.
⑤ 현재는 PRRS/SIRS의 혈청학적 진단이 이용되고 있다.
⑥ 이 병원체의 바이러스는 암돼지의 혈청, 혈장, 말초혈액의 백혈구로부터 분리할 수 있다.

치료

① PRRS/SIRS에 대한 특별한 치료법은 없다.
② 영양보충제인 수액과 비타민의 공급과 식욕촉진제와 해열제를 이용한다.
③ 2차적인 세균감염을 방지하기 위하여 항생제를 이용한다.

예방

① PRRS/SIRS를 예방하기 위한 백신이 아직 만족스러울 만큼 개발되지 않았다. 그러나 조직배양 기법을 통해서 멀지 않은 장래에 효과적인 백신을 개발할 것으로 기대하고 있다.
② 다른 양돈장으로부터 돼지를 구입할 때 고려할 사항은 PRRS/SIRS의 발생력이 없고 적어도 30일 동안 격리 사육된 것이어야 한다. 돈사 주변에 설치류들의 왕래를 통제하고 돼지와 야생동물, 조류들의 접촉을 차단하는 것이 이 질

병예방에 권장 사항이다.

③ PRRS/SIRS의 전염이 우려될 때에는 농장 출입차량을 통제하고, 방문객은 소독복과 장화를 신고 출입할 수 있도록 만전을 기해야 한다.

제 2 장

세균성 전염병

1. 돈단독

돈단독(豚丹毒, swine erysipelas)은 돈단독균의 감염으로 발생하며, 다이아몬드형의 부피병변을 동반하는 패혈증형으로 급성경과를 취하는 것과 비화농성 관절염 등을 일으키는 만성형의 증상을 나타내는 것이 있는데, 돼지를 기르는 곳에서는 어디에서나 발생할 수 있다. 급성 돈단독은 급사하는 경우가 있지만, 그 피해는 만성형의 경우가 더 크다. 때로는 사람에 감염하여 유단독(類丹毒, erysipeloid)을 일으키는 인수(人獸) 공통 전염병이고, 법정전염병이다.

원인

① 병원체는 *Erysipelothrix rhusiopathiae*로서, 그램양성의 세장간균(0.5～2)×(0.2～0.3)㎛으로서 다소 만곡되어 있다. 때로는 그램음성형으로 염색되는 것도 있고, 대개 1개 내지는 2연쇄되어 있고, 때로는 섬유상의 장연쇄를 이루는 것도 있다.

② 돈단독균으로 오염되어 있는 양돈장의 돼지는 이 세균에 자연 노출되어 있으면서 지속적으로 만성형 돈단독증을 전파하는 요인이 된다. 또는 능동면역을 얻기도 한다.

③ 이 균체는 포르말린, 석탄산, 과산화수소, 알코올 등의 소독제에 대해서는 저항성이 있지만, 수산화나트륨이나 차염화나트륨계의 소독제에 의해서도 쉽게 죽는다.

④ 이 균은 혈류를 통해서 침입하며 균혈증, 패혈증 등을 일으켜 여러 곳에 병소를 형성한다.

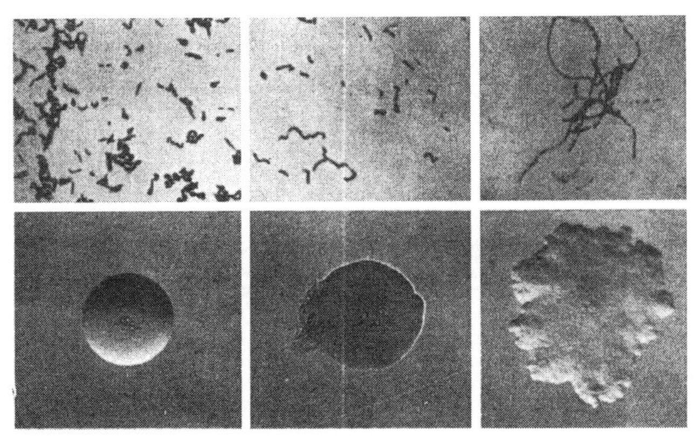

집락(평활) 집락(중간) 집락(조성)

그림 1-12. 돈단독균(상)과 집락

역학

① 이 병원균은 독일에서 1880년에 Koch에 의해 폐사돈에서 처음으로 발견되었으며, 혈액을 마우스에 접종함으로써 소간균(小桿菌)을 분리하여 'the bacillus of mouse septicemia'라 칭하였다. 이어 Loffler(1881)는 Koch가 분리한 것과 같은 소간균(小桿菌)을 돈단독의 병례에서 분리하여 1885년에 돈단독은 이 균의 감염에 의한 것임을 처음으로 확인하였다.

② 이 병원균 감염에는 여러 가지 요인에 따라서 다르게 작용한다. 즉 동물의 나이, 건강 진단상태, 다른 질병의 감염여부, 유전적 요인 등에 의해서 감수성이 다르다.

③ 병원성이 낮은 균주는 생균백신 제조에 이용되고 있다. 성돈은 이 질병에 대하여 감수성이 높지만, 대개는 연령에 관계 없이 감수성이 있으며, 특히 분만한 모돈은 감수성이 높다.

④ 만성형의 질병에 이환된 돼지나 감염 후 회복된 돼지는 보균돈으로서 분변을 통하여 균을 수개월 간 배설하므로 돈사 주변을 오염시킨다.

⑤ 돈단독은 세계적으로 발생되며, 우리나라에서도 종종 발생되고 있고, 사람에게도 감수성이 있으므로 공중위생학적인 측면에서도 매우 중요시 한다.

증상

임상증상은 여러 가지 형태로 나타나므로 급성 패혈증, 피부형, 만성화농성 관절염증으로 구분할 수 있다.

(1) 급성 패혈증형

① 잠복기는 1～7일이며, 돌발적인 고열(40～42℃), 식욕폐절, 갈증, 변비, 호흡촉박, 원기소실, 보행이 고르지 못하고, 종종 진전증세도 나타내며, 대부분의 예에서 결막염을 일으킨다.

② 성돈은 장의 연동운동이 감퇴되어 굳은 분변을 배설하지만 자돈은 설사를 한다.

③ 임신한 돼지는 대부분 유산하는 경우가 많고, 질병의 증상을 보이지 않다가 갑자기 폐사하는 경우가 있다.

(2) 피부형 돈단독

① 소위 담마진형의 담홍색으로 융기된 능형의 구진(丘疹, diamond dermatitis)을 특징으로 하는 피부염을 일으킨다.

② 피부가 흰 돼지에서는 홍반 및 자색의 수종성 반점을 볼 수 있고, 이 반점은 복부, 허벅다리 안쪽, 목, 귀, 하악부 등에서 관찰된다.

③ 피부 반점은 초기에는 적색에서 자색으로 변하고, 시간이 경과함에 따라 그 변연부가 솟아오르며, 가피가 형성되면서 괴사된다. 치료하지 않고 방치하면 귀, 꼬리 끝 등이 괴사 탈락된다. 만성형은 피부의 병변부가 다이아몬드형으로 되었다가 점차 소실되는 경우도 있다.

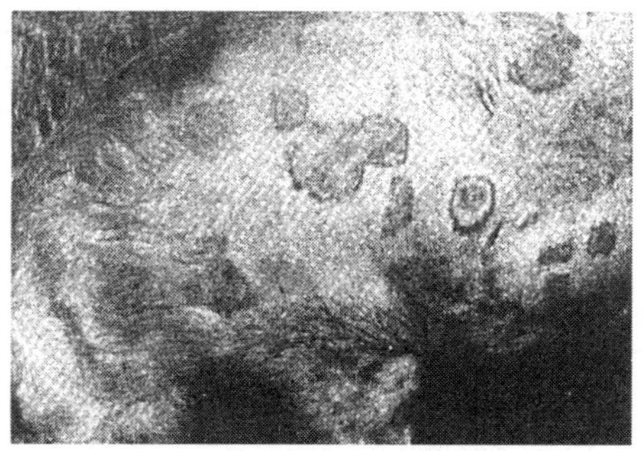

그림 1-13. 돈단독의 전형적 피부농형 담마진 병소

(3) 관절염형

① 관절병변은 사지관절(四肢關節)에서 인정되는 경우가 많고, 관절부가 종창하며, 초기에는 열감통증이 있어 다리를 전다.

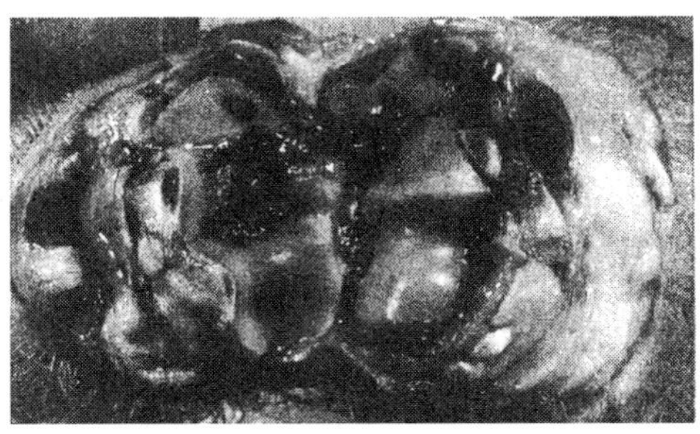

그림 1-14. 돈단독의 관절염과 활액염, 활액막의 증식과 충혈

② 2~3주 후에는 열통은 소실하지만 관절 주변은 비후한다.

③ 염증이 진행되는 경우에는 관절활막의 유착, 관절낭의 경화에 의해 4지의 굴신(屈伸)이 장애를 일으켜 운동장해가 생긴다.

④ 이 세균에 의한 관절염은 다발성 관절염으로서 병변은 어느 정도 차이가 있지만 전신의 관절에서 볼 수 있다.

⑤ 관절염은 돈단독균 외에 연쇄상구균, *Corynebacterium*, mycoplasma의 감염도 원인이 된다. 세균학적 검사에 의해 원인을 결정하여 진단한다.

(4) 심내막염형

돈단독균 등에 의한 세균성 심내막염은 균혈증에 의해 심장의 판막에 균이 정착하여 증식을 일으켜 혈전을 형성하고, 동원된 조직구 등의 염증성 세포가 결합조직세포에 의해 기질화되어 육아조직을 형성한다. 대부분은 2첨판 또는 3첨판부의 근부에 종류가 인정된다. 이러한 병변은 심장기능의 장애를 일으키어 발육이 지연되고 사망의 원인이 된다.

그림 1-15. 만성 돼지단독 때 볼 수 있는 증식성 심내막염

(5) 사람의 유단독(類丹毒)

돈단독균에 의해 사람에 감염된 것을 유단독(類丹毒, erysipeloid)이라 칭하고, *Streptococcus pyogenes*에 의한 단독 erypelas와 구별하고 있다. 발병부위는 대부분 수지(手指)로서 창상감염에 의한다. 이 병은 직업병으로서 병돈, 보균돈 혹은 정육에 접촉 기회가 많은 수의사, 도축장 종업원, 정육 상인 또는 어패류에 접촉하는 어업 종사자, 수산업자 및 생선취급 상인에게 많다.

진단

임상 및 세균학적 진단이 가장 확실한 진단방법이다.

① 임상적 진단

㉠ 호흡기 증상 없이 고열 및 식욕부진이 있는 경우
㉡ 피부에 능형(다이아몬드형)의 피부반점이 있는 경우
㉢ 병원균에 의한 관절염의 발생은 진단에 도움이 되는 증상이다.

② 세균학적 진단

㉠ 급성형의 경우 심장내의 혈액・비장・골수 등에서 세균을 검색할 수 있다.
㉡ 만성형의 경우 관절염 부위 또는 심내막염 병소부에서 단독균을 분리할 수 있다.

③ 혈청학적 진단

㉠ 혈청반응으로서는 생균을 항원으로 하는 발육응집반응과 사균항원에 의한 응집반응 및 혈구응집 억제반응법 등이 있다.
㉡ 항체는 감염 후의 5～7일경부터 출현하므로 급성형에 있어서는 혈청반응에 의한 진단은 여유가 없다. 하지만 만성형의 진단에는 응용이 되고 있다.

④ 혈액검사

㉠ 백혈구 수는 대개 세균 감염증에서는 증가하고, 바이러스 감염증에서는 감소되지만, 급성패혈증 돈단독에 있어서는 발병 초기에 백혈구 수가 증가하다가 곧 감소하는 경향이 있다. 그러나 그 감소율은 돼지콜레라보다는 낮은 편이다.
㉡ 단핵구는 상대적으로 증가되고, 또한 망상적혈구가 증가하는 경향이 있다.

예방 및 치료

① 돈단독균은 자연계에 널리 분포되어 있어 사실상 그 박멸은 불가능하다고 할 수 있다.
② 돈단독에 대한 예방조치는 백신접종보다는 위생적인 사양관리에 중점을 두어야 하고, 분변 및 사료를 위생적으로 처리해야 하며, 새로 구입한 돼지는 적어도 1개월 간 격리사육 후 합사시키는 것이 바람직하다.
③ 발병돈은 조속히 도태하며, 예방접종은 상재지역 또는 다발지역에서는 이른 봄에 실시하고, 임신한 돼지는 분만 4～6주 전에 접종한다.
④ 치료는 돈단독 항혈청주사와 페니실린의 투여를 같이 하면 좋은 효과를 얻을 수 있으나 각각의 단독 사용도 효과가 있다.
⑤ 급성 돈단독 증세를 보이는 돼지가 발견되면 같은 돼지군의 돼지는 면역혈청을 주사하고, 병든 돼지는 격리하여 페니실린으로 계속 치료한다.
⑥ 만성형으로 이환된 돼지는 관절 및 심장의 병변부에 기질변화가 일어나 치료가 어려우므로 도태시키는 것이 바람직하다.

2. 전염성 위축성 비염

돼지의 위축성 비염(atrophic rhinitis, AR) 또는 전염성 위축성 비염(infectious atrophicrhinitis, IBR)은 비갑개골의 위축병변을 특징으로 하는 돼지의 전염병이며,

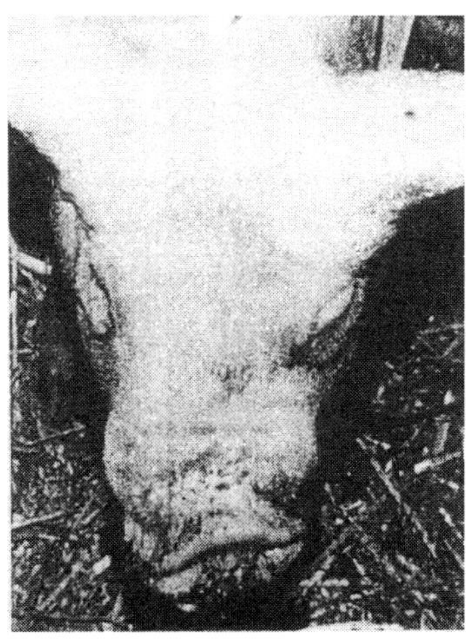

그림 1-16. 전염성 위축성 비염에 걸린 돼지의 안면 및 주둥이

심할 경우에는 하악골도 위축된다. 이 병의 역사는 1830년 Franque가 독일에서 그 발생을 보고한 이래 병의 원인에 대하여 백년 이상 동안 여러 논의가 있어 왔으나, 1950년 전후해서 이 병이 전염병으로 실증하게 되었다. 우리나라에서는 법정전염병에 포함시키고 있다.

원인

오랫동안 불명확한 상태로 있었으나 최근에 와서 세균의 감염에 의해서 발병된다는 것이 밝혀졌다.

① 원인균은 그램음성의 단간균인 *Bordetella bronchiseptica*의 감염으로 발병된다. 비위생적 사양관리, 영양결핍 등을 발병요인으로 작용하고, 2차적으로 *Pasteurella multocisa*균의 감염으로 증상이 더욱 악화된다.

② *B. bronchiseptica*에 의해 야기된 비염에 2차적으로 감염되는 세균은 *Hemophilus*속균, *Pasteurella multocda*, *Pseudomoas aeruginosa* 등으로서 전염성 위축성 비염을 일으킨 병돈에서 종종 분리된다.

③ 그러나 자돈에서는 *Fusobacterium necrophorum* 감염으로 인한 화농성 비염에 뒤이어 *B. bronchiseptica*가 2차로 감염되어 비갑개골이 위축되고, 중추신경계 증상까지 나타내는 경우가 있다.

역학

① 분포에 있어서 우리나라를 위시해서 세계 여러 나라의 양돈장에 분포되고 있다.

② 감염방법은 흡기분비물 또는 비강배설물 등에 의한 접촉감염이 보편적이다. 모든 연령의 돼지가 감염될 수 있지만 병원성이 높은 균주가 생후 어린 자돈에 감염되면 비갑개골이 현저하게 위축된다.

③ 중돈에서는 카타르성 비염, 후두염, 경도의 비갑개골의 위축증상이 나타나며, 증상은 심하지 않지만 보균돈으로서의 역할을 한다.

④ 전염성 위축성 비염은 겨울철에 밀집사육하는 돼지군에서 많이 발생한다.

⑤ 이 병의 전염원으로서 만성적으로 이환된 임신모돈이 분만돈사를 오염시켜 어린 자돈은 분만과 동시에 감염되어 감염원으로 작용하며, 다른 건강한 돼지군으로 전파된다.

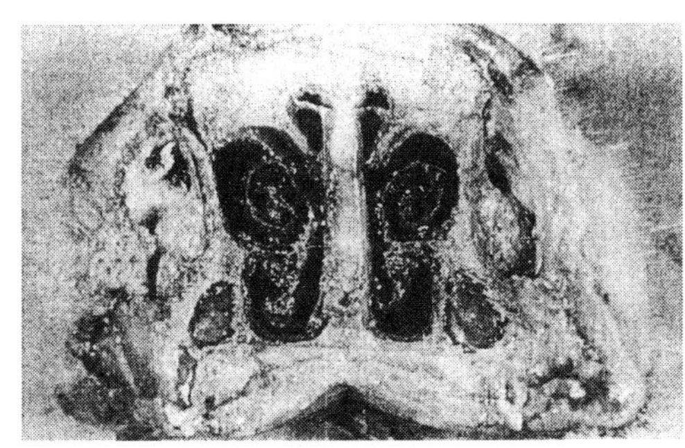

그림 1-17. 전염성 위축성 비염에 걸린 돼지의 주둥이의 횡단면

증상

① 3～8일령의 어린 돼지일수록 증상이 심하게 나타난다. 초기 증상은 재치기로서, 재치기가 폭발적으로 일어나서 병돈은 땅바닥이나 다른 곳에 코를 문지른다. 재치기 증상이 3주 이상 지속되면 대개 비갑개골이 위축된다.

② 자극이 심한 자돈은 코피를 흘리며, 호흡곤란, 포유에 장애를 준다.

③ 비루관(鼻淚管)의 폐색으로 인해 눈물은 많이 흘려 눈 주위가 지저분해진다.

④ 시일이 경과하면 상악이 한쪽으로 찌그러지거나 짧아지는 모습도 나타난다.

⑤ *B. bronchiseptica*에 의한 폐렴은 주로 3～4일령의 포유자돈에 쉽게 감염되어 기침, 체온상승(40℃) 등의 증상을 나타내고, 성장이 지체되어 위축돈이 된다.

⑥ 부검소견

㉠ 비강점막에 점액성 또는 화농성 염증이 있다.

㉡ 외관상으로 변화가 뚜렷하지 않은 개체도 제2전구치(前臼齒)를 기준으로 상악을 옆으로 절단하여 관찰하면 비갑개골의 위축 및 비중격의 만곡을 확인할 수 있다.

㉢ 폐에서는 폐렴을 인정할 수 있다.

진단

① 증상과 해부학적 소견: 심한 재치기가 폭발하고, 부검상으로 비갑개골의 위축과 변형이 있으면 진단이 어렵지 않다.

② 보다 확실한 진단은 병돈의 비강으로부터 세균을 분리하여 *B. bronchiseptica*가 확인되어야만 가능하다.

③ 응집반응으로 혈청내의 항체를 증명할 수 있다는 보고는 있으나 아직 실용화

되고 있지는 않다.

예방 및 치료

① 전염성 위축성 비염은 치료하지 않아도 자연 회복되는 것이 보통이지만, 보균돈으로 남아 다음 세대의 돼지군에 감염원이 된다. 따라서 돼지군을 *B. bronchiseptica*의 감염으로부터 보호하는 것은 효과적인 면역을 부여하는 방법이다.

② 백신접종으로 완전한 예방효과를 얻을 수는 없지만 접종을 함으로써 발병률을 현저히 줄일 수 있다. 백신으로는 사균백신의 경우 *B. bronchiseptica* 또는 이것과 파스튜렐라균의 혼합으로 제조된 것이 우리나라에서도 이용되고 있다. 생균백신의 경우는 병원성이 약한 균주로 만들어졌으며, 새끼돼지의 비강내 접종하면 예방효과를 얻을 수 있으나 우리나라에서는 생산되지 않고 있다.

③ 치료는 sulfamethazine을 사료에 섞어 투여하거나 sodium sulfathiazole을 음수에 혼합하여 투여한다. 또한 gentamycin, chloramphenicol, neomycin, kanamycin, tetracyline 등도 효과가 있다.

3. 살모넬라균증

돼지의 살모넬라균증(Salmonellosis)은 주로 2~4개월령의 유돈에 발생하고, 급성 패혈증 내지 완고한 하리를 수반한 만성장염을 일으킨다. 또한 폐렴, 뇌염증을 유발하기도 한다.

원인

① 살모넬라균속의 세균은 그램음성의 운동성이 있는 통성혐기성균으로서 형태학적·생화학적 성상은 동일한 그룹에 속하지만 혈청학적으로 1,700종 이상으로 분류되고 있다.

② 돼지에서 많이 분리되는 살모넬라균은 *Salmonella choleraesuis*와 *S. typhimurium*으로서 특히 *S. choleraesuis*는 돼지콜레라 발병에 2차적 감염원으로 작용한다.

③ 살모넬라균은 한냉에 대해서도 매우 강하고, 동결에 대해서도 비교적 잘 견딘

다. 7~45℃의 온도조건에서도 증식할 수 있다.

④ 분변, 토양, 돼지고기, 어분과 같은 유기물 속에서도 수개월~수년 간 생존할 수 있다. 음료수 내의 균도 9개월 간 생존이 가능하다.

⑤ 일광 및 일반적인 소독제, 즉 석탄산, 요오드, 염소제에 의해서는 쉽게 파괴된다.

역학

① *Salmonella*속 균은 세계적으로 널리 분포되어 있으며 자돈, 비육돈 등에 감수성이 높다.

② 모든 혈청형에 속하는 세균이 돼지에 감염될 수 있지만, 임상상의 원인균은 *S. choleraesuis*와 *S. typhimurium*에 의하여 발생한다.

③ 살모넬라균증은 이유자돈에 발병률이 높지만, 포유자돈이나 성돈에서는 발병률이 낮다. 이것은 잠복감염에 의한 능동면역이나 유즙을 통한 이행항체에 의한 면역효과가 있기 때문이다.

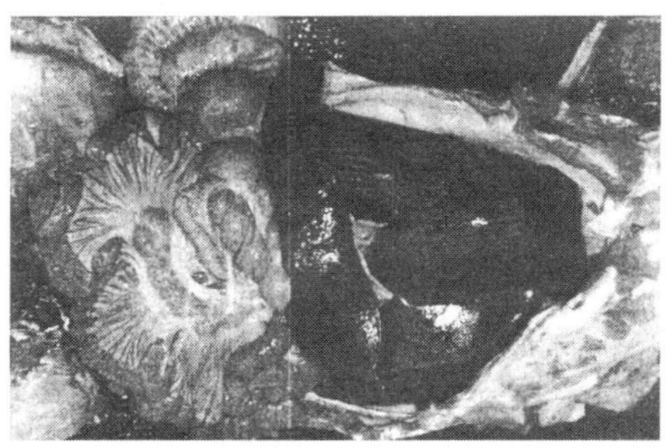

그림 1-18. *S. choleraesuis*에 감염된 돼지의 비종, 간종, 장간막 림프선의 종창

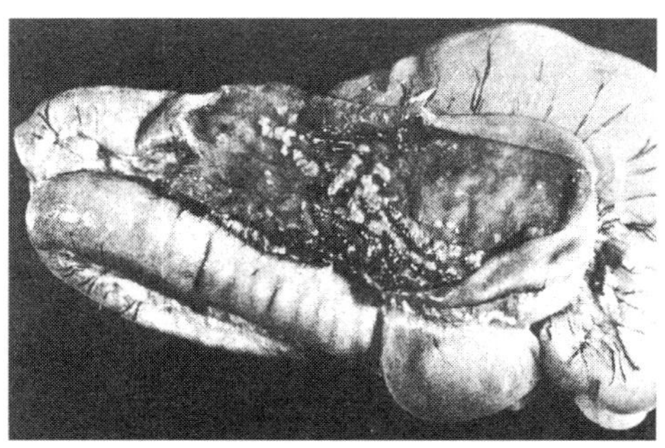

그림 1-19. *Salmonella typhimurium*에 의한 장궤양

④ 동물성 단백질을 함유한 사료의 살모넬라균 오염은 살모넬라균증의 감염원으로 작용하여 이를 섭취하는 돼지군은 준임상형의 살모넬라균증을 유발할 수 있다.

⑤ 보균돈은 질병발생에 중요한 역할을 한다.

증상

① 살모넬라균증은 포유돈으로부터 성돈에 이르기까지 발생하지만, 그 대부분은 2～5개월령이 가장 잘 발병한다. 본 증에 있어서 경구적으로 침입된 *Salmonella*는 장관점막의 상피층을 단시간에 통과하여 고유층에 달하여 다시 혈관 및 림프관을 거쳐 체내 각소에서 광범위하게 증식하여 전신감염을 일으킨다.

② 급성패혈증형 살모넬라균증은 주로 4개월령 이하의 이유돈에 다발하며, 성돈이나 포유자돈에서는 극히 드물다.

③ 감염된 돼지는 생기가 없고 식욕부진, 고열(40～42℃)을 일으켜 갑자기 폐사한다. 폐사된 돼지는 귀, 사지 말단부, 꼬리 등이 적자색으로 변한다.

④ 이 균이 경구감염되면 24～48시간에 폐사하고, 3～4일 경과 후 살아남는 것은 황색의 수양성 설사를 하다가 시간이 경과함에 따라 혈액이나 점액이 섞인 설사를 한다.

⑤ 병의 경과는 3～7일이지만 병든 돼지는 몇 주간에 걸쳐 균을 배설하므로 다른 돼지가 감염된다.

⑥ 치사율은 낮지만 설사가 계속되면 탈수증에 의하여 폐사하는 경우도 있다. 대부분의 돼지가 회복되어도 보균돈으로서 몇 개월 동안 세균을 배설한다.

진단

① **임상 및 해부학적 진단**: 발병 연령, 임상적으로 피부의 자색 충혈반의 형성, 점액출혈변의 배출 등과 부검소견으로 간의 티프스결절, 대장벽의 버턴상 궤양, 장간막 림프선의 출혈성 종창 등은 본 증의 중요 소견이다.

② 이유자돈에서의 설사병은 살모넬라균증을 포함하여 돼지적리, 괴사성 장염, 돼지콜레라, 기타 세균, 바이러스 및 기생충 감염에 의한 설사증 등과 감별진단해야 한다.

③ 돼지적리는 점액성의 혈액이 섞인 설사가 매우 심하고, 살모넬라균증은 식욕부진, 황색설사 등의 증상을 나타내지만 돼지적리보다는 심하지 않다. 구별이

곤란할 때에는 부검소견을 참고해야 한다.

④ 살모넬라균증의 확실한 진단은 세균학적 및 조직학적 검색으로 하지만, 살모넬라균은 자연계에 널리 분포하고 있음을 고려해야 한다.

예방 및 치료

① **위생적 관리** : 본 증의 예방은 보균돈과 오염된 사료가 중요한 감염원으로 작용한다는 것과 스트레스, 영양, 합병증 등이 발병원이 된다는 것을 감안, 위생적 관리를 철저히 하는 것이 중요하다.

② 예방접종의 효과는 아직은 확실치 않다. 살모넬라균증의 면역은 주로 세포면역에 기인하므로 감염에 의한 능동면역이나 순화된 생균백신에 의한 것이 효과적이다.

③ 살모넬라균증의 치료에 있어서는 임상증상을 완화시키고, 질병의 확단을 방지하며, 같은 돼지군 내에서의 재발을 방지하는 데 역점을 두어야 한다. 치료제로서는 항생제와 설파제가 이용되고 있다.

4. 대장균증

대장균증(大腸菌症, colibacillosis)은 대장균(*Escherichia coli*)의 감염으로 발생하고 주로 포유자돈에서 다발하며, 급성장염 또는 위장염을 일으키면서 독혈증 또는 패혈증을 수반하고, 황백색의 수양성 설사를 특증으로 하는 치명적 질병으로서 돈백리(豚白痢), 신생자돈 설사 또는 자돈 설사증이라고도 한다. 한배 새끼 자돈끼리는 쉽게 감염되지만, 이복 자돈끼리는 전파되는 경우가 드물다. 대장균증의 일종인 부종병은 이유자돈에서 빈발하지만 포유돈에서는 가끔 발생된다.

원인

① 대장균은 장내세균 Enterobacteriaceae과에 속하고 그램음성, 운동성 또는 비운동성의 통성 혐기성간균이다. 보통배지에서 잘 발육되고 유당을 분해한다.

② *E. coli*는 건강한 동물의 장내에 존재하지만, 그 중에서 특정 균주가 일정한 조건하에서 병원성을 발휘하게 된다.

③ *E. coli*는 균체항원(somatic antigen, O-Ag), 협막항원(capsular antigen, K-Ag), 편모항원(flagella antigen, H-Ag) 등을 지니고 있어 그 구조 및 항원 특

이성에 의하여 혈청학적으로 분류한다.

④ 160여 종의 균체항원이 알려져 있지만, 돼지에 주로 병원성이 높은 혈청형은 O_{149}, O_{141}, O_{139}, O_8 등이고, 부종병과 관계가 있는 혈청형은 O_{139}, O_{141}, O_{138} 등이다. 병원성이 있는 *E. coli*는 대개 장관 내에서 흡착 증식하는 데 관계되는 K_{88} 항원을 가지고 있다.

역학

① **발생**: 세계적으로 발생되며, 우리나라에서 포유자돈에 가장 심한 피해를 주고 있다.

② **감염**: 자돈의 감염은 경구적으로 또는 제대를 통하여 이루어진다. 자연상태에서는 많은 수의 대장균이 일시에 대량 경구적으로 들어가는 경우가 드물기 때문에 병원성균이 경구감염된 후 소화기관 내에서 증식하는 경우에 발병하는 것으로 생각된다.

③ **감염문호**: 자돈은 출산 이후에 주위 환경으로부터 감염된다.

④ 감염을 조장시키는 유인으로 돼지의 방어기구가 약화될 때에 증식하여 병을 일으킨다.

⑤ 치사율은 돼지군에 따라 차이가 있어 15～80%이며, 평균 치사율은 30～40%에 이른다.

⑥ 부종병의 감수성은 병원성 대장균이 소화기관 내에서 증식하여 부종병 발생인자(edema disease factor, EDF)를 산생하고, 이 인자가 소동맥에 작용하는 감수성에 따라 기병성이 달라진다.

증상

① 대장균증에 걸린 돼지는 설사가 심하여 탈수증을 일으킨다. 처음에 설사는 가볍게 시작하지만 점차 심해져 폐사하는 돼지까지 다양하다.

② 설사변은 물과 같이 점도가 낮고 투명하다. 분변이 항문으로부터 물방울 형태로 똑똑 떨어지는 경우가 가끔 있고, 이 때에는 체중 감소와 탈수증상이 뚜렷하여 피부가 탄력이 없고 매우 수척해지는데, 탈수증이 심하면 폐사된다.

③ 설사가 만성경과를 취하면 장기간의 설사로 인하여 항문 주변에 염증이 생긴다.

④ 병의 심한 정도는 모체의 면역상태와 깊은 관계를 지니고 있다. 부종병 발생의 초기에 감수성이 높은 자돈군 중에서 일부의 돼지는 급사하고, 대부분의

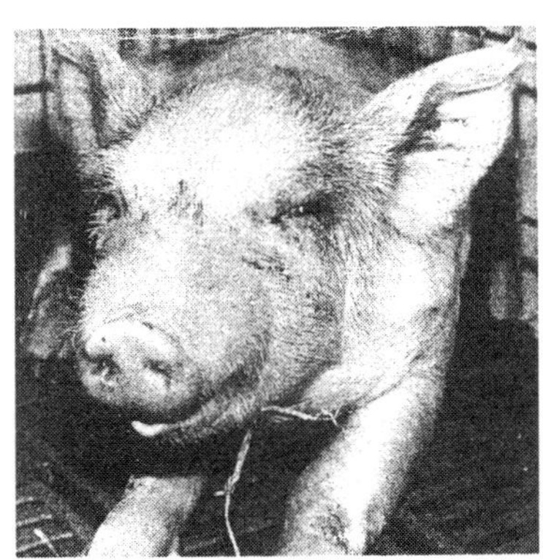

그림 1-20. *E. coli* 접종 후 4일 만에 나타난 안면부의 소견, 안검, 전주, 구순, 종장과 호흡곤란 증상

돼지는 식욕감퇴 증상을 나타낸다.

⑤ 임상증상은 주로 신경계와 맥관계에 나타나고 운동실조, 발 절음 등을 나타내는 것이 가장 전형적인 증상이라 할 수 있다.

⑥ 근육운동 실조 현상이 점차 진행되면 완전히 보행실조에 빠지고 마비, 경련, 안면부종, 결막충혈, 인후두부의 부종으로 호흡곤란을 일으켜 폐사하게 된다.

진단

① **임상적 진단**: 돼지에는 설사를 일으키는 질병이 많으므로 임상적 또는 해부학적으로 진단하기는 곤란하며, 세균학적 진단이 필요하다.

② 세균학 진단에 필요한 가검재료로는 소장 전반부의 내용물, 패혈증으로 폐사한 돼지에서 간장, 비장, 심혈 등이 이용된다. 이 재료로부터 분리된 대장균이 혈청학적으로 병원성 여부를 동정해야 한다. 병원성이 강한 K_{88} 양성균은 소장 전반부에서, K_{99} 및 K_{987} 양성균은 소장 하반부에서 분리된다.

③ 설사분변의 pH를 측정하는 데 대장균증에서의 분변은 알칼리성(pH 7 이상)인데 반하여, 바이러스 감염에 의한 하리변은 산성(pH 7 이하)을 나타내므로 진단에 도움이 된다.

④ 부종병은 주로 전형적인 역학적 특징에 의하여 진단한다. 즉 갑작스러운 발병과 이유 후에 1~2주가 된 자돈에서 신경증상을 수반한 운동실조, 발 절음, 피하직수종 등은 부종병의 특징적인 증상이다. 부검소견으로 소화기관이 부종되어 있으면 진단에 많은 도움이 된다.

⑤ 유증감별에는 전염성 위장염과 salmonellosis와의 감별진단을 해야 한다. 전염

성 위장염은 모든 돼지에 발병하고, 10일령 이상의 돼지는 1주일 이내에 자연히 회복된다. 살모넬라증은 주로 이유돈에 발생하며, 점액 및 출혈성 혈변이 있고 패혈증을 일으킨다.

예방 및 치료

① 분만돈사의 위생적 관리가 중요하며, 특히 신생자돈은 분변과 접촉되지 않도록 주의한다.
② 분만돈사는 철저히 소독하고, 적당한 온도를 유지하며, 스트레스를 감소시키는 것도 예방효과가 있다.
③ 신생자돈은 10일경까지는 주로 초유를 통한 모돈의 이행항체에 의하여 면역효과를 나타내므로 초유를 마시게 해야 한다.
④ 백신은 몇 가지 균주(K_{88ac}, K_{88ab})로 만든 사균백신이 이용되고 있으나 100% 효과는 기대할 수 없다. 임신돈에 접종 시는 분만하기 6주 전과 3주 전의 2회에 걸쳐 접종한다.
⑤ 면역혈청에 의한 면역치료는 우리나라에서는 실용화되고 있지 않다.
⑥ 치료에는 여러 류의 약제가 이용되고 있지만, 대부분의 대장균에 대한 저항성이 높기 때문에 치료효과를 기대하기는 어렵다. 대장균증에 이용되고 있는 것에는 sulfamerazine과 같은 설파제 또는 설파제와 트리메토프림의 혼합제(trimethoprim, sulphonamide) 및 특히 gentamycin 등의 항생제가 유효하다.

5. 돼지적리

돼지적리(豚赤痢, swine dysentry)는 점혈(粘血) 하리변을 주증으로 하는 급성 또는 만성의 장관감염증으로서 비육돈에 많이 발생하는 것으로, 비보리오(vibrio)성 적리, 혈색성 적리, 출혈성 적리, 흑리(黑痢, black score) 등 여러 가지로 명명되고 있다. 혐기성의 spirocheta인 *Treponema hyodysenteriae*가 주 원인균이고, *Campylobacter* 등의 장내세균도 기타 다른 장내 세균총과 같이 병세나 경과에 영향을 미치는 2차적인 병원인자로 고려되는 경우가 많다.

원인

① 돼지적리의 원인균은 Spirocheta에 속하는 *Treponema hyodysenteriae*로서 그

람음성이며, 길이가 6～8.5㎛이고, 나선형에 운동성이 있다.

② *T. Hyodysenteriae*는 비교적 저항성이 강하며, 5℃의 분내에서 40일 간, 물 속에서 60일 간, 흙 속에서 18일 간 생존한다. 그러나 건조상태나 소독량에 의해 1시간 이내에 파괴된다.

③ *T. Hyodysenteriae*는 실험적으로 돼지에 경구접종하면 전형적인 증상을 나타내며, 또한 *Campylobacter jejuni*, *Fusobacterium necrophorus* 등 기타 장내 혐기성 세균과 혼합 감염되면 증상이 보다 심하게 나타난다.

역학

① 세계적으로 발생하고, 우리나라에서 발생보고는 그다지 많지 않다. 이 병은 연간을 통하여 품종이나 성별에 관계없이 발생하나, 특히 6～12주령의 어린 돼지에 흔히 발생한다. 병의 전파는 발병돈 또는 보균돈의 배설물을 접함으로써 이루어진다.

② **돼지적리**: 갑작스러운 폐사, 증체율 감소, 사료효율의 저하, 치료비용 등으로 경제적 손실이 매우 큰 질병이다. 치사율이 30% 이상에 이르는 경우도 있다.

③ 병의 발생은 치료제를 먹이지 않을 때에는 재발하는 경우가 많다. 이것은 *T. Hyodysenteriae*가 주위 환경에 오염되어 사멸되지 않은 상태로 남아 있다가 다시 감염되기 때문이다.

④ 돼지적리에서 회복된 돼지는 분변을 통하여 계속 배설하므로 역학적인 면에서 매우 중요시되고 있다.

⑤ 이 병은 보균돈을 돼지군에 새로 도입함으로써 전염되는 것으로 알려져 있고, 사료의 변화, 수송, 거세, 환경온도의 급변 등으로 받는 스트레스도 병의 발생과 밀접한 관계가 있다. 계절적으로 늦은 여름에서 가을에 걸쳐 많이 발생한다.

증상

① 점혈하리변을 주증으로 하고 드물게는 심급성으로 경과하는 경우가 있는데, 이 경우에는 전적으로 하리를 증상으로 할 뿐만 아니라 갑자기 폐사하게 된다.

② 처음에는 2～3주의 돼지에 발생하지만, 수일～2주간에 걸쳐 전 돼지군에 발생한다.

⑤ 병이 만성화된 경우에는 흑색의 변을 누는데 이것을 흑리(黑痢)라고 한다. 말

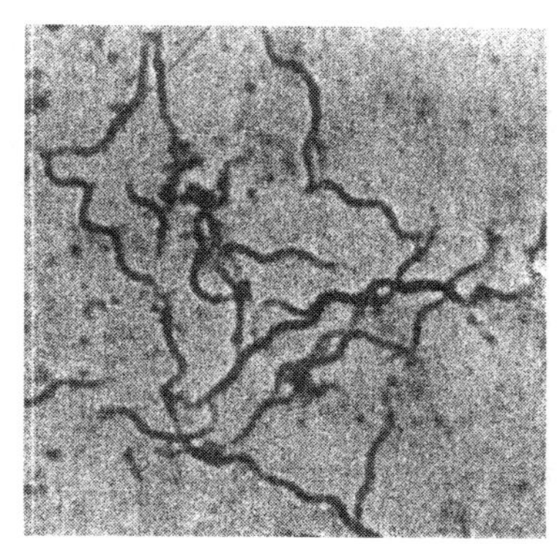

그림 1-21. 적리균의 순수배양 소견

기에는 피부가 퇴색되고, 만성으로 이행하여 설사가 지속되며, 발육상태가 나빠진다.

⑥ 부검소견으로서 대장의 염증 및 괴사성 충혈종창 등이 있고, 시간이 경과하면 섬유소성 위막을 형성한다.

진단

① 임상적인 특이한 증상과 병리조직학적 소견, *T. hyodysenteriae*의 분리 및 동정 등으로 진단한다.

② 혈액소견에 있어서 백혈구 수는 증가하거나 정상이지만, 유약한 호중구 백혈구가 증가하므로 진단상 도움이 된다.

③ 세균학적 진단으로 병돈의 분을 직접 도말염색하거나 습윤표본을 만들어서 검사하면 나선형의 spirochaeta가 다수 관찰된다.

④ 분 또는 결장에서 적리균을 분리하여 동정하는 것이 가장 확실하다.

⑤ 기타 혈청학적 진단법으로서 응집반응, 간접형광항체법, 수동적 용혈시험 ELISA(Enzyme-Linked Immunosorbent Assay), 겔내확산법 등이 이용되고 있다.

⑥ 감별진단으로서는 대장균성 위장염, 살모넬라증, 돼지콜레라병 등은 비육기의 돼지설사를 일으킬 수 있는 질병이므로 이들과 감별해야 한다.

예방 및 치료

① 발병, 오염된 돈사는 청소·소독을 철저히 하고, 2주간 여유를 두고 돼지를 입식시킨다.

② 병돈과 동거 돼지를 도살처분하고, 병균을 옮기는 쥐를 구제하며, 돈사는 철저히 소독 후 돼지를 넣는다.
③ 새로 도입한 돼지는 미리 적절한 검역절차를 거친 후 돼지군에 입식시킨다. 과밀사육을 피하고, 청결하며 건조한 환경을 마련하여 스트레스를 예방한다.
④ 환돈(患豚)을 개체별로 치료하는 것은 다두사육의 경우 어려움이 많으므로 예방을 목적으로 투약하는 경우가 많다.
⑤ 전해질 물질 및 비소화합물의 투여는 효과가 있지만 비소제는 독성이 있으므로 주의해야 하며, 도살 50일 전에는 비소화합물의 투여를 중지해야 한다.
⑥ 여러 가지 항생제와 설파제는 돼지적리의 효과가 있으며, 또한 carbadox, dimetridliazole 등의 화합물질도 예방을 목적으로 사용되고 있다.
⑦ 사독백신이 개발되어 이용되고 있다.

6. 파스투렐라병

파스투렐라병(pasteurellosis)은 *Pasteurella*균속에 속하는 세균의 감염에 의한 급성 또는 만성질환으로서 돼지의 전염성 폐렴이라고도 하며 폐렴, 고열, 호흡곤란 등을 일으키는 것이 특징이다. 돼지에서의 호흡기질환 증후군은 여러 종류의 병원체와 기생충 감염, 사양관리 및 기타 환경요인과 밀접한 관계가 있으며, *Mycoplasma hyopneumoniae*, *Hemophilus*, *Streptococcus* 및 화농성 간균에 의한 폐렴과 구분하기 위해 파스투렐라 폐렴이라고 부르기도 한다.

원인

① 원인균은 *Pasteurella multocida*로서 0.3×0.7 ㎛의 단간균이며, 감염숙주의 혈액 혹은 장기의 도말표본에 있어서 뚜렷한 양단 염색성균이 관찰된다.
② 이 세균은 그램음성, 편성혐기성으로서 운동성이 없는 세균이다.
③ 이들 세균은 동물의 호흡기에 항상 존재하며, 자연계에 널리 분포되어 있다. 영양상태, 사양관리 조건 등의 변화, 스트레스 및 마이코플라스마성 폐렴 등으로 건강상태가 악화된 개체에서 흔히 발병한다.
④ *P. mulocida*는 K(협막) 및 O(균체)항원으로 대변할 수 있고, K항원은 혈구응집반응에 의하여 A, B, D 및 F 등의 4개의 혈청형으로 구별할 수 있다.

역학

① *P. multocida*는 감염된 돼지의 구강 및 비강의 분비물과 함께 배설되어 다른 개체로 감염된다. 감염된 돼지의 상부 호흡기점막에서 많은 세균이 증식하여 콧물과 같은 비즙 또는 담과 함께 배설된 세균은 돈사 주변을 오염시켜 감염원이 된다.

② 보균돈은 중요한 감염원이 되므로 보균돈의 검색 및 도태는 질병예방의 전파에 매우 큰 비중을 차지한다. *P. mulocida*는 숙주 체외에서는 수주일 이상 살지 못하고, 60℃에서 30분 동안 열처리하면 쉽게 사멸된다.

③ 호흡기 증상과 폐렴을 일으키는 경우에 어느 특정한 원인균에 의한 결과이기보다 사양관리 상태, 동물의 건강상태, 스트레스 등과 밀접한 관계가 있다. 다시 말해서 파스투렐라증은 일시적인 감염의 결과라고 하기 보다는 폐의 방어기전이 약화된 상태에서 *Pasteurella*균의 감염에 의해서 야기된 것이라 할 수 있다.

증상

① 병돈은 원기 및 식욕상실을 시작으로 해서 중증일 경우 군에서 이탈, 한 군데에 횡와 또는 복와상태로 쓰러져 호흡곤란을 일으킨다.

② 기관지폐렴이 주요 증상이고, 체온 상승(40∼42℃), 침울, 복식호흡상을 나타낸다.

③ 급성형은 5∼10일 간 경과하고, 만성화되는 경향이 있다. 만성화되면 계속적으로 건성기침을 하고 체중이 감소된다.

④ 급성 출혈성 패혈증의 형태로 발병한 경우에는 경과가 짧게 발증하여 수시간내에 폐사한다. 이 때에도 고열(40∼42℃), 호흡곤란 등의 증상을 나타내고, 피부의 출혈성 자반이 나타나며, 인후두부가 종창되어 질식 폐사한다.

⑤ 부검소견으로 기관지폐렴이 첨엽 및 횡격막엽에 산재성으로 발생되며, 폐늑막에 섬유소성 염증도 인정된다. 폐렴이 진행되면 경화성 간변화가 형성한다.

진단

① 이 병은 임상소견, 병리해부학적 부검소견, 병원체의 분리 및 동정에 근거를 두고 확실한 진단을 할 수 있다. 혈청학적 진단은 그다지 이용되고 있지 않다.

② 세균학적 진단으로서 병소부 또는 심장혈액 등이 가검물을 이용하여 *Pasteu-*

*rella*균의 분리·동정을 하는 것이 가장 확실한 진단방법이다.

③ 돼지의 인플루엔자, 돈폐충증 및 기타 다른 세균성 기관지폐렴과 감별진단을 해야 한다. 그러나 호흡기형 파스투렐라증은 대개 마이코플라스마폐렴 등과 같이 이미 감염된 상태의 돼지군에 2차 감염하므로 쉽게 감별할 수 있다.

예방 및 치료

① 밀사를 피하고 축사의 환기가 잘 되도록 한다. 파스투렐라증은 인플루엔자, 위축성 비염, 마이코플라스마폐렴, 바이러스성 폐렴 등과 같이 원발성 질환과 관련되어 발생하므로 위생적 관리를 철저히 하여 원발성 질환이 생기지 않도록 한다.

② 이 병이 발생하지 않도록 미리 예방하는 차원에서 여러 세균에 감수성이 높은 항생제를 선택하여 사료에 첨가한다. 비교적 감수성이 높은 항균제로는 ampicillin, chloramphenicol, gentamycin, tetracycline 등이 있다.

7. 마이코플라스마성 폐렴

돼지유행성 폐렴 마이코플라스마성 폐렴(mycoplasmal pneumonia)는 돼지의 질병 중에서도 가장 이병률이 높은 질병 중의 하나로서 *Mycoplasma hyopneumoniae*의 감염에 의해서 야기되는 만성 호흡기병으로서 비육돈이나 성돈에 발생하여 막대한 경제적 손실을 입히는 질병이다.

원인

① 이 폐렴의 원인체는 *Mycoplasma hyopneumoniae*이며, 돼지의 호흡기도에 존재하고 숙주 특이성이 있으며, 병변부에서는 2차 감염균인 *P. multocida*, *Bordetella bronchiseptica*, *Klebsiella pneumomiae*로 분리된다.

② 마이코플라스마균은 형태가 일정하지 않고 다양하다.

③ 배양기가 까다롭고 소량의 산소가 있는 조건에서 자라며, 성장에는 sterol을 필요로 한다. 10일 간 이상 배양하며 작은(직경 0.25～1 ㎜) 집락이 형성한다.

④ 돼지의 폐충, adenovirus, *Pasteurella*균, 연쇄상구균 등도 2차 감염원으로 복잡한 병변을 형성한다.

역학

① 세계적으로 가장 흔히 발생하는 돼지의 호흡기병으로서 *M. hyopneumoniae*가 감염되어 있는 보균돈이 매우 중요한 감염원의 역할을 한다.

② 이 감염증은 모든 나이의 돼지에 발생하나, 특히 이유 후의 비육기에 발생이 시작된다. 한번 감염된 돼지군에서는 계속 발병하는데, 특히 계절, 환기, 돼지의 밀집상태 등 환경요인이 발병과의 밀접한 관계가 있다.

③ 전염방법으로 직접적인 접촉 또는 공기 속에 부유된 오염원에 의하여 호흡기를 통해 감염된다.

④ 기도를 통하여 침입한 균은 기관지 상피표면에 있는 섬모(纖毛, cilia)에 부착하여 수주일 또는 수개월 간 정착해 있다가 폐렴을 일으킨다.

증상

① 자연감염시의 잠복기를 아는 것은 매우 어렵지만, 대개 1～2주 혹은 그 이상으로 알려져 있다. 인공감염을 시켰을 때는 2～5일경에 가벼운 발열을 일으켜 지속하는 경우가 있지만, 발열을 일으키지 않는 경우도 있다.

② 마이코플라스마성 폐렴의 이병률은 높지만 치사율은 낮은 만성질환이고, 특징적인 임상소견은 지속적인 기침이다.

③ 4～6개월령의 감염된 돼지의 경우에는 2차 감염 및 스트레스로 폐사하는 것이 있다.

④ 일반 증상으로는 식욕부진, 호흡곤란, 기침 수의 증가, 체온의 상승 등을 들 수 있다. 감염된 돼지의 체모가 거칠어지고 성장이 지연되지만, 2차적인 세균감염이 없으면 식욕은 정상적인 경우가 많다.

⑤ 병리소견으로서는 주로 호흡기에만 병변이 나타난다. 폐장에 있어서 첨엽(尖葉)・심엽(心葉)・간엽(間葉) 등의 병연부에 회색 또는 적색의 무기폐 병변부(경화부)가 발생하고, 기관지 림프선의 종대가 있다.

진단

① 비육돈군의 다수의 돼지가 건성기침의 증상과 부검시 폐엽에 무기폐병소부가 나타나면 대개 이 증으로 확신할 수 있다.

② 병소부(폐병변부)에서 *Mycoplasma*균을 분리하는 것이 가장 이상적인 진단방법이지만, 균의 분리법이 까다롭고 2～6주간의 긴 시간이 소요되므로 실시하

기 곤란하다.

③ 혈청학적인 진단법으로는 간접혈구 응집반응, 보체결합반응, 응집반응 등이 이용되고 있다.

예방 및 치료

① 아직 효과적인 백신은 개발되어 있지 않다.

② 무균돈(無菌豚, SPF豚)의 작출 계승 유지시키면 본 증의 발생을 막을 수 있다. 그러나 격리사육과 위생적인 관리가 절실이 요구된다.

③ 좁은 공간(돈방)에서 밀집사육을 금한다.

④ **동시 도입-동시 출하법**(all-in and all-out policy) : 사육 가능한 두수의 자돈을 한꺼번에 도입하여 3~5일 간 항균제를 투여한 후 깨끗한 돈사에서 사육하여 동시에 출하하는 방법이다.

⑤ 흔히 사용되는 항균제로는 tylosin, 설파제, 타이로신과 설파제의 혼합제, tetracycline 등이 있고, 테트라사이클린 계통의 항생물질은 예방과 치료를 겸한 목적으로 사용되고 있으며, lincomycin이나 tiamulin은 병의 정도를 완화시키는 데 효과가 있다.

8. 수종병

수종병(水腫病, edema disease, bowel dema)의 원인은 확실히 밝혀지지 않았지만 대장균의 몇 개의 혈청에서 산생되는 독소가 장으로 흡수되어 일어나는 전염성 독혈증(Toxemia)을 말하고, 이유 후 자돈의 피하부종 및 신경증상을 나타내다가 갑자기 폐사되며, 병리학적으로는 위벽에 부종이 생기는 것이 특징이다. 이 병을 Bowel edema 또는 Gut edema라고 부르기도 한다.

원인

① 병원균의 정확한 혈청형은 모르지만 대장균의 어떤 병원성 균주가 소장에 감염됨으로써 발병된다.

② 부종병에 관여하는 대장균의 혈청형은 O138 : K81 : NM, O139 : K12(前 K82) : HI, O141 : K85a, b : H4, 그리고 O141 : K85a, c : H4 등의 혈청형의 대장균이 독소를 분비하여 전신의 혈관의 변성을 일으켜 특히 위벽 및 뇌에

부종이 생기는 것이라 추측하고 있다.

③ 대장균 내에 함유되어 있는 lipopolysaccharides 또는 대장균 감염에 의하여 형성된 histamine에 대한 과민증에 의한다는 설도 있다.

역학

① 이 병형은 소장에 있어서 대장균의 이상증식이 직접 원인이라 할 수 있는데, 내독소 쇼크(endotoxin shock)가 나타날 정도에 지나지 않고, 현재 그 발생기전에 대하여는 2가지로 고려되어, 그 하나는 병원대장균의 산생한 EDP에 의한 직접 적용설과 두 번째 설로는 균체성분 또는 산생물의 체내흡수에 의하여 anapylactic shock가 유발된다는 것이다.

② 이 병형은 1938년 아일랜드의 Shank에 의해 최초로 명명되었고, 이의 발생은 현재까지는 돼지를 생산하는 모든 나라에서 확인되고 있다.

③ 대부분 비유행성 질병이어서 원칙으로 집단 발생하는 경우는 드물고, 발생률은 1% 이하이다.

증상

① 이 병은 8～12주령의 유돈(幼豚)에 잘 발생되고, 포유자돈이 발생되는 경우는 드물다.

② 전구증상(前軀症狀)으로 발병 1～2일 전에 하리가 인정되는 수가 있지만 대개 갑작스럽게 침울, 식욕감퇴로 시작하여 후구마비가 오게 되면 견좌(犬座) 자세를 취하게 되고, 전신의 체표에 부종이 나타나게 된다.

③ 특히 부종은 안검 주변에 현저하게 되어 안면 전체가 부어 있는 느낌을 준다.

④ 간대성 경연과 호흡촉박은 거의 모든 발병 예에서 인정되며, 발열을 수반하는 경우도 있다.

⑤ 급성으로 경과되는 경우에 발병 후 수시간 내에 폐사하는 경우가 드물지 않으나 늦어도 24시간 이내에 폐사한다.

⑥ 부검소견으로 피하부종 외에 위장 및 장간막에 부종이 생기는 것이 특징이다. 드물게는 복수 및 흉수가 증가되는 경우도 있다.

진단

① 임상 및 병리해부학적 진단법이 가장 확실한 진단법이다.

㉠ 발생상태(영양상태가 좋은 이유돈에서 발생)
㉡ 피하부종
㉢ 급사
㉣ 위장관벽의 부종 등은 지단에 매우 도움이 된다.

② 세균학적 진단은 병돈의 소장 및 결장에서 용혈성 대장균이 분리되는 것도 진단에 도움이 된다.

예방 및 치료

① 이유 시 사료변경은 서서히 하며, 스트레스를 받지 않도록 주의한다.
② 항균제의 예방적 투여가 이 병 발생을 예방할 수 있고, 아직 효과적인 백신은 개발되어 있지 않다.
③ 사료급여량을 줄이거나 조사료를 1 : 1로 섞어서 급여한다.
④ 무기유(유동 파라핀) 또는 망초(sodium sulphate)와 같은 하제를 먹여 장내용물을 배설시킨다.
⑤ 발병 초기에 항히스타민제 또는 dexamethazone 4～10 mg/kg의 주사도 권장된다.

9. 톡소플라스마병

톡소플라스마병(toxoplasmosis)은 *Toxoplasma gondii*라는 일종의 원충에 의해서 발생한다. 이 원충은 1908년에 Nicole 및 Manceaux에 의해 북아메리카에서 설치류 일종인 Ctenodactylus gondii에서 처음 발견했다. 이 병은 모든 동물과 사람에게도 발생하는 인수(人獸) 공통 원충성 질병으로서 대개 무증상이지만 가끔 신경증상, 호흡기 증상 또는 유산을 일으킬 때가 있다. 이 병의 원인체인 톡소플라스마는 독립된 원충이 아니라 고양이에 기생하는 콕시듐(Isopora, SPP)의 한 발육과정에 지나지 않는다는 것이 밝혀졌으며, 따라서 톡소플라스마병이란 병명에 이의가 있으나 아직까지는 계속 쓰여지고 있다.

원인

① 이 원충은 고양이의 소장에 기생하는 콕시듐인 Isopora가 근본적인 병인체이며, 이것이 중간숙주인 돼지에 침입하면 여러 조직 내의 망상직, 내피세포에

들어가서 무성생식을 하게 된다. 이 무성생식형을 *Toxoplasma gondii*라 불러 왔다.

② 형태는 매우 작은 반월형 또는 구형의 소체이며, 한 세포에 1개씩 존재할 수도 있지만 여러 개가 낭포를 이루고 있을 때도 있다.

③ 고양이의 분내에서 배설된 오시스토는 수일 이내에 포자 분열하여 2개의 포자를 가지게 된다.

㉠ 이 오시스토는 경구에 의해 고양이의 소장에 들어가서 점막상피 내에서 무성생식과 유성생식을 하는 것이 보통이다.

㉡ 오시스토에서 유리된 포낭자(胞娘子)가 혈류를 따라서 여러 조직, 특히 폐와 뇌막에 있는 망상직 내피세포에 들어가서 무성증식을 하여 낭포를 형성한다. 이 낭포는 터져서 다수의 다낭자(多娘子, tachyzoite)가 유리되며, 이들은 혈류를 따라서 다시 새로운 세포에 들어가 증식한다. 임신돈에서는 다낭자가 태아에 침입하여 유산을 일으킨다.

㉢ 고양이는 이러한 돼지의 내장을 생식할 때 감염된다.

㉣ 세계적으로 발생되고 있으며, 우리나라에서도 발생보고가 있으나 그다지 문제화되고 있지는 않다.

증상

① 돼지가 이 원충에 감염되면 연령, 감염원충수, 감염경로에 따라 증상은 달라지며, 따라서 특징적인 증상은 없다.

② 신경증상으로서 후구마비, 운동실조, 진전 등의 증상이 있다.

③ 호흡기 증상으로서 호흡곤란, 기침 등이 있다.

④ 소화기 증상으로 식욕감퇴, 설사 등이 있다.

⑤ 유산 또는 허약자의 태아를 분만한다.

⑥ 병리학적 소견으로서 폐렴과 폐수종, 장염, 간의 종창, 여러 장기의 충출혈과 괴사반점의 형성과 흉수 등이 관찰된다. 괴사를 일으킨 조직 주변에서는 조직구성 세포의 침윤과 다낭자(多娘子) 또는 낭포가 출현하는 것이 특징이다.

진단

특이한 증상이나 육안적 병변이 없으므로 다음과 같은 실험실 진단에 의해서 진단이 가능하다.

① 이 병의 진단상 가장 신뢰될 만한 방법은 톡소플라스마 원충을 확인하는 것으로서 검사재료로부터 원충의 분리, 도말표본 및 조직표본에 의한 원충검색의 2가지 방법이 있다.

② 병리조직학적 진단도 이 병을 확인하는 데 도움이 된다.

③ 병변조직(뇌, 폐, 임파선)을 유제로 만들어 마우스 복강 내와 뇌 내에 접종한 후 14일경에 복수를 채집하여 원충의 유무를 검사한다. 뇌에 접종한 것은 8주 후에 뇌조직에서 낭포의 출현 여부를 검사한다.

④ 혈청학적 진단으로 Sabin-Feldmom dye test 또는 보체결합 반응법이 흔히 이용된다.

예방 및 치료

① 확실한 예방법은 없고, 권장할 만한 예방관리로서는 다음과 같은 것이 있다.

㉠ 고양이나 쥐의 접근을 차단시킨다.

㉡ 육류성 잔반은 반드시 끓여 먹인다.

㉢ 유산을 일으킨 모돈은 도태시킨다.

② 치료제로서는 설파제, 특히 Sulphadimidine, Sulphamerazine, Sulphadiazine, Pyrimethamine 등이 유효하다.

③ 외국에서는 병돈을 치료하기 보다는 보조요법만으로 내과시켜서 면역이 형성하도록 내과시키는 방법이 권장되고 있다.

제 3 장

기생충병

1. 내부 기생충

내부 기생충(internal parasites)은 돼지 체내에 늘 존재하면서 양돈산업에 막대한 경제적 손실을 입힌다. 그 손실상태는 지리적 여건, 돼지의 수용상태, 관리, 영양, 돼지군의 품종, 기생충의 종에 따라서 매우 차이가 있다. 기생충병은 뚜렷한 증상 없이 진행되기 때문에 등한시되기 쉽지만, 실제로는 돼지의 성장률과 생산성을 감소시킴으로써 많은 경제적 손실을 가져온다.

근래에 와서 여러 가지의 내부 기생충을 동시에 구충시킬 수 있는 소위 광범위 구충제가 개발되어 과거보다는 경제적 손실을 줄일 수 있지만, 아직도 미흡한 실정이다. 또한 이러한 구충제들은 무조건 투여하는 경향이 있으나 모든 구충제가 반드시 모든 기생충을 한꺼번에 구충시켜 주는 것이 아니기 때문에 구충제를 투여하고자 할 때에는 반드시 대변검사 등으로 감염 여부 및 기생충의 종류를 확인한 후 효과 있는 구충제를 선택해야 한다. 감염 여부도 확인되지 않은 돼지에 효과조차 불확실한 구충제를 투여한다는 것은 비용과 노력의 낭비가 될 뿐만 아니라 돼지 몸에도 공연한 부담을 주는 결과가 된다. 돼지의 체내에 기생하는 기생충은 크게 나누어 선충(線蟲), 조충(條蟲), 흡충(吸蟲), 구두충류(鉤頭蟲類) 등으로 구분할 수 있다.

1) 선충(nematode)

돼지에 기생하는 선충(線蟲, nematode)류로는 돼지회충(Ascaris suum), 라손간충(Strongyloides ransomi), 돼지편충(Trichiurus suis), 돼지폐충(Metastrongglus apri) 등을 들 수 있으며, 기타 다른 몇 종류의 선충류도 있다. 선모충(Trichinella spiralis)은 돼지고기를 통하여 사람에게 감염되는 선충류로서 인수(人獸) 공통 기생충이다.

(1) 돼지회충증(ascariasis of swine)

돼지의 기생충증으로서 가장 흔히 발생하는 기생충병이며, 주로 어린 돼지에 발육장해를 일으킬 뿐만 아니라 회충의 유충은 간염과 폐렴을 일으키기도 한다.

원인

① 돼지회충(Ascaris suum)으로서 주로 위장관(주로 소장) 내에서 기생하고, 성충 크기로서는 암컷은 길이 20~40 cm, 너비 3~6 mm의 긴 원추상의 기생충이다.

② 성숙한 충란은 황갈색으로서 난각이 두껍고, 그 표면에 톱니형의 막을 이루며, 크기는 45~85(길이)×35~55(넓이)㎛이다.

③ **기생부위 및 생활사**: 충란은 대개 소장 내에서 탈락하여 자충(240 ㎛)이 된 후 소장벽을 뚫고 소정맥 또는 림프관 내로 들어가는데, 소정맥으로 들어간 것은 문맥→간 → 폐포 → 기관지 → 기관 → 후두 → 식도 → 위를 거쳐 소장에 이르러 기생하게 되는데, 체내 이행을 한다. 돼지회충은 성숙관에서부터 약 40일이 지나 성충이 된다. 유약충이 체내 이행할 때 간 및 폐조직을 상하게 한다. 돼지회충이 체내 기생기간은 일정하지 않지만 약 385일로 추정하고 있다.

④ **감염경로**: 성숙란에 오염된 사료나 물에 의하여 경구적으로 감염되며, 태반감염은 일어나지 않는다.

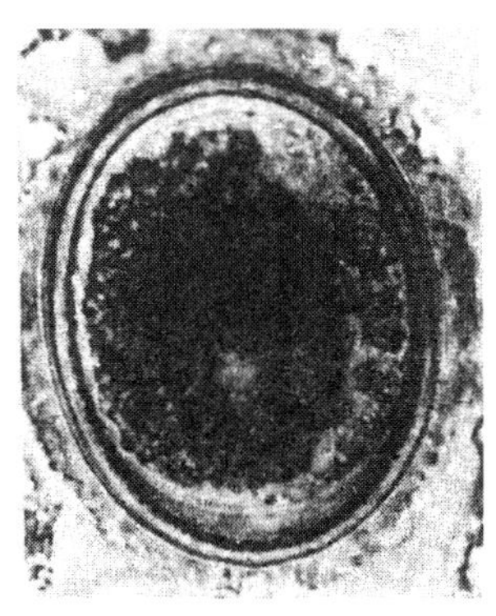

그림 1-22. 돼지회충란

⑤ **숙주에 대한 병해**: 돼지회충에 대한 병해는 체내 이행기와 성충 기생기의 두 가지로 구분할 수 있다. 유약충(幼若蟲)이 체내 이행할 때에는 간조직을 파괴하여 출혈이 일어나며, 간 표면에 백반(白斑, milk spot)을 형성하고, 폐에 이행된 유약충은 폐포를 파괴하여 출혈을 일으키는데, 심한 경우에는 출혈성 반점이 형성되며, 유충이 폐포 내에서 사멸하면 폐에 소결절을 형성한다.

증상

① 회충이 다수 기생하면 빈혈, 식욕부진, 발육불량, 피모조강 등의 증상이 나타난다.
② 다수의 성충이 소장 내에 기생하고 있을 때는 성충이 총 수담관으로 미입(迷入)되어 폐쇄성 황달을 일으킨다.
③ 증상이 심한 경우에 유충들이 간과 폐로 이행될 때 간조직과 폐조직에 상해를 일으켜 간염과 폐렴을 유발한다.

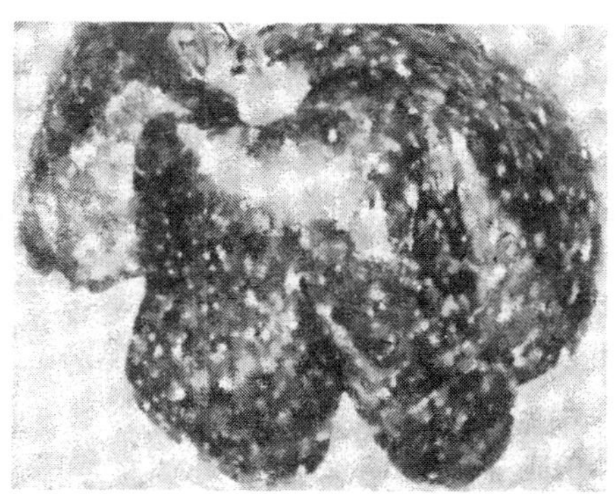

그림 1-23. 회충 유약층의 체내이행으로 간에 형성된 백반

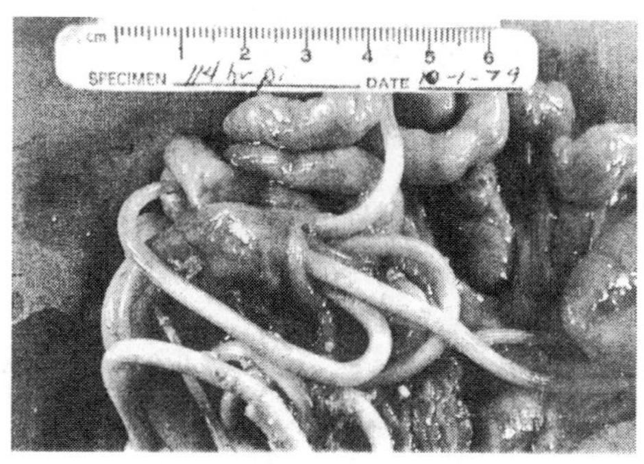

그림 1-24. 돼지장관 내 회충

진단

충란검사로 진단한다. 충란은 황갈색이며, 둥근형 외막은 톱니형으로 되어 있다.

구충 및 예방

① 구충제로서는 piperazine, livamisole, lintal 등이 있다.
② 회충증이 문제가 되는 양돈에는 청결, 건조 및 소독 등을 철저히 한다.

(2) 폐충증(lungworm diseases, metastrongylidosis)

돼지폐충(Metastrongylus apri, lungworm)은 기관지 및 세기관지에 기생하고, 중간숙주가 지렁이에 의하여 전파・매개되며, 흙바닥에서 사육하거나 방사하는 어린 돼지에서 흔히 발생하며, 만성적인 건성기침과 성장장애가 특징이다.

원인

① 돼지폐충이 원인이며, M. pudonddotectus 및 M. salmi도 있으나 우리나라에서는 매우 드물다.
② **형태**
   ㉠ 성충: 백색의 가느다란 성충으로서 암컷의 길이는 4～4.5 ㎝, 수컷은 1.2～2.5 ㎝ 정도이다.
   ㉡ 충란: 분을 통해 배설될 때부터 자충을 함유하고 있으며, 난각이 두껍고, 크기는 40～50 ㎛이다.

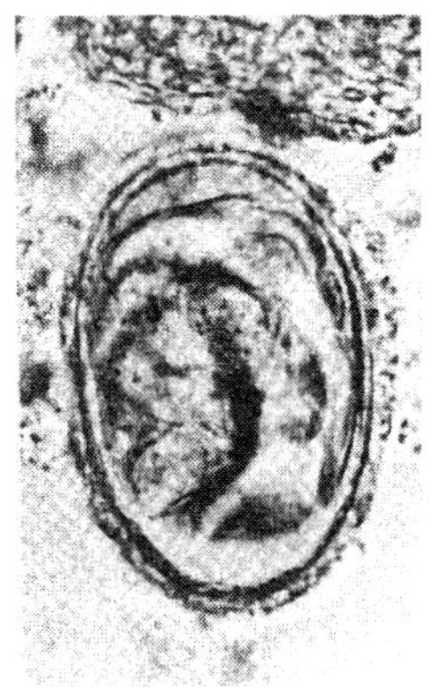

그림 1-25. 돼지폐충란

③ **기생부위**: 폐의 기관지 및 세기관지 내에 기생하며, 기관지 상피세포, 기관점액을 먹음으로써 생화하고, 흡혈은 하지 않는다.

④ **중간숙주**: 중간숙주로서는 지렁이로서 자충을 보유하고 있는 지렁이를 먹음으로써 감염된다.

⑤ **생활사 및 기병론**: 자충은 소장벽에 침입하여 장내막 림프절 → 임파관 → 흉관(대림프관) → 혈류를 타고 폐포 → 세기관지를 거쳐 체내 이행하며, 최종적으로 폐에 도달한다.

㉠ 충란의 배설: 가래와 함께 입으로 나온 충란은 그대로 삼켜져 소화관을 통하여 분과 함께 배설된다.

㉡ 지렁이 체내에서 발육: 지렁이는 돼지 몸에서 배설전 충란 또는 밖에서 부화된 제1기 자충을 먹는다. 지렁이 체내에서는 주로 심장, 혈관내 및 소화관벽에서 자라면서 2회 탈피하여 제3기 자충(감염자충)으로 발육한다. 한 마리의 지렁이 내에는 수백 마리가 감염되어 2~3년까지 살 수 있으나 지렁이에게는 피해가 없다.

㉢ 감염경로: 돼지는 흙과 함께 직접 지렁이를 먹거나 또는 지렁이가 손상될 때 흙속으로 나온 감염자충을 먹음으로써 감염된다.

㉣ 돼지 체내에서의 발육: 돼지의 소장에 들어온 제3기 자충은 임파관을 통하여 장간막 림프선에 들어가서 제4기 자충으로 발육한 후 혈관을 따라 폐로 옮겨져 기관지에서 성충으로 발육하는 동안 기관지염을 일으킨다. 감염 후 24일이 지나면 충란이 배출된다.

증상

① 성돈에는 쉽게 감염되지 않지만 자돈에 대한 감염률이 높고 감수성이 높아 나타내는 증상도 뚜렷하다.

② 중등도 이상 감염된 돼지는 피부에 광택이 없고, 털깃도 거칠어지며, 식욕은 정상이지만 영양상태가 불량하다.

③ 기침을 자주하고 한 번 기침이 시작되면 계속해서 기침을 한다. 기침의 정도는 감염 후 4~5주째에 이르러 가장 심해지다가 기침의 강도가 점차 약해진다.

④ 병리소견으로서 감염 후 12일경부터 폐포성 기종이 생기고, 폐의 주변부가 경화된다. 폐기종은 특히 횡격막엽의 아래쪽에서 더 심하다. 이 부위를 절단해

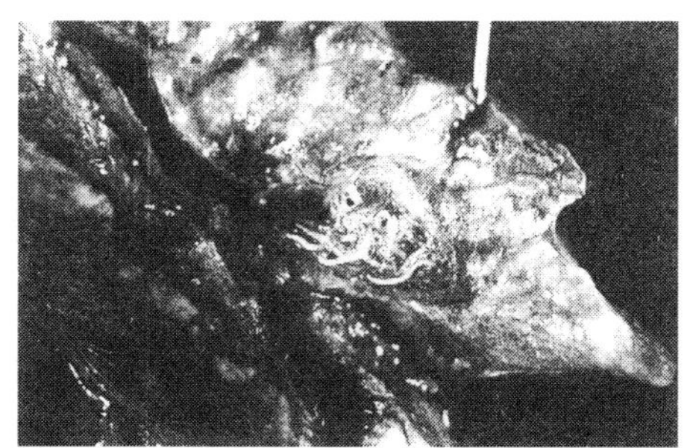

그림 1-26. 돼지폐충과 폐병소

보면 기관지 내에서 다수의 성충을 발견할 수 있다.

⑤ 돼지폐충은 swine influenza virus로 감염하고 있어서 돼지 인플루엔자(유행성 감기)를 돼지에 전염시키는 전염원으로서도 알려져 있다.

진단

흙바닥에서 사육된 6개월령 이하의 어린 돼지가 만성적인 기침을 하면서 성장이 늦어지거나 여윌 때에는 폐충증을 의심하여 충란검사를 한다. 충란은 자충을 지니고 있는 것이 특징이다.

구충 및 예방

① 구충제로는 린탈, 레바미솔산 등이 가장 효과가 있다.

② 돈사 주변의 지렁이를 박멸하기 위하여 축사 주위의 지면에 0.1% neguvon액을 살포한다. 폐충란은 약품에 저항력이 매우 강하여 보통 소독제로는 사멸되지 않는다.

③ 폐충증을 예방하기 위하여는 소독도 중요하지만 흙바닥에서 돼지를 사육하는 것을 가급적 피해야 한다.

(3) 편충증(whipworm disease, trichuriasis)

돼지편충은 매우 흔한 기생충으로 대장(특히 맹장)에 기생하며, 소수가 기생할 때에는 특별한 증상이 없으나 많은 수가 감염될 경우에는 혈변, 설사, 빈혈을 일으켜 발육 및 영양장애를 일으킨다.

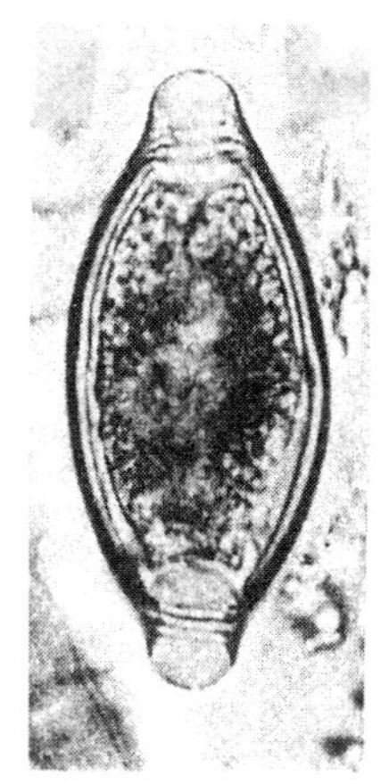

그림 1-27. 편충란

원인

① 병원충으로서는 돼지편충(Trichiurus suis, whipworm)으로서 돼지에 광범위하게 분포되어 있는 흔한 기생충이다.

② **형태**

㉠ 성충: 암컷은 6~8 cm, 수컷은 3~4 cm이며, 충체의 전편부 2/3 부분은 가늘고, 뒤쪽 1/3 부분은 굵기 때문에 마치 부위를 꼬리로도 오인하기 쉽다.

㉡ 충란: 황갈색이며, 난각이 두껍고 호박씨 모양이며, 양쪽 끝에 투명한 돌출부를 지니고 있는 것이 특징이다.

③ **기생부위**: 대장, 특히 맹장과 결장점막에 붙어서 산다.

④ **생활사 및 기병론**

㉠ 체외에서의 충란의 발육: 분과 함께 배출된 충란은 최소한 3주 후에 제1기 자충을 함유한다.

㉡ 감염경로: 충란이 오염된 사료나 물의 의하여 경구감염된다.

㉢ 돼지 체내에서의 발육: 돼지가 성숙난을 먹으면 소장과 맹장 내에서 부화하여 제1기 자충이 유리된다. 이 자충은 장벽에 들어가 2주간 발육한 뒤 3주째부터 꼬리를 장의 내강으로 드러내기 시작하여 점차 몸의 대부분이 노출되지만, 머리부분은 장점막에 부착되어 손상을 일으킨다. 이 기간에 자충은 4회의 탈피를 거치며, 감염 후 41~45일이 지나면 성충이 된다.

㉣ 2차 감염증: 장벽에 생긴 손상부에 spirochetes와 *Campylobacter*와 같은 세균이 감염되면 염증을 일으킨다.

㉤ 감염이 심할 때에는 맹장 이외에 결장 및 직장에도 감염 기생한다. 만성감염의 경우에는 장에 궤양결절이 형성된다.

증상

① 감염 정도가 가벼울 경우에는 뚜렷한 증상은 없으나 감염이 심한 자돈에서는 감염 후 20일경부터 설사를 하고, 더 악화되면 점액이 섞인 혈변을 누며, 빈혈증 증상이 나타나서 결막이 해지고 허약해지면서 폐사되는 경우가 있다.
② **부검소견**: 성충이 맹장과 결장의 점막에 부착되어 있는 것을 볼 수 있고, 점막은 염증을 일으키고 있다. 중증에서는 섬유소성의 위막과 궤양결절을 인정할 수 있다.

진단

① 분에 혈액이 섞인 설사를 하는 돼지에 항생제를 투여하여도 효과가 있으나 재발할 때에는 편충증을 의심한다.
② 확실한 진단은 충란검사를 한다. 부유법보다 침전법이 많이 이용되고 있다.

구충 및 예방

① 구충제로서 lintal을 먹이고, 사료첨가제로서 hygromycin B를 장기간 투여하면 구충의 예방효과가 있다.
② 흙바닥에서 사육하거나 톱밥사육 시 편충증이 발생할 우려가 있기 때문에 예방관리에 신경을 써야 한다.

(4) 간충증(threadworm disease)

란솜간충(Strongyloides ransomi)은 특히 어린 돼지의 소장에 기생하여 심한 설사를 일으키는 것이 특징이다. 그러나 자충이 피부 감염을 일으킬 때에는 피부염이 발생한다.

원인

① **병원충**: 돼지에 기생하는 간충은 란솜간충(Strongyloides ransomi)이다.
② **형태**

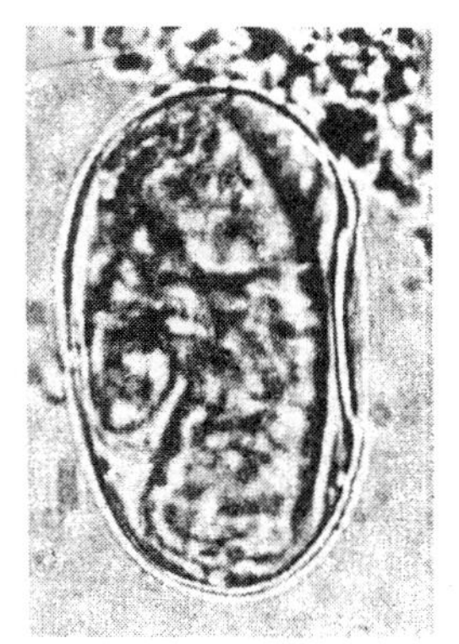

그림 1-28. 란솜간충란

㉠ 성충: 암컷은 길이 0.5 ㎜, 너비 0.05~0.06 ㎜의 미세한 선충이다. 수컷은 기생하지 않는다.

㉡ 충란: 난원형이며, 난각이 얇고 난각 내에 자충이 존재한다. 크기는(40~50)×(20~35)㎛이다.

③ **생활사 및 기병론**

㉠ 분을 통하여 충란은 체외에서 부화하여 제1기 자충이 유리된다. 이 자충은 2~3일 내에 제3기의 감염자충인 필라리아형 자충(filariform larvae) 또는 체외에서 자유생활을 하는 라브리티형 자충(rhabditiform larvae)으로 발육한다. 라브리티형 자충을 외계에서 암수의 성충으로 발육하여 산란하며, 이것이 filariform larvae로 발육할 수 있다.

㉡ 피부를 관통하거나 경구적으로 장내에 침입한 자충은 림프절 → 혈류 → 폐 → 기관 → 후두 → 식도 → 위를 거쳐 소장에 도달되는데, 감염 후 5일이 되면 성충이 된다.

㉢ 포유중인 자돈은 모유를 통해서도 감염된다.

㉣ 암컷은 처녀생식법으로 알을 낳는다.

증상

① 봄과 가을에 자돈에 감염 발생하기 쉽다.

② 감염률이 높을 경우에는 식욕부진, 기력쇠퇴, 운동성의 완만, 빈혈증 등의 증상을 나타내고, 백색-황색을 띤 점액이 섞인 수양성 설사를 하며 악취를 풍긴다.

③ 경피감염의 경우에는 병초 피부에 홍반 또는 농포가 생겨 심한 가려움을 일으킨다.

④ 성충은 두경부로 장점막 내에 파고들기 때문에 장점막의 충출혈 및 종창 등 손상을 시키므로 영양분 흡수에 장애를 받는다.

진단

불결한 돈사에서 기르는 어린 돼지에 악취 있는 설사가 있을 경우에는 충란검사를 하여 확실한 진단을 내려야 한다.

구충 및 예방

① 구충제로는 lintal, levamisole산 등이 이용된다. 자돈은 우유에 녹여 투여한다.

② 자충은 건조에 대하여 저항력이 약하고, 또 분변 중에서도 13~18일 내에 사멸한다. 축사바닥을 소독, 건조시키는 것이 적절한 예방법이다.

(5) 장결절충증(nodularworm disease, oesophogostomiasis)

장결절충(腸結節蟲)은 주로 맹장 및 결장에 기생하여 장벽에 결절을 형성하고, 점막에 염증을 일으킴으로써 설사를 일으킨다. 양과 같은 반추동물에서는 피해가 심하지만 돼지에서는 피해가 심하지 않다.

① **병원충**: 돼지에 가장 흔히 기생하는 종류는 덴타툼 장결절충(Oesophagostonum dentatum)이며, 그 밖에 브레비코둠 장결절충(O. brevicaudum), 게오

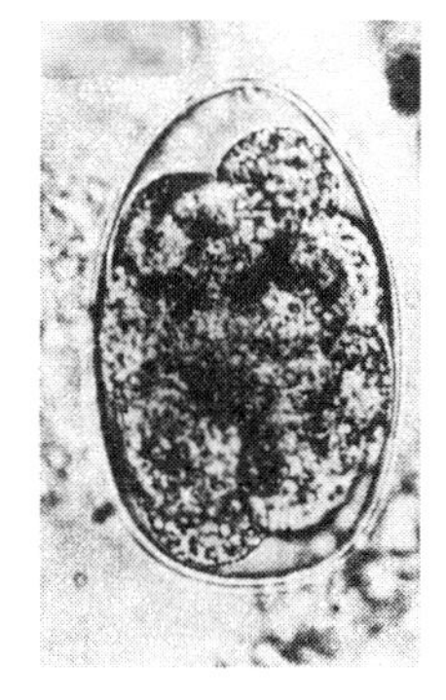

그림 1-29. 장결절충란 Oesophagostonum

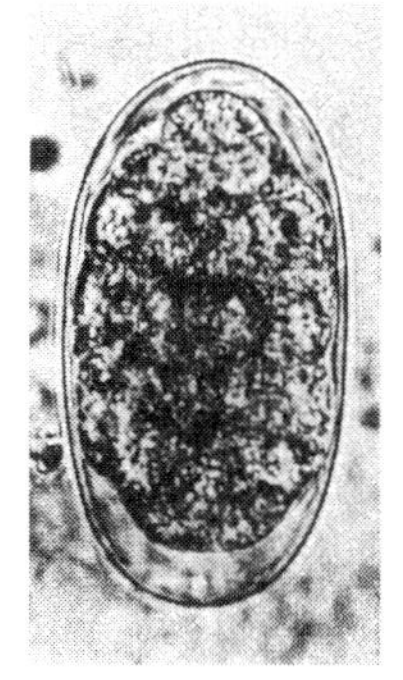

그림 1-30. Hyostrongylus

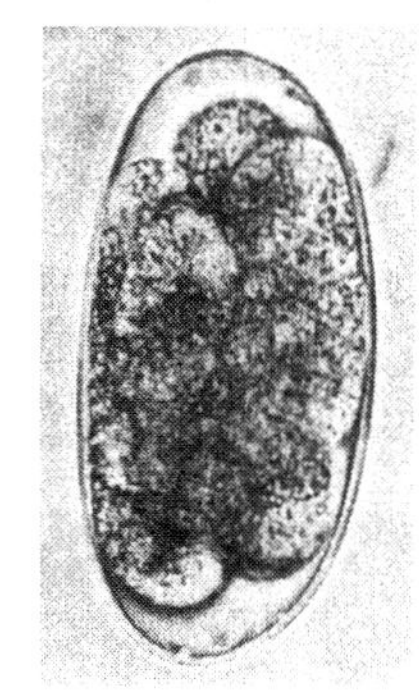

그림 1-31. Globocephalus type eggs

르기아눔 장결절충(O. georgianum) 및 코드리스리눌라툼 장결절충(O. quadri-spinulatum)도 기생한다.

② **형태**

㉠ 성충 : 수컷은 8~16 ㎜, 암컷은 10~21 ㎜의 길이이며, 회백색을 띤다.

㉡ 충란 : (70~74)×(40~42)㎛의 난원형이며, 분과 같이 배설된 것은 난각 내의 세포가 8~16개로 분할되어 있다.

③ **생활사 및 기병론**

㉠ 충란은 외계에서 1~2일 만에 부화하여 3~6일 만에 감염자충(제3기 자충)으로 발육한다.

㉡ 감염자충은 경구저궁로 돼지에 감염된 후 대장전막에 침입하여 6~14일 간 머무는 동안에 작은 결절이 형성된다. 그 후 자충은 결절을 떠나 장내강에 나와서 성충으로 발육된다.

㉢ 장벽에 다수의 결절이 형성되어 두꺼워지거나 장점막 손상부에 대장 *Campylobacter coli* 나 *Balamtidium*이 2차적으로 감염될 때에도 설사가 일어난다.

증상

다수가 감염되거나 2차 감염된 돼지에서는 만성의 심한 설사를 일으켜 체중이 감소된다. 그러나 소수가 기생하거나 성돈에 있어서는 피해가 심하지 않다.

진단

충란검사를 실시하여 확진하여야 한다. 그러나 충란은 홍색모양 선충(Hyostrongylus rubidus)의 충란과 매우 비슷하므로 구별하기 곤란할 때가 있다. 이런 경우에는 충란을 배양하여 자충의 형태를 보아서 감별하는 것이 좋다.

구충 및 예방

① 돼지회충에 유효한 구충제는 장결절충에도 효과가 있다.

② 특별한 예방법은 없으나 돈사 청소 및 건조 등 위생관리에 유의해야 한다.

(6) 낭충증(bladder worm disease)

돼지는 사람이나 개에 기생하는 몇 가지 촌충의 중간숙주로서 이 촌충(일명 조충)의 알(卵)이 돼지에 감염되면 근육, 간 또는 장막에서 수양성의 낭충으로 발육한다. 돼지의 조충류(穡蟲類, cestode, tapeworm)는 광절열두조충(廣節裂頭條蟲, Diphyllobothorium latum)과 같이 성충이 직접 돼지의 장에 기생하는 것과 사람의 유구조충(有鉤條蟲), 개의 변연조충(邊緣條蟲), 위립조충(蝟粒條蟲, 고슴도치)의 중간숙주 역할을 하여 그 유충기를 돼지의 체내에 보유하고 있는 것들로 구분된다. 돼지는 사람의 조충인 유구조충의 중간숙주의 역할을 하기 때문에 인수(人獸) 공통 기생충의 면에서 중요시 된다.

① **유구낭충**(有鉤囊蟲, Cysticercus cellulosae) : 유구낭충은 돼지 이외에도 멧돼지, 양, 개, 고양이 등에도 기생한다.

㉠ 기생부위 및 형태 : 대부분의 횡문근, 특히 횡격막, 목, 어깨, 늑간, 근육에서 발견되며, 낭충은 (8～15)×(4～8)㎜의 크기에 타원형이다. 낭충 내에는 투명한 액체가 차여 있고, 내벽에는 작은 백색의 주절이 붙어 있다.

㉡ 종숙주 및 성충명 : 성충은 사람의 소장에 기생하는 유구촌충(有鉤寸蟲, Taenia solium)이다.

㉢ 생활사 : 사람의 분에 배설되는 촌충의 체절이 돼지에 섭식되면 체절 내의 충낭에서 육구충(六鉤蟲)이 부화된다. 이 유충은 혈류를 따라 골격근 및 심근 등에 들어가 2～3개월 만에 낭충으로 발육한다. 근육 내의 낭충은 열에 의하여 쉽게 파괴되며, 냉동될 때에는 1주일 이내에 사멸된다.

증상

낭충의 기생으로 나타나는 증상과 피해는 거의 나타나지 않는다. 그러나 기생률이 높으면 운동장해, 발육장해 등이 있을 수 있으며, 중추신경계에 낭체가 존재하면 마비증상 또는 전간양발작을 나타내기도 한다. 낭충의 기생이 있으면 도축검사 시에 근육에서 낭충이 발견되면 전체를 폐기시키므로 경제적 손실을 입게 된다.

구충 및 예방

유구낭충을 구충할 수 있는 방법은 없다. 예방을 위해서는 촌충에 감염된 사람의 분을 돼지가 먹지 않도록 한다. 낭충이 감염된 돼지고기를 생으로 먹으면 감염되기 때문에 식용에 이용할 때는 삶아서 이용해야 한다. 애초부터 폐기하는 것이 공중위생상 바람직하다.

② **포충**(包蟲, *Echinococcus* spp. hydatid cyst) : 포충은 개, 여우 및 육식동물의 소장에 기생하는 것으로서 *Echinococcus granulosus*와 *E. multilicularis*가 배출한 충란을 중간숙주인 돼지가 섭취하면 장에서 부화하여 onchosphaera(알이 장내에서 부화된 것)로 되며, 이것이 장에서 복강 내로 탈출하였다가 각 장기에 이행한 후 서서히 발육하여 5개월 정도 되면 1～2 cm 크기의 낭포체로 된다.

㉠ 기생부위 및 형태 : 주로 돼지의 간 및 폐에서 발견되지만, 기타 다른 장기에서도 기생할 수 있다. 크기는 1～2cm 정도로서 단방성(單房性)과 다방성(多房性)이 있는데, 돼지에서 발견되는 것은 주로 단방성이다.

㉡ 종숙주 및 성충명 : 성충은 육식동물의 소장에 기생하는 위립촌충(猬粒寸蟲, *Echinococcus granulosa*)이다.

㉢ 생활사 : 육식동물의 분변에 배설된 충란을 돼지가 먹으면 소장 내에서 유충이 유리된다. 이 유충은 복강 내에 나와 간을 비롯한 여러 장기에 침입한 후 5개월 만에 낭충의 포충으로 발육한다. 육식동물(주로 개)은 돼지의 내장을 생식함으로써 감염된다.

증상

돼지는 특별한 외부 증상이 없다. 부검에 의해서만 발견되며, 사전에 진단할 수 있는 방법은 없다. 병해는 포충이 기생하고 있는 부위에 따라 다르다. 뼈에 기생하면 골질이 해지고, 중추신경계에 기생하면 마비증상을 일으킨다. 돼지의 포충감염이 중요시되는 이유는 사람 또는 개에 감염이 될 수 있기 때문에 공중위생상 문제가 되고 있다.

구충 및 예방

진단 및 구충방법이 없고 돼지 육류를 이용 시 철저한 도축검사를 한 후 이용한다. 가급적 생식은 피하는 것이 좋다.

③ **세경낭충**(細頸囊蟲, Cysticercus tenuicollis)

㉠ 기생부위 및 형태 : 복강 내의 장막, 특히 대망막(大網膜) 및 장간막(腸間膜)에서 발견되며, 낭충 크기는 8 cm에 달한다.

㉡ 종숙주 및 성충병 : 성충은 육식동물의 소장에 기생하는 변연촌충(辺緣寸

蟲, Taenia hydatigena)이다.

㉢ 생활사: 육식동물의 분에 배설된 체절에 들어 있던 충란은 돼지에 섭식된 후 소장 내에서 소화되어 6구유충이 유리된다. 이 유충은 간을 뚫고 복강 내로 나와 장막에 부착한 후 낭충으로 발육한다.

㉣ 증상 및 병해: 유충이 간을 통과할 때 가벼운 손상(낭충성 간염)을 일으킬 수도 있지만 대개 돼지에 뚜렷한 피해는 없다.

㉤ 진단 및 예방: 부검 시에만 확인될 수 있다. 특히 개의 분변에 접촉하지 않는 것이 예방법이다.

(7) 선모충증(trichiniasis)

돼지를 위시해서 모든 포유동물 및 사람에도 기생하는 인수(人獸) 공통병으로서 사람은 육류를 생식함으로써 감염되므로 공중위생상 매우 중요하다. 섬모충의 성충은 소장 내에서 기생하여 이른바 장트리키나증을 일으키며, 자충은 골격근에 기생하여 근육트리키나증을 일으킨다. 우리나라에서는 아직 발생보고가 없다.

원인

① **병원충**: 섬모충(Trichinella spiralis)

② **형태**

㉠ 성충: 소장 내에서 기생하며, 수컷은 길이 1.4~1.6 mm, 암컷은 3~4 mm이다.

㉡ 충란: 40×30 ㎛이지만 산란되지 않고 자궁 내에서 부화된다.

㉢ 자충: 횡문근 내에서 400×600×250 ㎛의 낭포를 형성하고 그 속에 기생한다.

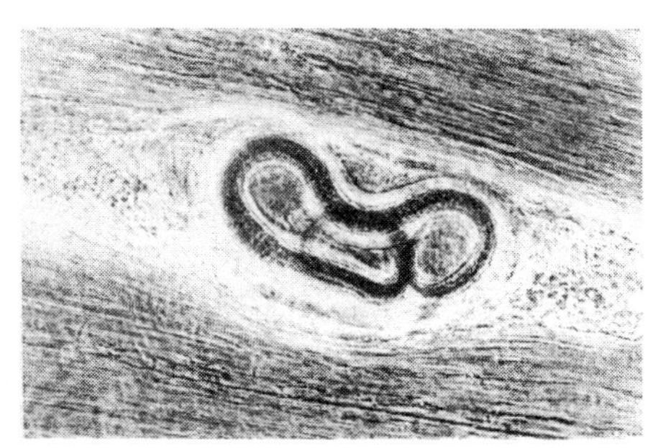

그림 1-32. 선모충 유충낭

③ **생활사**

㉠ 낭포는 근육과 함께 섭식된 후 소장 내에서 소화되어 자충이 유리된다. 자충은 2～6일 후에 성충으로 발육한다.

㉡ 수컷은 교배한 후 곧 죽어 없어지며, 암컷은 소장점막의 림프관 내에 들어가서 자충을 낳는다.

㉢ 자충은 림프관 및 혈액을 거쳐 횡문근으로 들어가 3개월이 지나면 낭포를 형성한다. 6～9개월 후에는 낭포에 칼슘이 침작하기 시작한다.

㉣ 자충은 낭포 내에서 11년 간이나 생존할 수 있지만, 그 이상의 발육은 하지 않는다.

④ **감염원**: 근육 내의 낭포를 생식하여 감염되는 것이 보통이지만, 돼지는 감염돈의 분변 내에 배설된 자충에 의하여서도 감염될 수 있다.

증상

① **장트리키나증**: 자충이 소장 내에서 성충으로 발육하는 동안에는 일과성의 설사가 일어날 수도 있지만 특별한 증상이나 피해는 없다.

② **근육트리키나증**: 자충이 근육 내에 기생하는 동안 사람에서는 심한 근육통을 일으킨다. 그러나 돼지에서는 실험적으로만 근육통과 증체량 감소가 보고되었을 뿐 자연감염의 경우에는 특이한 증상을 발견할 수 없다.

진단

① **생체진단**: 사람에서는 면역학적으로 항체를 증명하는 방법을 소개하면,

㉠ 이중 겔확산법(Double gel diffusion test)

㉡ 피내반응법

㉢ 면역형광항체법

㉣ ELISA(Enzyme-linked immunosorbent assay)

㉤ 시험관내 침강반응법이 이용되고 있다.

② **부검진단**: 이 병은 특히 공중위생상 중요한 질병이므로 돼지를 도살할 때에 횡문근, 특히 교근, 횡막격근, 설근 및 늑간근의 작은 조직을 슬라이드 글라스에 압착하여 검경, 피낭한 자충을 검사한다. 근육편을 pepsin으로 소화시켜 자충을 검사할 수도 있다.

구충 및 예방

근육 내에 기생하는 피낭자충을 구충할 수는 없다. 돼지에는 돼지고기 부산물을 생식시키지 않는 것이 예방법이다.

2. 외부 기생충

외부 기생충(寄生蟲, external parasites, ectoparasites)이란 숙주의 체 표면이나 피부 내에서 일시적 또는 장기적으로 기생생활을 하는 모든 기생충을 말한다. 돼지의 외부 기생충으로서 비교적 중요한 것은 절족동물에 속하는 개선충, 곤충에 속하는 이, 흡혈파리 등이다. 외부 기생충의 기생으로 병을 일으키는 것은 개선충(疥癬蟲)의 기생에 기인하고 개선증(疥癬症)이지만, 그 외에 여러 가지 질병을 전파하고, 흡혈에 의한 혈액 손실, 자교(刺咬) 자극에서 받은 스트레스 등은 생산성을 저하시킨다.

1) 개선충증 또는 옴(sarcoptic mange)

특히, 오래 된 양돈장에서 흔히 발생하는 외부 기생충병으로 피부에 구진이 생기고, 모든 돼지에 심한 가려움증이 생기는 것이 특징이다. 돈체 개선충에는 알(卵), 유충(幼蟲), 약충(若蟲), 수성충, 성숙 암성충의 5가지 발육기가 있는데 모든 발육기를 통하여 돼지의 피부 내에서 기생생활을 한다.

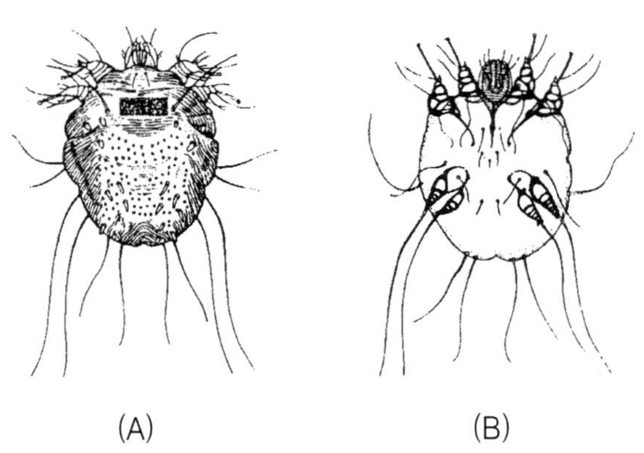

(A) (B)

그림 1-33. 돈체 개선충 암성충의 배면(A)과 복면(B)

원인

① 병인충은 천공개선충(穿孔疥癬蟲, Sarcoptes scabiei)로서 성숙 암성충은 (0.33~0.45)×0.35 ㎜이고, 숫성충은 암성충의 1/2 정도의 크기이다.

② 개선충은 일생 동안 피부의 표피 내에서 살면서 번식까지 한다. 즉 알은 표피에서 부화하여 자충 및 약충기(若蟲期)를 거쳐 감염 후 10~15일 후에는 성충으로 발육한다.

③ **전염방법**: 표피 내의 약충이나 성충은 피부의 표면으로 기어 나와 다른 돼지와 접촉할 때 쉽게 전염된다. 그러나 피부에 떨어진 자충, 약충 및 성충은 1~4일 내에 사멸된다. 이 사이에 간접적인 방법에 의해서 다른 돼지에 전염될 수 있다.

④ 개선충은 건조와 직사광선에 저항력이 약하여 수일 내에 죽는다. 돼지개선충은 숙주 특이성이 강하여 다른 동물에는 잘 감염되지 않지만 간혹 사람에 감염되어 개선충을 일으킨다.

증상

① 감염된 후 약 21일을 전후하여 증상이 나타난다.

② 초기의 기생부위는 코, 눈언저리, 귀의 피부 등이며, 충체는 독소를 분비하므로 심한 가려움을 느껴 벽, 기둥 등에 몸을 마찰하므로 점점 전신으로 퍼진다.

③ 기생부위의 피부에는 적색의 작은 홍반 및 구진(丘疹, papule)이 생기고 물집이 잡히는데, 물집은 2차적인 세균의 감염을 받아 화농되었다가 농포를 형성하며, 그 부위는 탈모되고 회백색의 가피(痂皮)를 형성한다.

④ 중증일 경우에는 피부가 각화되어 상피병(象皮病) 모양으로 피부가 비후된다.

진단

① **임상적 진단**: 심한 가려움증과 피부의 병변으로 쉽게 추정할 수 있다. 부전각화증은 이유돈에 발생하고 가려움증이 없으며, 피부에 딱지가 생기는 것이 옴과 다르다. 또 삼출성 표피염은 포유자돈에만 발생하며, 가피가 얇고 가려움증이 없다.

② **개선충의 검사**: 개선충은 비교적 크므로 육안적으로 볼 수 있다. 현미경적 검사는 병변부를 긁어서 슬라이드글라스 위에 놓고 10% 가성가리(potassium hydroxide)액 2~3 방울을 떨어뜨린 후 커버 글라스를 덮고 약확대로 검경하

면 충체 및 충란이 검색된다.

치료

① Neguvon, malathion 등을 0.2~0.5%액으로 만들어 체포에 살포하거나 전신 침지한다.
② 1차 치료한 후 7~10일 이후에 재차 치료한다.
③ 특히 오래 된 종돈장에서는 모든 돼지에 정기적으로 분무해 두는 것이 좋다.
④ 일단 충이 발생한 돈방은 치료 후 3주간을 비워 둔 후에 돼지를 넣는다.

2) 돼지 이(pediculosis)

돼지 이는 특히 목, 귀 및 다리 안쪽, 옆구리 등을 위시해서 전신에 기생하여 가려움증 및 피부염을 일으킨다. 또 돼지 이는 돈두(豚痘, swine pox) 바이러스나 Eperithrozoa와 같은 병원체를 매개하기도 한다. 돼지 이에는 알, 1일령 약충, 2일령 약충, 3일령 약충, 성충의 5단계 발육기가 있고, 돼지의 전 피부에 기생한다.

원인

① 돼지 이(豚癨, hematopinus suis)는 한 종류 뿐이다.
② **형태**: 황갈색이며, 암컷의 길이는 6 ㎜이고, 수컷은 작다.
③ **생활사**: 암성충은 1일에 3~4개의 알을 낳으며, 일생 동안 90개 정도의 알을 낳는다. 알은 12~20일 후에 부화한 다음 12~20일 사이에 3회 탈피함으로써 성충이 된다. 이의 생활환(生活環)은 약 35일이다.

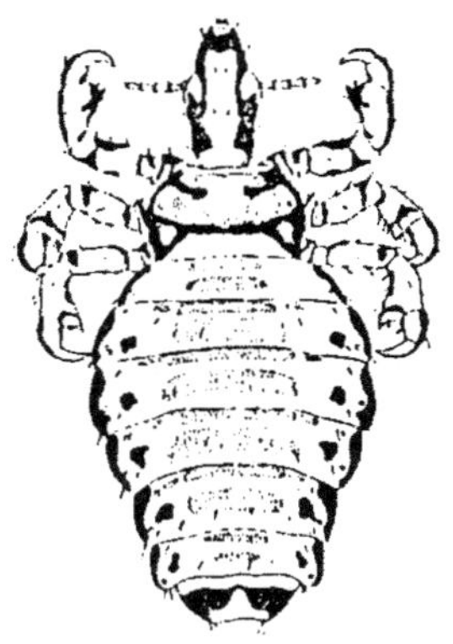

그림 1-34. 돼지 이(암)

증상

① 피부를 자교(刺咬)하므로 가려움을 느끼며 벽, 말뚝 등에 몸을 비벼댄다. 마찰로 피부손상을 입으면 2차 세균감염을 받아 화농된다.
② 다수의 이가 기생하면 흡혈로 인하여 빈혈이 발생하고, 체중이 감소한다.
③ 이의 번식 적기는 겨울이고, 고온다습한 계절에는 번식이 잘 안 된다. 이는 주로 접촉에 의하여 전염된다.

구충 및 예방

① 살충제로는 neguvon, malathion, DDT(dichloro diphnenyl trichloroethane) 등이 있다. 약품을 피부에 살포하고, 축사 내에도 살포한다.
② 살충제는 알에는 살충효과가 없으므로 8～12일 간격으로 재살포해야 한다.

3) 침파리(stomoxys calcitrams)

① 침파리는 흡혈성 곤충으로서 돼지를 비롯해서 다른 가축 또는 사람까지도 물어 흡혈한다. 몸은 길이가 6～8㎜이고 회색이며, 등에 흑색줄이 4개 있다.
② 암파리는 1일 3회 정도 흡혈하고, 1회에 20～50개의 알을 낳으며, 알은 1일 만에 부화하여 유충이 되며, 30일 후에는 구더기로 되고, 다시 6～26일 후에는 성충이 되며, 성충의 생존기간은 약 20일이다.
③ 피해는 흡혈에 의한 혈액 손실, 자극으로 인한 스트레스 등을 들 수 있고, 침파리는 병원균을 매개하기도 한다.

구제

① 알에서 번데기까지의 각 단계의 발육기간 중 퇴비를 비닐로 덮어 온도를 높이고, 밀폐된 퇴비사에 퇴비를 넣어 번데기로 되는 것을 방지한다.
② 살충제로서 goupex, malathion, sumithion, diazinon 등을 축사의 벽, 천장 등에 살포하되 돼지에 직접 살포해서는 안 된다.

제 2 편

돼지의 일반질병

제 1 장

영양장해

① 동물이 생명을 유지하고 정상적인 기능을 발휘하기 위해서는 여러 종류의 영양소를 적당히 공급해야 한다.

② 일반적으로 동물이 섭취하는 영양소가 과다, 부족 또는 불균형 상태에 있으므로서 영양소의 소화·흡수·배설 등이 정상적으로 이루어지지 않기 때문에 발생하는 이상상태를 영양장해(nutritional disorder)라고 한다.

③ 영양장해의 원인은 각 영양소의 질적 또는 양적 과부족과 불균형 상태에 있다고 할 수 있다. 돼지에서는 주로 결핍성 영양장해가 문제되고 있지만, 때로는 영양소의 장내흡수의 장해 때문에 일어나는 이용장해도 적지 않다.

④ 영양과 감염과의 관계는 복잡한 양상을 띠고 있는데, 그 중에서도 장내감염은 장에서의 영양흡수 면에서 문제가 많다. 그러나 영양이 좋은 동물은 영양이 불량한 동물에 비하여 감염에 대한 저항력이 강하다고 할 수 있다.

⑤ 돼지의 영양요구에 잘 맞추어 배합되어 균형 잡힌 사료는 세균, 기생충, 원충 등의 감염에 대하여 상당한 저항력을 부여할 수 있고, 또 영양관리를 잘한 돼지는 어떤 질병에 감염되어 앓은 후에도 병으로부터의 회복이 빨라질 수 있다. 영양과 관계가 되는 질병을 들어보면 다음과 같은 것들이 있다.

1. 구루병

구루병(佝僂病, rickets)은 칼슘과 비타민 D가 부족할 경우에 성장이 빠른 어린 돼지에 발생하는 질병으로 뼈의 석회화에 이상을 일으켜 성장이 멈추고, 뼈가 변형되고, 절뚝거리며 나중에는 골질이 연약해져 기립하지 못하고 골절되기 쉬운 상태로 되는 것이다.

원인

① **칼슘 또는 인의 1차적 결핍**: 사료 내에 칼슘과 인의 양이 부족할 때 발생한다.

② **인의 과다**: 돼지사료에는 칼슘(Ca)과 인(P)의 비율이 1:1~2:1이 되어야 한다. 만일 사료 내의 인이 칼슘보다 많을 경우에는 칼슘에 흡수가 잘 안됨으로써 2차적으로 칼슘결핍을 일으킨다. 특히 곡류나 밀기울에는 인이 많아서 불균형을 일으키기 쉽다.

③ **비타민 D의 부족**: 비타민 D는 항구루병인자(antirachitic factor)라고도 불리며, 유골조직(類骨組織)의 골화를 도울 뿐만 아니라 장에서의 칼슘의 흡수를 촉진시키는 작용이 있다. 비타민 D에는 여러 가지가 있다.

㉠ 비타민 D_3: 태양광선(자외선)의 조사에 의하여 돼지 피부에서 형성된다. 일광의 사입에 신경을 써야 한다.

㉡ 비타민 D_2: 햇빛에 말린 건초나 효모에 많이 함유되어 있다.

㉢ 비타민 D_4 및 D_5: 비타민 A와 같이 어류의 간유에 많이 함유되어 있다.

증상

① 2~6개월령의 어린 돼지가 햇빛이 들어오지 않는 돈사에서 자가배합한 사료

그림 2-1. 비육돈의 구루병

[뒷다리는 O형으로 벌어지고 관절은 종창되어 있다]

를 급여할 때 흔히 발생한다.

② 초기 증상으로 성장률과 식욕이 떨어지며 이기현상이 나타난다.

③ 뼈의 변형과 운동장애: 병돈은 절뚝거리며, 특히 장골(前肢)이 굽고 골단이 종창된다. 또 늑골과 늑연골의 연접부를 만져 보면 염주상 종창이 나타난다.

④ 병돈은 오래 살지만, 결과적으로 영양실조 및 기립불능으로 인해 폐사된다.

진단

① **임상 및 해부학적 진단**: 구루병은 발생연령과 뼈의 병형으로 쉽게 진단할 수 있다. X선 촬영으로 쉽게 확인할 수 있다.

② **실험실 진단**

㉠ 사료의 분석

㉡ 혈장 내의 칼슘함량을 확인하는 것은 이 병의 진단에 도움이 된다.

치료

칼슘, 인, 비타민 D 등이 충분히 함유되어 있는 배합사료를 급여한다.

2. 골연증

골연증(骨軟症, osteomalacia)은 구루병과 동일한 원인에 의해서 성돈(특히, 비유중의 성빈돈)에 발생하는 병으로, 후구가 마비되어 운동장애가 있고 골절이 쉽게 일어날 수 있는 것이 특징이다. 임신중인 돼지 및 비유중인 분만모돈이 칼슘과 인의 섭취량이 부족하거나 장에서의 흡수가 잘 이루어지지 않은 경우에 잘 발생된다.

원인

① 구루병과 같이 사료내 칼슘 또는 인의 절대 부족

② 칼슘과 인의 비율 불균형

③ 비타민 D의 부족 등을 들 수 있으나 칼슘부족이 가장 중요한 원인이다.

④ 종빈돈은 임신과 비유를 통해서 다량의 칼슘이 태아나 유즙으로 빼앗기기 때문에 골연증에 원인이 될 수 있다.

증상

① **초기 증상**: 처음에는 운동을 싫어하며 흔히 흙이나 깔짚과 같은 이물을 좋아한다.
② **후기 증상**: 병이 진행되면(흔히 비유말기) 후구가 마비되어 견좌자세를 취하거나 보행이 불완전하며, 후에는 횡와하게 된다.
③ **합병증**: 골절이 생기기 쉬우며, 관절은 종대된다.

예방 및 치료

① 병돈에 대해서는 특히 칼슘제(CDP)를 주사하는 것이 가장 효과적이다. 증상이 호전된 후에도 사료에 칼슘을 첨가한다.
② 종빈돈에 대해서는 항상 무기질 및 비타민을 첨가하고 인이 과다하게 첨가되지 않도록 철저한 예방관리가 필요하다.

3. 철결핍성 빈혈

새끼돼지는 소량의 철분을 지니고 출생하며, 모유 내의 철분도 부족하기 때문에 별도로 철분을 공급해 주지 않을 때에는 빈혈 등을 일으켜 3주령을 전후하여 폐사한다.

원인

① 철분은 적혈구의 혈색소(hemoglobin)의 주요 성분으로서, 이것이 결핍될 때에는 혈색소 양이 감소되어 조혈이 되지 않으므로 빈혈증을 일으킨다.
② 새끼돼지는 여분의 철분을 간에 저장하고 출생하지만, 이 양으로서는 1주일도 지탱하지 못한다. 돈사가 흙바닥일 때에는 토양 중에서 철분을 섭취하므로 빈혈증에 걸릴 필요가 없지만, 철제나 시멘트바닥에서 자돈을 사육할 때에는 별도로 철분을 공급하지 않으면 빈혈증이 걸리기 쉽다.

증상

① **빈혈 증상**: 병돈은 외관상 좋아 보이지만 귀나 결막을 자세히 관찰해 보면 창백하고 황색을 띠며, 얼굴과 목에 부종이 나타난다.

② **일반 증상**: 병돈은 무기력하고 호흡이 곤란해지며, 갑자기 폐사되는 경우도 있다.
③ **소화기 증상**: 젖은 잘 먹으며 가끔 설사를 한다. 그러나 분변의 색은 정상에 가깝다.
④ 철결핍으로 인한 새끼돼지의 빈혈증 시에는 영양상태가 좋게 보이지만, 피부와 결막이 창백하며 혈액은 묽게 보인다. 복강 내에는 복수가 차여 있고, 간은 종대되고 회황색을 띤다.

예방 및 치료

① 신선한 흙을 축사 구석에 놓아 둔다.
② 모돈의 유방과 유두에 철 및 구리염을 발라 준다.
③ 철 및 구리의 환제(丸劑)를 자돈에 직접 먹인다.
④ 출생 3~7일령의 자돈에 1회에 철분주사를 실시하고, 1주 후에 2회에 걸쳐 주사하면 철분결핍에 의한 빈혈증을 예방할 수 있다.

4. 식염중독

돼지는 생리학적으로 일정량의 소금이 필요하지만, 과량을 먹으면 식염중독(salt poisoning)을 일으킨다. 중독을 일으키면 흡수된 식염이 체내의 여러 조직 중 특히 뇌조직에 축적되어 있다가 갑자기 물을 마시게 될 때에는 뇌에 수종과 염증을 일으킨다. 이러한 경우 신경증상을 나타내다가 갑자기 폐사하는 것이 특징이다.

그림 2-2. 급성 식염중독

[전간양발작을 보이고 있음]

원인 및 발생

① **물의 부족** : 사료 내의 식염이 정상량 함유되어 있어도 물 공급의 부족이 원인이 된다. 물을 자유롭게 공급받을 수 있는 돼지군에서 잘 중독되지 않으나, 음수량의 제한을 받는 환경조건에서는 중독증상이 일어날 수 있다.
② **식염의 과다** : 사료 내의 식염함량이 과다할 때에는 더욱 중독되기 쉽다. 특히 소금기가 많은 잔반(소금에 저린 생선 찌꺼기, 음식점에서 나오는 음식 찌꺼기 등)을 사료로 이용하면서 물을 충분히 급여하지 못할 때 흔히 발생한다.
③ 식염과다로 인해 뇌수종이 생기면 세포학적으로 뇌조직 및 뇌막에 호산성 백혈구가 증가하게 된다. 따라서 과거에는 돼지의 식염중독을 호산구성(好酸球性) 뇌막경염(eosinophilic meningoencephalitis)라고도 불렀다.

증상

① 과량의 소금을 일시에 먹었을 경우에는 식염이 위장점막을 자극하여 위장염과 탈수증이 일어나고 신경증상도 나타난다.
② 소금이 돼지의 피부에 접촉되어 마찰되면 피부염이 생길 수도 있다(알레르기성 피부염).
③ 중독 초기에는 변비, 갈욕, 가려움증이 나타난다.
④ 중독증이 진행되면 감각이 둔해지고, 채식・음수 등을 중지하고, 목적 없이 선회 보행하며, 경련이 일어나고, 혼수상태에 있다가 폐사되는 경우가 있다.
⑤ 때로는 전간양발작(癲癎様發作)을 일으키는데, 이 발작은 1분 정도 계속되고, 7분 간격으로 반복되며 발작 중에 폐사한다.
⑥ 한편, 환돈(患豚)은 빠르게 후진하거나 머리를 높이 들고 앉아 있으며, 침을 많이 흘리며, 호흡곤란 및 경직상태에 이르며, 가시점막이 창백해지는 등 여러 가지 증상이 있다.
⑦ 조직학적으로는 뇌의 수종 및 뇌의 혈관 주위 및 뇌막에 호산성 백혈구가 축적되어 있는 것이 가장 특징적인 소견이다.

예방 및 치료

① 식염중독으로 인지되면 즉시 사료의 급여를 중지시킨 후 신선한 물을 자유롭게 음수 할 수 있게 한다. 그러나 중독을 일으킨 병돈은 물을 마시지 않으므로 카테탤을 이용하여 소량씩 물을 먹인다(관장).

② 대증요법으로 진정제·강심제·이뇨제 등을 투여하고, 20～40%의 포도당과 같은 고장액을 정맥주사하여 뇌수종을 완화시켜 준다.

5. 부전각화증

부전각화증(不全角化症, parakeratosis)이란 각질층의 피부가 부전각화되는 것을 말한다. 피부의 홍진, 지포증(脂胞症), 각화항진(角化亢進), 성장지체 등이 특징적인 증상이고, 한때는 개선(疥癬, 옴)으로 오인되기도 하였다. 이 병은 일명 아연결핍, 개선성(疥癬性) 피부염(scabby dermatitis) 및 가피성(痂皮性) 피부염이라고도 한다.

원인

① 사료성분의 불균형을 원인으로 들고 있지만, 아연결핍이 본 증을 일으킨다고 하여 아연결핍증이라고도 명명하고 있다.
② 소인적 요인으로는 사료 내에 함유되어 있는 칼슘, 아연 및 지방산(특히 linolenic acid)의 비율이 문제가 된다. 칼슘은 아연의 대사를 촉진시켜 아연의 체외 배설을 증진시키며, 장관 내에 칼슘이 다량 존재하면 장으로부터 아연의 흡수를 감소시킨다.
③ **아연의 부족**: 사료 내의 아연함량이 33～44 ppm으로 적을 때 발생하며, 이러한 사료에 아연을 첨가하면 이 증상을 치료할 수 있으며, 예방의 효과도 있다.
④ **불포화지방산의 부족**: 아연이 부족한 사료라도 불포화지방산이 많은(54%) 대두박을 첨가하면 이 병을 치료하거나 예방하는 효과가 있다.

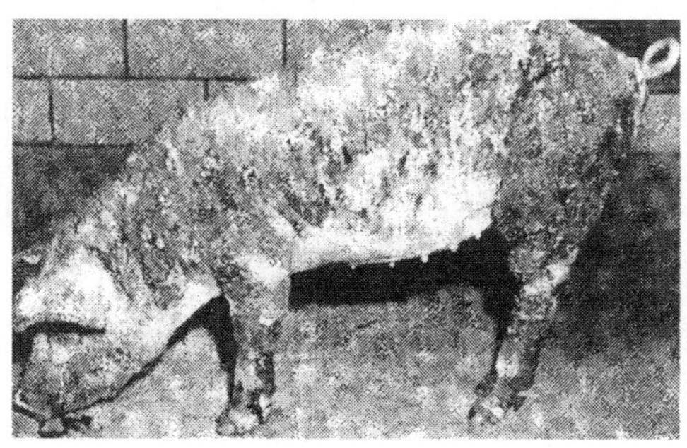

그림 2-3. 피부의 부전각화

⑤ 아연이 결핍될 때에는 필수지방산의 생합성을 억제시킴으로써 증체율 감소 및 피부병변을 일으킨다고 한다.
⑥ **피틴산**(phytic acid)**의 과다** : 사료 내에 대두박에서 유래하는 피틴산이 과다할 때도 칼슘과 마찬가지로 아연의 흡수를 방해하여 2차적으로 아연의 부족을 일으킨다고 한다.
⑦ 이 병은 사사(舍飼)하는 돼지에만 발생하고, 방사하거나 풀을 많이 먹이는 돼지에는 발생하지 않는다.
⑧ 성장률이 빠른 2～3개월령의 돼지에 흔히 발생한다.

증상

① 일반 증상으로서 잘 자라던 돼지에서 갑자기 증체율과 사료효율이 떨어진다. 식욕은 좋은 편이며, 이 병으로 폐사되는 경우는 드물다.
② 본 증은 피부에 비듬이 생기는 것이 특징이다. 비듬은 귀의 밑부분, 넓적다리, 회음부, 측복부, 겨드랑이, 후지 등에 두껍게 덮인다. 증상이 심할 경우에는 비듬이 피부 전면에 덮여지기도 한다.
③ 비듬의 크기, 두께, 형태 등은 신체의 부위에 따라 다양하다. 비듬으로 된 가피(痂皮)는 특히 넓적다리에서 여러 갈래로 갈라져 덩어리를 형성하는데, 이 가피의 두께는 1～2 cm나 된다. 타박상 등 외상을 입으면 가피는 갈라져 출혈하고, 2차적으로 세균이 감염되면 화농을 일으키고 괴사되기도 한다.
④ 육안적 병변으로 피부에 두꺼운 가피가 대칭성으로 형성된 것이 특징이나 내부 장기에는 특별한 병변이 나타나지 않는다.

예방 및 치료

① 예방으로는 보통사료 내의 칼슘의 함량을 1% 이내로 제한하고, 탄산염아연의 함량을 200 ppm 정도가 되게 한다.
② 대두유를 1일 1두당 10～20 mℓ씩 먹여도 좋은 치료효과를 얻을 수 있으나 값이 비싸고 사료에 혼합하기가 어렵다.
③ 치료용으로는 사료 1톤에 탄산아연 370 g 정도를 혼합하여 먹인다(약 400ppm). 콩기름을 같이 먹이는 것도 치료촉진에 도움이 된다.

제 2 장

기타 질병

1. 삼출성 표피염

돼지의 삼출성 표피염(滲出性 表皮炎, exudative epidermitis)은 주로 생후 1개월 이내의 포유자돈에 발생하는 삼출성 괴사성 피부염을 주증으로 하는 질병이다. 발병돈은 전신의 피모 및 피부에 삼출물이 교착(膠着)하여 흑갈색을 정하며, 피부호흡이 곤란하게 되어 쇠약해진다. 중증일 경우에는 피지(皮脂)의 과다분비, 피부의 탈락, 삼출물의 유출, 탈수, 쇠약 등으로 단시일 내에 폐사한다. 일명 삼출성 피부염(greasy pig disease), 농포성 피부염, 괴사성 피부염, 전염성 피부염, 탈피성 피부염 등 여러 이름으로 불리고 있다.

원인

① 본 증의 병원체에 대한 것은 명확히 밝혀 있지 않지만, 여러 연구자에 의해 국제적으로 인정되고 있는 것은 *Straphylococcus hyicus, Subspecis hyicus*이다.

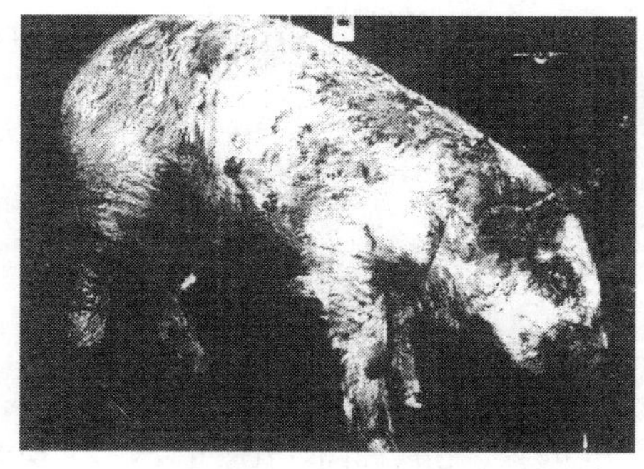

그림 2-4. 삼출성 표피염

② 피부의 상처 또는 찰과상이 중요한 원인체의 침입문호로서 유인역할을 한다.
③ 세계적으로 발생하고 있으며, 우리나라에서도 흔히 발생하고 있다.
④ 한배 새끼 간에 주로 발생되며, 이복 자돈에는 잘 전염되지 않는다.

증상

① 초기 증상으로서 체온이 상승하고 쇠약해진다. 포유자돈의 질병경과는 매우 빠르다.
② 피부 표면에 충혈이 되고 주름이 형성되며, grease 모양으로 진득한 삼출액으로 덮이고 털이 엉킨다.
③ 시일이 지나면 삼출액이 말라서 얇은 흑갈색의 가피가 형성된다.
④ 피부염이 진전됨에 따라 활기가 없어지고, 거동이 불안정하고 식욕이 감퇴된다.
⑤ 과급성(過急性)일 경우에는 갈색 반점들이 신속히 번지고, 전신의 피부가 악취를 풍기며, 끈적거리는 적색의 삼출물로 덮이면서 쇠약해지고 전신경련을 일으킨다.
⑥ 가피가 벗겨지면 적색 피부가 노출되어 통증이 심하게 된다. 탈수상태에 빠지면 3～5일 내에 폐사한다.
⑦ 경증일 경우에는 피부가 비후되며, 질병상태가 장기화되어 발육이 지체된다. 이 병은 비타민 A 결핍 시 나타나는 미끈거리며 갈색의 피부 삼출물과 감별해야 한다.

예방 및 치료

① 외상이 발생하지 않도록 외상의 요인이 되는 장애물을 제거해 주며, 외상이 발생시는 외상처리를 신속히 해야 한다.
② 요오드와 광유를 1 : 500의 비율로 혼합하여 전신에 발라 주고, 광범위 항생제의 주사와 연고제를 발라 준다.

2. 장미색 비강진

돼지의 장미색 비강진(粃糠疹, pityriasis rosea)은 자돈에 발생하는 비전염성의 유전성 피부질환이다. 이 병의 원인에는 선천성의 allergy가 관여하고 있다고 하며, 근친 교배군에 이 병이 발생됨이 관찰되어 유전성 질환의 하나로 추측하고 있다. 이 병의 특징으로는 완두콩 크기의 홍진이 생기며, 그 위에 비듬 또는 가피가 덮여 있다.

원인

원인은 확실하게 밝혀져 있지 않지만 선천성 allergy가 관여되며, 이는 근친 교배돈군에 소인이 있다고 한다.

증상

① 주로 백색계 품종의 자돈에 발생하지만 드물게는 유색계의 돼지에도 발생한다.
② 생후 4~8주령의 돼지에 1복단위(一腹單位) 한다. 증상으로는 구토, 설사, 식욕부진 등 소화기계 장해의 증상이 나타난 후 이어서 피부증상이 나타난다.
③ 발병 초기에는 완두콩 크기의 홍진이 하복부, 허벅다리 등에 많이 생겨나는데, 홍진은 여러 개가 결합하여 큰 결절을 형성한다. 결절의 중앙은 오목 파지고 갈색의 비듬 또는 가리로 덮여 있으며, 결절 주변은 적색 또는 적자색을 띠고 있다.

치료

① 세균감염이 없을 경우에는 2~4주일 내에 자연 치유될 수 있다. 그러나 홍진이 화농되었거나 더 악화될 경우에는 항생제를 주사하고, 아연화연고를 발라준다.
② 흔히 5% salicylic acid나 defurgit와 같은 백선(白癬) 치료제를 병소부에 발라 주지만 큰 효과는 없다.

3. 신생아 용혈성 질병

돼지의 신생아 용혈성 질환(hemolytic disease in neonatal piglet)은 일명 신생아 황달증이라고도 하며, 출생 시에는 어떤 이상도 나타내지 않던 자돈이 포유를 개시

함으로써 용혈성 빈혈증과 황달증상을 나타내는 면역혈액학적 질병이다. 본 증은 본질적으로 사람의 태아적아구증(胎兒赤芽球症)과 동일하다고 생각하고 있지만, 본 증에 있어서는 말(馬)에서와 마찬가지로 초유의 섭취가 발증의 조건인 것이 태아적아구증과 다른 점이다.

원인

① 본 증은 자돈의 혈액형 항원에 대한 항체를 모돈이 보유하고 있으며, 모체의 항체가 포유를 통하여 자돈의 혈액 중에 흡수됨으로써 발생한다.

② 따라서 본 증이 발생함에는 ㉠ 자돈과 모돈 사이의 혈액형이 적합하지 않고, ㉡ 모돈에서 혈액형 항체의 생산이 가능하며, ㉢ 혈액형 항체가 자돈의 혈액 속으로 이행이 가능하다는 3가지의 조건이 필요하다.

증상

자돈에 의하여 섭취되는 혈액형 항체의 양 및 섭취하는 속도 등에 따라서 증상이 여러 가지 경과를 취한다.

① 급성의 경우에는 초유를 포유한 지 2~3시간 후에 이미 포유 의욕이 떨어지고, 그 후 빈혈증상이나 눈·구강·질 등의 가시점막, 피부 등이 창백해진다. 허탈상태에 빠져 있다가 포유 시작 후 5~7시간 사이에 폐사한다. 급성으로 폐사하는 자돈은 빈혈증상이 현저하게 나타나지만 황달증상은 거의 나타나지 않는다.

② 만성일 경우에는 포유 개시 후 12시간부터 포유 의욕이 감퇴되고 보행이 불확실하며, 24시간부터 점막·피부 등이 황색으로 변하는 황달증상을 나타내고, 대개는 2~6일 사이에 폐사한다.

③ 이와 같은 증상은 한배 새끼 전체에 나타나게 되는데, 초유의 섭취량에 따라 병의 경과에도 차이가 생긴다. 포유 후 3~4일이 지난 다음에 자돈의 포유능력이 회복된 것은 다시 건강을 회복할 수 있다.

④ 빈혈증을 일으킨 자돈의 적혈구 수는 100만/mm^3 이하이고, hematocrit치는 10% 이하이며, hemoglobin치는 3 g/dℓ 이하이다.

예방 및 치료

① 신생아 용혈이 있었던 모돈은 다음 교미할 때 다른 수퇘지로 교미시켜야 한

다. 의심되는 자돈에는 무균돈용 인공유 또는 우유를 매 1시간마다 1회씩 8~10회 포유시킨 후 모돈포유를 시킨다.

② 교환수혈이 치료효과가 있지만 경제적 이유 때문에 실효성이 없다. 2일 이상 생존하였을 때에는 포유력의 회복력에 따라서 치료도 가능하여 포도당, 비타민제, 항생제(2차 감염을 방지하기 위하여) 등을 먹이거나 주사한다.

4. 꼬리물기

교미증(咬尾症)은 다른 돼지의 꼬리를 물고 씹는 증상을 말하며, 일종의 악벽(惡癖, cannibalism)과 같은 증상이라고도 한다. 불리한 환경이 요인이 되고, 돈사 내에서 밀폐 사육하는 비육돈에서 많이 발생하나 방목 사육하는 돼지의 경우에는 드물게 발생한다.

원인

① 본 증의 원인이라고 추측되는 요인을 열거하면 빈혈, 비타민 및 무기질 결핍, 단백질 결핍, 콘크리트 바닥에서의 사육, 소금부족, 특히 밀집 사육하는 돈사의 환기불량, 권태 등을 들 수 있다.

② 돈사의 고온 및 환기불량은 흔히 유인이 되며, 계절적으로는 4월부터 6월 사이에 많이 발생하는 경향이 있다.

③ 돈사가 너무 밝은 것도 본 증의 발생을 유발할 수가 있다.

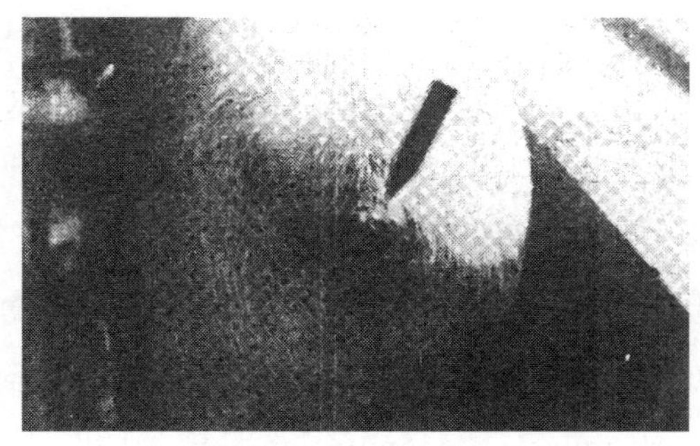

그림 2-5. 교미증(咬尾症)

[다른 돼지에게 물려 꼬리가 잘려 있음(화살표)]

④ 교미증(咬尾症)은 체중이 60～110 kg인 비육돈에서 다발하고, 피해를 입는 돼지는 허약한 돼지일 경우가 많다.

⑤ 기생충 감염이 있는 개체도 본 증 발생의 유인이 될 수 있다.

증상

① 꼬리의 교창(咬創)이 생기면 출혈이 생긴다. 혈액을 핥아먹은 돼지는 습관화되어 다른 돼지를 가해하므로 교창을 입은 돼지 수가 점차 증가한다. 계속 꼬리를 물릴 때에는 꼬리가 점점 짧아진다.

② 교창을 입은 곳은 *Staphylococcus* spp, *Corynebacterium pyogenes* 등이 감염되고, 감염균은 혈류를 따라 전이되어 견갑관절염, 비절관절염, 추관절염, 비절관절염, 제관절염 등을 일으키므로 환축(患畜)은 다리를 전다. 척추염을 일으켜 후구가 마비되는 경우도 있다.

예방 및 치료

① 축사의 환기를 개선하고 자리깃을 갈아 주며, 밀집 사육하는 돼지의 수를 줄이고, 사료조건을 개선함으로써 교미증을 예방할 수 있다.

② 악습이 있는 돼지를 찾아 격리시킨다. 교창을 입은 돼지도 격리하여 개별 치료한다.

5. PSE 근증후군

본 증은 양돈가에게 직접적인 경제적 손실을 입힐 뿐만 아니라 육질의 저질화로 인해 식육업계나 소비자에게까지 큰 영향을 미치고 있다. 또한 본 증은 급성 심부전증과 같이 돼지스트레스 증후군(porcine stress syndrome, PSS)에 속하여 양자간에는 밀접한 관계가 있다고 생각하고 있다. PSE 근증후군(筋症候群, pale, soft, exudative muscle syndrome)은 보고자에 따라 근변성(筋變性, muscle degeneration), 수돈(水豚, water pork), 백색증(白色症, white muscle disease), 수송성 근변성(筋變性, transport muscle degeneration) 등 여러 가지 명칭으로 불리우고 있다.

원인

① 현재까지 본 증의 원인에 대하여는 완전히 해명되어 있지 않지만 품종 혹은 계통, 환경, 취급, 영양 및 사료의 문제가 본 증 발생과 관계가 있다고 알려지고 있다.

② 따라서 도살의 취급이나 온도 조정, 빠른 도살, 도살 후의 신속한 처리와 냉각, 저지방 사료의 급여 등이 본 증의 발생 예방과 경감에 상당히 유효하다고 한다.

③ 비타민 E 및 selenium의 결핍, 환경 불량 등이 발생의 원인이 될 수 있다.

증상 및 소견

① 이상육의 근육은 연한 회색을 띠고 연하며, 탄력성이 없고, 수분이 많으며, 삶은 고기와 같이 보인다.

② 배최장근(背最長筋), 흉최장근(胸最長筋), 반막양근(半膜樣筋)에 변화가 현저하다.

예방

① 비타민 E 사료첨가 급여(α-토코페롤을 사료 1kg당 50 I.U 첨가)는 심부전의 발생 예방에 유효함과 동시에 본 증 예방에도 좋은 효과를 나타내고 있다.

② 도살 전에 사료 급여를 중단, 절식시키면 근육의 글리코겐 함량을 감소시킬 수 있어 도살 후 액체 분비량을 감소시킬 수 있다.

③ 기온이 22℃ 이상일 때에는 가급적 장거리 수송을 삼가고, 부득이한 경우에는 신경 안정제를 투여한다.

④ 할로텐(Halothene) 마취시험에서 반응이 양성으로 판정되는 것은 번식에 사용하지 않는다.

6. 위궤양

일반적으로 돼지의 위궤양(胃潰瘍, gastric ulcer)이라 부르고 있는 질환은 주로 위식도부(esophageal region)에 국한하여 인정되는 궤양(ulcer), 미란(erosion), 부전각화 등의 병변을 일컬으나 정확하게는 위식도부 궤양에 해당하는 위식도부 병변을 지칭하는 것이다. 사람의 소화성 궤양(peptic ulcer)은 대표적인 소화기 질환으로 잘 알려져 있지만, 사람 이외에도 모든 가축이나 가금, 야생동물에 위궤양의 자연발생 예가 보고되고 있다.

원인

① 돼지의 위궤양의 원인에 대한 것은 충분히 밝혀져 있지 않지만, 사람의 경우처럼 한 가지 원인에 의한 것이 아니라는 것이 고려되어 있고, 대부분의 원인 중 위액, 특히 염산의 작용이 매우 큰 것으로 알려져 있다.

② 위궤양을 발생시키는 데 관여하는 인자로서는 염산과 pepsin의 분비를 촉진시키는 기구, 위점막의 기계적 손상, 위벽 세포수 등을 들 수 있고, 반대로 방어인자로는 위점막의 저항성, 점액의 질과 양, 위점막의 혈액순화, 염산과 pepsin의 분비 억제기구 등을 들 수 있다.

③ 즉, 궤양의 발생 및 치유기 전에는 위액분비, 위운동 및 혈류에 대한 생체의 조절기구가 원활하게 이루어지고 있는지 여부가 관계되고 있다고 한다.

④ 궤양발생 원인으로는 다음과 같은 여러 요인들을 들 수 있다.

㉠ 사료: 사료 중 곡물의 분쇄도, 펠렛사료의 급여, 청초·압맥·쌀겨·밀기울 등 조제사료의 부족, 비타민 A의 부족 등 사료에 대한 원인이 될 수 있다.

㉡ 사육방법: 운동장에 있는 돈사에서 사육된 돼지나 방목한 돼지는 위궤양 발생이 적으나, 밀사한 돼지는 스트레스를 많이 받아 위궤양 발생이 많다.

㉢ 미생물과 기생충: 바이러스성, 세균성 및 진균성의 감염증이나 기생충의 감염과 관련되어 소화관에 종종 궤양이 발생하는 경우가 있다. 즉 돼지콜레라, 살모넬라증, 아프리카 돼지콜레라, 위충증, 회충증 등이 있다. 그러나 바이러스성 질환에 관계된 궤양은 장관에 많고, 위에 발생하는 것은 드물다.

㉣ 품종: 품종 간에는 별 차이가 없지만, 근래에 개량된 고기형(meat type) 돼지는 비만형(lard type)보다 신경이 예민하여 스트레스를 받기 쉬운 경향이 있다.

㉤ 유전: 본 증과 유전과는 어느 정도 관계가 있다고 의심은 가지만, 위궤양 병소의 회복력이나 위액분비의 관계가 있는 유전적 체질은 개체 간의 차이가 있다고 인정하고 있다.

㉥ 연령 및 성: 연령에 관계 없이 대부분의 돼지에서 발생되지만, 일반적으로

2~4개월령의 성장기에 있는 돼지에 가장 빈발하고, 암퇘지보다는 거세돈에서 발생률이 높다고 한다.

㉦ 계절: 위궤양 발생률이 가장 높은 계절은 11월~2월로서 추운계절 동안 받는 스트레스와 관계가 있다고 한다.

㉧ 스트레스: 추위・밀집사육・환기불량・불안 등 감정적 스트레스, 수송・치료・투약시의 보정 등 심리적 스트레스, 외상・교미증(咬尾症) 등 기계적 통증에서 받는 스트레스 등이 원인이 된다.

증상

① 위궤양은 도축 시에 흔히 발견되지만, 일반적으로 증상을 나타내거나 성장률 또는 사료효율을 저하시키지는 않는다.

② 위궤양에서 나타나는 증상들은 돈적리(豚赤痢), 살모넬라 감염증, 위장염 증상군 등에서 볼 수 있는 증상들과 혼동되기 때문에 사육현장에서 위궤양을 진단하는 것은 매우 어렵다. 증상에는 급성형과 만성형으로 구분할 수 있다.

㉠ 급성형: 건강하게 보이던 돼지가 궤양부의 혈관이 갑자기 파열되기 때문에 대출혈을 일으켜 급사한다. 죽을 때까지 다량의 혈액을 토하고, 끈적거리는 흑색 타르상 혈변을 배출한다. 환축(患畜)은 체온이 떨어지고, 빈혈로 인하여 가시점막이 창백해지며, 급사하지 않은 돼지는 호흡이 촉박해지고 누워 있는데 얼마 후 폐사한다.

㉡ 만성형: 궤양부에서 소량의 출혈이 계속되거나 또는 간헐적으로 출혈이 있으므로 환축은 서서히 빈혈상태에 이르러 점차 쇠약해진다. 암갈색의 굳은 변비가 생기며, 배변할 때 등을 구부리고 있다. 토혈과 구토는 이 병의 주증상이다. 환축의 행동은 완만하고 수척, 채식부진 또는 식욕전폐 상태로 누워 있으며 이를 간다. 때로는 위벽이 천공되어 위의 내용물이 복강 내로 흘러 들어가 복막염을 일으켜 폐사된다. 위궤양이 원인이 되어 분문협착을 일으키면 식도를 거쳐 위내로 내용물이 통과할 수 없어 음식물을 토한다. 만성형도 1개월 이상 견디지 못하고 폐사한다.

예방 및 치료

① 위궤양으로 진단되면 펠렛 및 분말사료와 같이 청초・건초 등의 조사료를 급여하고, 물을 충분히 주며, 밀집사육을 피하고, 환경온도・습도 등을 조절하는

등 환경개선을 한다.

② 철분, 비타민 B 복합제, 비타민 K 등을 주사하고, calcium gluconate를 정맥주사하며, 고령토(kaolin), 펙틴, 탄산비스무스(bismuth carbonate), 수산화알미늄 등의 제산제를 먹인다.

③ 고가의 돼지에게는 수혈요법도 가한다.

7. 열사병, 일사병 및 열성소모

대사활동(특히 근육운동)이 활발하여 열의 생산이 많아지거나 외기온이 높아서 열의 흡수가 많아지고, 오히려 체온 발산에 장해를 받음으로써 체온이 정상 이상으로 높아지는 것을 열사병(heat stroke)이라고 한다. 일사병(sun stroke)은 태양의 직사광선에 조사되어 뇌가 과열상태로 되어 발생하는 것을 말하며, 열성소모(熱性消耗, heat exhaustion)는 열의 작용이 비교적 가볍지만 장기간 작용하여 발생하는 증상을 말한다. 이와 같은 3가지 병의 발생기전은 거의 같으므로 일반적으로 구별없이 취급된다.

원인

① 돼지는 늘 일정한 범위 내에서 체온을 유지하는 생리작용, 즉 체온조절 중추의 기능으로 일정한 체온 유지와 체열 방산의 균형을 유지한다.

② 돼지는 두꺼운 지방층으로 싸여 있어 피부를 통한 체열 방산이 크게 지장을 받는다.

③ 돼지는 폐의 용량이 체중에 비하여 적기 때문에 호흡을 통한 열의 발산량도 적어 체내에 축적된 열을 발산하여 체온의 균형을 유지시키는 데 불리한 점이 있다.

④ 열사병이 발생하는 직접적 원인은 축사의 환기불량, 밀집사육, 밀폐된 좁은 분만실 내에서의 분만, 태양의 직사광선 하에서의 방치, 무더운 기온에서의 과격한 운동, 열차 또는 트럭의 수송, 찬 음수의 부족, 염분 섭취량의 부족, 혹서기에 돼지군의 이동, 혹서기에 발정한 돼지의 과도한 성적 흥분 등을 들 수 있고, 고열과 습기가 중복될 때 열사병의 발생률이 높아진다.

⑤ 뇌의 질병으로 시상하부(視床下部, hypothalamus)가 침해될 때에는 체온의

조절작용이 장애되어 열사병이 일어날 수 있다(신경성 열사병).

증상

증상은 갑자기 체온이 올라가면서 나타난다.

① 열사병에 걸린 돼지는 호흡이 촉박하여 헐떡거리고 침을 흘리며, 점차적으로 불안 및 흥분상태를 보이고, 술에 취한 모양으로 비틀거리다가 넘어져 경련을 일으킨다.

② 체온이 급속히 상승하여 39.5℃에서 43℃까지 상승하는 경우도 있고, 가시점막이 청색으로 변한다.

③ 환축이 쓰러지면 혼수상태에 빠지는데 치료하지 않으면 수시간 내에 폐사한다.

④ 치료된 돼지 중에는 가끔 정신착란증을 일으키는 것이 있으며, 임신한 돼지는 유산하고, 폐충혈이나 폐렴을 일으키는 등 합병증 또는 후유증을 남긴다.

⑤ 사후에 뚜렷한 병변은 없으나 말초혈관의 확장, 혈액응고의 지연, 사체는 사후강직과 부패가 빨리 진전된다.

예방 및 치료

① 여름철에는 밀사를 피하고, 특히 환기에 주의를 해야 하며, 돈사 주변과 운동장 주위에는 그늘을 만들어 준다.

② 더위가 계속될 때에는 각 돈사에 흐르는 물 또는 떨어지는 물을 돼지가 마음대로 이용할 수 있도록 배려한다.

③ 무더운 여름날에 돼지를 수송할 때에 진정제를 투여하는 것도 예방이 될 수 있다.

④ 환축은 서늘한 곳으로 옮기고, 머리 및 다리에 냉수로 샤워를 해 체온이 낮아지게 하고, 냉수로 관장을 한다.

⑤ 강심제·진정제 등을 투여하고, 합병증을 예방하기 위해 페니실린과 같은 항생제로 투여한다.

8. 돼지의 스트레스증후군

① 스트레스란 동물의 생체 내외에서 가해지는 각 조의 작용인자에 대응하여 나타나는 장해와 반응인자를 의미한다. 그 중 유해인자로서 작용한 인자(고온, 수송, 전신마취, 밀집사육 등의 생체에 불리한 환경적 요인)를 스트레서(stressor)라고 하며, 한편 스트레서의 작용으로 나타나는 증후군을 스트레스라고 한다.

② 돼지에는 각종 혈액형에 따른 열성 유전인자가 존재하여 후대에게 유전되고 있어 문제가 되고 있다. 돼지의 스트레스 증후군(porcine stress syndrome, PSS)은 세계적으로 발생하고 있으며, 그 발생률은 30～35%로 보고되고 있다.

③ 스트레스 증후군과 질병과의 관계는 단지 PSE(pale, soft, exudate pork) 근 증후군으로 인한 육질의 저하뿐만 아니라 수송중의 급사, 저돌적 싸움, 교미증, 근경축(筋硬縮) 때문에 생기는 보행곤란, 고열의 발생, 변비증, 무유증, 식욕부진, 번식장해 등 양돈가에게 경제적으로 많은 손실을 주고 있다.

④ 스트레스 증후군은 PSE(창백, 연질, 다수분 육질) 및 악성 과고열증(malignant hyperthermia)과도 밀접한 관계가 있다.

⑤ 스트레스 증후군에 속하는 돼지의 성상을 보면 다음과 같은 특징이 있다.

㉠ 비타민 E 및 셀레늄 요구량이 높다.

㉡ 스트레스에 대한 감수성이 높고, PSE육의 발생률이 높다.

㉢ 근육이 발달한 돼지일수록 비타민 E 및 셀레늄이 결핍되어 있다.

㉣ 갑상선이 비대되어 있다.

⑥ 스트레스 증후군을 일으킨 개체의 병리해부학적 소견은 다음과 같다.

㉠ 폐, 직장 등이 심하게 수종되어 있다.

㉡ 심근과 골격근이 청백색으로 퇴색되어 있으며, 무늬모양을 하고 있다.

㉢ 흉강 및 복강 내에 물이 고여 있다.

㉣ 자돈이 경련을 일으키고, 빈혈·부종 등의 증상이 나타난다.

증상

스트레스 증후군에서 볼 수 있는 임상증상은 다음과 같다.

① PSS돼지는 매우 흥분하여 저돌적인 투쟁성을 가지고 있다.

② 후구의 근육과 조리를 떤다.

③ 운동을 강요하면 호흡이 촉박해지고, 심장의 박동이 항진된다.
④ 피부의 충혈반 및 자반이 나타난다.
⑤ 체액 전해질 및 산·염기의 평형에 장해가 일어난다.
⑥ 안구가 돌출되어 있고, 눈빛이 날카롭다.
⑦ 근육이 이상할 정도로 부착되어 있다.
⑧ 수송 중에 급사한다(心不全).
⑨ 원인불명의 간헐적 체온 상승이 있다.
⑩ 무유증, 감유증(減乳症), 난소의 기능저하, 수퇘지의 성욕감퇴 등이 나타난다.
⑪ 교미증(咬尾症)이 있다.
⑫ 전신마취하면 지나치게 체온이 상승된다.
⑬ 사지의 근육 및 건이 경축(硬縮)되고, 보행이 부자연스럽다.

진단

① **Halothane gas 테스트법**: 일반 마취법과 다른 점은 6%의 고농도의 할로텐가스를 흡인장치로 흡인시켜 일정시간(3분 이내)에 나타나는 증상을 관찰한다. 생후 21일령과 56일령의 돼지에 2회에 걸쳐서 PSS의 판정을 하는데, 근육의 경직, 충혈, 호흡, 심박상태 등을 관찰하는 방법이다.
② **Antonik CPK**(creatine phophate kinase)**법**: CPK치의 생체 수준을 구하기 위하여 보정법, 채혈법이 특별이 고안된 것으로 무리한 채혈을 하지 않도록 고

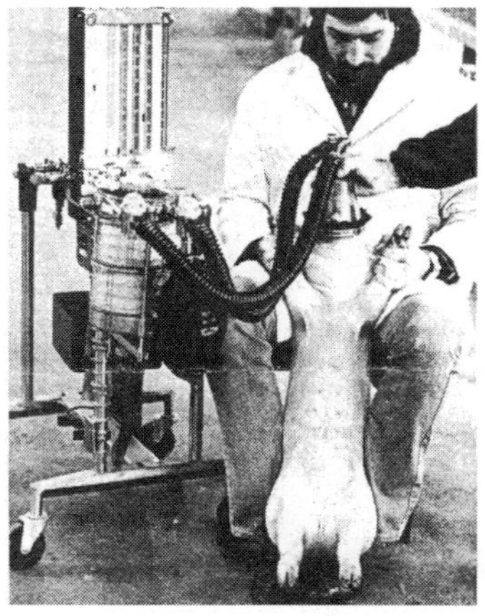

그림 2-6. Halothane 검사법

[돼지의 안면마스크를 통해서 마취장치로 할로텐가스를 돼지의 비공으로 주입시키고 있다]

안된 것이다. 할로텐가스를 흡인시킨 후 4~5시간이 경과된 다음 이 정맥에서 혈액을 채취하여 검사하는 방법이다.

③ **Sigma CPK법** : Antonik법과 같이 Halothane test 4시간 후에 채혈한다. 이 경우에 특수한 시험관에 채혈하여 혈청 또는 혈장을 분리하여 검사재료로 한다.

대책

① 스트레스 증후군으로 진단된 돼지는 번식돈으로 활용해서는 안 된다.
② 종돈을 수입할 때에는 스트레스검사 증명서를 확인한다.
③ 사료에 무기질·비타민류 등을 충분히 첨가하여 급여한다.
④ 갑상선자극호르몬 분비 촉진물질(TRH)을 투여하여 근육의 대사가 원활하게 될 수 있도록 한다.
⑤ 근육이 이상발달되고 지방층이 얇은 돼지는 종돈으로 이용하지 않는다.

참고문헌

1. Blood, D.C. · Radistits, O.M. & J.A. Henderson(1983) Veterinary medicine, 6th Ed., Bailliere Tindall Co.

2. Bogan, J.A. · Lee, P. & A.T. Yoxall(1983) Pharmacologial basis of large animal medicine, Blackwell scientific Pub.

3. Buchann, R.E. & N.E. Gibbons(1974) Bergey's manual of determinative bacteriology, 8th Ed., Williams & Wilkins.

4. Buxton, A & G, Fraser(1977) Animal microbiology, Vol. I and II, Blackwell scientific, Oxford London.

5. Francis, P.G.(1984) An approach to the herd mastitis problem, Br. Vet. J., 140:22.

6. Gibbons, W.J.(1976) Clinical diagnosis of disease of large animals, Lea and Febiger Co.

7. Gillespie, J.H.&J.F. Timoness(1981) Hagan and Bruner's infectious diseases of domestic animals, 7th Ed., Comstock publishing associate, Cornel university Press.

8. Hungerford, T.G.(1975) Diseases of livestock, 8th Ed., McGraw-Hill book Co. Sydney, 167～423, 424～555.

9. Leman, A.D. · Mengeling, W.L. · Penny, R.H.C. · Scholl, E.&B. Straw(1972) Disease of swine, 5th Ed., Iowa state university, Ames. Iowa.

10. Rosenberger, C.(1979) Clinical examination of cattle, 2nd Ed., Verlag Paul Parey Co.

11. 金常均, 최신 동물해부생리학, 유한문화사(1998).

12. 熊谷哲天 外(1977) 豚病學, 近代出版.

13. 柴內大典 · 深野高正 · 大越 伸 · 橋瓜敬三郎 · 板垣博(1973) 最新家畜內科學, 南江堂.

14. 李芳煥 外 15人 공저, 家畜臨床診療學(1979).

15. 李鉉凡, 돼지질병학, 유한문화사(1984).

16. 鄭昌周, 家畜疾病學, 향문사(1992).

17. 鄭昌周 外, 乳牛의 疾病學, 향문사(1992).

찾아보기

ㅁ

ㅂ

ㅅ

ㅇ

ㅈ

Index

B

C

D

E

I

J

K

L

M

N

O

P

Q

R

S

T

U

V

W

X

Z

α

β

수의학박사 **김상균(金常均)**

최신 가축질병학 (개정판)

2008년 2월 15일 개정 1쇄 발행
2012년 3월 15일 개정 2쇄 발행
2020년 8월 25일 개정 3쇄 발행

저 자 : 김상균
펴낸이 : 천승배
펴낸곳 : 도서출판 유한문화사

주소 : 경기도 고양시 덕양구 지도로124번길 8-35
전화 : 2668-2055~6
팩스 : 2668-2565
http://www.yuhansa.com
E-mail : yuhansa@hanmail.net
등록 : 제 5-31호. 1979. 3. 6.

값 28,000 원

ISBN : 978-89-7722-629-6 93520